PHYSICS LECTURE COURSE
Elementary Particle Physics

by

Yoshiharu KAWAMURA

SHOKABO
TOKYO

JCOPY 〈出版者著作権管理機構 委託出版物〉

刊 行 趣 旨

20世紀，物理学は，自然界の基本的要素が電子・ニュートリノなどのレプトンとクォークから構成されていることや，その間の力を媒介する光子やグルーオンなどの役割を解明すると共に，様々な科学技術の発展にも貢献してきました．特に，20世紀初頭に完成した量子力学は，トランジスタの発明やコンピュータの発展に多大な貢献をし，インターネットを通じた高度情報化社会を実現しました．また，レーザーや超伝導といった技術も，いまや不可欠なものとなっています．

そして21世紀は，ヒッグス粒子の発見・重力波の検出・ブラックホールの撮影・トポロジカル物質の発見など，新たな進展が続いています．さらに，今後ビッグデータ時代が到来し，それらを活かした人工知能技術も急速に発展すると考えられます．同時に，人類の将来に関わる環境・エネルギー問題への取り組みも急務となっています．

このような時代の変化にともなって，物理学を学ぶ意義や価値は，以前にも増して高まっているといえます．つまり，"複雑な現象の中から，本質を抽出してモデル化する"という物理学の基本的な考え方や，原理に立ち返って問題解決を行おうとする物理学の基本姿勢は，物理学の深化だけにとどまらず，自然科学・工学・医学ならびに人間科学・社会科学などの多岐にわたる分野の発展，そしてそれら異分野の連携において，今後ますます重要になってくることでしょう．

一方で，大学における教育環境も激変し，従来からの通年やセメスター制の講義に加えて，クォーター制が導入されました．さらに，オンラインによる講義など，多様な講義形態が導入されるようになってきました．それらにともなって，教える側だけでなく，学ぶ側の学習環境やニーズも多様化し，「現代に相応しい物理学の新しいテキストシリーズを」との声を多くの方々からいただくようになりました．

裳華房では，これまでにも，『裳華房テキストシリーズ－物理学』を始め，

その時代に相応しい物理学のテキストを企画・出版してきましたが，昨今の時代の要請に応えるべく，新時代の幕開けに相応しい新たなテキストシリーズとして，この『物理学レクチャーコース』を刊行することにいたしました．

この『物理学レクチャーコース』が，物理学の教育・学びの双方に役立つ21世紀の新たなガイドとなり，これから本格的に物理学を学んでいくための"入門"となることを期待しております．

2022年9月

編 集 委 員　　永江知文，小形正男，山本貴博
編集サポーター　　須貝駿貴，ヨビノリたくみ

は　し　が　き

　本書は，理学系の学部で素粒子物理学を学ぶ方々を対象に執筆したテキストです．筆者が勤める大学の 3, 4 年生向けに行っている素粒子物理学の講義内容（半期 15 回分）をもとにして，倍くらいに内容を膨らませて作成したパート（第 1 章 〜 第 12 章）と，大学院修士課程向けの授業内容をコンパクトにまとめたパート（付録 A, B, C）から成っています．

　本書を手に取った皆さんの中には，力学，電磁気学，熱力学，統計力学，量子力学，相対性理論，物理数学などの基礎科目を学び終えて，「やっと，憧れの素粒子物理学を学べるところまで来たぞ！」と心躍らせている方もきっと多いのではないかと思います．でも，本書を開いてパラパラと眺めてみて，いかがでしょうか？ 基礎科目において様々な数式に遭遇して，すでにある程度，免疫のようなものを獲得している方もおられるかと思いますが，「場の量子論」や「群論」など，これまであまり馴染みのない数式や表現を目にして，「こんなの自分には無理だ …」と，学び始める前から心が折れてしまった方もおられるかもしれません．

　でも，大丈夫です．素粒子物理学を学び始めるとき，きっと多くの方が同じような気持ちになるのではないかと思います．素粒子物理学で用いられる数式や表現も，他の分野と同様に，先人たちが努力の末に編み出した，とても便利なツールです．なので，実際に自分で手を動かしながら使い込んでいくうちに，徐々にその有用性と真髄がわかってくるのではないかと思います．

　しかし，複雑な現象の背後に潜む法則を簡潔な数式を用いて整理し直した先人たちの導出過程をすべて記すことは紙面の都合上難しいので，本書を読み進めていく内に「この数式は一体どこから出てきたんだ？」と思うような場面に出合うかと思います．そう思ったときは，そのモヤモヤした気持ちをグッと堪えて，「このように表せることがわかっているんだな」ととりあえず受け入れて，先へと読み進めてみてください．そして，その後で，気になった数式に戻って，専門書なども参考にしながら，自分で導出してみたり，そ

の意味するところをあれこれ考えてみるとよいのではないかと思います.

　以下で, 本書において, 「場の量子論」や「群論」を敢えて表舞台に出そうと考えた, いきさつなどについて述べます.

　物理学は, 基礎的な分野（力学, 電磁気学, 熱力学, 統計力学, 量子力学, 相対性理論, 物理数学など）と専門的な分野（素粒子物理学, 原子核物理学, 物性物理学, 宇宙物理学など）に分類されています. 多くのテキストをご覧になればわかるように, 基礎的な分野のテキストの内容はほぼ似通っていますが, 専門的な分野については多彩です.

　本書の執筆に際し, 当初, どこまでの内容をどのようなレベルで扱えばよいのか迷いました. 思案ののち, **実験により確立しているところ（素粒子の標準模型）までに関しては, 基本数式が理解できるようになるレベルを目指す**ことにしました. また, **研究が進行中のところ**（12.1.3 項, 12.1.4 項, 付録 A, B, C.3 節, C.4 節）に関しては, **有望と思われる理論や概念について, 必要に応じて数式を交えながら, ほんの入口だけ, あるいはダイジェスト版のような形を取りながら紹介する**ことにしました.

　扱う内容の範囲が定まった後に苦慮したことは, どこに着目してどのように提示するのがよいのかということでした. 素粒子物理学は, 素粒子の運動や相互作用に関する原理や法則を探究する学問です. その内容を紹介したり理解したりするのに様々な方法があります. 例えば, 歴史的発展に順ずる, 素粒子にフォーカスする, 相互作用に重きを置く, 概念に注目するなどです.

　そこで本書では, 「相互作用」と「対称性」に着目しました. 具体的には, **3 つの相互作用（電磁相互作用, 強い相互作用, 弱い相互作用）を軸に, 対称性を通奏低音のようなバックグラウンドにして, 「素粒子の標準模型」を理解することを目標に据えました**. 物理学において, 「対称性」という概念がいかに重要であるか再認識してほしいと思います.

　どのように提示するかについては, 「一般相対性理論」を参考にしました. 一般相対性理論は古典物理学の最高峰です. ここで古典物理学とは, 量子力学の法則が表に現れない世界の物理現象を扱う学問のことです. また, 最高峰とは, 実験で検証されている最前線を意味します. 一般相対性理論の場合,

その基本数式である「アインシュタイン方程式」を理解することが最低限求められます．そのためには，「テンソル解析」と「微分幾何学」（リーマン幾何学）という数学の知識が必須で，これらを学ぶ必要があります．また，アインシュタイン方程式の応用として，水星の近日点移動，光の湾曲，ブラックホール，重力波，初期宇宙などが扱われます．

　一方，現時点で，量子物理学の最高峰といえば，「素粒子の標準模型」と考えられます．標準模型の基本数式を理解するためには，「テンソル解析」と「群論」という数学と，「場の量子論」という物理学が必要となります．本書では，テンソル解析，場の量子論，群論などを簡単に紹介しながら，標準模型に行き着くという形を取りました．これらの基礎知識の修得にも努めてほしいと思います．

　余談ですが，筆者が学んだ当時の学部生向けのテキストにおいては，「場の量子論」や「群論」についての記述はごくわずかで，これらを正面から扱うことが禁じ手であるかのように思われました．しかし，高等学校の教科書の最後の方の内容が，当時のものと比べて大きく様変わりしていることを知り，大学で教える内容もアップデートする必要があると感じた次第です．

　素粒子が従う原理や法則は，特殊相対性理論に基づく場の量子論の言葉で記述されます．よって，素粒子物理学をより深く理解するためには，「特殊相対性理論」と「場の量子論」を学ぶ必要があります．実際，本書の第4章と第5章で場の量子論を扱いましたが，ここは難所の1つです．一読しただけでは理解できないところもあるかと思いますが，たとえ，十分理解できなくても，素粒子は場の演算子とよばれるもので記述され，スカラー粒子はクライン－ゴルドン方程式に，電子はディラック方程式に従うこと，素粒子の間の相互作用は相互作用ハミルトニアン密度や相互作用ラグランジアン密度により記述されることを認めて，第6章以降に進んでみてください．

　本書のねらいは，(1) 力学，電磁気学，量子力学，相対性理論，物理数学などで学んだ知識と，本書で説明する場の量子論や群論などを総動員して，素粒子に関する法則を理解すること，(2) 逆に，素粒子に関する法則の理解

を通して，力学，電磁気学，量子力学，相対性理論などにも登場する概念（質量，電荷，力など）をより深く把握すること，（3）さらに，素粒子物理学における，ものの見方や考え方を修得して，他の分野に応用する力を身に付けることです．本書がその一助になれば幸いです．

　本シリーズの編集委員の永江知文氏，編集サポーターの須貝駿貴氏，ヨビノリたくみ氏には，本書の初期段階での原稿に対して，多くの貴重で有益なアドバイスをいただきました．これらの方々に心より感謝申し上げます．また，執筆を始めた当時，本学の3年生だった高谷翔太君と庭野佑基君から学生目線の有益なアドバイスをいただきました．ここで，改めて心からお礼申し上げます．さらに，本書の刊行に向けて，様々なアドバイスと丁寧な添削をしてくださった裳華房編集部の小野達也氏と團 優菜氏に心より感謝申し上げます．最後に，本書を執筆するに当たって，いつも応援し支えてくれている家族に感謝します．

　　　2024年10月

　　　　　　　　　　　　　　　　　　　　　　川 村 嘉 春

目　　次

1　素粒子の世界

1.1　素粒子物理学とは・・・・・・1
1.2　標準模型の素粒子・・・・・・3
1.3　素粒子の特徴・・・・・・・・4
1.4　素粒子の運動と相互作用・・・8
1.5　素粒子の理論体系・・・・・10
1.6　物理定数と単位系・・・・・11
1.6.1　大きな数や小さな数の
　　　　表し方・・・・・・・11
1.6.2　主な物理定数・・・・・11
1.6.3　自然単位系・・・・・・12
本章の Point・・・・・・・・・16
Practice・・・・・・・・・・・16

2　特殊相対性理論

2.1　時間と空間・・・・・・・・17
2.2　ニュートン力学・・・・・・20
2.3　4 次元ミンコフスキー時空・・21
2.4　ローレンツ変換・・・・・・23
2.5　相対論的力学・・・・・・・26
2.6　相対論的表記法・・・・・・28
本章の Point・・・・・・・・・34
Practice・・・・・・・・・・・35

3　量 子 力 学

3.1　光子と電子・・・・・・・・36
3.2　解析力学・・・・・・・・・38
3.2.1　ラグランジュ力学・・・38
3.2.2　ハミルトン力学・・・・41
3.3　量子力学・・・・・・・・・45
3.3.1　調和振動子の量子化　・・49
3.3.2　経路積分・・・・・・・51
本章の Point・・・・・・・・・53
Practice・・・・・・・・・・・55

4 場の量子論（Ⅰ）〜自由場〜

4.1 量子力学から場の量子論へ ・56	4.5 ディラック方程式・・・・・・65
4.2 場の解析力学・・・・・・・58	4.6 ワイル方程式・・・・・・・69
4.3 場の量子論・・・・・・・・61	本章のPoint・・・・・・・・73
4.4 クライン‐ゴルドン方程式 ・64	Practice・・・・・・・・・75

5 場の量子論（Ⅱ）〜相互作用〜

5.1 原子核の世界・・・・・・・76	5.4.2 散乱断面積・・・・・・94
5.2 力とは・・・・・・・・・78	5.5 素粒子理論の探究・・・・・94
5.3 中間子論・・・・・・・・81	本章のPoint・・・・・・・・98
5.4 素粒子の反応過程・・・・・90	Practice・・・・・・・・・99
5.4.1 崩壊定数・・・・・・・92	

6 量子電磁力学

6.1 発散の困難・・・・・・・100	生成過程・・・・・112
6.2 電磁気学・・・・・・・・102	6.4.2 電子と陽子の散乱過程・114
6.3 量子電磁力学・・・・・・106	6.5 量子補正・・・・・・・・116
6.4 量子電磁力学の検証・・・110	6.6 くりこみ・・・・・・・・120
6.4.1 電子と陽電子の対消滅に	本章のPoint・・・・・・・122
よる粒子と反粒子の	Practice・・・・・・・・123

7 対称性と対称性の自発的破れ

7.1 対称性とは・・・・・・・124	7.5.1 ゴールドストーン模型 ・141
7.2 群論・・・・・・・・・・126	7.5.2 σ模型・・・・・・・144
7.3 対称性の利点と特徴・・・136	本章のPoint・・・・・・・149
7.4 対称性の自発的破れ・・・138	Practice・・・・・・・・150
7.5 具体的な模型・・・・・・140	

目　次　*xi*

8　ゲージ理論

8.1　ゲージ対称性・・・・・・・151
8.2　量子電磁力学の対称性・・・153
8.3　ゲージ原理・・・・・・・・156
8.4　ヤン‐ミルズ理論・・・・・161

8.5　ヒッグス機構・・・・・・・167
本章の Point・・・・・・・・・171
Practice・・・・・・・・・・・172

9　量子色力学

9.1　ハドロンからクォークへ・・173
9.2　ハドロン・・・・・・・・・175
　9.2.1　共鳴状態・・・・・・・175
　9.2.2　ハドロンの規則・・・・178
　9.2.3　ハドロンの分類・・・・179
9.3　クォーク・・・・・・・・・180
9.4　量子色力学・・・・・・・・185

　9.4.1　漸近的自由性・・・・・187
　9.4.2　クォークの閉じ込め・・190
　9.4.3　カイラル対称性の自発的
　　　　破れ・・・・・・・・192
本章の Point・・・・・・・・・196
Practice・・・・・・・・・・・197

10　電弱理論

10.1　フェルミ理論から電弱理論へ
　　　・・・・・・・・・・・198
10.2　パリティの破れ・・・・・200
　10.2.1　空間反転・・・・・・200
　10.2.2　パリティの破れの実証
　　　　・・・・・・・・・201
　10.2.3　荷電共役変換と時間反転
　　　　・・・・・・・・・203

10.3　弱い相互作用の有効理論　・204
10.4　電弱理論・・・・・・・・209
　10.4.1　弱い相互作用のゲージ群
　　　　・・・・・・・・・209
　10.4.2　電弱対称性の破れ　・・212
本章の Point・・・・・・・・・222
Practice・・・・・・・・・・・223

xii 目 次

11 素粒子の標準模型

11.1 標準模型へ・・・・・・・224
11.2 小林 – 益川模型・・・・・226
　11.2.1 クォークの質量生成 ・226
　11.2.2 CP の破れ・・・・・228
11.3 レプトン・・・・・・・230
　11.3.1 ニュートリノの謎・・・230

11.3.2 ニュートリノ振動・・・232
11.3.3 レプトンの質量生成 ・235
11.3.4 ニュートリノの質量 ・237
11.4 標準模型・・・・・・・240
本章の Point・・・・・・・・246
Practice・・・・・・・・・247

12 素粒子と宇宙

12.1 初期宇宙・・・・・・・248
　12.1.1 ビッグバン・・・・・248
　12.1.2 フリードマン方程式 ・251
　12.1.3 インフレーション・・・259
　12.1.4 宇宙創成・・・・・・263

12.1.5 クォーク – グルーオン
　　　　プラズマ・・・・・264
12.2 ブラックホール・・・・266
12.3 おさらい・・・・・・・271

付録 A ～標準模型を超えて～・・・・・・・・・・・・・・・274
付録 B ～超弦理論～・・・・・・・・・・・・・・・・・289
付録 C ～量子異常とその周辺～・・・・・・・・・・・・304
Training と Practice の略解・・・・・・・・・・・・・・321
さらに勉強するために・・・・・・・・・・・・・・・・328
索引・・・・・・・・・・・・・・・・・・・・・・・・330

本書の構成と学び方

本書は第 1 章 〜 第 12 章と付録 A, B, C から構成されていて，下図はそのガイドマップです．

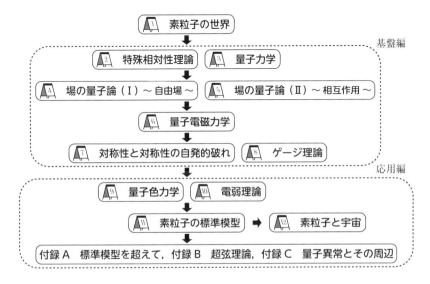

まず，第 1 章で素粒子の世界を概観します．第 2 章から第 5 章にかけて，素粒子物理学を学ぶための準備として，特殊相対性理論，量子力学，場の量子論について紹介します．そして，第 6 章で場の量子論の典型例である「量子電磁力学」を紹介します．

素粒子物理学のキーワードとして，「対称性」があります．そして，対称性に関連する重要な概念として，「対称性の自発的破れ」と「ゲージ原理」があります．これは，それぞれ第 7 章と第 8 章で紹介します．

第 2 章から第 8 章までで培った知識を総動員して，後半（応用編）で素粒子の標準模型とその周辺について学びます．標準模型は量子色力学（強い相互作用に関するゲージ理論）と電弱理論（電磁相互作用と弱い相互作用を統一的に扱うゲージ理論）を総合した理論です．第 9 章で「量子色力学」を，

第 10 章で「電弱理論」を紹介します．「対称性」，「対称性の自発的破れ」，「ゲージ原理」が重要な役割を果たしていることを意識しながら学んでほしいと思います．第 11 章で「素粒子の標準模型」を学んだ後，第 12 章で素粒子と宇宙の関わりについて紹介します．

標準模型は様々な実験を通して高い精度で検証されていますが，いくつかの謎をはらんでいて，素粒子の基礎理論とはいえません．付録 A で標準模型を超える理論的な試みとして，「大統一理論」，「超対称性」，「余剰次元」について紹介します．また，付録 B で究極の理論の候補である「超弦理論」について紹介します．そして，付録 C で「量子異常（量子補正による対称性の破れ）」について紹介します．本書に第 12 章や付録を設けた理由は，**今後も，宇宙に関する謎や量子重力の解明，量子異常の探究が標準模型を超える理論の構築に深く関わる可能性が高いからです．**

物理学の醍醐味の 1 つは，物理法則が美しく彩られた数式の形で表されることです．素粒子物理学を数式レベルで理解するためには，場の量子論の知識が必要であり，それを円滑に体得するためには，解析力学（場の解析力学を含む）の知識が必要です．本書では，解析力学や場の解析力学を説明した後，場の量子論に基づいて，素粒子物理学の現状について（あまり深入りしない形で）解説しました．つまり，本格的な専門書や論文を読むための踏み台となるような内容と解説に心掛けました．そのため，「まずは，素粒子物理学とはどんな分野なのかを知りたい」という方は，前半（基盤編）を中心に学ぶとよいかと思います．素粒子の理論や模型の構築に興味のある方，および，将来，素粒子理論を専攻したいという方は，後半（応用編）も集中して学んでいただければと思います．ただし，付録 A, B, C は大学院で学ぶ内容を含んでいるため，学部生の段階ではあまり理解できなくても悲観することなく，「素粒子理論をより深く学んだり研究したりするためには，このような知識も身に付ける必要があるんだな」というくらいに思ってもらえればよいかと思います．

それでは，素粒子の不思議な世界に出かけましょう．

素粒子の世界

　素粒子物理学とは，どのような学問なのでしょうか？ また，何を目標にして，その目標はどこまで達成されているのでしょうか？ 本章では，このような問いに基づいて，素粒子の世界を概観してみることにしましょう．

1.1　素粒子物理学とは

素粒子物理学とは，どのような学問で何を目標にしているのか？
　素粒子物理学とは，素粒子とよばれる自然界の基本的な実体を特定し，その運動や，相互作用に関する原理や法則を探究する学問です．そして，素粒子物理学の目標は，**素粒子を支配する原理や法則を解明し，それを総合的・統一的に記述する理論体系を構築する**ことです．
　この目標を達成するためには，次のような問いに答える必要があります．
- 自然界には，どのような素粒子が存在し，それぞれの素粒子はどのような特徴をもっているのか？
- 素粒子は，どのような原理や法則に従って，どのように運動しているのか？
- 素粒子は，どのような原理や法則に従って，どのように力を及ぼし合っているのか？

- 素粒子の世界は，どのような理論体系に基づいて，どのように定式化されるのか？

本章では，これらの問いに簡潔に答えながら，素粒子の世界を概観してみましょう．

自然界の基本的な実体は何か？

まずは自然界の基本的な実体について，水を例にとって考えてみましょう．

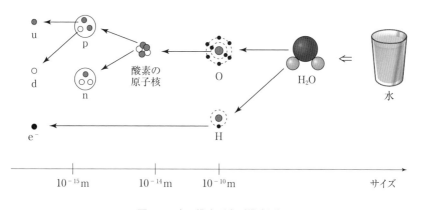

図1.1 水の構成要素（模式図）

図1.1を見てください．そもそも，水は水分子(H_2O)の集まりです．水18gには，**アボガドロ定数**(×1mol)に相当する6.02×10^{23}個の水分子が含まれていて，その水分子は，水素原子(H) 2個と酸素原子(O) 1個からできています．各**原子**は，**原子核**とその周りにある**電子**(e^-)から成り立っていて，原子核は**陽子**(p)および**中性子**(n)の集合体です．

さらに，陽子や中性子は，**アップクォーク**(u)と**ダウンクォーク**(d)とよばれる粒子から構成されています．具体的には，陽子はuが2個とdが1個から成る**複合粒子**で，中性子はuが1個とdが2個から成る複合粒子です．

このように，水の構成要素は階層構造を成していて，現時点で，uとdとe^-が水を構成する素粒子であると考えられます[1]．

また，電子のような荷電粒子が加速度運動をすると，**電磁波**が放射されま

---

1) 本書では，歴史的な意味合いを込めて，陽子や中性子のような複合粒子も素粒子とよぶことにします．

す．電磁波は**光子**（γ）とよばれる素粒子の集まりであり，γは**電磁相互作用**を媒介するはたらきをします．その他にも，様々な素粒子の存在が確認されていて，その属性やはたらきに応じて分類されています．

1.2 標準模型の素粒子

どのような素粒子が存在するのか？

電弱スケール（距離にして10^{-18}mくらいのサイズ）までの素粒子に関する物理現象は，**標準模型**とよばれる理論に基づいて，極めて正確に記述されます．そして，この理論によると，素粒子は次の (1)〜(3) の3つのグループに分けられることが知られています．

(1) **物質粒子**：物質を構成する素粒子とその仲間たちで，**クォーク**と**レプトン**とよばれる**スピン** 1/2 の素粒子がそれぞれ6種類存在し，表1.1のように3つの**世代**を形成しています．表の横の行に注目すると，それぞれの世代において素粒子の質量は異なりますが，(2) で述べるゲージ粒子との相互作用は同じです．なお表1.1において，uは**アップクォーク**，dは**ダウンクォーク**，cは**チャームクォーク**，sは**ストレンジクォーク**，tは**トップクォーク**，bは**ボトムクォーク**，ν_eは**電子ニュートリノ**，ν_μは**ミューニュートリノ**，ν_τは**タウニュートリノ**，e$^-$は**電子**，μ^-は**ミューオン**（**ミュー粒子**），τ^-は**タウオン**（**タウ粒子**）です．

表1.1 3世代の物質粒子

	第1世代	第2世代	第3世代
クォーク	u d	c s	t b
レプトン	ν_e e$^-$	ν_μ μ^-	ν_τ τ^-

(2) **ゲージ粒子**：**ゲージ相互作用**とよばれる，普遍性をもつ**相互作用**（**力**）を媒介する素粒子で，表1.2のような3種類の素粒子が存在します．

4   1. 素粒子の世界

表 1.2　ゲージ粒子

ゲージ粒子	記号	媒介する相互作用
グルーオン	g	強い相互作用
ウィークボソン	$W^\pm, Z$	弱い相互作用
光子	γ	電磁相互作用

ここで, 強い相互作用と弱い相互作用について解説します.

▶ **強い相互作用**：クォーク同士を結び付けて, 陽子や中性子などを構成する相互作用.

▶ **弱い相互作用**：β 崩壊（原子核内の中性子が陽子に変化する際に, 電子と**反電子ニュートリノ**を放出する現象）や μ **崩壊**（ミューオンがミューニュートリノに変化する際に, 電子と反電子ニュートリノを放出する現象）などを引き起こす相互作用.

(3)　**ヒッグス粒子**（h^0）：素粒子に質量を与えるはたらきをする**ヒッグス2重項**とよばれる素粒子の一員で, 真空（物理系のエネルギーが最小の状態）と同じ**量子数**をもっています.

　これらの素粒子（物質粒子, ゲージ粒子, ヒッグス粒子）は, すべて大きさがゼロの粒子（点粒子）と考えられています.
　ここで, これらの素粒子の存在を認めると, 次のような問いが生まれます.

- 物質粒子の起源は何か？　なぜ, 3世代存在するのか？
- 相互作用（力）とは何か？　ゲージ粒子の起源は何か？
- ヒッグス2重項の起源は何か？　真空とどのように関係するのか？

これらの問いを頭の片隅にとどめておいてください.

🌱 1.3　素粒子の特徴

素粒子は, どのような特徴をもっているのか？
ここでは, 素粒子がもつ特徴を4つ紹介します.

1.3 素粒子の特徴 **5**

▶ **特徴 1**：素粒子は，それぞれ固有の属性をもつ．

　素粒子は様々な属性をもっていますが，それぞれ同一性を有しています．例えば，異なる場所に存在する電子同士を持ちよって比べたとしても，全く同じ属性をもつために見分けがつきません．素粒子の属性として，ここでは，**質量，電荷（電気量），スピン**について紹介します．

　（1）　**素粒子は固有の質量 m (≥ 0) をもつ．**

　例えば，電子の質量は $m_e = 9.1094 \times 10^{-31}\,\mathrm{kg}$，陽子の質量は $m_p = 1.6726 \times 10^{-27}\,\mathrm{kg}$，中性子の質量は $m_n = 1.6749 \times 10^{-27}\,\mathrm{kg}$ です．

　（2）　**素粒子は固有の電荷 $q = eQ$ をもつ．**

　e は**電気素量（素電荷）**とよばれる電気量で，$e = 1.60 \times 10^{-19}\,\mathrm{C}$ です．Q は e を単位とした電荷で，電子は $Q = -1$，陽子は $Q = 1$，中性子は $Q = 0$ です．Q も電荷とよばれます．

　（3）　**素粒子は固有のスピン $\boldsymbol{S} = (S_x, S_y, S_z)$ をもつ．**

　スピンとは，軌道角運動量とは異なる，素粒子に固有の角運動量で，換算プランク定数 $\hbar$ を単位として，整数の値あるいは半整数の値をとります．ここで半整数とは，奇数を 2 で割った数のことです．**素粒子のスピンの大きさ（S_z の最大値）が $s\hbar$ であるとき，素粒子はスピン s をもつ**といいます．

　標準模型の素粒子について，上記の属性を具体的に見てみましょう．クォークの質量，電荷，スピンを表 1.3，レプトンの質量，電荷，スピンを表 1.4，ゲージ粒子の質量，電荷，スピンを表 1.5，ヒッグス粒子の質量，電荷，スピンを表 1.6 に示します．

表 1.3　クォークの質量，電荷，スピン

クォーク	質量	電荷	スピン	質量比
u	2.16 MeV	2/3	1/2	4.2
d	4.70 MeV	−1/3	1/2	9.2
c	1.27 GeV	2/3	1/2	2485
s	93.5 MeV	−1/3	1/2	183
t	172.57 GeV	2/3	1/2	337711
b	4.18 GeV	−1/3	1/2	8180

6   1. 素粒子の世界

表 1.4　レプトンの質量，電荷，スピン

レプトン	質量	電荷	スピン	質量比
ν_e	未定	0	1/2	未定
e^-	0.510998950 MeV	-1	1/2	1
ν_μ	未定	0	1/2	未定
μ^-	105.652180 MeV	-1	1/2	207
ν_τ	未定	0	1/2	未定
τ^-	1776.93 MeV	-1	1/2	3477

表 1.5　ゲージ粒子の質量，電荷，スピン

ゲージ粒子	質量	電荷	スピン
g	0	0	1
$W^\pm$	80.3692 GeV	±1	1
Z	91.1880 GeV	0	1
γ	0	0	1

表 1.6　ヒッグス粒子の質量，電荷，スピン

ヒッグス粒子	質量	電荷	スピン
h^0	125.20 GeV	0	0

　各表において，質量の単位としては自然単位系を用いました．自然単位系については 1.6 節で紹介しますが，$1\,\mathrm{eV} = 1.78 \times 10^{-36}\,\mathrm{kg}$（$1\,\mathrm{MeV} = 10^6\,\mathrm{eV}$，$1\,\mathrm{GeV} = 10^9\,\mathrm{eV}$）という関係があります．なお，表 1.3 と表 1.4 において，質量比は電子の質量に対する比です．**物質粒子の質量の間にかなりの較差があ**ることに気付いてください．また，電荷は Q，スピンは s の値を記しました．

　さらに，**ニュートリノ振動**の観測によりニュートリノが極めて小さな質量をもつことがわかっていますが，その値は未定です（ニュートリノ振動については，11.3 節を参照）．例えば，β 崩壊の実験から反電子ニュートリノの質量の上限値として，0.8 eV が得られています．

　素粒子は，スピンにより 2 つに分類されます．スピンが整数の粒子を**ボソン**または**ボース粒子**といい，その集団は**ボース-アインシュタイン統計**に従います．また，スピンが半整数の粒子を**フェルミオン**または**フェルミ粒子**といい，その集団は**フェルミ-ディラック統計**に従います．フェルミオンは，

1.3 素粒子の特徴　7

表 1.7　スピンによる標準模型の素粒子の分類

スピン	標準模型の素粒子	ボソン／フェルミオン
1	ゲージ粒子	ボソン
1/2	クォーク，レプトン	フェルミオン
0	ヒッグス粒子	ボソン

「1 個の量子状態には，1 個のフェルミオンしか入ることができない」という**パウリの排他律**に従います．そして，標準模型の素粒子は，スピンを用いて，表 1.7 のように分類することができます．

　質量，電荷，スピンについて簡単に紹介しましたが，ここで，次のような問いが生じます．

　　・質量とは本質的に何か？　質量の起源は何か？　なぜ，素粒子の質量の間にかなりの較差があるのか？

　　・電荷とは本質的に何か？　電荷の起源は何か？

　　・スピンとは本質的に何か？　スピンの起源は何か？

これらの問いも頭の片隅にとどめておいてください．

　素粒子に関する他の属性として，例えば，**寿命**や**ゲージ量子数**といったものもありますが，これらについては，それぞれ第 5 章，第 8 章で紹介します（標準模型の素粒子のゲージ量子数については，11.4 節を参照）．

▶ **特徴 2**：素粒子には，それぞれ反粒子が存在する．

　反粒子とは，粒子と質量が等しく，符号が反対の電荷をもつ粒子のことです．例えば，電子の反粒子は**陽電子**（e^+）とよばれ，電荷 $q = e$，つまり，$Q = 1$ をもっています．また，陽子や中性子の反粒子は，それぞれ**反陽子**（$\bar{p}$）や**反中性子**（$\bar{n}$）とよばれ，その電荷は，それぞれ $Q = -1$，$Q = 0$ です．なお，素粒子の中には，粒子と反粒子が同一であるような粒子が存在し，その典型例は光子です．

　また，ウィークボソン W^+ の反粒子は W^- です．クォークの反粒子を**反クォーク**といい，レプトンの反粒子を**反レプトン**といいます．u, d, c, s, t, b の反粒子は $\bar{u}, \bar{d}, \bar{c}, \bar{s}, \bar{t}, \bar{b}$ と表され，$\nu_e, e^-, \nu_\mu, \mu^-, \nu_\tau, \tau^-$ の反粒子は $\bar{\nu}_e, e^+, \bar{\nu}_\mu, \mu^+, \bar{\nu}_\tau, \tau^+$ と表されます．参考までに，反陽子は $\bar{u}$ が 2 個と $\bar{d}$ が 1 個から成る複

合粒子で，反中性子は $\bar{\mathrm{u}}$ が1個と $\bar{\mathrm{d}}$ が2個から成る複合粒子です．

その他の特徴として，

▶ **特徴3**：素粒子は，波動性と粒子性を併せもつ．
▶ **特徴4**：素粒子は，生成したり消滅したりする．

があります．次節で紹介するように，これらの特徴をより詳しく調べることにより，素粒子の運動や相互作用に関する法則が明らかになります．

1.4 素粒子の運動と相互作用

素粒子は，どのように運動しているのか？

素粒子は小さくて軽くて，光の速さ，あるいは光に近い速さで動き回るため，それらの運動は，**特殊相対性理論**の舞台である **4次元ミンコフスキー時空**で考えることになります（第2章を参照）．また，前節で述べた「特徴3：素粒子は，波動性と粒子性を併せもつ」から，素粒子は量子力学の法則に従う実体，つまり，**量子**なので，波動方程式に従います（第3章，第4章を参照）．よって，4次元ミンコフスキー時空を舞台とする素粒子は，**相対論的波動方程式**に従って運動することになります．

相対論的波動方程式はいくつかの種類があり，表1.8のように，スピンや質量の有無に応じて，特有の方程式が存在します．

解析力学で学ぶように，物体の運動方程式は**作用積分** $S = \int L\,dt$（L：ラグランジアン）から**最小作用の原理**を用いて導くことができます．そして解析力学は，質点や剛体などの物体に限らず，**場**（電場や磁場のように時空

表1.8 様々な相対論的波動方程式

波動方程式の名称	スピン	質量
クライン–ゴルドン方程式	0	m
ディラック方程式	1/2	m
ワイル方程式	1/2	0
マクスウェル方程式	1	0
ヤン–ミルズ方程式	1	0

上の関数として表される実体）にも適用できます．実際，場の解析力学を用いると，作用積分 $S = \int \mathcal{L}\, d^3x\, dt$（$\mathcal{L}$：**ラグランジアン密度**）から相対論的波動方程式を導くことができます．

素粒子は，どのように力を及ぼし合っているのか？

粒子同士の間の力の及ぼし合いは**相互作用**とよばれます．相互作用は，粒子同士の間で，力を媒介する素粒子をやりとりすることにより起こります（第5章，第6章を参照）．前節で述べた「特徴4：素粒子は，生成したり消滅したりする」も，相互作用によるもので，素粒子は生成や消滅を司る場の演算子を用いて表されます．

この相互作用は，**相互作用ラグランジアン密度**を用いて記述されます．具体的には，自由な（相互作用を受けていない）素粒子は運動項のみを含むラグランジアン密度で記述され，相互作用をしている素粒子は運動項および場の3次以上の項を含む相互作用ラグランジアン密度で記述されます．そして，理論的に計算された物理量の値を実験・観測データと照合することにより，素粒子の理論や模型が検証されます（第6章を参照）．

素粒子は一般に生成したり消滅したりしますが，その反応過程を通じて変化しない量が存在し，これを**保存量**といいます．保存量の背後には**対称性**，つまり，変換のもとでの**不変性**が潜んでいます．

解析力学によると，**大局的な連続的対称性**の場合[2]，**ネーターチャージ**と総称される物理量が保存量になります．例えば，作用積分が**時間並進対称性**をもつときは，エネルギーが保存し，**空間並進対称性**をもつときは，運動量が保存します．また，**回転対称性**をもつときは，角運動量が保存します．さらに，場に関する位相変換のもとでの不変性をもつときは，電荷が保存します．ここで，エネルギー，運動量，角運動量，電荷がネーターチャージとして理解されます．

物理学の他の分野と同様に，**素粒子の探究においても，対称性が重要な概念となります**（詳細については，第7章，第8章を参照）．そして，対称性に

---

2) **大局的対称性**とは，時空上で一斉に同じ形で行われる変換のもとでの不変性のことです．また，**連続的対称性**とは，無限小変換（や無限小変換を繰り返し行うことにより得られる有限な変換）のもとでの不変性のことです．

関する変換の多くは，**群**を成します．よって，素粒子の世界を記述する数学的な道具として，**群論**は極めて有用です．

 ## 1.5 素粒子の理論体系

素粒子の世界は，どのような理論体系に基づいて定式化されるのか？

素粒子の世界を記述する枠組みは，**特殊相対性理論**と**場の量子論**が合体した，**相対論的場の量子論**とよばれるものです（第4章，第5章を参照）．この枠組みに基づいて，電弱スケールあたりまでの物理現象は，**標準模型**とよばれる**ゲージ理論（ゲージ場の量子論）**により，極めて正確に記述できることがわかっています．ここでゲージ理論とは，**ゲージ変換**とよばれる，時空の各点で独立に行われる変換（局所的変換）のもとでの不変性（**ゲージ対称性，ゲージ不変性**）をもつ理論のことです．ゲージ理論の典型例は**量子電磁力学**です（第6章，第8章を参照）．ゲージ理論は，**ゲージ原理**（ゲージ変換のもとで，物理法則は不変である）を採用して構築することができます（第8章を参照）．

標準模型の基本数式であるラグランジアン密度は，

$$\begin{aligned}
\mathscr{L}_{\mathrm{SM}} = &\ \bar{\phi} i \partial\!\!\!/ \phi \\
&- g_1 \bar{\phi} B\!\!\!/ \phi - \frac{1}{4} B^{\mu\nu} B_{\mu\nu} \\
&- g_2 \bar{\phi} W\!\!\!\!/ \phi - \frac{1}{4} W^{\mu\nu} W_{\mu\nu} \\
&- g_3 \bar{\phi} G\!\!\!/ \phi - \frac{1}{4} G^{\mu\nu} G_{\mu\nu} \\
&+ \bar{\phi}_i y_{ij} \phi_j \phi + \mathrm{h.c.} \\
&+ |D_\mu \phi|^2 - V(\phi)
\end{aligned} \tag{1.1}$$

のように簡略化された形で書き下すことができます（式の各項の意味については，第9章〜第11章で解説します）．

標準模型は高い精度で検証されていますが，謎をいくつも含んでいるため，素粒子の基礎理論とはいえません．そのため，標準模型を超える理論の探究

が精力的に行われています（巻末の付録 A ～ C を参照）．

　また，素粒子物理学は宇宙の成り立ちとも深く関わります（第 12 章を参照）．本書を通じて，物質粒子の多様性，ゲージ粒子のはたらき，ヒッグス粒子の役割を理解し，素粒子の世界および (1.1) の $\mathcal{L}_{SM}$ に秘められた法則が少しでも身近に感じられるようになってほしいと思います．

 ## 1.6　物理定数と単位系

1.6.1　大きな数や小さな数の表し方

　大きな数や小さな数の表し方として，指数を用いる方法と接頭語を用いる方法があります．指数を用いる例としては，$c = 3.00 \times 10^8 \mathrm{m/s}$（**光の速さ**）や $\hbar = 1.05 \times 10^{-34} \mathrm{J \cdot s}$（**換算プランク定数**）があります．

　一方，接頭語を用いる例としては，$5000 \mathrm{m} = 5 \mathrm{km}$ や $10^{-15} \mathrm{m} = 1 \mathrm{fm}$ があります．主な接頭語を表 1.9 に示します．

表 1.9　主な接頭語

10^n	記号	名称	10^n	記号	名称
10^{18}	E	エクサ（exa）	10^{-1}	d	デシ（deci）
10^{15}	P	ペタ（peta）	10^{-2}	c	センチ（centi）
10^{12}	T	テラ（tera）	10^{-3}	m	ミリ（milli）
10^{9}	G	ギガ（giga）	10^{-6}	μ	マイクロ（micro）
10^{6}	M	メガ（mega）	10^{-9}	n	ナノ（nano）
10^{3}	k	キロ（kilo）	10^{-12}	p	ピコ（pico）
10^{2}	h	ヘクト（hecto）	10^{-15}	f	フェムト（femto）
10^{1}	da	デカ（deca）	10^{-18}	a	アト（atto）

1.6.2　主な物理定数

　本書で関連の深い物理定数と SI 単位系でのその値を表 1.10 に列挙します．値は有効数字 3 桁で示しました．

12   1. 素粒子の世界

表 1.10   主な物理定数

物理定数	記号	値
真空中の光の速さ	c	$3.00 \times 10^8\,\mathrm{m/s}$
プランク定数	h	$6.63 \times 10^{-34}\,\mathrm{J \cdot s}$
換算プランク定数 （ディラック定数）	$\hbar \equiv \dfrac{h}{2\pi}$	$1.05 \times 10^{-34}\,\mathrm{J \cdot s}$
アボガドロ定数	N_A	$6.02 \times 10^{23}\,\mathrm{mol^{-1}}$
電気素量（素電荷）	e	$1.60 \times 10^{-19}\,\mathrm{C}$
電子の質量	m_e	$9.11 \times 10^{-31}\,\mathrm{kg}$
陽子の質量	m_p	$1.67 \times 10^{-27}\,\mathrm{kg}$
真空の誘電率	ε_0	$8.85 \times 10^{-12}\,\mathrm{F/m}$
真空の透磁率	μ_0	$1.26 \times 10^{-6}\,\mathrm{N/A^2}$
微細構造定数	$\alpha \equiv \dfrac{e^2}{4\pi\varepsilon_0\hbar c}$	$7.30 \times 10^{-3} \fallingdotseq \dfrac{1}{137}$
重力定数 （万有引力定数）	G_N	$6.67 \times 10^{-11}\,\mathrm{m^3/(kg \cdot s^2)}$
ボルツマン定数	k_B	$1.38 \times 10^{-23}\,\mathrm{J/K}$

1.6.3 自然単位系

SI 単位系のように，物理量を数量化する際に設ける基準を**単位**，単位の集まりを**単位系**といいます．素粒子の現象を扱う際は，**自然単位系**とよばれる，とても便利な単位系を用います．これは具体的には，光の速さ c，換算プランク定数 $\hbar$，**電子ボルト** eV（あるいは，$1\,\mathrm{keV} = 10^3\,\mathrm{eV}$, $1\,\mathrm{MeV} = 10^6\,\mathrm{eV}$, $1\,\mathrm{GeV} = 10^9\,\mathrm{eV}$, $1\,\mathrm{TeV} = 10^{12}\,\mathrm{eV}$ など）を基本単位とする単位系です．ここで，eV は電子が $1\,\mathrm{V}$ の電圧のもとで加速されるときに得るエネルギーで，$1\,\mathrm{eV} = 1.60 \times 10^{-19}\,\mathrm{J}$ です．ちなみに，keV, MeV, GeV, TeV は，それぞれケブ，メブ，ジェブ，テブのように略称でよばれることもあります．

また，通常，$c = 1$, $\hbar = 1$ として，c と $\hbar$ は省略されます．例えば，質量の単位は，正確には MeV/c^2 などですが，c を省略して MeV などと記す場合が多いです．なぜかというと，c と $\hbar$ を省略しても，次元解析を用いて一意的に復元できるので不都合が生じないからです．

これにより，自然単位系では，質量とエネルギーと運動量は eV という単位のもとで，長さと時間は eV^{-1} という単位のもとで数量化されます．自然

単位系を用いることで，数式が簡潔になるばかりでなく，物理量を概算しやすくなるので，少しずつ慣れ親しんでいきましょう．

参考までに，質量 M，長さ L，時間 T を用いると，$c, \hbar, \mathrm{eV}$ の次元は，
$$[c] = \mathrm{LT}^{-1}, \quad [\hbar] = \mathrm{ML}^2\mathrm{T}^{-1}, \quad [\mathrm{eV}] = \mathrm{ML}^2\mathrm{T}^{-2} \tag{1.2}$$
と表され，これらを用いると，
$$[\mathrm{eV}/c^2] = \mathrm{M}, \quad [\hbar c/\mathrm{eV}] = \mathrm{L}, \quad [\hbar/\mathrm{eV}] = \mathrm{T} \tag{1.3}$$
が導かれます．

 Exercise 1.1

質量 $1\,\mathrm{GeV}$ は何キログラムでしょうか？ また，長さ $1\,\mathrm{GeV}^{-1}$ は何メートルでしょうか？

Coaching $1\,\mathrm{eV} = 1.60 \times 10^{-19}\,\mathrm{J}$ より，$1\,\mathrm{GeV} = 1.60 \times 10^{-10}\,\mathrm{J}$ なので，
$$1\,\mathrm{GeV} = 1\,\mathrm{GeV}/c^2 = \frac{1.60 \times 10^{-10}\,\mathrm{J}}{(3.00 \times 10^8\,\mathrm{m/s})^2} = 1.78 \times 10^{-27}\,\mathrm{kg} \tag{1.4}$$
です．同様にして，
$$1\,\mathrm{GeV}^{-1} = 1\,\hbar c/\mathrm{GeV} = \frac{1.05 \times 10^{-34}\,\mathrm{J\cdot s} \times 3.00 \times 10^8\,\mathrm{m/s}}{1.60 \times 10^{-10}\,\mathrm{J}}$$
$$= 1.97 \times 10^{-16}\,\mathrm{m} \tag{1.5}$$
となります．■

 Training 1.1

時間 $1\,\mathrm{GeV}^{-1}$ は何秒でしょうか？

 Exercise 1.2

$\hbar c$ は何 $\mathrm{MeV\cdot fm}$ でしょうか？ ここで，$1\,\mathrm{fm} = 10^{-15}\,\mathrm{m}$ です．

Coaching $1\,\mathrm{MeV} = 1.60 \times 10^{-13}\,\mathrm{J}$，つまり，$1\,\mathrm{J} = \dfrac{1}{1.60 \times 10^{-13}}\,\mathrm{MeV}$ なので，
$$\hbar c = \frac{1.05 \times 10^{-34}\,\mathrm{J\cdot s} \times 3.00 \times 10^8\,\mathrm{m/s}}{1.60 \times 10^{-13}\,\mathrm{J/MeV}}$$
$$= 1.97 \times 10^{-13}\,\mathrm{MeV\cdot m} = 197\,\mathrm{MeV\cdot fm} \tag{1.6}$$

です．この値は単位の換算に便利なので覚えておきましょう．

ちなみに，$\hbar c$ は，光子のエネルギー E_γ と波長 λ_γ を掛け合わせて，それを 2π で割った量に相当します（Practice [3.1] を参照）．

SI 単位系と GeV を用いた自然単位系との間の換算は，

$$\begin{cases} 1\,\mathrm{kg} = 5.61 \times 10^{26}\,\mathrm{GeV}/c^2 \\ 1\,\mathrm{m} = 5.07 \times 10^{15}\,\hbar c/\mathrm{GeV} \\ 1\,\mathrm{s} = 1.52 \times 10^{24}\,\hbar/\mathrm{GeV} \end{cases} \quad (1.7)$$

で与えられます．換算の際に，c と $\hbar$ が明記されていると便利なので，ここでは省略しませんでした．また，正確を期して，$c = 2.99792458 \times 10^8\,\mathrm{m/s}$，$\hbar = 1.054571817 \times 10^{-34}\,\mathrm{J\cdot s}$，$e = 1.602176634 \times 10^{-19}\,\mathrm{C}$ を用いました．

さらに，c と $\hbar$ に加えて**真空の誘電率** ε_0 を 1 とすると，$c = 1/\sqrt{\varepsilon_0 \mu_0}$ より，**真空の透磁率** μ_0 も 1 となります．素粒子が関与する**初期宇宙**の探究においては，**重力定数**（万有引力定数）G_N や**ボルツマン定数** k_B も関与するため，解析の際に，$G_\mathrm{N} = 1$，$k_\mathrm{B} = 1$ とする単位系が使われたりもします．

 Exercise 1.3

温度 1 K は何 eV でしょうか？

Coaching　物体のもつ温度 T とエネルギー E の間には，$E = k_\mathrm{B} T$ の関係が成り立ちます．$k_\mathrm{B} = 1.38 \times 10^{-23}\,\mathrm{J/K}$ なので，1 K は $1.38 \times 10^{-23}\,\mathrm{J}$ に相当します．これより，$1\,\mathrm{eV} = 1.60 \times 10^{-19}\,\mathrm{J}$ を用いて，J を eV に換算すると，

$$1\,\mathrm{K} = \frac{1.38 \times 10^{-23}\,\mathrm{J}}{1.60 \times 10^{-19}\,\mathrm{J/eV}} = 8.62 \times 10^{-5}\,\mathrm{eV} \quad (1.8)$$

が得られます．

 Training 1.2

1 GeV は何 K でしょうか？

☕ Coffee Break

高等学校の物理の教科書今昔

　本書の執筆に際し，読者がどれほどの知識をもっていると仮定してよいのか不明だったので，現行の高等学校の物理の教科書をチェックしてみました．驚きました！ 多くの教科書で，素粒子の標準模型に言及されていました．宇宙論（ビッグバン，インフレーション，暗黒物質，暗黒エネルギーなど）に関する話も記載されていました．隔世の感を禁じ得ません．というのも，筆者が学んだ教科書（昭和53年発行）では，原子や原子核の話はありますが，素粒子や宇宙に関する話題は皆無でした．索引にも，「素粒子」という単語は記載されていません．

　昭和53年（1978年）といえば，すでに標準模型の理論的枠組みはほぼ完成していたはずです．もっとも，まだ見つかっていない素粒子がいくつもあったので，掲載を見送るのも致し方ないことだったのかもしれません．それでも，現行の物理の教科書に暗黒物質や暗黒エネルギーといった正体不明なものが記載されていることを思うと，少し残念な気もします．

　比較はさておき，40〜50年後の物理の教科書が気になります．ひょっとしたら，どこでも簡単に開くことができる電子媒体（？）になっているかもしれませんが，外見はともかく，ワクワクを超えてドキドキするような内容で溢れかえっていることを期待したいものです．

本章のPoint

- **素粒子物理学**：素粒子を特定し，素粒子の運動や相互作用に関する原理や法則を探究する学問．
- **素粒子の理論体系**：素粒子現象を支配する物理法則は，相対論的場の量子論を用いて記述される．
- **標準模型**：物質粒子（3世代のクォークとレプトン），ゲージ粒子（グルーオン，ウィークボソン，光子），ヒッグス粒子を素粒子とし，強い相互作用，電磁相互作用，弱い相互作用をゲージ相互作用として記述する相対論的場の量子論．
- **素粒子の特徴**：それぞれ特定の質量，電荷，スピンをもつ．反粒子が存在する．量子であり，生成したり消滅したりする．
- **自然単位系**：$c, \hbar, \mathrm{eV}$ を基本単位とする単位系で，質量の単位は eV/c^2，長さの単位は $\hbar c/\mathrm{eV}$，時間の単位は $\hbar/\mathrm{eV}$ である．通常，$c=1, \hbar=1$ として，c と $\hbar$ は省略される．

Practice

[1.1] 電子と陽子の質量

電子の質量 $m_\mathrm{e} = 9.11 \times 10^{-31}\,\mathrm{kg}$ と陽子の質量 $m_\mathrm{p} = 1.67 \times 10^{-27}\,\mathrm{kg}$ は，それぞれ何 MeV でしょうか？

[1.2] 換算プランク定数

換算プランク定数 $\hbar$ は何 MeV·s でしょうか？

[1.3] 力の単位

自然単位系において，力の単位は何でしょうか？

[1.4] 電気素量

真空の誘電率を $\varepsilon_0 = 1$ とするような自然単位系において，電気素量 e はどのくらいでしょうか？

特殊相対性理論

素粒子は，どのような舞台（時空）に存在し，その舞台は，どのような特徴をもっているのでしょうか？ そして，素粒子を含む物体は，その舞台でどのような運動をするのでしょうか？ 本章では，ニュートン力学を振り返った後，特殊相対性理論の世界を概観してみましょう．

2.1 時間と空間

まずは，物理学の舞台である**時間**と**空間**（まとめて**時空**といいます）について，先人たちが辿った道筋を振り返ってみましょう．

ニュートンは，力学の舞台として**絶対時間**と**絶対空間**という概念に基づいて，一様に流れる時間と **3次元ユークリッド空間**を想定しました．ここで，絶対時間と絶対空間は，それぞれ観測者と無関係に存在する時間と空間のことです．また3次元ユークリッド空間とは，**平坦性**と**一様性**と**等方性**をもつ3次元空間のことです．

ここで**平坦性**とは，**曲率**がゼロ，つまり，曲がっていないということです．例えば，空間が2次元の場合，平面をイメージしてください．**一様性**とは，特別な場所が存在しないことです．例えば，まっすぐ進んでから周りを見渡しても空間の様子が進む前と変わっていないという性質で，座標系を設定したとき，原点をどこに選んでもよいことを意味します．**等方性**とは，特別な

18   2. 特殊相対性理論

方向がないことです．例えば，その場である一定の角度だけ回転してから周りを見渡しても空間の様子が回転する前と変わっていないという性質で，座標系を設定したとき，座標軸をどの方向に選んでもよいことを意味します．

　時空上に存在する物体の運動を記述するために，**座標系**を導入してみましょう．例えば，時間に関する変数 t と 3 次元空間に関する 3 つの変数 $x = (x, y, z)$ を用いることにより，物体の位置を指定することができます．座標系を採用する際には，なるべく使い勝手の良いものを選ぶのがよいでしょう．例として，3 次元ユークリッド空間上では，3 次元の**直交座標系**がしばしば用いられます．

　また物理学では，多くの場合，**慣性系**とよばれる座標系を想定して，そこで物理法則を記述します．ここで慣性系とは，**慣性の法則**（物体が力を受けないとき，物体の運動状態は変化しない）が成り立つ座標系のことです．ある慣性系に対して，相対的に等速度で動いている座標系も慣性系で，この 2 つの慣性系は**ガリレイ変換**とよばれる座標変換で結ばれています．実際，ニュートンの運動方程式はガリレイ変換のもとで不変で，**ガリレイの相対性原理**（相対的に等速度で動いている慣性系において，運動の法則は同一である）が成り立っています（2.2 節を参照）．

　電磁気学の基礎方程式は，**マクスウェル方程式**とよばれる波動方程式です．マクスウェル方程式から，**電磁波**とよばれる，光の速さ c（$= 3.0 \times 10^8 \,\mathrm{m/s}$）で伝わる波動が予言され，ヘルツによって，その波動の存在が確認されました．こうして，**可視光**は電磁波の一種であることがわかりました．

　ここで，大きな謎が生じました．それは，「光の速さを c で観測する慣性系はどれなのか？」という謎です．そして，あらゆる慣性系で光の速さは一定の値 c であることを支持する**マイケルソン－モーリーの実験**によって，その謎が深まりました．また，この謎と関連して，マクスウェル方程式がガリレイ変換のもとで形を変えるため，電磁気学は，ガリレイ変換のもとでの不変性を有するニュートン力学と相容れないこともわかりました．

　1904 年にローレンツが，マクスウェル方程式に潜む変換として**ローレンツ変換**とよばれる（2.4 節で解説するように，本書では，これを**ローレンツブースト**とよんでいます），ガリレイ変換に代わる変換を見つけました．しかし，

この変換は空間と時間を混ぜるような変換で，**ローレンツ収縮**とよばれる，慣性系によっては物体の長さが縮んで見えるという奇妙な現象を引き起こすため，ローレンツ自身は絶対時間や絶対空間という概念を捨てきれませんでした．

前述の光の速さに関する謎を解消したのがアインシュタインで，彼は 1905年に**特殊相対性原理**（あらゆる慣性系で，物理法則は同一である）と**光速度不変の原理**（真空中の光の速さは，あらゆる慣性系で同一である）を採用し，ニュートン力学に修正を加えて，**特殊相対性理論**とよばれる理論を構築しました（2.3 節，2.5 節を参照）．特殊相対性理論では，時空は観測者の運動状態に依存する概念です．慣性系同士はローレンツ変換を含む**ポアンカレ変換**とよばれる座標変換で結ばれ，このような変換のもとで特殊相対性理論は不変な理論になっています．

さらに，1908 年頃にミンコフスキーは，**世界間隔**とよばれる幾何学的な量に基づいて，特殊相対性理論の舞台を数学的に整備しました（2.3 節，2.6 節を参照）．そしてその舞台は，**4 次元ミンコフスキー時空**とよばれています．

物理学には，幾何学的な**物理量**の他に物体に付随（ふずい）する物理量が存在します．ここで物理量とは，物理的な実体の性質や状態を表す普遍的な量のことです．そして一般に，物理量は座標変換に連動して変換し，その変換性に基づいて，スカラー，ベクトル，テンソルのように分類されます（2.6 節を参照）．

物理法則は物理量の間に成り立つ関係式として方程式の形で表され，その方程式に時空の性質が反映されます．例えば，時空が座標変換のもとで不変である（**対称性**をもつ）とき，物理法則もそれに付随して対称性をもちます．具体的には，**座標変換のもとで物理量が特定の変換を受けて変化することがありますが，物理法則を表す方程式そのものは変換のもとで同じ形を保ちます**．よって，**物理法則を探究したり理解したりする上で，対称性が鍵となります**．

さらに，重力を含む物理現象を「重力の効果を取り除いたとき，特殊相対性理論に帰着する」という形で定式化しようとすると，4 次元ミンコフスキー時空から舞台を拡張する必要があります．このような時空概念の拡張による重力理論の構築は，アインシュタインにより，1915 年頃に**リーマン幾何学**を

20   2. 特殊相対性理論

駆使して成し遂げられ，その理論は**一般相対性理論**とよばれています．一般相対性理論の舞台は，**4次元擬リーマン空間**とよばれる曲がった時空です．

ただし，多くの場合，素粒子にはたらく重力は極めて弱いため（Practice [2.1] を参照），本書では一部を除いて，重力の効果を無視して，素粒子の舞台を4次元ミンコフスキー時空とすることにします．

🌱 2.2 ニュートン力学

特殊相対性理論の世界に入る前に，復習を兼ねて，まずは**ニュートン力学**の世界に立ち寄りましょう．物体の運動に関する法則は，次の3つの法則にまとめられます．

▶ **ニュートンの運動の3法則**

慣性の法則：物体が力を受けないとき，物体の運動状態は変化しない．

運動の法則：物体に力がはたらくとき，力に比例する加速度をもつ．

作用・反作用の法則：物体1が物体2に力を及ぼすとき，物体1は物体2から大きさが同じで逆向きの力を受ける．

慣性の法則が成り立つ座標系は**慣性系**とよばれ，運動の法則は，**ニュートンの運動方程式**

$$m\frac{d^2\boldsymbol{x}}{dt^2} = \boldsymbol{F} \tag{2.1}$$

として表されます．ここで，m は物体の**質量**，$\boldsymbol{x} = \boldsymbol{x}(t)$ は3次元空間上の物体の位置ベクトルで，直交座標系を用いて $\boldsymbol{x} = (x, y, z)$ と表されます．また，t は時間を表す変数，$\boldsymbol{F}$ は物体にはたらく**力**です．

ニュートン力学の舞台は，**絶対時間と3次元ユークリッド空間**で，ニュートン力学は**ガリレイの相対性原理**とよばれる原理に支配されています．

▶ **ガリレイの相対性原理**：相対的に等速度で動いている慣性系において，運動の法則は同一である．

相対的に等速度で動いている慣性系同士の変換は**ガリレイ変換**とよばれ，慣性系 I に対して等速度 $\boldsymbol{u}$ で動いている別の慣性系 I′ との間で，ガリレイ変換は $\boldsymbol{x}' = \boldsymbol{x} - \boldsymbol{u}t$ と表されます．ここで，$\boldsymbol{x} = \boldsymbol{x}(t)$ および $\boldsymbol{x}' = \boldsymbol{x}'(t)$ は，それぞれ慣性系 I および慣性系 I′ における物体の位置ベクトルです．

♈ Exercise 2.1

ガリレイ変換で結び付く慣性系同士で，同じ運動の法則が成り立つことを示しなさい．

Coaching ガリレイ変換 $\boldsymbol{x}' = \boldsymbol{x} - \boldsymbol{u}t$ より，慣性系の間には $\dfrac{d\boldsymbol{x}'}{dt} = \dfrac{d\boldsymbol{x}}{dt} - \boldsymbol{u}$ と $\dfrac{d^2\boldsymbol{x}'}{dt^2} = \dfrac{d^2\boldsymbol{x}}{dt^2}$ が成り立ちます．また，慣性系 I および慣性系 I′ において，物体にはたらく力を $\boldsymbol{F}$ および $\boldsymbol{F}'$ としたとき，物体には同じ力がはたらいているので $\boldsymbol{F} = \boldsymbol{F}'$ が成り立ちます．

よって，慣性系 I においてニュートンの運動方程式 $m\dfrac{d^2\boldsymbol{x}}{dt^2} = \boldsymbol{F}$ が成り立つとき，慣性系 I′ においても，同じ形の運動方程式 $m\dfrac{d^2\boldsymbol{x}'}{dt^2} = \boldsymbol{F}'$ が成り立つことがわかります．　■

🌱 2.3　4次元ミンコフスキー時空

素粒子は，どのような舞台に存在しているのか？

光子は光の速さで飛び交い，電子も光に近い速さで運動できるので，素粒子の舞台は，（重力を無視すると）特殊相対性理論の舞台である**4次元ミンコフスキー時空**です．

ここで4次元ミンコフスキー時空とは，時空上の任意の点 $(t, \boldsymbol{x})$ とその近傍の点 $(t + dt, \boldsymbol{x} + d\boldsymbol{x})$ に関して，**世界間隔（線素）** ds を2乗した量が

$$ds^2 \equiv (c\,dt)^2 - |d\boldsymbol{x}|^2$$
$$= c^2\,dt^2 - dx^2 - dy^2 - dz^2 \tag{2.2}$$

22　2. 特殊相対性理論

で定義される平坦な時空のことです（直交座標系の場合）[1]．(2.2) で，≡ は左辺の量が右辺の量で定義されていることを表す記号で，c は光の速さです．

そして，**特殊相対性理論**とは，（広義の意味で）4 次元ミンコフスキー時空上で成り立つ理論のことで，次の 2 つの原理に基づいて構築されます．

▶ **特殊相対性原理**：あらゆる慣性系で，物理法則は同一である．
▶ **光速度不変の原理**：真空中の光の速さは，あらゆる慣性系で同一である．

特殊相対性原理はガリレイの相対性原理を拡張したもので，運動の法則のみならず，すべての物理法則があらゆる慣性系において同じように成り立つという原理です．そして**光速度不変の原理**は，**マイケルソン－モーリーの実験**により，その正しさが確認されています．

🜍 Exercise 2.2

光速度不変の原理を用いて，光子はあらゆる慣性系で $ds^2 = 0$ という共通の値をとるような軌道を描くことを示しなさい．

Coaching　光速度不変の原理は，数式を用いると，

$$c = \left| \frac{d\boldsymbol{x}}{dt} \right| = \left| \frac{d\boldsymbol{x}'}{dt'} \right| \tag{2.3}$$

と表され，(2.3) と等価な式として，

$$(c\,dt)^2 - |d\boldsymbol{x}|^2 = (c\,dt')^2 - |d\boldsymbol{x}'|^2 = 0 \tag{2.4}$$

が得られます．ここで，$\boldsymbol{x} = \boldsymbol{x}(t)$ および $\boldsymbol{x}' = \boldsymbol{x}'(t')$ は，それぞれ慣性系 I および慣性系 I′ における時刻 t および t' での光子の位置ベクトルです．(2.4) は世界間隔を表すので，あらゆる慣性系で $ds^2 = 0$ を満たすように位置ベクトルが動く（軌道を描く）ことがわかります．

なお (2.4) より，$|d\boldsymbol{x}| \neq |d\boldsymbol{x}'|$ のときは $dt \neq dt'$ となるので，時間の流れはすべての慣性系で共通とは限らないことがわかります．つまり，絶対時間という概念は，もはや通用しません．　　　■

---

1)　多くの相対性理論のテキストでは，ds^2 を $ds^2 \equiv -c^2 dt^2 + dx^2 + dy^2 + dz^2$ のように定義していますが，本書では，素粒子物理学の分野の慣例に従い，(2.2) のように定義しました．注意してください．また多くのテキストと同じように，$ds^2, dt^2, dx^2, dy^2, dz^2$ は $(ds)^2, (dt)^2, (dx)^2, (dy)^2, (dz)^2$ のことです．相対性理論について，より詳しいことを学びたい方は，本シリーズの『相対性理論』などを参照してください．

Exercise 2.2 で見たような，粒子が描く軌道は**世界線**とよばれ，慣性系 I における 2 点 $(t, \bm{x})$ と $(t + dt, \bm{x} + d\bm{x})$ が，慣性系 I' ではそれぞれ $(t', \bm{x}')$ と $(t' + dt', \bm{x}' + d\bm{x}')$ と表されるとき，(2.2) と特殊相対性原理により，
$$(c\,dt)^2 - |d\bm{x}|^2 = (c\,dt')^2 - |d\bm{x}'|^2 \qquad (2.5)$$
が導かれます．つまり，光子を含むすべての粒子は，あらゆる慣性系で ds^2 が共通の値（光子の場合は $ds^2 = 0$）をとりながら運動すると考えられます．

2.4 ローレンツ変換

4 次元ミンコフスキー時空は，どのような特徴をもっているのか？

前節で述べたように，あらゆる慣性系で (2.2) の ds^2 が共通の値をとることから，慣性系 I と慣性系 I' は，ds^2 を不変に保つ性質をもつ**ポアンカレ変換**とよばれる，**並進**，**回転**，**ローレンツブースト**，**空間反転**，**時間反転**（およびそれらの合成[2]）から成る変換により結び付きます．そして，ポアンカレ変換から並進を除いたものを**ローレンツ変換**，ローレンツ変換から空間反転と時間反転を除いたものを**本義ローレンツ変換**といいます（図 2.1）．以下で，これらの変換を 1 つずつ見ていきましょう．

並進とは，座標系の原点の移動を意味し，
$$ct' = ct + a_0, \quad \bm{x}' = \bm{x} + \bm{a} \quad (a_0：定数，\bm{a}：定ベクトル) \qquad (2.6)$$

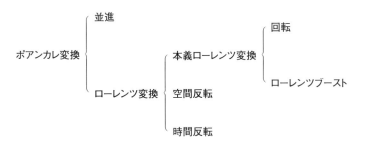

図 2.1　ポアンカレ変換

---

2) ポアンカレ変換は変換を元とする，**ポアンカレ群**とよばれる群（**変換群**）を構成します（群については，第 7 章を参照）．

24 2. 特殊相対性理論

と表されます．次に，回転の一例として，z 軸周りの角度 θ の回転は，

$$\begin{pmatrix} x' \\ y' \\ z' \end{pmatrix} = \begin{pmatrix} \cos\theta & \sin\theta & 0 \\ -\sin\theta & \cos\theta & 0 \\ 0 & 0 & 1 \end{pmatrix} \begin{pmatrix} x \\ y \\ z \end{pmatrix} \tag{2.7}$$

のように行列を用いて表されるので，4 次元時空上の位置ベクトルの各成分の変換は，

$$t' = t, \quad x' = x\cos\theta + y\sin\theta, \quad y' = -x\sin\theta + y\cos\theta, \quad z' = z \tag{2.8}$$

と表されます．ここで，θ は実数の定数です．

🏋 Exercise 2.3

(2.8) のもとで，ds^2 が不変に保たれることを示しなさい．

Coaching (2.8) のもとで，

$$\begin{aligned}
dx'^2 + dy'^2 &= (dx\cos\theta + dy\sin\theta)^2 + (-dx\sin\theta + dy\cos\theta)^2 \\
&= dx^2\cos^2\theta + 2\,dx\,dy\cos\theta\sin\theta + dy^2\sin^2\theta \\
&\quad + dx^2\sin^2\theta - 2\,dx\,dy\sin\theta\cos\theta + dy^2\cos^2\theta \\
&= dx^2 + dy^2
\end{aligned} \tag{2.9}$$

となり，ds^2 が不変に保たれることがわかります．　　　　　■

　図 2.1 のローレンツブーストとは，相対的に等速度で動いている 2 つの慣性系に関する変換のことです．例えば，慣性系 I の x 軸，y 軸，z 軸と慣性系 I′ の x' 軸，y' 軸，z' 軸がそれぞれ平行になるように座標系を選んだとき，x 軸方向に大きさ u の相対速度で運動している 2 つの慣性系の間で，

$$t' = \frac{t - \dfrac{u}{c^2}x}{\sqrt{1 - \left(\dfrac{u}{c}\right)^2}}, \quad x' = \frac{x - ut}{\sqrt{1 - \left(\dfrac{u}{c}\right)^2}}, \quad y' = y, \quad z' = z \tag{2.10}$$

と表される変換を**ローレンツブースト**といいます[3]．ちなみに，$u/c \to 0$ のとき，(2.10) はガリレイ変換（$t' = t,\ x' = x - ut,\ y' = y,\ z' = z$）に帰

着することがわかります.

 **Training 2.1**

(2.10) のもとで, ds^2 が不変に保たれることを示しなさい.

並進, 回転, ローレンツブーストは, (2.6) ～ (2.8), (2.10) において, a_0, θ, u がゼロに, $\boldsymbol{a}$ が $\boldsymbol{0}$ になる極限で, **恒等変換**（任意の元を元自身に移すような変換）に移行します. つまり, 逆に見れば, 並進, 回転, ローレンツブーストは**無限小変換**（恒等変換から無限小だけ異なる変換）を繰り返し行うことにより得られる変換であり, このような変換のもとでの不変性のことを**連続的対称性**といいます.

一方, 空間反転および時間反転は, それぞれ
$$t' = t, \quad x' = -x, \quad y' = -y, \quad z' = -z \tag{2.11}$$
および
$$t' = -t, \quad x' = x, \quad y' = y, \quad z' = z \tag{2.12}$$
と表される変換で, このような（変換群の元の中に無限小変換を含まない）変換のもとでの不変性のことを**離散的対称性**といいます.

重要なことは, **座標変換のもとでの ds^2 の不変性**により, 時空の性質が読み取れることです. 例えば, 並進対称性をもてば時空が一様である（特別な場所がない）こと, 回転対称性をもてば空間が等方である（特別な方向がない）ことがわかります.

これらの表現を用いると, 特殊相対性原理は, 「**ポアンカレ変換のもとで物理法則は不変である**」と読み替えることができます[4]. なお, その意味でポアンカレ変換は, 上で述べたような単なる座標変換にとどまらず, 座標変換にともなう物理量（エネルギー, 運動量など）の変換まで含めたものを意味します（2.6 節を参照）.

---

3) ローレンツブーストをローレンツ変換とよんでいるテキストもあるので, 注意してください.

4) 弱い相互作用のもとでは, 空間反転や時間反転に関する不変性が破れることを, 第 10 章で解説します.

26　2. 特殊相対性理論

2.5　相対論的力学

4 次元ミンコフスキー時空上で，物体[5] はどのような運動をするのか？

　特殊相対性理論によれば，質量 m をもつ物体の運動に付随して，**固有時**と
よばれる，物体と共に動く座標系が刻む時間 τ が定義できます．そして，こ
の座標系では物体の位置は変化しない（$|d\boldsymbol{x}| = 0$）ので，(2.2) より，

$$ds^2 = (c\,d\tau)^2 \tag{2.13}$$

が成り立ちます．そして，この ds^2 があらゆる慣性系で共通の値をとること
から，$d\tau$ もあらゆる慣性系で共通の値をとることがわかります．

　したがって，(2.2) と (2.13) より，

$$\frac{d\tau}{dt} = \sqrt{1 - \left(\frac{v}{c}\right)^2} \tag{2.14}$$

が導かれます（次の Exercise 2.4 を参照）．ここで，$v = \left|\dfrac{d\boldsymbol{x}}{dt}\right|$ は慣性系 I に
おける，時空点 $(t, \boldsymbol{x})$ に存在する物体の速さです．

Exercise 2.4

　(2.2) と (2.13) を用いて，(2.14) を導きなさい．

Coaching　(2.2) と (2.13) を用いると，$(c\,d\tau)^2 = (c\,dt)^2 - |d\boldsymbol{x}|^2$ が成り立ちま
す．この式を変形すると，$\left(\dfrac{d\tau}{dt}\right)^2 = 1 - \dfrac{1}{c^2}\left|\dfrac{d\boldsymbol{x}}{dt}\right|^2 = 1 - \dfrac{v^2}{c^2}$ が得られ，$\dfrac{d\tau}{dt} =$
$\sqrt{1 - \left(\dfrac{v}{c}\right)^2}$ が導かれます．ただし，平方根の正負を選ぶ際に，$d\tau$ と dt の符号が一
致することを用いました．　　　　　　　　　　　　　　　　　　　　■

　慣性系 I における時空点 $(t, \boldsymbol{x})$ に存在する物体の **4 元運動量** $(p^0, \boldsymbol{p})$ は，

$$p^0 \equiv m\frac{dx^0}{d\tau} = m\frac{d(ct)}{d\tau} = \frac{mc}{\sqrt{1 - \left(\dfrac{v}{c}\right)^2}} \tag{2.15}$$

---

　5)　ここでの物体は，古典的な物体（量子力学の法則が表に現れない世界，つまり，古典
物理学の世界における物体）とします．

2.5 相対論的力学

$$\bm{p} \equiv m\frac{d\bm{x}}{d\tau} = m\frac{d\bm{x}}{dt}\frac{dt}{d\tau} = \frac{m\bm{v}}{\sqrt{1-\left(\dfrac{v}{c}\right)^2}} \tag{2.16}$$

のように定義されます．ここで，$x^0 = ct$ で，$\bm{v} = \dfrac{d\bm{x}}{dt}$ は物体の速度です．

(2.15) より，$v \ll c$ のとき，

$$p^0 c = \frac{mc^2}{\sqrt{1-\left(\dfrac{v}{c}\right)^2}} = mc^2 + \frac{1}{2}mv^2 + \cdots \tag{2.17}$$

が得られます．(2.17) で，最右辺に移る際に，$\dfrac{1}{\sqrt{1-(v/c)^2}}$ を $\dfrac{v}{c}$ で展開しました．そして，(2.17) の最右辺の第 2 項がニュートン力学における運動エネルギーの形をしていることから，$p^0 c$ が物体のエネルギー E に相当することがわかります．また，最右辺の第 1 項は**静止エネルギー**で，$v = 0$ のとき，かのアインシュタインの有名な数式 $E = mc^2$ が得られます．

Training 2.2

(2.17) の最右辺を導きなさい．

また，$E = p^0 c$，(2.2)，(2.13)，(2.15)，(2.16) を用いると，

$$\left(\frac{E}{c}\right)^2 - |\bm{p}|^2 = m^2 c^2 \tag{2.18}$$

が導かれます（次の Exercise 2.5 を参照）．本書では，(2.18) を **4 元運動量の関係式**とよぶことにします．ちなみに，物体が静止しているときは $\bm{p} = \bm{0}$ で，(2.18) は $E \geq 0$ として $E = mc^2$ に帰着します．なお，ニュートンの運動の法則より，物体は運動方程式 $\dfrac{d\bm{p}}{d\tau} = \bm{f}$ に従って運動し，力 $\bm{f}$ がはたらかないときは，運動量が一定であることに注意しましょう．

Exercise 2.5

(2.18) を導きなさい．

28　2. 特殊相対性理論

Coaching　$E = p^0 c$, (2.2), (2.13), (2.15), (2.16) を用いると,

$$\left(\frac{E}{c}\right)^2 - |\boldsymbol{p}|^2 = (p^0)^2 - |\boldsymbol{p}|^2 = m^2 c^2 \left(\frac{dt}{d\tau}\right)^2 - m^2 \left|\frac{d\boldsymbol{x}}{d\tau}\right|^2$$

$$= m^2 \frac{c^2 dt^2 - |d\boldsymbol{x}|^2}{(d\tau)^2} = m^2 \frac{ds^2}{(d\tau)^2} = m^2 c^2 \qquad (2.19)$$

のように導かれます.　∎

🌱 2.6　相対論的表記法

　本節では,**相対論的表記法**とよばれる,相対性理論に関する簡潔な表記法について紹介します.数式がすっきり表現できるという見た目の良さだけではなく,慣れるに従って,その使い勝手の良さがわかってくると思います.

　4次元時空上に直交座標系を設けて,時刻 t と位置 $\boldsymbol{x} = (x, y, z)$ で指定される時空上の点を

$$(x^0, x^1, x^2, x^3) = (ct, x, y, z) = (ct, \boldsymbol{x}) \qquad (2.20)$$

のようにまとめて,さらに,4次元座標の成分を

$$x^\mu = (ct, \boldsymbol{x}) \qquad (\mu = 0, 1, 2, 3) \qquad (2.21)$$

のように簡略化して表記することにしましょう.この表記を用いると,時空上の2点 x^μ と $x^\mu + dx^\mu$ の間の世界間隔の2乗は,

$$ds^2 = c^2 dt^2 - dx^2 - dy^2 - dz^2 = \sum_{\mu, \nu = 0}^{3} \eta_{\mu\nu} dx^\mu dx^\nu \qquad (2.22)$$

と表すことができます.ここで,$\eta_{\mu\nu}$ は**計量テンソル**とよばれる量で,

$$\eta_{00} = 1, \qquad \eta_{11} = \eta_{22} = \eta_{33} = -1, \qquad \eta_{\mu\nu} = 0 \quad (\mu \neq \nu) \qquad (2.23)$$

を表します.

　さらに,「添字として同じ文字が上下に現れたとき,和の記号を省く.例えば,$\sum_{\mu=0}^{3} a_\mu b^\mu$ を $a_\mu b^\mu$ と表記する.」という**アインシュタインの和の規約**を用いると,(2.22) の世界間隔の2乗は,

$$ds^2 = \eta_{\mu\nu} dx^\mu dx^\nu \qquad (2.24)$$

のように簡潔に表すことができます.以後,何の断りもなしに,この規約を用いることがありますので注意してください.なお,このような同じ添字に

ついて和をとる操作を**縮約**といいます.

計量テンソル $\eta_{\mu\nu}$ とその逆行列の成分 $\eta^{\mu\nu}$ を用いて, 上付き添字の量 a^{μ} と下付き添字の量 a_{μ} を, $a_{\mu} = \eta_{\mu\nu}a^{\nu}$ および $a^{\mu} = \eta^{\mu\nu}a_{\nu}$ のように関係付けることにしましょう. ここで, $\eta^{\mu\nu}$ を具体的に書き下すと,

$$\eta^{00} = 1, \qquad \eta^{11} = \eta^{22} = \eta^{33} = -1, \qquad \eta^{\mu\nu} = 0 \quad (\mu \neq \nu) \qquad (2.25)$$

となります. そして, (2.20) と (2.23) を用いると, $x_{\mu} = \eta_{\mu\nu}x^{\nu} = (ct, -\boldsymbol{x})$ が得られます. また, 世界間隔の2乗は $ds^2 = dx^{\mu}dx_{\mu}$ と表されます.

このように, $\eta_{\mu\nu}$ **は上付き添字を下付き添字に変える** ($a_{\mu} = \eta_{\mu\nu}a^{\nu}$) **はたらきをし**, $\eta^{\mu\nu}$ **は下付き添字を上付き添字に変える** ($b^{\mu} = \eta^{\mu\nu}b_{\nu}$) **はたらきをすることを覚えておきましょう**.

4元運動量

相対論的表記法を用いると, (2.15) と (2.16) で定義された4元運動量 $p^{\mu} = \left(\dfrac{E}{c}, \boldsymbol{p}\right)$, および下付き添字にしたもの $p_{\mu} = \eta_{\mu\nu}p^{\nu} = \left(\dfrac{E}{c}, -\boldsymbol{p}\right)$ は,

$$p^{\mu} \equiv m\frac{dx^{\mu}}{d\tau}, \qquad p_{\mu} \equiv m\frac{dx_{\mu}}{d\tau} \qquad (2.26)$$

と表され, これらを用いると, (2.18) は,

$$p_{\mu}p^{\mu} = m^2c^2 \qquad (2.27)$$

と表されます.

ポアンカレ変換

ローレンツ変換と並進から成る図2.1の**ポアンカレ変換**は,

$$x'^{\mu} = \Lambda^{\mu}{}_{\nu}x^{\nu} + a^{\mu} \qquad (2.28)$$

と表されます. ここで x^{ν}, x'^{μ} は, それぞれ慣性系 I, 慣性系 I' の座標です. また, $\Lambda^{\mu}{}_{\nu}$ は $\eta_{\alpha\beta} = \eta_{\mu\nu}\Lambda^{\mu}{}_{\alpha}\Lambda^{\nu}{}_{\beta}$ を満たす定数行列の成分で, $\Lambda^{\mu}{}_{\nu}x^{\nu}$ がローレンツ変換に相当し, a^{μ} は定数で並進を表します. 実際, $\Lambda^{\mu}{}_{\nu}$ をうまく選ぶことにより, 回転, ローレンツブースト, 空間反転, 時間反転を表すことができます[6]. このような変換 (2.28) のもとで, (2.24) の ds^2 は不変に保たれます (次の Exercise 2.6 を参照).

---

6) より詳しいことを学びたい方は, 拙著の『量子力学選書 相対論的量子力学』(裳華房) などを参照してください.

30　2. 特殊相対性理論

🎗 Exercise 2.6

(2.28) のポアンカレ変換 $x'^\mu = \Lambda^\mu{}_\nu x^\nu + a^\mu$（$\Lambda^\mu{}_\nu：\eta_{\alpha\beta} = \eta_{\mu\nu}\Lambda^\mu{}_\alpha \Lambda^\nu{}_\beta$ を満たす実数の定数行列の成分，$a^\mu：$定数）のもとで，(2.24) の ds^2 が不変に保たれることを示しなさい.

Coaching 　$\Lambda^\mu{}_\nu$ と a^μ は定数なので，$dx'^\mu = \Lambda^\mu{}_\nu dx^\nu$ が成り立ちます. この式と $\eta_{\alpha\beta} = \eta_{\mu\nu}\Lambda^\mu{}_\alpha \Lambda^\nu{}_\beta$ を用いると，(2.24) より，

$$
\begin{aligned}
ds'^2 &= \eta_{\mu\nu} dx'^\mu dx'^\nu = \eta_{\mu\nu}\Lambda^\mu{}_\alpha dx^\alpha \Lambda^\nu{}_\beta dx^\beta \\
&= \eta_{\mu\nu}\Lambda^\mu{}_\alpha \Lambda^\nu{}_\beta dx^\alpha dx^\beta = \eta_{\alpha\beta} dx^\alpha dx^\beta \\
&= \eta_{\mu\nu} dx^\mu dx^\nu = ds^2
\end{aligned}
\tag{2.29}
$$

が導かれます. ここで，$\Lambda^\mu{}_\alpha$ や $\Lambda^\nu{}_\beta$ は行列の成分なので，場所を自由に移動させることができます. 式変形の途中で，この性質を用いました. 　■

　ポアンカレ変換から並進を除いた変換がローレンツ変換なので，Exercise 2.6 の結果を踏まえると，**ローレンツ変換とは，ds^2 を不変に保つような，回転，ローレンツブースト，空間反転，時間反転から成る座標変換で，$x'^\mu = \Lambda^\mu{}_\nu x^\nu$（$\Lambda^\mu{}_\nu：\eta_{\alpha\beta} = \eta_{\mu\nu}\Lambda^\mu{}_\alpha \Lambda^\nu{}_\beta$ を満たす実数の定数行列の成分）と表される変換のことである**，ということができます. さらに，$\Lambda^0{}_0 \geq 1$ と $\det \Lambda^\mu{}_\nu = 1$ を課すことにより，ローレンツ変換は**本義ローレンツ変換**（回転とローレンツブースト）に制限されます.

ローレンツ逆変換

　ローレンツ変換 $x'^\mu = \Lambda^\mu{}_\nu x^\nu$ より，**ローレンツ逆変換** $x^\nu = (\Lambda^{-1})^\nu{}_\mu x'^\mu$ が得られます. ここで，$(\Lambda^{-1})^\nu{}_\mu$ は $\Lambda^\mu{}_\nu$ の逆行列の成分で，$\Lambda^\mu{}_\lambda (\Lambda^{-1})^\lambda{}_\nu = \delta^\mu{}_\nu$ や $(\Lambda^{-1})^\mu{}_\lambda \Lambda^\lambda{}_\nu = \delta^\mu{}_\nu$（$\delta^\mu{}_\nu：$**クロネッカーの δ**）が成り立ちます[7]. また，ローレンツ変換のもとでの ds^2 の不変性より，$x'_\mu = (\Lambda^{-1})^\nu{}_\mu x_\nu$ が得られます. 実際，$x'^\mu = \Lambda^\mu{}_\nu x^\nu$ と $x'_\mu = (\Lambda^{-1})^\nu{}_\mu x_\nu$ を用いると，

$$
\begin{aligned}
\eta_{\mu\nu} dx'^\mu dx'^\nu &= dx'^\mu dx'_\mu = \Lambda^\mu{}_\alpha dx^\alpha (\Lambda^{-1})^\beta{}_\mu dx_\beta \\
&= (\Lambda^{-1})^\beta{}_\mu \Lambda^\mu{}_\alpha dx^\alpha dx_\beta = \delta^\beta{}_\alpha dx^\alpha dx_\beta
\end{aligned}
$$

―――――――――――
7)　クロネッカーの δ とは，$\mu = \nu$ に対しては $\delta^\mu{}_\nu = 1$，$\mu \neq \nu$ に対しては $\delta^\mu{}_\nu = 0$ となる関数です.

$$= dx^\alpha \, dx_\alpha = \eta_{\alpha\beta} \, dx^\alpha \, dx^\beta$$
$$= \eta_{\mu\nu} \, dx^\mu \, dx^\nu \tag{2.30}$$

のように, $ds^2 = \eta_{\mu\nu} \, dx^\mu \, dx^\nu$ が不変に保たれることがわかります.

さらに, $\eta_{\alpha\beta} = \eta_{\mu\nu} \Lambda^\mu{}_\alpha \Lambda^\nu{}_\beta$ の両辺に, $\eta^{\lambda\alpha}$ と $(\Lambda^{-1})^\beta{}_\rho$ を掛けることにより, $(\Lambda^{-1})^\lambda{}_\rho = \eta_{\mu\rho} \Lambda^\mu{}_\alpha \eta^{\lambda\alpha} = \Lambda_\rho{}^\lambda$ が得られます (Practice [2.4] を参照). ここで, 最右辺に行くところで, $\eta_{\mu\rho}$ と $\eta^{\lambda\alpha}$ を用いて添字の上げ下げを遂行しました. よって, $x'_\mu = (\Lambda^{-1})^\nu{}_\mu x_\nu$ は $x'_\mu = \Lambda_\mu{}^\nu x_\nu$ と表されます.

4元運動量のローレンツ変換性

時空に関係する物理量は, ローレンツ変換 $x'^\mu = \Lambda^\mu{}_\nu x^\nu$ のもとで特有の変換をします. 例えば, 4元運動量 $p^\mu = m\dfrac{dx^\mu}{d\tau}$ は,

$$p'^\mu = m\frac{dx'^\mu}{d\tau} = m\frac{d\,(\Lambda^\mu{}_\nu x^\nu)}{d\tau} = m\Lambda^\mu{}_\nu \frac{dx^\nu}{d\tau}$$

$$= \Lambda^\mu{}_\nu \, m\frac{dx^\nu}{d\tau} = \Lambda^\mu{}_\nu \, p^\nu \tag{2.31}$$

のように, x^μ と同じ形で変換することがわかります. ここで, 質量 m と固有時 τ がローレンツ変換のもとで不変であることを用いました.

ダランベルシアン

相対論的表記法を用いると, 微分演算子は,

$$\partial_\mu = \frac{\partial}{\partial x^\mu} = \left(\frac{1}{c}\frac{\partial}{\partial t}, \nabla\right), \qquad \partial^\mu = \frac{\partial}{\partial x_\mu} = \left(\frac{1}{c}\frac{\partial}{\partial t}, -\nabla\right) \tag{2.32}$$

$$\Box \equiv \partial^\mu \partial_\mu = \frac{1}{c^2}\frac{\partial^2}{\partial t^2} - \nabla^2 = \frac{1}{c^2}\frac{\partial^2}{\partial t^2} - \frac{\partial^2}{\partial x^2} - \frac{\partial^2}{\partial y^2} - \frac{\partial^2}{\partial z^2} \tag{2.33}$$

のように表されます. ここで, ∇ は**ナブラ**とよばれる微分演算子で,

$$\nabla \equiv \left(\frac{\partial}{\partial x}, \frac{\partial}{\partial y}, \frac{\partial}{\partial z}\right) \tag{2.34}$$

と定義されます. また, (2.33) の $\Box$ は**ダランベルシアン**とよばれる, ローレンツ変換のもとで不変な微分演算子です.

Exercise 2.7

ローレンツ変換のもとで，∂_μ がどのように変換するかを求めなさい．

Coaching　ローレンツ逆変換 $x^\nu = (\varLambda^{-1})^\nu{}_\mu x'^\mu$ より，$\dfrac{\partial x^\nu}{\partial x'^\mu} = (\varLambda^{-1})^\nu{}_\mu$ が得られます．これと $(\varLambda^{-1})^\nu{}_\mu = \varLambda_\mu{}^\nu$ を用いると，

$$\partial'_\mu = \frac{\partial}{\partial x'^\mu} = \frac{\partial x^\nu}{\partial x'^\mu}\frac{\partial}{\partial x^\nu} = (\varLambda^{-1})^\nu{}_\mu \frac{\partial}{\partial x^\nu} = \varLambda_\mu{}^\nu \partial_\nu \tag{2.35}$$

が導かれます．

Training 2.3

ローレンツ変換のもとで，ダランベルシアン $\Box$ が不変であることを示しなさい．

本義ローレンツ変換のもとでの場の変換

電場や磁場のように，時空上の関数として表される実体は**場**とよばれ，その変動は波動方程式に従って周囲に伝わります．場は時空に関係する量なので，ローレンツ変換のもとで特有の変換をします．例えば，古典的な場は本義ローレンツ変換（回転とローレンツブースト）に基づいて，次の (1) 〜 (4) に分類されます．

(1) **スカラー場**を $S(x)$ とすると，本義ローレンツ変換のもとで，

$$S'(x') = S(x) \tag{2.36}$$

のように変換をします．ここで，場の変数である 4 次元座標 x'^μ や x^μ を，簡単のため x' や x と記しました．以後も，この表記法を使用する場合があります．このような x' や x を，$\boldsymbol{x}'$ や $\boldsymbol{x}$ の第 1 成分と混同しないように注意してください．

(2) **反変ベクトル場**は，その成分を $V^\mu(x)$ とすると，それが $dx'^\mu = \varLambda^\mu{}_\nu dx^\nu$ と同じ変換性を示すベクトル場のことで，本義ローレンツ変換のもとで，

$$V'^\mu(x') = \varLambda^\mu{}_\nu V^\nu(x) \tag{2.37}$$

のように変換します．

2.6 相対論的表記法　33

（3）　**共変ベクトル場**は，その成分を $W_\mu(x)$ とすると，それが $\partial'_\mu = \Lambda_\mu{}^\nu \partial_\nu$ と同じ変換性を示すベクトル場のことで，本義ローレンツ変換のもとで，

$$W'_\mu(x') = \Lambda_\mu{}^\nu W_\nu(x) \tag{2.38}$$

のように変換します．

（4）　i 階反変 j 階共変**テンソル場**は，その成分を $X^{\mu_1\cdots\mu_i}{}_{\nu_1\cdots\nu_j}(x)$ とすると，本義ローレンツ変換のもとで，

$$X'^{\mu_1\cdots\mu_i}{}_{\nu_1\cdots\nu_j}(x') = \Lambda^{\mu_1}{}_{\alpha_1}\cdots\Lambda^{\mu_i}{}_{\alpha_i}\Lambda_{\nu_1}{}^{\beta_1}\cdots\Lambda_{\nu_j}{}^{\beta_j}X^{\alpha_1\cdots\alpha_i}{}_{\beta_1\cdots\beta_j}(x) \tag{2.39}$$

のように変換する場のことです．

ローレンツ共変性

物理法則に関係する方程式の各項がローレンツ変換のもとで同じ変換性を示すとき，その方程式は特殊相対性原理（あらゆる慣性系で，物理法則は同一である）を満たします．そして，このような性質を**ローレンツ共変性（相対論的共変性）**といいます．

例えば，ローレンツ変換のもとで $X^{\mu_1\cdots\mu_i}{}_{\nu_1\cdots\nu_j}(x)$ と同じ変換性を示すテンソル場 $Y^{\mu_1\cdots\mu_i}{}_{\nu_1\cdots\nu_j}(x)$ と $Z^{\mu_1\cdots\mu_i}{}_{\nu_1\cdots\nu_j}(x)$ が存在し，これらの間に，

$$X^{\mu_1\cdots\mu_i}{}_{\nu_1\cdots\nu_j}(x) = aY^{\mu_1\cdots\mu_i}{}_{\nu_1\cdots\nu_j}(x) + bZ^{\mu_1\cdots\mu_i}{}_{\nu_1\cdots\nu_j}(x) \tag{2.40}$$

が成り立つとします（a, b：定数）．このとき，ローレンツ変換で結び付く別の慣性系 I′ でも同じ形の方程式が成り立つこと（ローレンツ共変性をもつこと）は，（2.40）の各項が同じ形の変換に従い[8]，

$$X'^{\mu_1\cdots\mu_i}{}_{\nu_1\cdots\nu_j}(x') = aY'^{\mu_1\cdots\mu_i}{}_{\nu_1\cdots\nu_j}(x') + bZ'^{\mu_1\cdots\mu_i}{}_{\nu_1\cdots\nu_j}(x') \tag{2.41}$$

が成り立つことからわかります．

ここで紹介した相対論的表記法にも，これから少しずつ慣れ親しんでいきましょう．

---

[8]　本義ローレンツ変換のときは，（2.39）を参照してください．

34　2. 特殊相対性理論

☕ Coffee Break ∿∿∿∿∿∿∿∿∿∿∿∿∿∿∿∿∿∿∿∿∿∿∿∿∿∿∿∿∿∿∿∿∿∿∿

相対性原理あれこれ

　本章で,「ガリレイの相対性原理：相対的に等速度で動いている慣性系において,運動の法則は同一である」と「特殊相対性原理：あらゆる慣性系で, 物理法則は同一である」を紹介しました. さらに, アインシュタイン (A. Einstein, 1879 - 1955) は,「一般相対性原理：あらゆる座標系で, 物理法則は同一である」を提唱して, 一般相対性理論を構築しました. 異なって見える現象（その典型例は, 同時性が観測者の運動状態によること）の背後に同一の物理法則が存在することを見抜いた洞察力の鋭さを感じます.

　さらに, これらのことを一般化し, 相対性原理を「物理法則は, 観測者によらず同じ形で成り立つべし. つまり, 同じ形の方程式で表されるべし.」というように拡張すると,「観測者同士がある種の変換のもとで結ばれているとき, その変換のもとで同一の物理法則が成り立つ」という対称性の原理に行き着きます.

　この対称性の原理における変換は, 時空に関する変換にとどまらず, 素粒子の内部空間に関する変換にまで拡張され, 本書の後の章で学ぶように, 素粒子の探究と理論構築に大いに役立っています.

∿∿∿

📖 本章のPoint

▶ **4次元ミンコフスキー時空**：特殊相対性理論の舞台で, 世界間隔の2乗が
$$ds^2 \equiv \eta_{\mu\nu}\,dx^\mu\,dx^\nu = c^2\,dt^2 - dx^2 - dy^2 - dz^2 \quad （c：光の速さ）$$
で定義される, 平坦で一様・等方な時空.

▶ **ローレンツ変換**：ds^2 を不変に保つような, 回転, ローレンツブースト, 空間反転, 時間反転から成る座標変換で,
$$x'^\mu = \Lambda^\mu{}_\nu x^\nu$$
と表される. ここで, $\Lambda^\mu{}_\nu$ は $\eta_{\alpha\beta} = \eta_{\mu\nu}\Lambda^\mu{}_\alpha\Lambda^\nu{}_\beta$ を満たす実数の定数行列の成分である. さらに, ローレンツ変換に並進を加えた変換は**ポアンカレ変換**とよばれ,
$$x'^\mu = \Lambda^\mu{}_\nu x^\nu + a^\mu$$
と表される. ここで, a^μ は定数で並進を表す.

▶ **固有時**：物体と共に動く座標系が刻む時刻 τ で, $d\tau = \dfrac{ds}{c}$ が成り立ち, あらゆる慣性系で共通の値をとる.

▶ **4元運動量の関係式**：4元運動量 $p^\mu = (p^0, \boldsymbol{p})$ の間に次の関係が成り立つ．
$$p_\mu p^\mu = m^2 c^2$$
ここで，$p^0 \equiv m\dfrac{dx^0}{d\tau} = \dfrac{mc}{\sqrt{1-(v/c)^2}} = \dfrac{E}{c}$ （m：物体の質量，v：物体の速さ，E：物体のエネルギー），$\boldsymbol{p} \equiv m\dfrac{d\boldsymbol{x}}{d\tau} = \dfrac{m\boldsymbol{v}}{\sqrt{1-(v/c)^2}}$ （$\boldsymbol{v}$：物体の速度）である．

▶ **ダランベルシアン**：ローレンツ変換のもとで不変な微分演算子で，
$$\Box \equiv \partial^\mu \partial_\mu = \frac{1}{c^2}\frac{\partial^2}{\partial t^2} - \frac{\partial^2}{\partial x^2} - \frac{\partial^2}{\partial y^2} - \frac{\partial^2}{\partial z^2}$$
と定義される．

Practice

[2.1] 重力とクーロン力
ニュートン力学を用いて，1.00×10^{-15} m だけ離れた陽子と陽子の間にはたらく重力の大きさ F_G とクーロン力の大きさ F_C を求めなさい．ここで，陽子の質量は 1.67×10^{-27} kg で，電荷は 1.60×10^{-19} C です．

[2.2] ミューオンの寿命
ミューオン（μ^-）は静止状態で，2.2×10^{-6} s でミューニュートリノと電子と反電子ニュートリノに変化（崩壊）します．μ^- が光の速さ c の 99% の速さで運動するとき，崩壊するまでにどれくらいの距離を飛行するか求めなさい．

[2.3] β と γ に関する関係式
$\beta \equiv \dfrac{v}{c}$ （v：物体の速さ），$\gamma \equiv \dfrac{1}{\sqrt{1-\beta^2}}$ が，物体のエネルギー E，運動量 $\boldsymbol{p}$，質量 m および光の速さ c を用いて，$\beta = \dfrac{|\boldsymbol{p}|c}{E}$，$\gamma = \dfrac{E}{mc^2}$ のように表されることを示しなさい．

[2.4] 逆ローレンツ変換
$\eta_{\alpha\beta} = \eta_{\mu\nu}\Lambda^\mu{}_\alpha \Lambda^\nu{}_\beta$ の両辺に，$\eta^{\lambda\alpha}$ と $(\Lambda^{-1})^\beta{}_\rho$ を掛けることにより，$(\Lambda^{-1})^\lambda{}_\rho = \eta_{\mu\rho}\Lambda^\mu{}_\alpha \eta^{\lambda\alpha} = \Lambda_\rho{}^\lambda$ が得られることを示しなさい．

[2.5] 不変テンソル
$\eta^{\mu\nu}, \eta_{\mu\nu}, \delta^\mu{}_\nu$ が，それぞれ定数の 2 階反変テンソルの成分，2 階共変テンソルの成分，1 階反変 1 階共変テンソルの成分とみなされることを示しなさい．

量子力学

量子である素粒子は，一般にどのような法則に従って運動しているのでしょうか？本章では，解析力学に基づいて古典力学の世界を振り返った後に，量子力学の世界を概観してみましょう．

3.1 光子と電子

2.1節で，「物理法則を探究したり理解したりする上で，対称性が鍵となります」と述べました．ここで，少し説明を加えます．

物理法則は普遍性をもっていて，この宇宙に存在するあらゆるものに対して同一の物理法則がはたらくと考えられ，物理系がある変換のもとで変化しないとき，その物理系を支配する物理法則もその変換のもとで不変であると考えられます．よって，対称性（変換のもとでの不変性）を探究することが，物理法則の解明につながります．そこで，物理法則をより的確に記述する理論体系として，対称性を明確に表現できることや，様々な物理系に適用できることが望まれます．

古典物理学（古典力学，電磁気学など）においては，「**解析力学**」や「**場の解析力学**」が上記のような特徴をもっています．解析力学は，18世紀から19世紀にかけてニュートン力学の数学的基礎を探究する過程で，ラグランジュ，ハミルトン，ヤコビなどによって構築されたもので，「**ラグランジュ力学**」，「**ハミルトン力学**」などに分類されます（3.2節を参照）．**基本的で抽象的な**

3.1 光子と電子　37

定式化により，解析力学は一般性・普遍性をもち，量子力学の構築において重要な役割を果たしました．

　また，変換は群を成すことが多いので，対称性の探究において「群論」が強力な数学的道具となります[1]．

　微視的な世界に行くと，古典物理学では説明できない現象が現れ，量子物理学（量子力学の法則が支配する世界を記述する物理学の分野）が必要となります．特殊相対性理論に加えて量子力学の幕明けにも，光（電磁波）が重要な役割を果たしました．

　ここで，量子力学が誕生するまでの歴史を簡単に振り返ってみましょう[2]．まずは，**黒体放射**の問題（物体が放射する電磁波のスペクトルを理論的に説明するという問題）に対して，プランクが「振動数 ν をもつ振動子のエネルギーは $nh\nu$（$n = 0, 1, 2, \cdots$）のような離散的な値をとる」とする**量子仮説**を提案し，観測データを再現する**プランクの放射公式**を見出しました．ここで，$h (= 6.63 \times 10^{-34} \mathrm{J \cdot s})$ はプランク定数です．また，アインシュタインが「光は波動性と粒子性を併せもつ実体である」とする**光量子仮説**を提唱し，これにより光電効果が理解されました．光の粒子性を強調するときには，光は**光子**とよばれています．

　さらに，ド・ブロイが「電子も，粒子性と波動性を併せもつ量子である」とする**物質波仮説**を提唱し，電子波が起こす干渉現象が確認されました．その後，電子を記述する理論として，ハイゼンベルクにより**行列力学**が，シュレーディンガーにより**波動力学**が構築されました．そして，ディラックにより両者は等価であることが示され，現在では，**量子力学**という理論体系の中に組み込まれています．

　古典系（古典物理学により記述される物理系）に対して，**量子化**という，古典物理学から量子物理学に移行する手続きを行うことにより，量子系（量

---

　1)　将来，素粒子理論を専攻したいと考えている方にとって，「（場の）解析力学」と「群論」は避けては通れない学問体系だと思います．適切なテキストを見つけて，早めに学習することをお勧めします．

　2)　より詳しいことを学びたい方は，拙著の『テキスト 量子力学 —— 萌芽と構築の視点から ——』（学術図書出版社）や本シリーズの『量子力学入門』などを参照してください．

38   3. 量子力学

子物理学により記述される物理系）に移ることができます（3.3 節を参照）．量子化の代表的な方法としては，「**演算子形式**」と「**経路積分形式**」があります．演算子形式では，ハミルトン力学に基づいて，物理量を**エルミート演算子**に置き換え，**ポアソン括弧を交換子**に置き換えるという，**正準量子化**とよばれる方法が採用されます．また，経路積分形式はファインマンが考案したもので，**作用積分**とよばれる解析力学の基本量に基づいて定式化されます．

🌱 3.2 解析力学

　量子力学の世界に入る前に，解析力学に基づく古典力学の世界に立ち寄ってみましょう．その理由は，解析力学の理論形式は量子力学のものと類似性があり，物理系を量子化する際に役に立つからです．

　解析力学は，次の (1) ～ (4) のような特徴をもっています．

　(1)　方程式の形が座標系や変数の取り方によりません．

　(2)　物体は**作用積分**とよばれる $S = \displaystyle\int_{t_i}^{t_f} L\,dt$（$L$：ラグランジアン，$t_i$：始時刻，$t_f$：終時刻）が極値をとる経路を動くという**最小作用の原理**を用いて，物体に関する運動方程式が導出されます．

　(3)　物理系のもつ対称性と保存量の間の関係が明確で理解しやすいです．

　(4)　方程式は時空構造にもよらず，粒子系のみならず弾性体，電磁場など様々な物理系に対して適用できます[3]．ちなみに，場の理論に関する解析力学は，**場の解析力学**とよばれます（4.2 節を参照）．

　ここでは，特徴 (1)，(2)，(3) に注意を払いながら，ラグランジュ力学とハミルトン力学を紹介します[4]．

3.2.1 ラグランジュ力学

　ラグランジュ力学は，**一般（化）座標** $q_a = q_a(t)$ $(a = 1, \cdots, n)$ と，それを

---

　3)　一般相対性理論において，時空構造そのものを表す物理量にも適用できます．

　4)　より詳しいことを学びたい方は，「解析力学」のテキストなどを参照してください．

時間で微分した量 $\dot{q}_a \equiv \dfrac{dq_a}{dt}$ を変数とする形式で，**オイラー-ラグランジュの方程式**

$$\frac{d}{dt}\left(\frac{\partial L}{\partial \dot{q}_a}\right) - \frac{\partial L}{\partial q_a} = 0 \tag{3.1}$$

を基礎方程式とします．ここで，$L = L(q_a, \dot{q}_a)$ は**ラグランジアン**とよばれる物理量で，ここでは簡単のため，あらわに時間に依存しない ($\partial L/\partial t = 0$) としました．

特徴 (1) が意味するところは，仮に別の一般（化）座標 $\tilde{q}_a$ を選んだとしても，最小作用の原理を用いて，(3.1) と同じ形の方程式 $\dfrac{d}{dt}\left(\dfrac{\partial \tilde{L}}{\partial \dot{\tilde{q}}_a}\right) - \dfrac{\partial \tilde{L}}{\partial \tilde{q}_a} = 0$ が得られる，ということです．ここで，$\tilde{L}(\tilde{q}_a, \dot{\tilde{q}}_a) = L(q_a, \dot{q}_a)$ です．このような特徴は，極座標系でニュートンの運動方程式が複雑な形になるのとは対照的といえるでしょう．

 Exercise 3.1

最小作用の原理を用いて，(3.1) を導きなさい．

Coaching 作用積分 $S = \int_{t_1}^{t_f} L\, dt$ を**変分**する（q_a と $\dot{q}_a$ をそれぞれ微小量 δq_a と $\delta \dot{q}_a$ だけ任意に変化させたときの S の変化分 δS を求める）と，

$$\begin{aligned}
\delta S &= \int_{t_1}^{t_f} L(q_a + \delta q_a, \dot{q}_a + \delta \dot{q}_a)\, dt - \int_{t_1}^{t_f} L(q_a, \dot{q}_a)\, dt \\
&= \int_{t_1}^{t_f} \sum_{a=1}^{n} \left(\frac{\partial L}{\partial q_a}\delta q_a + \frac{\partial L}{\partial \dot{q}_a}\delta \dot{q}_a\right) dt \\
&= \int_{t_1}^{t_f} \sum_{a=1}^{n} \left\{\frac{\partial L}{\partial q_a}\delta q_a + \frac{\partial L}{\partial \dot{q}_a}\frac{d(\delta q_a)}{dt}\right\} dt \\
&= \int_{t_1}^{t_f} \sum_{a=1}^{n} \left[\left\{\frac{\partial L}{\partial q_a} - \frac{d}{dt}\left(\frac{\partial L}{\partial \dot{q}_a}\right)\right\}\delta q_a + \frac{d}{dt}\left(\frac{\partial L}{\partial \dot{q}_a}\delta q_a\right)\right] dt \\
&= \int_{t_1}^{t_f} \sum_{a=1}^{n} \left\{\frac{\partial L}{\partial q_a} - \frac{d}{dt}\left(\frac{\partial L}{\partial \dot{q}_a}\right)\right\}\delta q_a\, dt + \sum_{a=1}^{n}\left[\frac{\partial L}{\partial \dot{q}_a}\delta q_a\right]_{t_1}^{t_f} \tag{3.2}
\end{aligned}$$

となります．経路の両端での q_a の変化分をゼロ ($\delta q_a(t_1) = 0$, $\delta q_a(t_f) = 0$) とすると，最後の行の最後の項はゼロとなり，ここで，$\delta S = 0$ を要請すると，オイラー-ラグランジュの方程式 (3.1) が導かれます．

40   3. 量子力学

(3.2) の 1 行目から 2 行目に移るところでは，$L(q_a + \delta q_a, \dot{q}_a + \delta \dot{q}_a)$ を q_a と $\dot{q}_a$ の周りでテイラー展開して，δq_a と $\delta \dot{q}_a$ に関する 2 次以上の微小量を無視しました．また 2 行目から 3 行目に移るところでは，変分は時間発展と独立（入れ替えが可能）であるという性質 $\delta \dot{q}_a = \delta\left(\dfrac{dq_a}{dt}\right) = \dfrac{d(\delta q_a)}{dt}$ を用いました．　▨

特徴（3）に関しては，**作用積分が変換のもとで連続的対称性を有する（無限小変換のもとで不変に保たれる）とき，保存量が存在する**という形で，明確に表現されます．これを**ネーターの定理**といいます．具体例として，次の Exercise 3.2 に取り組んでみましょう．

🏋 Exercise 3.2

q_a に関する無限小変換 $q_a' = q_a + \varepsilon \varXi_a$（$\varepsilon$：無限小の定数，$\varXi_a$：$q_1, \cdots, q_n$ の関数）に対して，作用積分が不変に保たれるとき，どのような保存量が存在するか求めなさい．

Coaching　無限小変換 $q_a' = q_a + \varepsilon \varXi_a$ による q_a の変化分を $\delta_\varepsilon q_a \equiv q_a' - q_a = \varepsilon \varXi_a$ と表すと，作用積分の変化分 $\delta_\varepsilon S$ は，

$$
\begin{aligned}
\delta_\varepsilon S &= \int_{t_i}^{t_f} L(q_a', \dot{q}_a')\, dt - \int_{t_i}^{t_f} L(q_a, \dot{q}_a)\, dt \\
&= \int_{t_i}^{t_f} \sum_{a=1}^{n} \left[\left\{ \frac{\partial L}{\partial q_a} - \frac{d}{dt}\left(\frac{\partial L}{\partial \dot{q}_a}\right) \right\} \varepsilon \varXi_a + \varepsilon \frac{d}{dt}\left(\frac{\partial L}{\partial \dot{q}_a} \varXi_a\right) \right] dt \\
&= \varepsilon \int_{t_i}^{t_f} \frac{d}{dt}\left(\sum_{a=1}^{n} \frac{\partial L}{\partial \dot{q}_a} \varXi_a\right) dt = \varepsilon \left[\sum_{a=1}^{n} \frac{\partial L}{\partial \dot{q}_a} \varXi_a\right]_{t_i}^{t_f}
\end{aligned}
\tag{3.3}
$$

となります（式変形は (3.2) を参照）．ここで，オイラー－ラグランジュの方程式 (3.1) が成り立っているとしました．

(3.3) において，t_i や t_f は任意に選ぶことができるので，上記の無限小変換のもとで作用積分が不変に保たれる（$\delta_\varepsilon S = 0$）とき，$\sum_{a=1}^{n} \dfrac{\partial L}{\partial \dot{q}_a} \varXi_a$ が時間に依存しない一定の値をとり，保存量であることがわかります．　▨

ニュートン力学の再現

抽象的なラグランジュ力学からニュートン力学を再現してみましょう．質量 m の粒子の運動を記述するラグランジアンは，直交座標 $\boldsymbol{x} = (x, y, z)$ を

用いて，

$$L = \frac{1}{2} m \dot{\boldsymbol{x}}^2 - V(\boldsymbol{x}) \tag{3.4}$$

で与えられます．ここで，$\dot{\boldsymbol{x}} = d\boldsymbol{x}/dt$ で，$V(\boldsymbol{x})$ は**ポテンシャル**です[5]．実際，(3.4) を q_a が $\boldsymbol{x}$ であるようなオイラー–ラグランジュの方程式 (3.1) に代入すると，

$$\frac{d}{dt}(m\dot{\boldsymbol{x}}) + \nabla V = 0 \tag{3.5}$$

が得られます．上記のような (3.5) の導出は，(3.4) に基づく作用積分に対して，最小作用の原理を用いたことに相当します．そして，(3.5) を変形すると，**保存力** $\boldsymbol{F} = -\nabla V$ に関するニュートンの運動方程式 $m\dfrac{d^2\boldsymbol{x}}{dt^2} = -\nabla V$ が再現されます．こうして，特徴 (2) が示されました．

ちなみに，物体にこのような保存力がはたらくとき，力学的エネルギー $E = \dfrac{1}{2} m\dot{\boldsymbol{x}}^2 + V(\boldsymbol{x})$ が保存します．

3.2.2 ハミルトン力学

ハミルトン力学は，**正準変数**とよばれる一般（化）座標 q_a と**一般（化）運動量** $p_a\,(a = 1, \cdots, n)$ を変数とする形式で，**ハミルトンの正準方程式**

$$\frac{dq_a}{dt} = \frac{\partial H}{\partial p_a}, \qquad \frac{dp_a}{dt} = -\frac{\partial H}{\partial q_a} \tag{3.6}$$

を基礎方程式とします．ここで，$H = H(q_a, p_a)$ は**ハミルトニアン**とよばれる物理量で，簡単のため，あらわに時間に依存しない（$\partial H/\partial t = 0$）としました．$H$ の値はエネルギーを表します．

ラグランジアン L を用いると，一般（化）運動量 p_a とハミルトニアン H は

$$p_a \equiv \frac{\partial L}{\partial \dot{q}_a}, \qquad H \equiv \sum_{a=1}^{n} p_a \dot{q}_a - L \tag{3.7}$$

---

5)　$V(\boldsymbol{x})$ を，力の場 $\boldsymbol{F}(\boldsymbol{x})$ を与える位置の関数とみなしたときはポテンシャルとよび，力学的エネルギーに現れるときはポテンシャルエネルギーとよぶ場合が多いですが，本書では，両者を明確に区別せず，$V(\boldsymbol{x})$ を単にポテンシャルとよぶことにします．

42 3. 量 子 力 学

で定義されます. ここで, $p_a \equiv \partial L / \partial \dot{q}_a$ を用いて, $\dot{q}_a$ が q_b や p_b $(b = 1, \cdots, n)$ を変数とする関数として求まったとすると, H は q_a や p_a の関数として与えられます.

ここで, **ポアソン括弧**とよばれる

$$\{f, g\}_{\mathrm{PB}} \equiv \sum_{a=1}^{n} \left(\frac{\partial f}{\partial q_a} \frac{\partial g}{\partial p_a} - \frac{\partial f}{\partial p_a} \frac{\partial g}{\partial q_a} \right) \tag{3.8}$$

を用いると (添字の PB は Poisson bracket の頭文字, $f = f(q_a, p_a)$, $g = g(q_a, p_a)$), ハミルトンの正準方程式 (3.6) は,

$$\frac{dq_a}{dt} = \{q_a, H\}_{\mathrm{PB}}, \qquad \frac{dp_a}{dt} = \{p_a, H\}_{\mathrm{PB}} \tag{3.9}$$

と表すことができます. また, (3.8) を用いると,

$$\{q_a, p_b\}_{\mathrm{PB}} = \delta_{ab}, \qquad \{q_a, q_b\}_{\mathrm{PB}} = 0, \qquad \{p_a, p_b\}_{\mathrm{PB}} = 0 \tag{3.10}$$

が成り立つことがわかります. ここで, δ_{ab} は**クロネッカーの** δ で, $a = b$ に対しては $\delta_{ab} = 1$, $a \neq b$ に対しては $\delta_{ab} = 0$ となる関数です.

さらに, 物理量 $f = f(q_a, p_a)$ の時間変化は, ポアソン括弧を用いて,

$$\frac{df}{dt} = \{f, H\}_{\mathrm{PB}} \tag{3.11}$$

と表すことができて, (3.11) もハミルトンの正準方程式とよばれています.

🦂 Exercise 3.3

(3.6) と (3.8) を用いて, (3.11) を導きなさい.

Coaching 物理量 f の時間微分は, $\dfrac{df}{dt} = \displaystyle\sum_{a=1}^{n} \left(\dfrac{\partial f}{\partial q_a} \dfrac{dq_a}{dt} + \dfrac{\partial f}{\partial p_a} \dfrac{dp_a}{dt} \right)$ となるので, (3.6) を用いると, この右辺は $\displaystyle\sum_{a=1}^{n} \left(\dfrac{\partial f}{\partial q_a} \dfrac{\partial H}{\partial p_a} - \dfrac{\partial f}{\partial p_a} \dfrac{\partial H}{\partial q_a} \right)$ と表されます. よって, ポアソン括弧 (3.8) を用いて,

$$\frac{df}{dt} = \sum_{a=1}^{n} \left(\frac{\partial f}{\partial q_a} \frac{\partial H}{\partial p_a} - \frac{\partial f}{\partial p_a} \frac{\partial H}{\partial q_a} \right) = \{f, H\}_{\mathrm{PB}} \tag{3.12}$$

のように表されます. ∎

参考までに, 特徴 (1) について説明を加えます. いま, 仮に別の正準変数

Q_a, P_a を選んだとしても，(3.6) と同じ形の方程式 $\dfrac{dQ_a}{dt} = \dfrac{\partial K}{\partial P_a}$, $\dfrac{dP_a}{dt} = -\dfrac{\partial K}{\partial Q_a}$ を得ることができます．ここで，K は Q_a と P_a に関するハミルトニアンで，元のハミルトニアン H とは

$$\sum_{a=1}^{n} p_a \dot{q}_a - H(q_a, p_a) = \sum_{a=1}^{n} P_a \dot{Q}_a - K(Q_a, P_a) + \dfrac{dW}{dt} \tag{3.13}$$

のような関係があります．このような正準変数 q_a, p_a から Q_a, P_a への変換は，**正準変換**とよばれます．また，W は正準変換を生成する役割をするので，正準変換の**母関数**とよばれています．

 Training 3.1

最小作用の原理を用いて，$S = \displaystyle\int_{t_1}^{t_1} \left(\sum_{a=1}^{n} p_a \dot{q}_a - H \right) dt$ から (3.6) のハミルトンの正準方程式を導きなさい．

保存量

特徴 (3) について考えてみましょう．物理量 $G = G(q_a, p_a)$ を用いた無限小変換

$$\delta_\varepsilon q_a = q'_a - q_a = \{q_a, \varepsilon G\}_{\mathrm{PB}} = \varepsilon \dfrac{\partial G}{\partial p_a} \tag{3.14}$$

$$\delta_\varepsilon p_a = p'_a - p_a = \{p_a, \varepsilon G\}_{\mathrm{PB}} = -\varepsilon \dfrac{\partial G}{\partial q_a} \tag{3.15}$$

のもとで，ハミルトニアン $H = H(q_a, p_a)$ が不変になるための必要十分条件として，$\{G, H\}_{\mathrm{PB}} = 0$ が導かれます（次の Exercise 3.4 を参照）．これが物理系の対称性（不変性）を意味します．ここで，ε は無限小の定数です．また，G のことを無限小変換の**生成子**といいます．

さらに，このとき（$\{G, H\}_{\mathrm{PB}} = 0$ が成り立つとき），(3.11) より，

$$\dfrac{dG}{dt} = \{G, H\}_{\mathrm{PB}} = 0 \tag{3.16}$$

が得られ，G は保存量となります．

Exercise 3.4

物理量 G を用いて定義された無限小変換 (3.14), (3.15) のもとで, ハミルトニアン $H = H(q_a, p_a)$ が不変になるための必要十分条件を求めなさい.

Coaching (3.14), (3.15) のもとで, ハミルトニアンの変化分 $\delta_\varepsilon H$ は

$$\begin{aligned}
\delta_\varepsilon H &= H(q_a + \delta_\varepsilon q_a, p_a + \delta_\varepsilon p_a) - H(q_a, p_a) \\
&= \sum_{a=1}^{n} \left(\frac{\partial H}{\partial q_a} \delta_\varepsilon q_a + \frac{\partial H}{\partial p_a} \delta_\varepsilon p_a \right) \\
&= \sum_{a=1}^{n} \left\{ \frac{\partial H}{\partial q_a} \left(\varepsilon \frac{\partial G}{\partial p_a} \right) + \frac{\partial H}{\partial p_a} \left(-\varepsilon \frac{\partial G}{\partial q_a} \right) \right\} \\
&= \varepsilon \{H, G\}_{\mathrm{PB}} = -\varepsilon \{G, H\}_{\mathrm{PB}}
\end{aligned} \quad (3.17)$$

となり, ハミルトニアンが不変 ($\delta_\varepsilon H = 0$) になるためには, $\{G, H\}_{\mathrm{PB}} = 0$ が成り立つ必要があること, 逆に, $\{G, H\}_{\mathrm{PB}} = 0$ のとき, $\delta_\varepsilon H = 0$ となることがわかります.

(3.17) で, 1 行目から 2 行目に移るところでは, $H(q_a + \delta_\varepsilon q_a, p_a + \delta_\varepsilon p_a)$ を q_a と p_a の周りでテイラー展開して, $\delta_\varepsilon q_a$ と $\delta_\varepsilon p_a$ に関する 2 次以上の微小量を無視しました. ∎

ニュートン力学の再現

抽象的なハミルトン力学からニュートン力学を再現してみましょう. 質量 m の粒子の運動を記述するハミルトニアンは, 直交座標 $\boldsymbol{x} = (x, y, z)$ と運動量 $\boldsymbol{p} = (p_x, p_y, p_z)$ を用いて,

$$H = \frac{\boldsymbol{p}^2}{2m} + V(\boldsymbol{x}) \qquad (V(\boldsymbol{x}):\text{ポテンシャル}) \quad (3.18)$$

で与えられます. 実際, (3.18) を q_a が $\boldsymbol{x}$ で, p_a が $\boldsymbol{p}$ であるようなハミルトンの正準方程式 (3.6) に代入すると,

$$\frac{d\boldsymbol{x}}{dt} = \frac{\boldsymbol{p}}{m}, \qquad \frac{d\boldsymbol{p}}{dt} = -\nabla V \quad (3.19)$$

が得られ, この 2 式を連立させることにより, $m \dfrac{d^2 \boldsymbol{x}}{dt^2} = \dfrac{d\boldsymbol{p}}{dt} = -\nabla V$ のように, 保存力に関するニュートンの運動方程式が再現されます. ここでも, 上記のような (3.19) の導出は, (3.18) に基づく作用積分に対して最小作用の原理を用いたことに相当します. こうして, 特徴 (2) が示されました.

3.3 量子力学

量子は，一般にどのような法則に従っているのか？

アインシュタインの**光量子仮説**に基づくと，振動数 ν，波長 $\lambda\,(=c/\nu)$ の電磁波は，エネルギー $E = h\nu$，運動量 $\boldsymbol{p} = \dfrac{h}{\lambda}\boldsymbol{e}_p$ をもつ光子の集まりとみなせます．ここで，$\boldsymbol{e}_p\,(\equiv \boldsymbol{p}/|\boldsymbol{p}|)$ は運動量の向きをもつ単位ベクトルです．また，ド・ブロイの**物質波仮説**に基づくと，電子は波ともみなせます．このようにして，**素粒子は粒子性と波動性を併せもつ，量子とよばれるエネルギーのかたまり**と考えられます．

具体的には，エネルギー E，運動量 $\boldsymbol{p}$ をもつ電子は，

$$E = h\nu_k = \hbar\omega_k, \qquad \boldsymbol{p} = \frac{h}{\lambda}\boldsymbol{e}_p = \hbar\boldsymbol{k} \tag{3.20}$$

に従い，これを**アインシュタイン−ド・ブロイの関係式**といいます．ここで，$\nu_k,\ \omega_k\,(=2\pi\nu_k),\ \lambda,\ \boldsymbol{k}\,(=2\pi\boldsymbol{e}_p/\lambda)$ は，それぞれ電子を波とした場合の振動数，角振動数，波長，波数ベクトルです．

自由に運動している電子の**波動関数**は（3.20）を用いると，平面波

$$e^{-i(\omega_k t - \boldsymbol{k}\cdot\boldsymbol{x})} = e^{-\frac{i}{\hbar}(Et - \boldsymbol{p}\cdot\boldsymbol{x})} \qquad (E, \boldsymbol{p}：定数) \tag{3.21}$$

で記述することができます．ここで，$e\,(=2.718\cdots)$ はネイピア数です．（3.21）より，

$$i\hbar\frac{\partial}{\partial t}e^{-\frac{i}{\hbar}(Et - \boldsymbol{p}\cdot\boldsymbol{x})} = Ee^{-\frac{i}{\hbar}(Et - \boldsymbol{p}\cdot\boldsymbol{x})} \tag{3.22}$$

$$-i\hbar\nabla e^{-\frac{i}{\hbar}(Et - \boldsymbol{p}\cdot\boldsymbol{x})} = \boldsymbol{p}e^{-\frac{i}{\hbar}(Et - \boldsymbol{p}\cdot\boldsymbol{x})} \tag{3.23}$$

が成り立ち，この 2 式の右辺と左辺をそれぞれ見比べることにより，

$$E \;\Rightarrow\; i\hbar\frac{\partial}{\partial t}, \qquad \boldsymbol{p} \;\Rightarrow\; -i\hbar\nabla \tag{3.24}$$

という対応が示唆されます．

ここで，電子の舞台が 4 次元ミンコフスキー時空であることを忘れて，ニュートン力学の舞台（絶対時間と 3 次元ユークリッド空間）を想定しましょう．上記の対応（3.24）が，電子が自由に運動している場合以外でも成り立

46　3. 量子力学

つとすると, ニュートン力学におけるハミルトニアン $H = \dfrac{\boldsymbol{p}^2}{2m} + V(\boldsymbol{x})$ を

$$H \;\Rightarrow\; \widehat{H} = -\frac{\hbar^2}{2m}\nabla^2 + V(\boldsymbol{x}) \tag{3.25}$$

のように置き換えることができます. ここで, $\widehat{H}$ は**ハミルトン演算子**とよばれます.

　よって, $E = H$ に対して (3.24), (3.25) の置き換えを施すことにより, 電子の波動関数 $\phi(\boldsymbol{x}, t)$ が従う方程式として,

$$i\hbar\frac{\partial}{\partial t}\phi(\boldsymbol{x}, t) = \left\{-\frac{\hbar^2}{2m_{\mathrm{e}}}\nabla^2 + V(\boldsymbol{x})\right\}\phi(\boldsymbol{x}, t) \tag{3.26}$$

が得られます. ここで, m を電子の質量 m_{e} に換えました. (3.26) は, **シュレーディンガー方程式**とよばれ, 非相対論的な量子力学の基礎方程式です[6].

　波動関数 $\phi(\boldsymbol{x}, t)$ は複素数の値をとり, $\displaystyle\int_{-\infty}^{\infty}|\phi(\boldsymbol{x}, t)|^2\,d^3x = 1$ のもとで, 波動関数の絶対値の 2 乗 $|\phi(\boldsymbol{x}, t)|^2 = \phi^*(\boldsymbol{x}, t)\,\phi(\boldsymbol{x}, t)$ が, 電子を時刻 t において位置 $\boldsymbol{x}$ で観測する**確率密度**だと解釈されます. ここで, $\phi^*(\boldsymbol{x}, t)$ は, $\phi(\boldsymbol{x}, t)$ の複素共役です.

　また, 物理量 Ω の観測値は, **期待値**

$$\langle \Omega \rangle \equiv \int \phi^*(\boldsymbol{x}, t)\,\widehat{\Omega}\,\phi(\boldsymbol{x}, t)\,d^3x \tag{3.27}$$

で定義されます. そして, 物理量は実数値なので, $\langle \Omega \rangle^* = \langle \Omega \rangle$ が成り立ちます. このような性質をもつ演算子 $\widehat{\Omega}$ を**エルミート演算子**といいます.

　物理量を表す演算子が時間発展すると考える**ハイゼンベルク表示**では, 波動関数 $\phi_{\mathrm{H}}(\boldsymbol{x})$ (添字の H は Heisenberg の頭文字) は時間依存性をもちません. 一方, 状態を表す**状態ベクトル**が時間発展すると考える**シュレーディンガー表示**では, 波動関数 $\phi(\boldsymbol{x}, t)$ は,

$$\phi(\boldsymbol{x}, t) = e^{-\frac{i}{\hbar}\widehat{H}t}\phi(\boldsymbol{x}, 0) = e^{-\frac{i}{\hbar}\widehat{H}t}\phi_{\mathrm{H}}(\boldsymbol{x}) \tag{3.28}$$

---

6)　より詳しいことを学びたい方は, 本シリーズの『量子力学入門』などを参照してください.

のように時間発展します。いずれの表示においても、物理量の期待値は

$$\int \phi^*(\boldsymbol{x}, t)\, \widehat{\Omega}\, \phi(\boldsymbol{x}, t)\, d^3x = \int \phi_{\mathrm{H}}^*(\boldsymbol{x})\, \widehat{\Omega}_{\mathrm{H}}(t)\, \phi_{\mathrm{H}}(\boldsymbol{x})\, d^3x \qquad (3.29)$$

のように同じ値をとることから、(3.28) を (3.29) に代入することにより、ハイゼンベルク表示における演算子 $\widehat{\Omega}_{\mathrm{H}}(t)$ は、シュレーディンガー表示における演算子 $\widehat{\Omega}$ と、

$$\widehat{\Omega}_{\mathrm{H}}(t) = e^{\frac{i}{\hbar}\widehat{H}t}\, \widehat{\Omega}\, e^{-\frac{i}{\hbar}\widehat{H}t} \qquad (3.30)$$

のような関係にあることがわかります。

この関係より、$\widehat{\Omega}$ があらわに時間に依存しない ($\partial\widehat{\Omega}/\partial t = 0$) 場合、$\widehat{\Omega}_{\mathrm{H}}(t)$ は

$$i\hbar \frac{d}{dt}\widehat{\Omega}_{\mathrm{H}}(t) = [\widehat{\Omega}_{\mathrm{H}}(t), \widehat{H}] \qquad (3.31)$$

に従って時間発展し、この方程式を**ハイゼンベルクの運動方程式**といいます（次の Exercise 3.5 を参照）。ここで $[\widehat{\Omega}_{\mathrm{H}}(t), \widehat{H}]$ は、**交換子**とよばれる、演算子の間の**非可換性**を表す量で、

$$[\widehat{A}, \widehat{B}] \equiv \widehat{A}\widehat{B} - \widehat{B}\widehat{A} \qquad (3.32)$$

で定義されます。

☙ Exercise 3.5

(3.30) の両辺に $i\hbar$ を掛けたものを時間 t で微分することにより、(3.31) を導きなさい。

Coaching (3.30) の両辺に $i\hbar$ を掛けたものを時間 t で微分することにより、

$$\begin{aligned}
i\hbar \frac{d}{dt}\widehat{\Omega}_{\mathrm{H}}(t) &= i\hbar \frac{d}{dt}(e^{\frac{i}{\hbar}\widehat{H}t}\, \widehat{\Omega}\, e^{-\frac{i}{\hbar}\widehat{H}t}) \\
&= i\hbar \frac{i}{\hbar}\widehat{H}(e^{\frac{i}{\hbar}\widehat{H}t}\, \widehat{\Omega}\, e^{-\frac{i}{\hbar}\widehat{H}t}) - i\hbar(e^{\frac{i}{\hbar}\widehat{H}t}\, \widehat{\Omega}\, e^{-\frac{i}{\hbar}\widehat{H}t})\frac{i}{\hbar}\widehat{H} \\
&= -\widehat{H}\widehat{\Omega}_{\mathrm{H}}(t) + \widehat{\Omega}_{\mathrm{H}}(t)\widehat{H} = [\widehat{\Omega}_{\mathrm{H}}(t), \widehat{H}] \qquad (3.33)
\end{aligned}$$

が得られます。 ■

48　3. 量 子 力 学

正準量子化

ハミルトンの正準方程式 (3.11) とハイゼンベルクの運動方程式 (3.31) の類似性から，物理量 A, B を**エルミート演算子** $\widehat{A}, \widehat{B}$ とし，ポアソン括弧から交換子への置き換え

$$\{A, B\}_{\mathrm{PB}} \;\Rightarrow\; \frac{1}{i\hbar}[\widehat{A}, \widehat{B}] \tag{3.34}$$

を行うことにより，古典力学から量子力学に移行できます.

　このような量子化の手続きは**正準量子化**とよばれ，q_a と p_a に関する関係式 (3.10) に (3.34) を適用することにより，**量子条件**とよばれる関係式

$$[\widehat{q}_a, \widehat{p}_b] = i\hbar\delta_{ab}, \qquad [\widehat{q}_a, \widehat{q}_b] = 0, \qquad [\widehat{p}_a, \widehat{p}_b] = 0 \tag{3.35}$$

が得られます. 一般に，演算子を用いる量子化法を**演算子形式**といいます.

保 存 量

エルミート演算子 $\widehat{\Omega}$ から構成された**ユニタリー演算子** $\widehat{U} \equiv e^{-\frac{i}{\hbar}s\widehat{\Omega}}$ を用いると，ハミルトン演算子 $\widehat{H}$ に対する**ユニタリー変換**は

$$\widehat{H}' = \widehat{U}^\dagger \widehat{H}\widehat{U} = e^{\frac{i}{\hbar}s\widehat{\Omega}}\widehat{H}e^{-\frac{i}{\hbar}s\widehat{\Omega}} \tag{3.36}$$

で与えられ，この変換のもとで $\widehat{H}$ が不変 ($\widehat{H}' = \widehat{H}$) になるための必要十分条件として，$[\widehat{\Omega}, \widehat{H}] = 0$ が導かれます（次の Exercise 3.6 を参照）. ここで，$\widehat{U}^\dagger \,(= e^{\frac{i}{\hbar}s\widehat{\Omega}})$ は $\widehat{U}$ の**エルミート共役演算子**で，s は実数のパラメータです.

　また，ハイゼンベルクの運動方程式 (3.31) の右辺は，(3.30) と $e^{-\frac{i}{\hbar}\widehat{H}t}\widehat{H} = \widehat{H}e^{-\frac{i}{\hbar}\widehat{H}t}$ と $\widehat{H}e^{\frac{i}{\hbar}\widehat{H}t} = e^{\frac{i}{\hbar}\widehat{H}t}\widehat{H}$ を用いて，

$$\begin{aligned}
[\widehat{\Omega}_{\mathrm{H}}(t), \widehat{H}] &= e^{\frac{i}{\hbar}\widehat{H}t}\widehat{\Omega}e^{-\frac{i}{\hbar}\widehat{H}t}\widehat{H} - \widehat{H}e^{\frac{i}{\hbar}\widehat{H}t}\widehat{\Omega}e^{-\frac{i}{\hbar}\widehat{H}t} \\
&= e^{\frac{i}{\hbar}\widehat{H}t}\widehat{\Omega}\widehat{H}e^{-\frac{i}{\hbar}\widehat{H}t} - e^{\frac{i}{\hbar}\widehat{H}t}\widehat{H}\widehat{\Omega}e^{-\frac{i}{\hbar}\widehat{H}t} \\
&= e^{\frac{i}{\hbar}\widehat{H}t}[\widehat{\Omega}, \widehat{H}]e^{-\frac{i}{\hbar}\widehat{H}t}
\end{aligned} \tag{3.37}$$

のように式変形されます. よって，$[\widehat{\Omega}, \widehat{H}] = 0$ が成り立つとき，

$$i\hbar\frac{d}{dt}\widehat{\Omega}_{\mathrm{H}}(t) = e^{\frac{i}{\hbar}\widehat{H}t}[\widehat{\Omega}, \widehat{H}]e^{-\frac{i}{\hbar}\widehat{H}t} = 0 \tag{3.38}$$

となり，物理量 Ω が保存量であることがわかります.

　さらに，このとき，$[\widehat{\Omega}, \widehat{H}] = \widehat{\Omega}\widehat{H} - \widehat{H}\widehat{\Omega} = 0$ と $\widehat{H}\varphi(\boldsymbol{x}) = E\varphi(\boldsymbol{x})$ より，

$$\widehat{H}\widehat{\Omega}\varphi(\boldsymbol{x}) = \widehat{\Omega}\widehat{H}\varphi(\boldsymbol{x}) = \widehat{\Omega}E\varphi(\boldsymbol{x}) = E\widehat{\Omega}\varphi(\boldsymbol{x}) \tag{3.39}$$

が得られ，$\widehat{H}\varphi_n(\boldsymbol{x}) = E_n\varphi_n(\boldsymbol{x})$ と $\widehat{H}\widehat{\Omega}\varphi_n(\boldsymbol{x}) = E_n\widehat{\Omega}\varphi_n(\boldsymbol{x})$ が成り立つこと

3.3 量子力学　49

から，固有値 E_n に対して，固有関数として $\varphi_n(\boldsymbol{x})$ と $\widehat{\Omega}\varphi_n(\boldsymbol{x})$ が存在することがわかります．このように，同じ固有値をもつ独立な固有関数が複数存在する現象を，状態の**縮退**といいます．

🜏 Exercise 3.6

ユニタリー変換 (3.36) のもとで，$\widehat{H}$ が不変 ($\widehat{H}' = \widehat{H}$) になるための必要十分条件を求めなさい．

Coaching　$\widehat{U} = e^{-\frac{i}{\hbar}s\widehat{\Omega}}$ に関するユニタリー変換のもとで，

$$\widehat{H}' = \widehat{U}^\dagger \widehat{H} \widehat{U} = e^{\frac{i}{\hbar}s\widehat{\Omega}} \widehat{H} e^{-\frac{i}{\hbar}s\widehat{\Omega}}$$

$$= \widehat{H} + \frac{i}{\hbar}s[\widehat{\Omega}, \widehat{H}] + \frac{1}{2!}\left(\frac{i}{\hbar}s\right)^2 [\widehat{\Omega}, [\widehat{\Omega}, \widehat{H}]] + \cdots \qquad (3.40)$$

となり，$\widehat{H}$ が不変 ($\widehat{H}' = \widehat{H}$) になるためには，$[\widehat{\Omega}, \widehat{H}] = 0$ が成り立つ必要があること，逆に $[\widehat{\Omega}, \widehat{H}] = 0$ のとき，$\widehat{H}' = \widehat{H}$ となることがわかります．ここで，1 行目から 2 行目に移るところでは，Practice [3.2] の公式を用いました．■

3.3.1　調和振動子の量子化

素粒子物理学では，素粒子を場の演算子として扱います．**自由場**（相互作用をしていない場）は，**調和振動子**の集まりとみなすことができるので，ここでは場の理論の準備を兼ねて，1 次元の調和振動子に関する量子力学系について考えてみましょう．

調和振動子に関するハミルトン演算子は $\widehat{H} = -\dfrac{\hbar^2}{2m}\dfrac{d^2}{dx^2} + \dfrac{1}{2}m\omega^2 x^2$ で与えられるので，エネルギー E に関する固有値方程式（時間に依存しないシュレーディンガー方程式）は，

$$\left(-\frac{\hbar^2}{2m}\frac{d^2}{dx^2} + \frac{1}{2}m\omega^2 x^2\right)\varphi(x) = E\varphi(x) \qquad (3.41)$$

となります．ここで，x, m, ω はそれぞれ調和振動子の変位，質量，角振動数です．このとき，新たに演算子として，

$$\widehat{a} \equiv \sqrt{\frac{m\omega}{2\hbar}}\left(x + \frac{\hbar}{m\omega}\frac{d}{dx}\right), \qquad \widehat{a}^\dagger \equiv \sqrt{\frac{m\omega}{2\hbar}}\left(x - \frac{\hbar}{m\omega}\frac{d}{dx}\right) \qquad (3.42)$$

を定義すると, $\widehat{H}$ は,

$$\widehat{H} = \hbar\omega\left(\hat{a}^\dagger \hat{a} + \frac{1}{2}\right) \tag{3.43}$$

と表されます.

 **Training 3.2**

$\hat{a}, \hat{a}^\dagger$ が,

$$[\hat{a}, \hat{a}^\dagger] = 1, \quad [\hat{a}, \hat{a}] = 0, \quad [\hat{a}^\dagger, \hat{a}^\dagger] = 0 \tag{3.44}$$

を満たすことを示しなさい. また, (3.44) と $[\widehat{A}\widehat{B}, \widehat{C}] = \widehat{A}[\widehat{B}, \widehat{C}] + [\widehat{A}, \widehat{C}]\widehat{B}$ を用いて,

$$[\hat{a}^\dagger\hat{a}, \hat{a}] = -\hat{a}, \quad [\hat{a}^\dagger\hat{a}, \hat{a}^\dagger] = \hat{a}^\dagger \tag{3.45}$$

が成り立つことを示しなさい.

(3.43) と (3.45) と固有値方程式 $\widehat{H}\phi_E = E\phi_E$ を用いると,

$$\widehat{H}\hat{a}\phi_E = (\hat{a}\widehat{H} - \hbar\omega\hat{a})\phi_E = (E - \hbar\omega)\hat{a}\phi_E \tag{3.46}$$

$$\widehat{H}\hat{a}^\dagger\phi_E = (\hat{a}^\dagger\widehat{H} + \hbar\omega\hat{a}^\dagger)\phi_E = (E + \hbar\omega)\hat{a}^\dagger\phi_E \tag{3.47}$$

が導かれ, あるエネルギーの固有状態に $\hat{a}$ を作用させるとエネルギーの値が $\hbar\omega$ だけ減少し, $\hat{a}^\dagger$ を作用させると $\hbar\omega$ だけ増加することがわかります. そのため, $\hat{a}$ を **下降演算子（消滅演算子）**, $\hat{a}^\dagger$ を **上昇演算子（生成演算子）** といい, 2つ合わせて **昇降演算子（生成・消滅演算子）** といいます[7].

調和振動子のエネルギー固有値

$\widehat{H}$ の固有値を E_n, 固有関数を $u_n(x)$ とすると, それぞれ

$$E_n = \hbar\omega\left(n + \frac{1}{2}\right) = h\nu\left(n + \frac{1}{2}\right) \quad (n = 0, 1, 2, \cdots) \tag{3.48}$$

$$u_n(x) = \frac{1}{\sqrt{n!}}(\hat{a}^\dagger)^n u_0(x), \quad u_0(x) = \left(\frac{m\omega}{\pi\hbar}\right)^{\frac{1}{4}} e^{-\frac{m\omega x^2}{2\hbar}} \tag{3.49}$$

で与えられます. ここで, $u_0(x)$ は基底状態を表す固有関数で, $\hat{a}u_0(x) = 0$

---

7) 量子力学における調和振動子の場合, $\hat{a}$ や $\hat{a}^\dagger$ の作用により, 振動子が消滅したり生成したりするわけではなく, エネルギー準位が下降したり上昇したりするだけなので, 消滅演算子, 生成演算子, 生成・消滅演算子という用語を用いると混乱を招きそうですが, 場の量子論では素粒子の消滅や生成を司るため, その類似性を考慮して併記しました.

を満たします.

このとき, $u_n(x)$ は,

$$\int_{-\infty}^{\infty} u_m^*(x) u_n(x)\, dx = \delta_{mn}, \qquad \sum_{n=0}^{\infty} u_n(x) u_n^*(y) = \delta(x - y) \quad (3.50)$$

を満たします. ここで, $m = 0, 1, 2, \cdots, \delta_{mn}$ はクロネッカーの δ, $\delta(x - y)$ はディラックの δ 関数です. $u_n(x)$ に $\hat{a}, \hat{a}^\dagger$ を作用させると,

$$\hat{a}\, u_n(x) = \sqrt{n}\, u_{n-1}(x) \quad (3.51)$$

$$\hat{a}^\dagger u_n(x) = \sqrt{n+1}\, u_{n+1}(x) \quad (3.52)$$

となります. また, (3.48) で $n = 0$ とした基底状態 $u_0(x)$ のエネルギー $E_0 = h\nu/2$ のことを**零点エネルギー**といいます.

ハイゼンベルク表示における昇降演算子 $\hat{a}_{\mathrm{H}}(t), \hat{a}_{\mathrm{H}}^\dagger(t)$ を用いると, ハミルトン演算子は

$$\widehat{H} = \hbar\omega \left\{ \hat{a}_{\mathrm{H}}^\dagger(t)\hat{a}_{\mathrm{H}}(t) + \frac{1}{2} \right\} \quad (3.53)$$

と表され, 交換関係

$$[\hat{a}_{\mathrm{H}}(t), \hat{a}_{\mathrm{H}}^\dagger(t)] = 1, \qquad [\hat{a}_{\mathrm{H}}(t), \hat{a}_{\mathrm{H}}(t)] = 0, \qquad [\hat{a}_{\mathrm{H}}^\dagger(t), \hat{a}_{\mathrm{H}}^\dagger(t)] = 0$$

$$(3.54)$$

のもとで, $\hat{a}_{\mathrm{H}}(t), \hat{a}_{\mathrm{H}}^\dagger(t)$ の時間変化は, (3.31) より,

$$\frac{d\hat{a}_{\mathrm{H}}(t)}{dt} = \frac{1}{i\hbar}[\hat{a}_{\mathrm{H}}(t), \widehat{H}] = -i\omega\, \hat{a}_{\mathrm{H}}(t) \quad (3.55)$$

$$\frac{d\hat{a}_{\mathrm{H}}^\dagger(t)}{dt} = \frac{1}{i\hbar}[\hat{a}_{\mathrm{H}}^\dagger(t), \widehat{H}] = i\omega\, \hat{a}_{\mathrm{H}}^\dagger(t) \quad (3.56)$$

のようになります. これらの式より, $\hat{a}_{\mathrm{H}}(t), \hat{a}_{\mathrm{H}}^\dagger(t)$ は**単振動の方程式** $\dfrac{d^2\hat{a}_{\mathrm{H}}(t)}{dt^2}$ $= -\omega^2 \hat{a}_{\mathrm{H}}(t)$, $\dfrac{d^2\hat{a}_{\mathrm{H}}^\dagger(t)}{dt^2} = -\omega^2 \hat{a}_{\mathrm{H}}^\dagger(t)$ に従って時間発展することがわかります.

3.3.2 経 路 積 分

波の進行は素元波の重ね合わせとして理解されるという**ホイヘンスの原理**に従い, 時刻 t_{f} での波動関数 $\phi(\boldsymbol{x}_{\mathrm{f}}, t_{\mathrm{f}})$ は, 時刻 t_{i} での波動関数 $\phi(\boldsymbol{x}_{\mathrm{i}}, t_{\mathrm{i}})$ を用

52　3. 量 子 力 学

いて，

$$\phi(\boldsymbol{x}_\mathrm{f}, t_\mathrm{f}) = \int K(\boldsymbol{x}_\mathrm{f}, t_\mathrm{f}\,;\,\boldsymbol{x}_\mathrm{i}, t_\mathrm{i})\,\phi(\boldsymbol{x}_\mathrm{i}, t_\mathrm{i})\,d^3x_\mathrm{i} \tag{3.57}$$

のように表されます．ここで，$K(\boldsymbol{x}_\mathrm{f}, t_\mathrm{f}\,;\,\boldsymbol{x}_\mathrm{i}, t_\mathrm{i})$ は**遷移振幅**を表す因子で，

$$K(\boldsymbol{x}_\mathrm{f}, t_\mathrm{f}\,;\,\boldsymbol{x}_\mathrm{i}, t_\mathrm{i}) = \int Dx\, e^{\frac{i}{\hbar}S} \tag{3.58}$$

のように表されるものを**経路積分**といいます．なお，Dx, S は，それぞれ

$$Dx \equiv \lim_{N\to\infty}\left(\frac{m}{2\pi i\hbar\,\varDelta t}\right)^{\frac{N}{2}}\prod_{k=1}^{N-1}d^3x_k, \qquad \varDelta t \equiv \frac{t_\mathrm{f}-t_\mathrm{i}}{N} \tag{3.59}$$

$$S = \int_{t_\mathrm{i}}^{t_\mathrm{f}} L\,dt = \int_{t_\mathrm{i}}^{t_\mathrm{f}}\left\{\frac{1}{2}\,m\left(\frac{d\boldsymbol{x}}{dt}\right)^2 - V(\boldsymbol{x})\right\}dt \tag{3.60}$$

で与えられます．Dx を**積分測度**といいます．

　(3.58) において，指数関数の肩に作用積分 $S = \displaystyle\int_{t_\mathrm{i}}^{t_\mathrm{f}} L\,dt$ が乗っているため，S の変化が $\hbar$ に比べて十分に大きい場合（$|\delta S| \gg \hbar$），$e^{\frac{i}{\hbar}S}$ の値が激しく振動し，一般にそれらの寄与が打ち消し合います．このとき，作用積分が停留点をとるところ（S の変分 δS がゼロになるところ）に相当する，古典力学における粒子の軌道からの寄与が支配的になり，古典力学における「最小作用の原理」が有効になります（古典力学からのずれの評価に関しては，Practice［3.5］を参照）．

　このように，作用積分を位相因子として，量子力学の遷移振幅や期待値を得る手続きを**経路積分量子化**，あるいは**経路積分形式**といいます．

本章の Point　53

☕ Coffee Break

量子力学の法則

　量子力学の法則は，巨視的な私たちの世界から見るととても奇妙です．そのため，量子力学の世界を楽しむためには，古典物理学の呪縛を解くことが必要です．量子力学の法則を一通り学んだことがある方へ，敢えてアドバイスをするとしたら，

(1)　物理状態を第一義的に捉えること
(2)　古典物理学の概念を派生的に捉え直すこと
(3)　様々な物理系に触れること

でしょうか．

　(1) に関する補足として，粒子の状態は，古典力学では $\boldsymbol{x}(t) = (x(t), y(t), z(t))$ で指定されますが，量子力学ではヒルベルト空間上の状態ベクトル $|\Psi(t)\rangle$ で指定されるため，重ね合わせにより複数の場所に同時に存在するというような奇妙な状態も含まれます．

　また，(2) の具体例として，「最小作用の原理」があります．実際，経路積分の項（3.3.2 項）で見たように，量子力学の世界で，電子は波動性に基づきあらゆる経路を辿りますが，$\hbar \to 0$ の極限で最小作用の原理から導かれる，古典力学の世界の軌道が支配的になります．

　物理学に限らず，自然から学ぶことはいろいろあります．例えば，生物の仕組みをものづくりに活かす研究（バイオミメティクス）や脳の機能の解明に基づく人工知能，機械学習の開発などがあります．量子力学の法則の応用としては，近年，量子コンピュータの開発が期待されています．将来，素粒子の仕組みを解明して，そこから予期せぬ応用が見つかるかもしれませんね．

📖 本章のPoint

▶ **最小作用の原理**：物体は作用積分 $S = \displaystyle\int_{t_i}^{t_f} L\,dt$ が極値をとる経路を動く．

　　ここで，L はラグランジアン，t_i は始時刻，t_f は終時刻である．この原理により，物体に関する運動方程式が導出される．

▶ **オイラー‐ラグランジュの方程式**：ラグランジュ力学の基礎方程式は

$$\frac{d}{dt}\left(\frac{\partial L}{\partial \dot{q}_a}\right) - \frac{\partial L}{\partial q_a} = 0$$

　　である．ここで，$q_a = q_a(t)$ $(a = 1, \cdots, n)$ は，一般（化）座標である．また，$\dot{q}_a = dq_a/dt$，L はラグランジアンである．

54 3. 量子力学

▶ **ハミルトンの正準方程式**：ハミルトン力学の基礎方程式は

$$\frac{dq_a}{dt} = \frac{\partial H}{\partial p_a}, \qquad \frac{dp_a}{dt} = -\frac{\partial H}{\partial q_a}$$

である．ここで，$q_a = q_a(t)$, $p_a = p_a(t)$ $(a = 1, \cdots, n)$ は，それぞれ一般（化）座標，一般（化）運動量である．また，H はハミルトニアンである．

ポアソン括弧を用いると，

$$\frac{dq_a}{dt} = \{q_a, H\}_{\mathrm{PB}}, \qquad \frac{dp_a}{dt} = \{p_a, H\}_{\mathrm{PB}}$$

のように表される．

▶ **シュレーディンガー方程式**：非相対論的な量子力学のシュレーディンガー表示における基礎方程式は

$$i\hbar \frac{\partial}{\partial t} \psi(\boldsymbol{x}, t) = \left\{ -\frac{\hbar^2}{2m_{\mathrm{e}}} \nabla^2 + V(\boldsymbol{x}) \right\} \psi(\boldsymbol{x}, t)$$

である．ここで，$\psi(\boldsymbol{x}, t)$ は電子の波動関数，m_{e} は電子の質量，$V(\boldsymbol{x})$ はポテンシャルである．

▶ **ハイゼンベルクの運動方程式**：量子力学のハイゼンベルク表示における基礎方程式は

$$i\hbar \frac{d}{dt} \widehat{\Omega}_{\mathrm{H}}(t) = [\widehat{\Omega}_{\mathrm{H}}(t), \widehat{H}]$$

である．ここで，$\widehat{\Omega}_{\mathrm{H}}(t)$ は物理量 Ω に関するエルミート演算子で，$\widehat{H}$ はハミルトン演算子である．

▶ **ファインマンの経路積分**：遷移振幅を，粒子が運動する経路に関する和（積分）で表す公式は

$$\psi(\boldsymbol{x}_{\mathrm{f}}, t_{\mathrm{f}}) = \int K(\boldsymbol{x}_{\mathrm{f}}, t_{\mathrm{f}}\,;\,\boldsymbol{x}_{\mathrm{i}}, t_{\mathrm{i}}) \psi(\boldsymbol{x}_{\mathrm{i}}, t_{\mathrm{i}})\, d^3 x_{\mathrm{i}}$$

$$K(\boldsymbol{x}_{\mathrm{f}}, t_{\mathrm{f}}\,;\,\boldsymbol{x}_{\mathrm{i}}, t_{\mathrm{i}}) = \int Dx\, e^{\frac{i}{\hbar} S}$$

である．ここで，$K(\boldsymbol{x}_{\mathrm{f}}, t_{\mathrm{f}}\,;\,\boldsymbol{x}_{\mathrm{i}}, t_{\mathrm{i}})$ は遷移振幅，S は作用積分，Dx は積分測度である．

Practice

[3.1] 光子のエネルギーと波長の積

光子のエネルギー E_γ と光子の波長 λ_γ を掛け合わせて，それを 2π で割った量を求めなさい．

[3.2] 演算子に関する公式

演算子 $\hat{H}$ と $\hat{\Theta}$ に関して，次式が成り立つことを示しなさい．

$$e^{i\hat{\Theta}}\hat{H}e^{-i\hat{\Theta}} = \hat{H} + i[\hat{\Theta}, \hat{H}] + \frac{i^2}{2!}[\hat{\Theta}, [\hat{\Theta}, \hat{H}]] + \cdots$$

[3.3] 下降演算子と上昇演算子

(3.42) で定義された下降演算子 $\hat{a}$ と上昇演算子 $\hat{a}^\dagger$ を用いて，調和振動子のハミルトン演算子が $\hat{H} = \hbar\omega\left(\hat{a}^\dagger\hat{a} + \dfrac{1}{2}\right)$ と表されることを示しなさい．

[3.4] ファインマン核とシュレーディンガー方程式

1 次元空間における時刻 t での波動関数は，

$$\phi(x, t) = \int_{-\infty}^{\infty} K(x, t ; x_\mathrm{i}, t_\mathrm{i})\, \phi(x_\mathrm{i}, t_\mathrm{i})\, dx_\mathrm{i}$$

と表すことができます．ここで，$\Delta t = t - t_\mathrm{i}$ が微小であるとき，遷移振幅 $K(x, t ; x_\mathrm{i}, t_\mathrm{i})$ は，

$$K(x, t ; x_\mathrm{i}, t_\mathrm{i}) = \sqrt{\frac{m}{2\pi i\hbar\, \Delta t}} \exp\left[\frac{i}{\hbar}\left\{\frac{m}{2}\left(\frac{x - x_\mathrm{i}}{\Delta t}\right)^2 - V(x)\right\}\Delta t\right]$$

のように表されます（$V(x)$ はポテンシャル）．このとき，$\phi(x, t)$ がシュレーディンガー方程式

$$i\hbar\frac{\partial}{\partial t}\phi(x, t) = \left\{-\frac{\hbar^2}{2m}\frac{\partial^2}{\partial x^2} + V(x)\right\}\phi(x, t)$$

に従うことを示しなさい．

[3.5] 鞍点法

経路積分量子化において，古典力学からのずれを評価するために，経路積分 (3.58) の代わりに 1 変数 t に関する積分 $F(\alpha) = \displaystyle\int_{-\infty}^{\infty} e^{i\alpha f(t)}\, dt$（$\alpha$ は $1/\hbar$ に，$f(t)$ は S に，dt は $\mathcal{D}x$ に対応する）について考えてみましょう．

関数 $f(t)$ の t に関する 1 階導関数 $f'(t)$ が $t = t_0$ でのみゼロになり，かつ t に関する 2 階導関数 $f''(t)$ は $t = t_0$ で正の値をとるとします．このとき，$f(t)$ を t_0 の周りでテイラー展開することにより，$F(\alpha) = \displaystyle\int_{-\infty}^{\infty} e^{i\alpha f(t)}\, dt$ の値を $\alpha \to \infty$ において評価しなさい．

場の量子論（I）
～自由場～

　素粒子は生成したり消滅したりしますが，その生成や消滅はどのように記述されるのでしょうか？　また，特殊相対性理論における，4次元ミンコフスキー時空上で，自由な（相互作用をしていない）素粒子はどのような波動方程式に従うのでしょうか？　本章では，場の解析力学の世界に立ち寄った後に，場の量子論の世界を覗いてみましょう．

4.1　量子力学から場の量子論へ

　前章で紹介した，シュレーディンガー方程式を基礎方程式とする量子力学には，次の3つの難点があります．

・特殊相対性原理に適っていない．
・電磁場が量子力学的に扱われていない．
・素粒子の生成や消滅を扱うのが困難である．

　難点の1つ目は，4次元ミンコフスキー時空において，量子力学を再構築することにより解消されます．実際，1927年にディラックが**ディラック方程式**とよばれる，電子に関する**相対論的波動方程式**を導きました．この方程式により，スピンの起源や反粒子の存在が明らかになりました．

　難点の2つ目は，電磁場を量子化することにより解消されます．実際，こちらも，1927年にディラックが口火を切りました．具体的には，**場の量子化**

というアイデアに基づき，光子場の演算子を用いることにより，光子の放出や吸収が光子の生成や消滅として理解されました．そして，1929年頃には，ハイゼンベルクとパウリによって，正準量子化による**場の量子論**の枠組みが整備されました．

量子力学は電子数が固定された物理系を対象としているため，電子と陽電子の対消滅や対生成などの粒子数が変化する反応過程を扱うことが困難です．一方，場の量子論では素粒子を**場の演算子**とみなすことにより，素粒子の生成や消滅を記述することが可能になります．このようにして，難点の3つ目も解消されます．

特殊相対性理論と場の量子論が合体した**相対論的場の量子論**は優れもので，素粒子現象を解明し，素粒子の法則を記述することができます[1]．ここで，この理論の利点を2つ紹介します．

（1）　素粒子のもつ粒子性と波動性が，場の演算子を用いて端的に表現されます．具体的には，場の演算子は，「粒子の生成や消滅という粒子性を担う演算子」と「粒子が量子力学に基づき時空上を伝わっていくという波動性を担う波動関数」を含んでいて，4次元ミンコフスキー時空上で，相対論的波動方程式に従います．

（2）　多粒子を一挙に扱うことができます．同一の作用積分に基づいて，粒子数の異なる物理系や粒子数が変化する物理系を扱うことができます．素粒子の間にはたらく相互作用は，場の演算子を含む**相互作用ラグランジアン密度**，あるいは**相互作用ハミルトニアン密度**を用いて端的に表現されます．これにより，物理系の全エネルギーや全角運動量などにとどまらず，素粒子の生成や消滅がともなう様々な反応過程の頻度を系統的に計算することができます（第5章，第6章を参照）．

---

1)　場の量子論は，素粒子の世界を記述する言語のようなものです．最初は，意味不明な落書きに見えたり，雑音に聞こえたりするかもしれませんが，その適用範囲は広く，使い慣れるに従って，有用性と共に優雅さを感じます．取っ付きにくいという印象をもちがちですが，少しずつ慣れ親しんでいきましょう．より詳しいことを知りたい方は，「場の量子論」のテキストなどを参照してください．

58　4. 場の量子論（I）

　本章の以下の節の内容を簡単に紹介します．4.2 節で場の解析力学の世界
に立ち寄り，その理論形式に触れた後，4.3 節で場の量子論の世界に入りま
す．そして，その後の節で，自由粒子に関する 3 種類の相対論的波動方程式
を紹介します．具体的には，4.4 節では**クライン－ゴルドン方程式**（スピン 0
の自由粒子に関する方程式）を，4.5 節では**ディラック方程式**（質量をもつス
ピン 1/2 の自由粒子に関する方程式）を，4.6 節では**ワイル方程式**（質量をも
たないスピン 1/2 の自由粒子に関する方程式）を紹介します．

🌱 4.2　場の解析力学

　場の量子論の世界に入る前に，まずは**場の解析力学**の世界に立ち寄ってみ
ましょう．その理由は，第 3 章で述べた量子力学の場合と同様に，場の解析
力学の理論形式は場の量子論のものと類似性があり，物理系を量子化する際
に役に立つからです．

　電磁気学における電磁場や一般相対性理論における重力場のような，古典
物理学において登場する場を表す関数は，**古典場**と総称されます．そこで，
古典場 $\varphi = \varphi(x)$ に関する作用積分

$$S_\varphi = \frac{1}{c} \int \mathscr{L}_\varphi(\varphi, \partial_\mu \varphi)\, d^4x \qquad (c：光の速さ) \tag{4.1}$$

について考えてみることにしましょう．ここで，$\mathscr{L}_\varphi$ は**ラグランジアン密度**
とよばれる量です．また，$\partial_\mu \varphi = \dfrac{\partial \varphi}{\partial x^\mu}$, $d^4x = dx^0\, dx^1\, dx^2\, dx^3 = c\, dt\, d^3x$ で
す．(4.1) に対して，最小作用の原理 $\delta S_\varphi = 0$ を用いると，場に関する**オイ
ラー－ラグランジュの方程式**

$$\partial_\mu \left(\frac{\partial \mathscr{L}_\varphi}{\partial(\partial_\mu \varphi)} \right) - \frac{\partial \mathscr{L}_\varphi}{\partial \varphi} = 0 \tag{4.2}$$

が導かれます．(4.2) は (3.1) に相当する式で，$\mathscr{L}_\varphi$ が L, ∂_μ が $\dfrac{d}{dt}$, $\partial_\mu \varphi$ が
$\dot{q}_a$, φ が q_a に相当します．

　ラグランジアン密度 $\mathscr{L}_\varphi$ を用いると，古典場 φ に正準共役な場 π_φ と**ハミ**

ルトニアン H_φ は

$$\pi_\varphi \equiv \frac{\partial \mathscr{L}_\varphi}{\partial(\partial\varphi/\partial t)}, \qquad H_\varphi \equiv \int\left(\pi_\varphi \frac{\partial\varphi}{\partial t} - \mathscr{L}_\varphi\right) d^3x \tag{4.3}$$

で定義されます.そして,この H_φ を用いると,(4.2) と等価な式として,ハミルトンの正準方程式

$$\frac{\partial\varphi}{\partial t} = \{\varphi, H_\varphi\}_{\text{PB}}, \qquad \frac{\partial\pi_\varphi}{\partial t} = \{\pi_\varphi, H_\varphi\}_{\text{PB}} \tag{4.4}$$

が導かれます.この式は,(3.9) に相当します.

ここで,$\{F, G\}_{\text{PB}}$ の形に表されたものはポアソン括弧とよばれるもので,ここでは F や G が汎関数とよばれる,

$$F[\varphi, \pi_\varphi] \equiv \int \mathscr{F}(\varphi, \nabla\varphi, \pi_\varphi)\, d^3x \tag{4.5}$$

$$G[\varphi, \pi_\varphi] \equiv \int \mathscr{G}(\varphi, \nabla\varphi, \pi_\varphi)\, d^3x \tag{4.6}$$

のような形をしているため,(3.8) のポアソン括弧の和の式が積分になり,

$$\{F, G\}_{\text{PB}} \equiv \int\left(\frac{\delta F}{\delta\varphi}\frac{\delta G}{\delta\pi_\varphi} - \frac{\delta F}{\delta\pi_\varphi}\frac{\delta G}{\delta\varphi}\right) d^3x \tag{4.7}$$

で定義されます.

また,$\dfrac{\delta F}{\delta\varphi}$ や $\dfrac{\delta F}{\delta\pi_\varphi}$ は汎関数微分とよばれる微分で,

$$\frac{\delta F}{\delta\varphi} \equiv \frac{\partial \mathscr{F}}{\partial\varphi} - \nabla\cdot\frac{\partial \mathscr{F}}{\partial(\nabla\varphi)}, \qquad \frac{\delta F}{\delta\pi_\varphi} \equiv \frac{\partial \mathscr{F}}{\partial\pi_\varphi} \tag{4.8}$$

で定義されます.ちなみに,φ に対する汎関数微分は,$\dfrac{\delta\varphi(\boldsymbol{x}, t)}{\delta\varphi(\boldsymbol{y}, t)} = \delta^3(\boldsymbol{x} - \boldsymbol{y})$ です.ここで,$\delta^3(\boldsymbol{x} - \boldsymbol{y})$ はディラックの δ 関数です.

なお,ポアソン括弧と δ 関数を用いると,(3.10) と同様にして,φ や π_φ の間に,次式が成り立つことがわかります.

$$\begin{cases} \{\varphi(\boldsymbol{x}, t), \pi_\varphi(\boldsymbol{y}, t)\}_{\text{PB}} = \delta^3(\boldsymbol{x} - \boldsymbol{y}) \\ \{\varphi(\boldsymbol{x}, t), \varphi(\boldsymbol{y}, t)\}_{\text{PB}} = 0 \\ \{\pi_\varphi(\boldsymbol{x}, t), \pi_\varphi(\boldsymbol{y}, t)\}_{\text{PB}} = 0 \end{cases} \tag{4.9}$$

60　4. 場の量子論（Ⅰ）

保 存 量

　場の解析力学ではネーターの定理とよばれるものがあり，それは，**作用積分が大局的な連続的対称性を有するとき，保存カレント（カレントは流れの密度の意）と保存チャージ（保存カレントの時間成分を空間積分したもの）が存在する**というものです．

　ここで**大局的対称性**とは，変換のパラメータが時空点に依存しない変換（時空上で一斉に同じ形で行われる変換）のもとでの不変性のことです．また，**連続的対称性**とは，無限小変換（や無限小変換を繰り返し行うことにより得られる有限な変換）のもとでの不変性のことです．なお，保存カレントと保存チャージについては，その具体例として，次の Exercise 4.1 を通して解説します．

🔧⚖ Exercise 4.1

　$\varphi(x)$ に関する大局的無限小変換 $\varphi'(x) = \varphi(x) + \varepsilon\varXi$（$\varepsilon$：変換のパラメータで無限小の定数，$\varXi$：$\varphi(x)$ の関数）のもとで，作用積分が不変に保たれるとき，どのような保存量が存在するか求めなさい．

Coaching　無限小変換 $\varphi'(x) = \varphi(x) + \varepsilon\varXi$ による $\varphi(x)$ の変化分を $\delta_\varepsilon\varphi(x) = \varphi'(x) - \varphi(x) = \varepsilon\varXi$ とすると，作用積分の変化分 $\delta_\varepsilon S_\varphi$ は，

$$
\begin{aligned}
\delta_\varepsilon S_\varphi &= \frac{1}{c}\int \mathscr{L}_\varphi(\varphi', \partial_\mu\varphi')\, d^4x - \frac{1}{c}\int \mathscr{L}_\varphi(\varphi, \partial_\mu\varphi)\, d^4x \\
&= \frac{1}{c}\int \left[\left\{\frac{\partial \mathscr{L}_\varphi}{\partial \varphi} - \partial_\mu\left(\frac{\partial \mathscr{L}_\varphi}{\partial(\partial_\mu\varphi)}\right)\right\}\varepsilon\varXi + \varepsilon\,\partial_\mu\left(\frac{\partial \mathscr{L}_\varphi}{\partial(\partial_\mu\varphi)}\varXi\right)\right] d^4x \\
&= \frac{\varepsilon}{c}\int \partial_\mu\left(\frac{\partial \mathscr{L}_\varphi}{\partial(\partial_\mu\varphi)}\varXi\right) d^4x
\end{aligned}
\tag{4.10}
$$

となります．ここで，オイラー－ラグランジュの方程式 (4.2) が成り立っているとしました．

　変換のもとで作用積分が不変に保たれる（$\delta_\varepsilon S_\varphi = 0$）とき，**連続（の）方程式** $\partial_\mu J^\mu = 0$ が得られ，**保存則** $\dfrac{d}{dt}Q = 0$ が成り立ち（次の Exercise 4.2 を参照），Q が**保存量**であることがわかります．ここで，J^μ は**ネーターカレント**とよばれる**保存カレント**で，(4.10) から

$$J^\mu \equiv \frac{\partial \mathscr{L}_\varphi}{\partial(\partial_\mu \varphi)} \varXi \tag{4.11}$$

で定義されます. そして, Q は**ネーターチャージ**とよばれる**保存チャージ**で,

$$Q \equiv \frac{1}{c} \int J^0 \, d^3x = \int \frac{\partial \mathscr{L}_\varphi}{\partial(\partial\varphi/\partial t)} \varXi \, d^3x = \int \pi_\varphi \varXi \, d^3x \tag{4.12}$$

で定義されます. ここで, 最後の式変形において, $\pi_\varphi = \dfrac{\partial \mathscr{L}_\varphi}{\partial(\partial\varphi/\partial t)}$ を用いました.

🎏 Exercise 4.2

連続 (の) 方程式 $\partial_\mu J^\mu = 0$ から, 保存則 $\dfrac{d}{dt}Q = 0$ が成り立つことを示しなさい.

Coaching (4.12) と $\partial_\mu J^\mu = \sum\limits_{\mu=0}^{3} \partial_\mu J^\mu = \dfrac{1}{c}\dfrac{\partial J^0}{\partial t} + \nabla \cdot \boldsymbol{J} = 0$ およびガウスの定理を用いると,

$$\begin{aligned}
\frac{d}{dt}Q &= \frac{1}{c}\frac{d}{dt}\int J^0 \, d^3x = \int \frac{1}{c}\frac{\partial J^0}{\partial t}\, d^3x \\
&= -\int \nabla \cdot \boldsymbol{J} \, d^3x = -\oint_{|\boldsymbol{x}|=\infty} \boldsymbol{J} \cdot d\boldsymbol{S} = 0
\end{aligned} \tag{4.13}$$

のように保存則が導かれます. ここで, $d\boldsymbol{S}$ は**面素**です. 最後の式変形では, 空間の無限遠 $|\boldsymbol{x}| = \infty$ でカレントの空間成分が変化しないこと, つまり, $\boldsymbol{J} = \boldsymbol{0}$ であることを用いてゼロとしました.

🌱 4.3 場の量子論

素粒子の生成や消滅を, どのように記述するのか?

3.3 節で述べたように, 正準量子化に基づいて, ハイゼンベルク表示における位置演算子 $\hat{x}(t)$ と運動量演算子 $\hat{p}(t)$ の間に, 交換関係 $[\hat{x}(t), \hat{p}(t)] = i\hbar$, $[\hat{x}(t), \hat{x}(t)] = 0$, $[\hat{p}(t), \hat{p}(t)] = 0$ を課すことにより, 解析力学の世界から量子力学の世界に入ることができました[2].

---

2) 正確には, $\hat{x}(t), \hat{p}(t)$ をそれぞれ $\hat{x}_\mathrm{H}(t), \hat{p}_\mathrm{H}(t)$ と書くべきですが, 煩雑になるので添字の H を省略しました. 以後も H を省略します.

62 4. 場の量子論（Ⅰ）

同様にして，古典場 $\varphi(\boldsymbol{x},t)$ と $\pi_\varphi(\boldsymbol{x},t)$ をハイゼンベルク表示における場の演算子 $\hat{\varphi}(\boldsymbol{x},t)$ と $\hat{\pi}_\varphi(\boldsymbol{x},t)$ に置き換えて，これらの間に**正準交換関係**とよばれる関係式

$$\begin{cases} [\hat{\varphi}(\boldsymbol{x},t),\hat{\pi}_\varphi(\boldsymbol{y},t)] = i\hbar\,\delta^3(\boldsymbol{x}-\boldsymbol{y}) \\ [\hat{\varphi}(\boldsymbol{x},t),\hat{\varphi}(\boldsymbol{y},t)] = 0 \\ [\hat{\pi}_\varphi(\boldsymbol{x},t),\hat{\pi}_\varphi(\boldsymbol{y},t)] = 0 \end{cases} \tag{4.14}$$

を課すことにより，場の解析力学の世界からボソンに関する場の量子論の世界に入ることができます．

なお，フェルミオンに関しては，**正準反交換関係**とよばれる関係式

$$\begin{cases} \{\hat{\varphi}(\boldsymbol{x},t),\hat{\pi}_\varphi(\boldsymbol{y},t)\} = i\hbar\,\delta^3(\boldsymbol{x}-\boldsymbol{y}) \\ \{\hat{\varphi}(\boldsymbol{x},t),\hat{\varphi}(\boldsymbol{y},t)\} = 0 \\ \{\hat{\pi}_\varphi(\boldsymbol{x},t),\hat{\pi}_\varphi(\boldsymbol{y},t)\} = 0 \end{cases} \tag{4.15}$$

を課して量子化します．ここで，$\{\hat{\varphi}(\boldsymbol{x},t),\hat{\pi}_\varphi(\boldsymbol{y},t)\}$ は**反交換子**とよばれ，

$$\{\hat{A},\hat{B}\} \equiv \hat{A}\hat{B} + \hat{B}\hat{A} \tag{4.16}$$

で定義されます．このような場の演算子に基づく量子化の手続きを**正準量子化**といいます[3]．

場の演算子は，**ハイゼンベルクの運動方程式**

$$i\hbar\frac{\partial\hat{\varphi}(\boldsymbol{x},t)}{\partial t} = [\hat{\varphi}(\boldsymbol{x},t),\hat{H}_\varphi], \qquad i\hbar\frac{\partial\hat{\pi}_\varphi(\boldsymbol{x},t)}{\partial t} = [\hat{\pi}_\varphi(\boldsymbol{x},t),\hat{H}_\varphi]$$

$$\tag{4.17}$$

に従います．ここで，$\hat{H}_\varphi$ は**ハミルトン演算子**で，場の解析力学のハミルトニアン H_φ の量子版です．

では，場の演算子は何を表しているのでしょうか？　その答えを先に述べると，$\hat{\varphi}(\boldsymbol{x},t)$ は，時刻 t に位置 $\boldsymbol{x}$ にいる素粒子 φ を消滅させる演算子，あるいは，その反粒子 $\bar{\varphi}$ を位置 $\boldsymbol{x}$ に生成させる演算子です．さらに，$\hat{\varphi}(\boldsymbol{x},t)$ の**エルミート共役な場の演算子** $\hat{\varphi}^\dagger(\boldsymbol{x},t)$ は，時刻 t に素粒子 φ を位置 $\boldsymbol{x}$ に生成

---

3)　相対論的場の量子論に基づくと，「整数スピンの粒子（ボソン）は，正準交換関係により量子化されてボース－アインシュタイン統計に従い，半整数スピンの粒子（フェルミオン）は，正準反交換関係により量子化されてフェルミ－ディラック統計に従う」という**スピンと統計の関係**とよばれる定理が導かれます．

させる演算子, あるいは, 位置 x にいるその反粒子 $\bar{\varphi}$ を消滅させる演算子です.

　これらの演算子のはたらきを具体的に見てみましょう. ここでは簡単のため, シュレーディンガー表示における場の演算子について考えてみましょう.

　素粒子 φ に関する**生成演算子** $\hat{\varphi}^{\dagger}(x)$ を, 粒子も反粒子も存在しない状態である**真空状態**を表す $|0\rangle$ に作用させると,

$$|x\rangle = \hat{\varphi}^{\dagger}(x)|0\rangle \tag{4.18}$$

のように, 量子力学における 1 粒子系の位置に関する固有状態 $|x\rangle$ が生成されます. さらに, 複数の生成演算子を真空状態に作用させることにより, 多粒子状態を生成することができます. 例えば, N 粒子状態は,

$$|x_1, \cdots, x_N\rangle = C_N \hat{\varphi}^{\dagger}(x_1) \cdots \hat{\varphi}^{\dagger}(x_N)|0\rangle \tag{4.19}$$

のように構成されます. ここで, C_N は規格化定数です.

　また, 自由な (相互作用をしていない) 素粒子 φ に関する生成演算子 $\hat{\varphi}^{\dagger}(x)$ を, φ の運動量に着目するために, 波数ベクトル k に関して,

$$\hat{\varphi}^{\dagger}(x) = \int \frac{d^3k}{\sqrt{(2\pi)^3}} \{\hat{b}^{\dagger}(k)e^{-ik\cdot x} + \hat{d}(k)e^{ik\cdot x}\} \tag{4.20}$$

のようにフーリエ展開すると, その展開係数 $\hat{b}^{\dagger}(k)$ は運動量 $\hbar k$ をもつ素粒子 φ の生成演算子に, $\hat{d}(k)$ は運動量 $\hbar k$ をもつ反粒子 $\bar{\varphi}$ の**消滅演算子**になります. なお, ここでは簡単のため, φ はスピンをもっていない (スピン 0) としました. 例えば, スピン 1/2 の粒子に関しては, **スピノル**とよばれる量を導入する必要があります ((6.29) を参照).

　一般に, ハミルトン演算子 $\hat{H}_{\varphi}$ は $\hat{b}^{\dagger}(k), \hat{b}(k), \hat{d}^{\dagger}(k), \hat{d}(k)$ を用いて,

$$\hat{H}_{\varphi} = \sum_k \hbar\omega_k \{\hat{b}^{\dagger}(k)\hat{b}(k) + \hat{d}^{\dagger}(k)\hat{d}(k)\} \tag{4.21}$$

と表されます. ここで, 波数ベクトル k は離散的な値をとるとしました (連続的な値をとる場合は, 和 $\sum_k$ が積分 $\int d^3k$ に変わります). そして, $\hat{H}_{\varphi}$ の固有値は, 素粒子 φ から成る多粒子系の全エネルギー E_{φ} を与えます[4].

---

4)　$\hat{H}_{\varphi}$ は量子力学の (3.43) に相当します. (4.21) では真空状態のエネルギーの値をゼロとするために, 零点エネルギーに相当する値がゼロになるように, エネルギーの原点をずらしました.

64 4. 場の量子論（Ⅰ）

🌱 4.4 クライン‐ゴルドン方程式

素粒子は，どのような相対論的波動方程式に従うのか？

素粒子は，4次元ミンコフスキー時空上に存在するため，特殊相対性理論と場の量子論を組み合わせた相対論的場の量子論により記述され，相対論的波動方程式に従います（表1.8を参照）．まずは，**スカラー粒子**とよばれる，スピン0の素粒子について考えてみましょう．

特殊相対性理論によれば，粒子のエネルギー E と運動量 $\boldsymbol{p}$ と質量 m の間には，4元運動量の関係式

$$\left(\frac{E}{c}\right)^2 - |\boldsymbol{p}|^2 = m^2c^2 \tag{4.22}$$

が成り立ちます（Exercise 2.5を参照）．このとき，(4.22)にアインシュタイン ‐ ド・ブロイの関係式（3.20）を用いると，$\omega_k = \sqrt{|\boldsymbol{k}|^2c^2 + \dfrac{m^2c^4}{\hbar^2}}$ が導かれ，$\boldsymbol{k}$ が与えられると，ω_k が一意的に決まります．さらに，(4.22)に対して，(3.24)の置き換え $E \Rightarrow i\hbar\dfrac{\partial}{\partial t}$，$\boldsymbol{p} \Rightarrow -i\hbar\nabla$ を行い，場の演算子 $\widehat{\phi}(\boldsymbol{x}, t)$ に作用させることにより，

$$\left\{\frac{1}{c^2}\frac{\partial^2}{\partial t^2} - \nabla^2 + \left(\frac{mc}{\hbar}\right)^2\right\}\widehat{\phi}(\boldsymbol{x}, t) = 0 \tag{4.23}$$

が得られます．また，ダランベルシアン（2.33）を用いると，(4.23)は，

$$\left\{\Box + \left(\frac{mc}{\hbar}\right)^2\right\}\widehat{\phi}(x) = 0 \tag{4.24}$$

のように表されます．ここでも，場の演算子 $\widehat{\phi}(\boldsymbol{x}, t)$ を $\widehat{\phi}(x)$ と略記しました．

（4.23）や（4.24）は**クライン‐ゴルドン方程式**とよばれる波動方程式で，自由な素粒子は，この方程式に従います[5]．実際，**スカラー場**とよばれる，

---

5) 自由な素粒子を記述する波動関数はクライン‐ゴルドン方程式を満たす必要がありますが，自由な素粒子を記述する方程式が必ずしもクライン‐ゴルドン方程式そのものとは限らないことを予告しておきます（次節を参照）．

ローレンツ変換のもとで不変な場 $\hat{\phi}'(x') = \hat{\phi}(x)$ に対して，クライン－ゴルドン方程式はローレンツ変換のもとで不変で，あらゆる慣性系で物理法則は同一であるという特殊相対性原理に適った方程式となります[6]．スカラー場はボソンで，正準交換関係により量子化されます．

エルミートなスカラー場の演算子 $\hat{\phi}^\dagger = \hat{\phi}$ ($\hat{\phi}^\dagger$：$\hat{\phi}$ のエルミート共役な場の演算子) により記述される粒子を**実スカラー粒子**といいます．最小作用の原理を用いて，クライン－ゴルドン方程式 (4.24) を導くような，自由な実スカラー粒子に関するラグランジアン密度 $\hat{\mathcal{L}}_\phi$ は，$\hat{\phi}(x)$ の次元を L^{-1} と選ぶと，

$$\hat{\mathcal{L}}_\phi = \frac{\hbar c}{2}\left\{\partial_\mu \hat{\phi}(x)\,\partial^\mu \hat{\phi}(x) - \left(\frac{mc}{\hbar}\right)^2 \hat{\phi}(x)^2\right\} \tag{4.25}$$

のように表されます．実際，オイラー－ラグランジュの方程式 (4.2) に代入してみると，(4.24) を導くことができます．

 Training 4.1

$\hat{\phi}$ と $\hat{\phi}^\dagger$ が異なるスカラー粒子を**複素スカラー粒子**といいます．最小作用の原理を用いて，クライン－ゴルドン方程式 (4.24) を導くような，複素スカラー粒子に関するラグランジアン密度 $\hat{\mathcal{L}}_\phi$ を書き下しなさい．

 ## 4.5 ディラック方程式

電子は，どのような相対論的波動方程式に従うのか？

電子は自由な（相互作用していない）状態で，**ディラック方程式**とよばれる相対論的波動方程式[7]

$$i\hbar \frac{\partial}{\partial t}\hat{\psi}(x) = (-i\hbar c \boldsymbol{\alpha}\cdot\nabla + \beta mc^2)\hat{\psi}(x) \tag{4.26}$$

---

6) 空間反転 ($\boldsymbol{x} \to -\boldsymbol{x}$) のもとで符号を変える ($\hat{\phi}(-\boldsymbol{x},t) = -\hat{\phi}(\boldsymbol{x},t)$) ようなスピン 0 の粒子を**擬スカラー粒子**といい，このような粒子に関する場を**擬スカラー場**といいます．擬スカラー粒子もクライン－ゴルドン方程式に従います．

7) ディラック方程式について，より詳しいことを学びたい方は，拙著の『量子力学選書 相対論的量子力学』(裳華房) などを参照してください．

に従います[8]．ここで，$\hat{\psi}(x)$ は電子の消滅演算子，あるいは，電子の反粒子である陽電子の生成演算子で，電子場の演算子とよばれています．また，$\boldsymbol{\alpha} = (\alpha^1, \alpha^2, \alpha^3)$ で，α^i $(i = 1, 2, 3)$ および β は，

$$\alpha^i \alpha^j + \alpha^j \alpha^i = 2\delta^{ij}, \qquad \alpha^i \beta = -\beta \alpha^i, \qquad \beta^2 = 1 \tag{4.27}$$

を同時に満たすエルミート行列です．

(4.27) の 1 番目と 3 番目の式の右辺には，単位行列が省略されているので注意してください．(4.27) を満たす最小の大きさのエルミート行列は 4×4 行列（4 行 4 列の行列）で無数に存在しますが，すべて物理的に等価なので，扱いやすい行列を選ぶのがよいでしょう．ここでは，

$$\alpha^i = \begin{pmatrix} 0 & \sigma^i \\ \sigma^i & 0 \end{pmatrix}, \qquad \beta = \begin{pmatrix} I & 0 \\ 0 & -I \end{pmatrix} \tag{4.28}$$

を選ぶことにします．

α^i における σ^i は，**パウリ行列**とよばれる 2×2 行列で，

$$\sigma^1 = \begin{pmatrix} 0 & 1 \\ 1 & 0 \end{pmatrix}, \qquad \sigma^2 = \begin{pmatrix} 0 & -i \\ i & 0 \end{pmatrix}, \qquad \sigma^3 = \begin{pmatrix} 1 & 0 \\ 0 & -1 \end{pmatrix} \tag{4.29}$$

です．また，I は 2×2 単位行列です．

Training 4.2

(4.28) と (4.29) を用いて，(4.28) が (4.27) を満たすことを示しなさい．

(4.26) の両辺に β/c を掛けて，$\gamma^0 \equiv \beta$，$\gamma^i \equiv \beta \alpha^i$ とすると，(4.26) は，

$$(i\hbar \gamma^\mu \partial_\mu - mc) \hat{\psi}(x) = 0 \tag{4.30}$$

のように書き換えられます．この方程式も**ディラック方程式**とよばれています．ここで，γ^μ $(\mu = 0, 1, 2, 3)$ は **γ 行列**とよばれる 4×4 行列で，

$$\gamma^\mu \gamma^\nu + \gamma^\nu \gamma^\mu = 2\eta^{\mu\nu} \qquad (\mu, \nu = 0, 1, 2, 3) \tag{4.31}$$

---

[8] 電子に限らず，質量 m をもつスピン $1/2$ の素粒子は**ディラック粒子**（ディラックフェルミオン）とよばれ，ディラック方程式に従うことが知られているので，一般性をもたせて，質量を m_e ではなくて m と記しました．また，ディラック方程式に従う場を**ディラック場**といいます．

を満たします．(4.31) において，$\eta^{\mu\nu}$ は $\eta_{\mu\nu}$ の逆行列の成分 ((2.25) を参照)
です．

なお，(4.30) の括弧の中の第 2 項や (4.31) の右辺には，4×4 単位行列
が省略されています．以後も，断りなしに省略することがあります．

🌱 Training 4.3

(4.26) から (4.30) を導きなさい．

(4.30) の解はクライン–ゴルドン方程式を満たします．次の Exercise 4.3
で確かめてみましょう．

🎗 Exercise 4.3

ディラック方程式 (4.30) の解である $\hat{\psi}(x)$ がクライン–ゴルドン方程式
(4.24) を満たすことを示しなさい．

Coaching (4.30) の両辺に，左から $-\dfrac{1}{\hbar^2}(i\hbar\gamma^\mu\partial_\mu + mc)$ という演算子を作用
させてみると，右辺はゼロで，左辺は

$$-\frac{1}{\hbar^2}(i\hbar\gamma^\mu\partial_\mu + mc)(i\hbar\gamma^\nu\partial_\nu - mc)\hat{\psi}(x)$$
$$= \left(\gamma^\mu\partial_\mu\gamma^\nu\partial_\nu + \frac{m^2c^2}{\hbar^2}\right)\hat{\psi}(x) = \left\{\Box + \left(\frac{mc}{\hbar}\right)^2\right\}\hat{\psi}(x) \tag{4.32}$$

となります．よって，(4.32) の右辺をゼロとすると，クライン–ゴルドン方程式
(4.24) が導かれ，$\hat{\psi}$ の各成分がクライン–ゴルドン方程式を満たすことがわかりま
す．なお，式変形の途中で，

$$\gamma^\mu\partial_\mu\gamma^\nu\partial_\nu = \frac{1}{2}(\gamma^\mu\gamma^\nu + \gamma^\nu\gamma^\mu)\partial_\mu\partial_\nu \stackrel{(4.31)}{=} \eta^{\mu\nu}\partial_\mu\partial_\nu = \Box \tag{4.33}$$

を用いました． ∎

最小作用の原理を用いて，ディラック方程式 (4.30) を導くような，簡便な
形のラグランジアン密度は，$\hat{\psi}(x)$ の次元を $L^{-3/2}$ と選ぶと，

$$\widehat{\mathcal{L}}_\psi = c\overline{\hat{\psi}}(x)(i\hbar\slashed{\partial} - mc)\hat{\psi}(x) \tag{4.34}$$

のように表されます[9]. ここで, $\bar{\hat{\psi}} \equiv \hat{\psi}^\dagger \gamma^0$ は**ディラック共役**とよばれる量で, また, $\slashed{\partial} = \gamma^\mu \partial_\mu$ です.

電子場の演算子 $\hat{\psi}$ は 4 つの成分をもち, 添字 a $(=1, 2, 3, 4)$ を用いて, $\hat{\psi}^a$ と表されます. また, $\hat{\psi}^a$ に正準共役な場の演算子は $\hat{\pi}_\phi^a \equiv \dfrac{\partial \widehat{\mathcal{L}}_\phi}{\partial(\partial \hat{\psi}^a / \partial t)}$ で定義され, 次の**正準反交換関係**に基づいて, 量子化されます.

$$\begin{cases} \{\hat{\psi}^a(\boldsymbol{x}, t), \hat{\pi}_\phi^b(\boldsymbol{y}, t)\} = i\hbar \delta^{ab} \delta^3(\boldsymbol{x} - \boldsymbol{y}) \\ \{\hat{\psi}^a(\boldsymbol{x}, t), \hat{\psi}^b(\boldsymbol{y}, t)\} = 0 \\ \{\hat{\pi}_\phi^a(\boldsymbol{x}, t), \hat{\pi}_\phi^b(\boldsymbol{y}, t)\} = 0 \end{cases} \tag{4.35}$$

スピン

$\hat{\psi}^a$ は, ローレンツ変換のもとで**スピノル**とよばれる変換性をもつ波動関数を含みます (Practice [4.3] を参照). さらに, **スピン**とは, 回転に連動して起こる場の演算子 (における波動関数) の成分の間の変換の生成子と解釈されます.

例えば, $\boldsymbol{\omega}$ の方向を向いた軸の周りの角度 $|\boldsymbol{\omega}|$ の回転 $\boldsymbol{x}' = e^{\frac{i}{\hbar}\boldsymbol{\omega}\cdot\widehat{\boldsymbol{L}}}\boldsymbol{x} = e^{\boldsymbol{\omega}\cdot\boldsymbol{x}\times\nabla}\boldsymbol{x}$ ($\boldsymbol{\omega}$：定ベクトル, $\widehat{\boldsymbol{L}} = -i\hbar\boldsymbol{x} \times \nabla$：軌道角運動量演算子) に連動して, 場の演算子の各成分の間に,

$$\hat{\psi}'^a(\boldsymbol{x}', t) = \sum_{b=1}^{4}(e^{-\frac{i}{\hbar}\boldsymbol{\omega}\cdot\boldsymbol{S}})^a{}_b \, \hat{\psi}^b(\boldsymbol{x}, t) \tag{4.36}$$

$$e^{-\frac{i}{\hbar}\boldsymbol{\omega}\cdot\boldsymbol{S}} = \begin{pmatrix} e^{-\frac{i}{2}\boldsymbol{\omega}\cdot\boldsymbol{\sigma}} & 0 \\ 0 & e^{-\frac{i}{2}\boldsymbol{\omega}\cdot\boldsymbol{\sigma}} \end{pmatrix} \tag{4.37}$$

のような変換が生じます (Practice [4.4] を参照). ここで, $\boldsymbol{S}$ がスピンを表す表現行列です. また, $\boldsymbol{\sigma} = (\sigma^1, \sigma^2, \sigma^3)$ です.

(4.37) の左上の $e^{-\frac{i}{2}\boldsymbol{\omega}\cdot\boldsymbol{\sigma}}$ が電子の消滅演算子を係数とするスピノルに, 右下の $e^{-\frac{i}{2}\boldsymbol{\omega}\cdot\boldsymbol{\sigma}}$ が陽電子の生成演算子を係数とするスピノルに作用することにより, **電子や陽電子のスピンを表す表現行列が** $\hbar\dfrac{\boldsymbol{\sigma}}{2}$ **である**ことがわかります.

---

9) (4.34) のラグランジアン密度は, これと全微分の項だけが異なるエルミートな形の $\widehat{\mathcal{L}}_\phi = \dfrac{c}{2}\bar{\hat{\psi}}i\hbar\gamma^\mu\partial_\mu\hat{\psi} - \dfrac{c}{2}(\partial_\mu\bar{\hat{\psi}})i\hbar\gamma^\mu\hat{\psi} - mc^2\bar{\hat{\psi}}\hat{\psi}$ と物理的に等価です.

4.6 ワイル方程式　69

一般に，素粒子はローレンツ変換のもとで特定の変換性をもつ波動関数を含んだ場の演算子として記述され，回転にともなう成分の間の変換の生成子が素粒子のスピンに相当します．

粒子数演算子

(4.34) のラグランジアン密度 $\hat{\mathcal{L}}_\phi$ は，大局的位相変換 $\hat{\psi}'(x) = e^{-i\theta}\hat{\psi}(x)$，$\hat{\bar{\psi}}'(x) = \hat{\bar{\psi}}(x)e^{i\theta}$（$\theta$：実数の定数）のもとで不変です．そのとき，$\theta$ を無限小の定数 ε に置き換えて得られる，大局的無限小変換 $\hat{\psi}'(x) = \hat{\psi}(x) - i\varepsilon\hat{\psi}(x)$，$\hat{\bar{\psi}}'(x) = \hat{\bar{\psi}}(x) + i\varepsilon\hat{\bar{\psi}}(x)$ のもとで作用積分が不変に保たれ，Exercise 4.1 を参考にして，次のようなネーターカレント $\hat{J}^\mu$ とネーターチャージ $\hat{Q}$

$$\hat{J}^\mu = c\hbar\,\hat{\bar{\psi}}(x)\,\gamma^\mu\hat{\psi}(x), \qquad \hat{Q} = \hbar\int\hat{\psi}^\dagger(x)\,\hat{\psi}(x)\,d^3x = \hbar\hat{N} \quad (4.38)$$

が導かれます．ここで，$\hat{N} \equiv \int\hat{\psi}^\dagger(x)\,\hat{\psi}(x)\,d^3x$ は**粒子数演算子**とよばれ，$\dfrac{d}{dt}\hat{N} = 0$ は，粒子数（粒子の数 − 反粒子の数）の保存を意味します．

🌱 4.6　ワイル方程式

質量ゼロでスピン 1/2 の素粒子は，どのような波動方程式に従うのか？

本章の最後に，質量ゼロでスピン 1/2 をもつ自由な状態の素粒子について考えてみましょう．ディラック方程式 (4.30) において，$m = 0$ とすると $i\hbar\gamma^\mu\partial_\mu\hat{\psi}(x) = 0$ が導かれます．ここで γ 行列として，**カイラル表示**とよばれる表示

$$\gamma^\mu = \begin{pmatrix} 0 & \sigma^\mu \\ \bar{\sigma}^\mu & 0 \end{pmatrix} \quad (4.39)$$

を採用し，場の演算子 $\hat{\psi}(x)$ の上の 2 成分と下の 2 成分をそれぞれ

$$\hat{\psi}(x) = \begin{pmatrix} \hat{\xi}(x) \\ \hat{\eta}(x) \end{pmatrix} \quad (4.40)$$

のように $\hat{\xi}(x)$ と $\hat{\eta}(x)$ を用いて表すと，独立した 2 つの波動方程式

$$i\hbar\bar{\sigma}^\mu\partial_\mu\hat{\xi}(x) = 0, \qquad i\hbar\sigma^\mu\partial_\mu\hat{\eta}(x) = 0 \quad (4.41)$$

を得ることができます.

$\hat{\xi}(x)$ と $\hat{\eta}(x)$ は, いずれも**ワイル粒子**（**ワイルフェルミオン**, **カイラルフェルミオン**）とよばれる, ある素粒子 ξ と η に関する場の演算子です. また, (4.41) はいずれも**ワイル方程式**とよばれる相対論的波動方程式です. なお, (4.39) や (4.41) において, $\sigma^\mu = (I, \boldsymbol{\sigma})$, $\bar{\sigma}^\mu = (I, -\boldsymbol{\sigma})$（$I : 2 \times 2$ 単位行列, $\boldsymbol{\sigma}$: パウリ行列）です.

ヘリシティ

ヘリシティとは,

$$\hat{h} \equiv \frac{\boldsymbol{S} \cdot \boldsymbol{p}}{|\boldsymbol{p}|} \tag{4.42}$$

で定義される物理量で, 運動量 $\boldsymbol{p}$ の向きにスピン $\boldsymbol{S}$ を射影したときのスピンの値に相当します. そしてワイル粒子は, ある決まったヘリシティをもちます.

質量ゼロの素粒子は真空中を光の速さで移動するため, その素粒子を追い越すことができず, ローレンツブースト（2.4 節を参照）により, 運動の向きが逆向きになるような座標系に移ることはできません. つまり, **質量ゼロの素粒子に関して, ヘリシティは本義ローレンツ変換（2.4 節を参照）のもとで不変な固有の物理量**となります.

実際, ワイル粒子 ξ, η は, それぞれ固有のヘリシティ $-\hbar/2, \hbar/2$ をもちます. このことを, 次の Exercise 4.4 で確かめてみましょう.

 Exercise 4.4

ワイル粒子 ξ と η のヘリシティを求めなさい.

Coaching ワイル方程式 (4.41) は自由場の方程式なので, その解は平面波 $e^{-\frac{i}{\hbar} p_\mu x^\mu}$ を含みます. それに微分演算子 $i\hbar\bar{\sigma}^\mu \partial_\mu$ や $i\hbar\sigma^\mu \partial_\mu$ を作用させることにより, 微分演算子がそれぞれ $\bar{\sigma}^\mu p_\mu$ や $\sigma^\mu p_\mu$ に変わり, ワイル方程式 (4.41) は $\bar{\sigma}^\mu p_\mu \hat{\xi}(x) = 0$, $\sigma^\mu p_\mu \hat{\eta}(x) = 0$ になります.

さらに, $p_\mu = (p_0, -\boldsymbol{p}) \stackrel{\text{質量ゼロ}}{=} (|\boldsymbol{p}|, -\boldsymbol{p})$, $\boldsymbol{S} = \hbar \dfrac{\boldsymbol{\sigma}}{2}$ を用いると,

$$\bar{\sigma}^\mu p_\mu = p_0 + \boldsymbol{\sigma}\cdot\boldsymbol{p} = \frac{2|\boldsymbol{p}|}{\hbar}\left(\frac{\hbar}{2} + \frac{\boldsymbol{S}\cdot\boldsymbol{p}}{|\boldsymbol{p}|}\right) \tag{4.43}$$

$$\sigma^\mu p_\mu = p_0 - \boldsymbol{\sigma}\cdot\boldsymbol{p} = \frac{2|\boldsymbol{p}|}{\hbar}\left(\frac{\hbar}{2} - \frac{\boldsymbol{S}\cdot\boldsymbol{p}}{|\boldsymbol{p}|}\right) \tag{4.44}$$

が得られます.

よって,ワイル粒子 ξ,η はそれぞれ

$$\frac{2|\boldsymbol{p}|}{\hbar}\left(\frac{\hbar}{2} + \frac{\boldsymbol{S}\cdot\boldsymbol{p}}{|\boldsymbol{p}|}\right) = 0, \quad \frac{2|\boldsymbol{p}|}{\hbar}\left(\frac{\hbar}{2} - \frac{\boldsymbol{S}\cdot\boldsymbol{p}}{|\boldsymbol{p}|}\right) = 0 \tag{4.45}$$

を満たし,ξ,η のヘリシティ $\hat{h} = \boldsymbol{S}\cdot\boldsymbol{p}/|\boldsymbol{p}|$ がそれぞれ $-\hbar/2,\hbar/2$ であることがわかります. ∎

ヘリシティが $-\hbar/2$ の状態は,スピンの向きと運動の向きが逆向きであることを意味し,ワイル粒子 ξ は**左巻きフェルミオン**とよばれます.一方,**ヘリシティが $\hbar/2$ の状態は,スピンの向きと運動の向きが同じ向き**であり,ワイル粒子 η は**右巻きフェルミオン**とよばれます(図4.1).なお,スピンは**軸性ベクトル**(**空間反転** $\boldsymbol{x} \to -\boldsymbol{x}$ のもとで不変なベクトル)なので,図4.1において,スピン $\boldsymbol{S}$ の向きとして,回転方向と,右ねじを回転方向に回したときに右ねじが進む向きを併記しました.

空間反転を行うと,運動の向きが逆転してヘリシティの符号が変わるため,ワイル粒子 ξ, あるいは η が単独で存在する場合は,**空間反転対称性**(空間反転のもとでの不変性)が成り立ちません.

一方,ワイル粒子 ξ と η が共存する場合は,空間反転のもとでそれらが入れ替わることにより,空間反転対称性が回復します.ただし,ξ と η で相互作用の関与の仕方が異なるときは,空間反転対称性が壊れます(10.2節を参照).

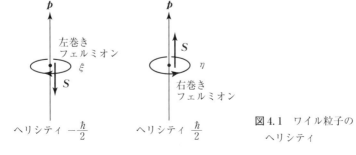

図 4.1 ワイル粒子のヘリシティ

カイラリティ

γ 行列を用いて，$\gamma_5 \equiv i\gamma^0\gamma^1\gamma^2\gamma^3$ で定義される行列の固有値（-1 と 1 をとる）を**カイラリティ**といいます．カイラリティが $-1, 1$ であるような固有状態は，それぞれ

$$\hat{\psi}_{\mathrm{L}}(x) \equiv \frac{1-\gamma_5}{2}\hat{\psi}(x), \qquad \hat{\psi}_{\mathrm{R}}(x) \equiv \frac{1+\gamma_5}{2}\hat{\psi}(x) \qquad (4.46)$$

で与えられます（添字の L, R は，それぞれ Left, Right の略）．実際，$(\gamma_5)^2 = I$ を用いて，$\gamma_5\hat{\psi}_{\mathrm{L}}(x) = -\hat{\psi}_{\mathrm{L}}(x)$，$\gamma_5\hat{\psi}_{\mathrm{R}}(x) = \hat{\psi}_{\mathrm{R}}(x)$ を示すことができます．

また，(4.39) のカイラル表示において，γ_5 は

$$\gamma_5 = \begin{pmatrix} -I & 0 \\ 0 & I \end{pmatrix} \qquad (4.47)$$

のように表されます．このとき，(4.40) を用いて，(4.46) は

$$\hat{\psi}_{\mathrm{L}}(x) = \begin{pmatrix} \hat{\bar{\xi}}(x) \\ 0 \end{pmatrix}, \qquad \hat{\psi}_{\mathrm{R}}(x) = \begin{pmatrix} 0 \\ \hat{\eta}(x) \end{pmatrix} \qquad (4.48)$$

と表されます．よって，カイラリティ -1 の固有状態は左巻きフェルミオンと，カイラリティ 1 の固有状態は右巻きフェルミオンと一致します．

 **Training 4.4**

カイラル表示を用いて $\gamma_5 = i\gamma^0\gamma^1\gamma^2\gamma^3$ を計算し，(4.47) を確かめなさい．また，$\{\gamma_5, \gamma^\mu\} = \gamma_5\gamma^\mu + \gamma^\mu\gamma_5 = 0$ を示しなさい．

ちなみに，「質量ゼロでスピン 1（正確には，$\pm\hbar$ のヘリシティ）をもつ素粒子は，どのような波動方程式に従うのか？」という問いに対しては，ここでは，「光子はマクスウェル方程式に従い（第 6 章を参照），グルーオンはヤン–ミルズ方程式に従う（第 8 章，第 9 章を参照）」とだけ予告しておくことにします．

本章の Point   73

📖 本章の**Point**

▶ **オイラー‐ラグランジュの方程式**：場の解析力学の基礎方程式で

$$\partial_\mu\left(\frac{\partial\mathscr{L}_\varphi}{\partial(\partial_\mu\varphi)}\right) - \frac{\partial\mathscr{L}_\varphi}{\partial\varphi} = 0$$

と表される．ここで，$\varphi = \varphi(x) = \varphi(\boldsymbol{x}, t)$ は古典場である．また，$\partial_\mu\varphi = \dfrac{\partial\varphi}{\partial x^\mu}$，$\mathscr{L}_\varphi$ はラグランジアン密度である．

▶ **ハイゼンベルクの運動方程式**：場の量子論の基礎方程式で

$$i\hbar\frac{\partial\widehat{\varphi}(\boldsymbol{x}, t)}{\partial t} = [\widehat{\varphi}(\boldsymbol{x}, t), \widehat{H}_\varphi]$$

と表される．ここで，$\widehat{\varphi}(\boldsymbol{x}, t)$ は素粒子 φ に関する場の演算子で**生成・消滅演算子**の役割を果たす．また，$\widehat{H}_\varphi$ はハミルトン演算子である．

▶ **スピンと量子化**：整数スピンの粒子（ボソン）は正準交換関係

$$\begin{cases} [\widehat{\varphi}(\boldsymbol{x}, t), \hat{\pi}_\varphi(\boldsymbol{y}, t)] = i\hbar\delta^3(\boldsymbol{x} - \boldsymbol{y}) \\ [\widehat{\varphi}(\boldsymbol{x}, t), \widehat{\varphi}(\boldsymbol{y}, t)] = 0 \\ [\hat{\pi}_\varphi(\boldsymbol{x}, t), \hat{\pi}_\varphi(\boldsymbol{y}, t)] = 0 \end{cases}$$

により量子化されて，ボース‐アインシュタイン統計に従う．半整数スピンの粒子（フェルミオン）は正準反交換関係

$$\begin{cases} \{\widehat{\varphi}(\boldsymbol{x}, t), \hat{\pi}_\varphi(\boldsymbol{y}, t)\} = i\hbar\delta^3(\boldsymbol{x} - \boldsymbol{y}) \\ \{\widehat{\varphi}(\boldsymbol{x}, t), \widehat{\varphi}(\boldsymbol{y}, t)\} = 0 \\ \{\hat{\pi}_\varphi(\boldsymbol{x}, t), \hat{\pi}_\varphi(\boldsymbol{y}, t)\} = 0 \end{cases}$$

により量子化されて，フェルミ‐ディラック統計に従う．ここで，$\hat{\pi}_\varphi(\boldsymbol{x}, t)$ は $\widehat{\varphi}(\boldsymbol{x}, t)$ に正準共役な場の演算子である．

▶ **クライン‐ゴルドン方程式**：スピン 0 の粒子 ϕ に関する相対論的波動方程式で

$$\left\{\Box + \left(\frac{mc}{\hbar}\right)^2\right\}\widehat{\phi}(x) = 0$$

と表される．クライン‐ゴルドン方程式を導く，複素スカラー粒子，あるいは複素擬スカラー粒子に関するラグランジアン密度は，

$$\widehat{\mathscr{L}}_\phi = \hbar c\left\{\partial_\mu\widehat{\phi}^\dagger(x)\partial^\mu\widehat{\phi}(x) - \left(\frac{mc}{\hbar}\right)^2\widehat{\phi}^\dagger(x)\widehat{\phi}(x)\right\}$$

である．

▶ **ディラック方程式**：質量 m をもつスピン $1/2$ のフェルミオン（ディラック粒子）に関する相対論的波動方程式で

$$(i\hbar\gamma^\mu\partial_\mu - mc)\widehat{\psi}(x) = 0$$

と表される．ディラック方程式を導く，簡便な形のラグランジアン密度は，

$$\hat{\mathscr{L}}_{\phi} = c\,\overline{\hat{\psi}}(x)\,(i\hbar\gamma^{\mu}\partial_{\mu} - mc)\,\hat{\psi}(x)$$

である．

▶ **ワイル方程式**：質量をもたないスピン 1/2 のフェルミオン（ワイル粒子）に関する相対論的波動方程式で

$$i\hbar\overline{\sigma}^{\mu}\partial_{\mu}\hat{\xi}(x) = 0, \qquad i\hbar\sigma^{\mu}\partial_{\mu}\hat{\eta}(x) = 0$$

と表される．ワイル方程式を導く，簡便な形のラグランジアン密度はそれぞれ

$$\hat{\mathscr{L}}_{\xi} = c\,\overline{\hat{\xi}}(x)\,i\hbar\overline{\sigma}^{\mu}\partial_{\mu}\hat{\xi}(x), \qquad \hat{\mathscr{L}}_{\eta} = c\,\overline{\hat{\eta}}(x)\,i\hbar\sigma^{\mu}\partial_{\mu}\hat{\eta}(x)$$

である．

Practice

[4.1] 運動量に関する固有状態

(4.20) と運動量の固有関数 $u_p(x) = \langle x | p \rangle = \dfrac{1}{\sqrt{(2\pi\hbar)^3}} e^{\frac{i}{\hbar} p \cdot x}$ を用いて，(4.18) が成り立つことを示しなさい．

[4.2] ディラック方程式

質量 m をもつスピン 1/2 の粒子に関するハミルトン演算子を求めなさい．さらに，ハイゼンベルクの運動方程式 (4.17) を用いて，ディラック場がディラック方程式 (4.26) に従うことを示しなさい．

[4.3] ディラック方程式のローレンツ共変性

ディラック場が本義ローレンツ変換のもとで，$\tilde{\psi}'(x') = S(\Lambda)\tilde{\psi}(x)$ のように変換するとき，γ 行列に関する公式 $\gamma^\mu = \Lambda^\mu{}_\nu S(\Lambda) \gamma^\nu S^{-1}(\Lambda)$ を用いて，ディラック方程式が本義ローレンツ共変性をもつことを示しなさい．ここで，$S(\Lambda) = \sum\limits_{n=0}^{\infty} \dfrac{1}{n!} \left(\dfrac{1}{8} \omega_{\mu\nu} [\gamma^\mu, \gamma^\nu] \right)^n = e^{\frac{1}{8} \omega_{\mu\nu} [\gamma^\mu, \gamma^\nu]}$ ($\omega_{\mu\nu}$：本義ローレンツ変換のパラメータ) です．また，$\tilde{\psi}'(x') = S(\Lambda)\tilde{\psi}(x)$ のように変換する $\tilde{\psi}(x)$ はスピノル (詳しくはディラックスピノル) とよばれています．

[4.4] 電子のスピン

$\boldsymbol{\omega} = (\omega_{23}, \omega_{31}, \omega_{12})$ の方向を向いた軸の周りの角度 $|\boldsymbol{\omega}|$ の回転に対して，$S(\Lambda)$ は $S(\Lambda) = \exp\left(\dfrac{1}{8} \sum\limits_{i,j=1}^{3} \omega_{ij}[\gamma^i, \gamma^j] \right)$ で与えられ，これが $e^{-\frac{i}{\hbar} \boldsymbol{\omega} \cdot \boldsymbol{S}}$ に相当するとします．**ディラック表示**とよばれる

$$\gamma^0 = \begin{pmatrix} I & 0 \\ 0 & -I \end{pmatrix}, \quad \gamma^i = \begin{pmatrix} 0 & \sigma^i \\ -\sigma^i & 0 \end{pmatrix}$$

を用いて，$S(\Lambda)$ が (4.37) のように表されることを示しなさい．

場の量子論（II）
~相互作用~

　素粒子は互いに，どのような力を及ぼし合っているのでしょうか？ 例えば，陽子や中性子はどのような力で束縛され，原子核を構成しているのでしょうか？ また，素粒子の反応過程はどのように記述され，実験を通して理論を検証するためには，どのような物理量に着目すればよいのでしょうか？ そして，素粒子の世界を理論的にどのように探究すればよいのでしょうか？ 本章では，素粒子の相互作用の世界を覗いてみることにしましょう．

5.1　原子核の世界

　前章では，自由粒子に関する場の量子論（自由場の量子論）について述べました．次のステップは，「どのような素粒子が存在し，どのような力を及ぼし合っているのか？」という問いと，「素粒子にはたらく力をどのように記述すればよいのか？」という問いに答えることです．これらの問いのヒントを得るために，原子核の世界に立ち寄ってみましょう．

　1.1 節で述べたように，原子核は**陽子** (p) および**中性子** (n) の集合体です．陽子は電荷 e をもっているため，陽子同士の間には（重力をはるかに凌ぐ）クーロン力による斥力がはたらきます（Practice [2.1] を参照）．よって，クーロン力に打ち勝つような力がはたらくことにより原子核が構成されていると考えられ，「陽子や中性子を束縛して，原子核を構成する力は何か？」という問いが生まれます．この問いに対して，1935 年に湯川秀樹は**中間子論**と

5.1 原子核の世界　77

よばれる，原子核を構成する力に関する場の量子論を提唱しました．

　また，重い原子核においては，β 線とよばれる粒子を放出することで，原子核内の中性子が陽子に変化する現象が起こります．このような現象を β 崩壊といいます．直接観測される β 線の成分は電子（e^-）で，β 崩壊の前後でエネルギー保存則が破れないように，中性の（電荷をもたない）微粒子（**反電子ニュートリノ** $\bar{\nu}_e$）の存在がパウリによって予言されました．

　β 崩壊を，何らかのはたらきかけ（力）によって起こる，中性子が存在する状態から陽子と電子と反電子ニュートリノが存在する状態への状態変化 $n \rightarrow p + e^- + \bar{\nu}_e$ であると解釈すると，「β 崩壊を引き起こすはたらきかけは何か？」という問いが生まれます．この問いに対して，1934 年にフェルミは，**フェルミ理論**とよばれる β 崩壊を記述する場の量子論を提唱しました．

　では，本章の以下の節の内容を簡単に紹介します．まず，5.2 節で，「力とは何か？」という問いに対して，クーロン力を例にとって力学と電磁気学に基づく答えを紹介した後，場の量子論に基づく答え（力とは，素粒子同士の間で力を媒介する素粒子をやりとりすることにより伝わる相互作用である）を与えます．この答えの妥当性を示すために，5.3 節で，陽子や中性子の間にはたらく**核力**とよばれる，原子核内で支配的となる力の特徴が中間子論に基づいてうまく理解できることを解説します．

　場の量子論では，力やポテンシャルよりも**相互作用ハミルトニアン密度**とよばれる，素粒子の生成演算子や消滅演算子を含んだ相互作用を記述する演算子が基本的な物理量となります．そして，与えられた相互作用ハミルトニアン密度が素粒子現象を正しく記述するかどうかが問題となります．5.4 節で，相互作用ハミルトニアン密度の正否を素粒子実験で検証する際に有用となる，2 つの物理量に着目します．具体的には，5.4.1 項では，**崩壊定数**（**崩壊率**）とよばれる，粒子が単位時間当たりに崩壊する確率を扱います．また，5.4.2 項では，**散乱断面積**とよばれる，粒子の散乱の頻度を表す物理量を扱います．さらに，5.5 節で，場の量子論における正準量子化に基づいて，素粒子の世界を理論的に探究するための典型的な道筋について紹介します．

5.2 力とは

素粒子は，どのような力を及ぼし合っているのか？

まずは，「力とは何か？」という問いから始めましょう．なぜなら，この問いの答えは物理学の分野や対象によって異なり，素粒子の間にはたらく力を理解する際に役に立つからです．

例えば，力学では，**力 F** とは，物体の運動状態を変える（速度 $v = \dfrac{dx}{dt}$ を変える）はたらきをするもので，運動量 p の時間変化 $\dfrac{dp}{dt}$ に等しく，ニュートンの運動方程式 $m\dfrac{d^2x}{dt^2} = F$ に現れます．また，場の古典論では，粒子の存在によって，その周りに力の場 $F(x)$ が生成され，別の粒子はそれに反応することにより，力が作用すると考えます．つまり，**力とは，力の場 $F(x)$ を介して伝わる相互作用**で，ポテンシャル $V(x)$ を用いて，$F(x) = -\nabla V(x)$ と表されます．

例として，図 5.1 のように，真空中に存在する，質量 m_1，電荷 $q_1 (= eQ_1)$ をもつ粒子 1 と，質量 m_2，電荷 $q_2 (= eQ_2)$ をもつ粒子 2 の間にはたらくクーロン力を考えてみましょう[1]．$m_1 \gg m_2$ とし，粒子 1 は原点 O に静止し，粒子 2 は位置 x に存在しているとします．

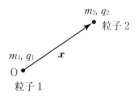

図 5.1　クーロン力

このとき，粒子 1 の存在により，その周りに**静電場** $E(x) = -\nabla \phi_E(r)$ $(r = |x|)$ が発生します（添字の E は Electric の略）．ここで，$\phi_E(r)$ は**静電ポテンシャル**で，静電場 $E(x)$ は，電荷密度が $\rho(x) = q_1 \delta^3(x)$ $(\delta^3(x)$：ディラックの δ 関数）である，**ガウスの法則**

$$\nabla \cdot E(x) = \frac{q_1}{\varepsilon_0} \delta^3(x) \quad (\varepsilon_0：真空の誘電率) \tag{5.1}$$

に従います．

---

1) 第 1 章で述べたように，e は電気素量で，Q_1 や Q_2 は e を単位とした電荷です．

また，静電ポテンシャル $\phi_E(r)$ を用いると，(5.1) は，

$$\nabla^2 \phi_E(r) = -\frac{q_1}{\varepsilon_0} \delta^3(\boldsymbol{x}) \tag{5.2}$$

と表されます．さらに，3次元極座標を用いると，(5.2) は，

$$\left(\frac{d^2}{dr^2} + \frac{2}{r}\frac{d}{dr}\right)\phi_E(r) = -\frac{q_1}{\varepsilon_0}\delta^3(\boldsymbol{x}) \tag{5.3}$$

となります[2]．そして，この方程式の解は，

$$\phi_E(r) = \frac{q_1}{4\pi\varepsilon_0}\frac{1}{r} \tag{5.4}$$

で与えられます（次の Exercise 5.1，および Practice［5.1］を参照）．

Exercise 5.1

$r \neq 0$ において，(5.4) の静電ポテンシャルが (5.3) を満たすことを確かめなさい．

Coaching $r \neq 0$ において，(5.3) の右辺はゼロです．また，

$$\frac{d}{dr}\left(\frac{1}{r}\right) = -\frac{1}{r^2}, \qquad \frac{d^2}{dr^2}\left(\frac{1}{r}\right) = \frac{d}{dr}\left(-\frac{1}{r^2}\right) = \frac{2}{r^3} \tag{5.5}$$

を用いると，(5.3) の左辺は

$$\frac{q_1}{4\pi\varepsilon_0}\left(\frac{d^2}{dr^2} + \frac{2}{r}\frac{d}{dr}\right)\frac{1}{r} = \frac{q_1}{4\pi\varepsilon_0}\left\{\frac{2}{r^3} + \frac{2}{r}\left(-\frac{1}{r^2}\right)\right\} = 0 \tag{5.6}$$

となり，$r \neq 0$ において，(5.4) が (5.3) を満たすことがわかります． ■

(5.4) の解に電荷 q_2 を掛けることにより，**クーロンポテンシャル**

$$V_C(r) = \frac{q_1 q_2}{4\pi\varepsilon_0}\frac{1}{r} = \frac{e^2}{4\pi\varepsilon_0}\frac{Q_1 Q_2}{r} \tag{5.7}$$

が導かれ，粒子2にはたらく力が $\boldsymbol{F} = -\nabla V_C(r) = \dfrac{e^2}{4\pi\varepsilon_0}\dfrac{Q_1 Q_2}{r^2}\boldsymbol{e}_r$ （$\boldsymbol{e}_r = \boldsymbol{x}/|\boldsymbol{x}|$）で与えられます（添字の C は Coulomb の略）．よって，粒子2に関する運動方程式は，

---

2) 詳しくは，本シリーズの『物理数学』などを参照してください．

80   5. 場の量子論（Ⅱ）

$$m_2 \frac{d^2 \boldsymbol{x}}{dt^2} = \frac{e^2}{4\pi\varepsilon_0} \frac{Q_1 Q_2}{r^2} \boldsymbol{e}_r \tag{5.8}$$

となります．(5.8) の右辺が**クーロン力**で，力の大きさは距離 r の 2 乗に反比例し，$Q_1 Q_2 > 0$ のときは斥力として，$Q_1 Q_2 < 0$ のときは引力としてはたらきます．

　粒子 1 と粒子 2 の役割を入れ替えることも可能で，このことは**粒子同士が相互に力を及ぼし合っていること，つまり，相互作用していること**を意味します．というわけで，素粒子物理学では，「力」と「相互作用」は同義語のように用いられます．

力を媒介する粒子

　シュレーディンガー方程式はエネルギーの関係式 $E = \dfrac{\boldsymbol{p}^2}{2m} + V(\boldsymbol{x})$ を通してニュートン力学とつながっているので，**量子力学においては，力よりもポテンシャル $V(\boldsymbol{x})$ の方が一義的・本質的**です．

　さらに前章で述べたように，場の量子論では，素粒子は場の演算子として扱われます．よって，ポテンシャルを場の演算子に置き換えることにより，**場の量子論では，力とは，素粒子同士の間で「力を媒介する素粒子」をやりとりすることにより伝わる「相互作用」**であると考えられます．具体的には，前述のクーロン力の場合，静電ポテンシャル $\phi_\mathrm{E}(r)$ を，電気力を媒介する素粒子（光子）に関する場の演算子に置き換えることになります．

　つまり，場の量子論において，力を媒介する素粒子に関する場の演算子が従う波動方程式に対して，場の演算子を古典場に置き換え，素粒子が静止している状況を考えると，波動方程式は古典場に関する時間に依存しない方程式（電気力の場合，(5.3)）に帰着します．そして，その方程式を解くことにより，素粒子の間にはたらくポテンシャルを導くことができます．

　次節で，力を媒介する素粒子に関する相対論的波動方程式を出発点にして，陽子や中性子を原子核内に束縛するようなポテンシャルを求めてみることにします．

5.3 中間子論 *81*

🌱 5.3 中間子論

陽子や中性子は，どのような力で束縛されているのか？

陽子と**中性子**は，電荷の有無を除けば共にスピンが1/2で，質量もほぼ等しい双子のような粒子です（表5.1）．そのため，陽子と中性子はまとめて**核子**とよばれ，Nと表します．そして，原子核は核子から構成された 10^{-15} m ～ 10^{-14} m ほどの大きさをもつ複合体であり，核子同士を束縛して原子核を構成する力を**核力**といいます．

表5.1 陽子と中性子と電子の電荷，スピン，質量 (MeV/c^2)

粒子名	記号	電荷	スピン	質量
陽子	p	e	1/2	938.272
中性子	n	0	1/2	939.565
電子	e$^-$	$-e$	1/2	0.510999

まずは，実験から得られた核力に関する特徴を列挙してみましょう．

▶ **核力に関する特徴**

(1) **荷電独立性**：核力は，陽子と陽子，陽子と中性子，中性子と中性子の間で同じようにはたらく．つまり，核力のはたらきは核子の電荷の有無に関係しない．

(2) 核力は，原子核の内部（約 10^{-15} m ～ 10^{-14} m 以内）では，陽子と陽子の間に作用するクーロン力による斥力に打ち勝つような強い引力としてはたらく．

(3) 陽子間の距離が 10^{-14} m よりも長くなるとクーロン力による斥力が支配的になることから，核力の到達距離は 10^{-15} m ほどである．

(4) 核子間の距離が 10^{-15} m よりも短くなると，強い斥力がはたらく．

核力 $\boldsymbol{F}_{\mathrm{N}}$ が保存力だとすると，$\boldsymbol{F}_{\mathrm{N}}(\boldsymbol{x}) = -\nabla V_{\mathrm{N}}(\boldsymbol{x})$ と表されます（添字の N は Nuclear の略）．ここで，$\boldsymbol{F}_{\mathrm{N}}(\boldsymbol{x})$ を核力の場とみなしたとき，$V_{\mathrm{N}}(\boldsymbol{x})$ は**核力のポテンシャル**です．核力の特徴 (2) ～ (4) より，原点に核子が存在するとき，そこから距離 r だけ離れたところに位置する核子が感じる核力は，

そのポテンシャル $V_N(r)$ の概形が図 5.2 のようになると予想され，この形を理論的に理解することが課題となります．

上記の特徴は，核子同士の間で核力を媒介する粒子（**中間子**）をやりとりすることにより核力がはたらくとする，**中間子論**とよばれる場の量子論を用いて理解することができます．以下で，このことを数式を交えながら解説します．

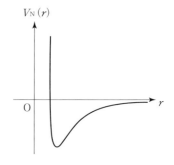

図 5.2　核力のポテンシャルの概形（予想図）

核子と π 中間子

まず，**核子場**の演算子 $\widehat{N}(x)$ を

$$\widehat{N}(x) = \begin{pmatrix} \widehat{p}(x) \\ \widehat{n}(x) \end{pmatrix} \tag{5.9}$$

のように，**陽子場**の演算子 $\widehat{p}(x)$ と**中性子場**の演算子 $\widehat{n}(x)$ から成る**アイソスピン 2 重項**とよばれる，2 つの成分をもつ量として導入します[3]．核子はスピン 1/2 をもつフェルミオンなので，自由な状態でディラック方程式

$$(i\gamma^\mu \partial_\mu - m_p)\widehat{p}(x) = 0, \quad (i\gamma^\mu \partial_\mu - m_n)\widehat{n}(x) = 0 \tag{5.10}$$

に従います．ここで，m_p, m_n はそれぞれ陽子の質量，中性子の質量です．また，自然単位系を用いて，$c = 1, \hbar = 1$ としました．以後，断りなしに自然単位系を用いることがありますので，注意してください．

次に，引力としてはたらく核力を媒介する素粒子として，π **中間子**とよばれる，3 種類の**擬スカラー粒子**（空間反転のもとで，場の演算子の符号を変えるスカラー粒子）π^+, π^-, π^0 を導入します．π 中間子は実在し，その電荷，スピン，質量，寿命は表 5.2 の通りです．

電荷 $e, -e$ をもつ荷電中間子 π^+, π^- はそれぞれ複素擬スカラー場の演算子 $\widehat{\pi}^+(x), \widehat{\pi}^-(x)$ で表され，電荷をもたない中性の中間子 π^0 は実擬スカラー場の演算子 $\widehat{\pi}^0(x)$ で表されるので，自由な状態でクライン–ゴルドン方程式

$$(\Box + m_{\pi^\pm}^2)\widehat{\pi}^\pm(x) = 0, \quad (\Box + m_{\pi^0}^2)\widehat{\pi}^0(x) = 0 \tag{5.11}$$

---

[3]　アイソスピン 2 重項とは，**荷電空間**とよばれる内部空間上の 2 次元ベクトルで，**アイソスピン**（**荷電スピン**）は荷電空間上の回転の生成子に相当します．

表5.2 π中間子の電荷，スピン，質量 (MeV/c^2), 寿命 (s)

粒子名	記号	電荷	スピン	質量	寿命
π^+中間子	π^+	e	0	139.57	2.6×10^{-8}
π^-中間子	π^-	$-e$	0	139.57	2.6×10^{-8}
π^0中間子	π^0	0	0	134.98	8.4×10^{-17}

に従います．ここで，$\bar{\pi}^+(x)$ と $\bar{\pi}^-(x)$ をまとめて $\bar{\pi}^\pm(x)$ と表しました．また，$m_{\pi^+}, m_{\pi^-}, m_{\pi^0}$ はそれぞれ π^+, π^-, π^0 の質量で，m_{π^+} と m_{π^-} をまとめて $m_{\pi^\pm}$ と表しました．

さらに，π^+ と π^- は粒子と反粒子の関係にあり，**荷電共役変換**とよばれる，粒子と反粒子を入れ替える変換によって入れ替わります．よって，π^+ と π^- の質量や寿命が正確に一致するという実験データは，荷電共役変換のもとでの不変性が成り立っていることを意味します．

π中間子のやりとり

核子同士が伝播しながらπ中間子をやりとりする様子は，図5.3や図5.4

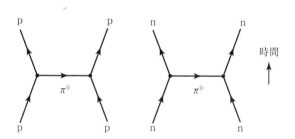

図5.3 π^0 のやりとり

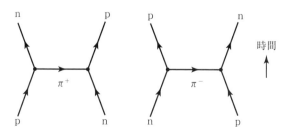

図5.4 $\pi^\pm$ のやりとり

のように，模式的に図示されます．例えば，図 5.3 は片方の陽子（中性子）が π^0 を放出して，もう片方の陽子（中性子）が π^0 を吸収している様を表しています．図における線分は核子や π 中間子が移動する様を表し，黒丸で示された線分の節点は相互作用を表し**頂点（バーテックス）**とよばれています．

このような素粒子の運動や相互作用の様子を表す図は，**ファインマン・ダイアグラム**とよばれ，視覚に訴えることにより素粒子の反応過程が理解しやすくなります．

湯川相互作用

扱う素粒子の数が増えると，煩雑になり，本質を見失う可能性があるので，次のように簡略化した粒子系について考えることにしましょう．

いま，核子の代わりに質量 m をもつ 1 個のディラック粒子 ψ, π 中間子の代わりに質量 μ をもつ 1 個の実スカラー粒子 ϕ を導入します．そして，図 5.5 のように，ψ の間で ϕ をやりとりすることにより，ψ の間に引力がはたらくことを見てみましょう．

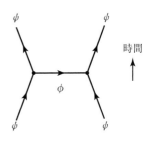

図 5.5　ϕ のやりとり

図 5.5 の反応過程は，ψ が消滅して ψ と ϕ が生成する素過程を表す図 5.6 (a) と，ψ と ϕ が消滅して ψ が生成する素過程を表す図 5.6 (b) を合体したものであることに注目してください．この 2 つの素過程は，場の演算子を用いると，

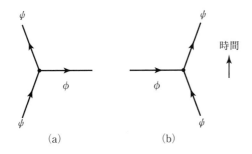

図 5.6　ϕ の放出と吸収

$$\widehat{\mathcal{L}}_{\text{int}} = -\widehat{\mathcal{H}}_{\text{int}} = -f\,\bar{\widehat{\psi}}(x)\,\widehat{\phi}(x)\,\widehat{\psi}(x) \tag{5.12}$$

のように表すことができます. ここで, $\widehat{\psi}(x)$ が粒子 ψ を x で消滅させる（反粒子を x で生成させる）はたらきをし, $\widehat{\phi}(x)$ が粒子 ϕ を x で生成させたり消滅させたりするはたらきをし, $\bar{\widehat{\psi}}(x)\,(=\widehat{\psi}^\dagger(x)\gamma^0)$ が粒子 ψ を x で生成させる（反粒子を x で消滅させる）はたらきをすることを思い出してください[4]. f は ψ と ϕ の間の相互作用の強さを表す定数で, **結合定数**とよばれます.

このような粒子の間の相互作用を表す演算子 $\widehat{\mathcal{L}}_{\text{int}}\,(\widehat{\mathcal{H}}_{\text{int}})$ は, **相互作用ラグランジアン密度**（**相互作用ハミルトニアン密度**）とよばれます（添字の int は interaction の略）. また, 一般に, フェルミオンとスピン 0 の粒子の間にはたらく (5.12) のような形の相互作用を**湯川相互作用**といいます.

ψ, ϕ は自由な状態で, それぞれディラック方程式 $(i\gamma^\mu\partial_\mu - m)\widehat{\psi}(x) = 0$, クライン–ゴルドン方程式 $(\square + \mu^2)\widehat{\phi}(x) = 0$ に従い, $\widehat{\mathcal{L}}_{\text{int}}$ で記述される相互作用を含むラグランジアン密度は,

$$\widehat{\mathcal{L}} = \bar{\widehat{\psi}}(x)(i\gamma^\mu\partial_\mu - m)\widehat{\psi}(x) + \frac{1}{2}\{\partial_\mu\widehat{\phi}(x)\,\partial^\mu\widehat{\phi}(x) - \mu^2\widehat{\phi}(x)^2\}$$
$$- f\,\bar{\widehat{\psi}}(x)\,\widehat{\phi}(x)\,\widehat{\psi}(x) \tag{5.13}$$

で与えられます.

(5.13) の $\widehat{\mathcal{L}}$ をラグランジアン密度とする作用積分 $\widehat{S} = \int \widehat{\mathcal{L}}\,d^4x$ に対して, 最小作用の原理を用いると, ϕ が従う波動方程式

$$(\square + \mu^2)\widehat{\phi}(x) = -f\,\bar{\widehat{\psi}}(x)\,\widehat{\psi}(x) \tag{5.14}$$

が導かれます（次の Exercise 5.2 を参照）.

♋ Exercise 5.2

オイラー–ラグランジュの方程式 $\partial_\mu\left(\dfrac{\partial\widehat{\mathcal{L}}}{\partial(\partial_\mu\widehat{\phi})}\right) - \dfrac{\partial\widehat{\mathcal{L}}}{\partial\widehat{\phi}} = 0$ に (5.13) のラグランジアン密度を代入して, (5.14) が得られることを示しなさい.

---

[4] 実スカラー粒子 ϕ に関しては, 粒子と反粒子が同一であるため, ϕ の生成や消滅に関する図5.5の矢印は便宜的に付けました.

Coaching (5.13) より，$\dfrac{\partial \widehat{\mathcal{L}}}{\partial(\partial_\mu\widehat{\phi})} = \partial^\mu\widehat{\phi}(x)$, $\dfrac{\partial \widehat{\mathcal{L}}}{\partial \widehat{\phi}} = -\mu^2\widehat{\phi}(x) - f\widehat{\bar{\psi}}(x)\widehat{\psi}(x)$
が得られ，これらを用いると，オイラー–ラグランジュの方程式の左辺は，

$$\partial_\mu\left(\dfrac{\partial \widehat{\mathcal{L}}}{\partial(\partial_\mu\widehat{\phi})}\right) - \dfrac{\partial \widehat{\mathcal{L}}}{\partial \widehat{\phi}} = \partial_\mu(\partial^\mu\widehat{\phi}(x)) - \{-\mu^2\widehat{\phi}(x) - f\widehat{\bar{\psi}}(x)\widehat{\psi}(x)\}$$
$$= (\Box + \mu^2)\widehat{\phi}(x) + f\widehat{\bar{\psi}}(x)\widehat{\psi}(x) \tag{5.15}$$

となり，これがゼロに等しいとすると，(5.14) が得られます． ■

湯川ポテンシャル

いま，原点 ($r=0$) にディラック粒子 ψ が質点として存在していると仮定し，(5.14) を時間に依存しない古典場 $\phi(r)$ の方程式

$$(\nabla^2 - \mu^2)\phi(r) = f\delta^3(\boldsymbol{x}) \tag{5.16}$$

に置き換えたとします．このとき，3 次元極座標を用いると，(5.16) は

$$\left(\dfrac{d^2}{dr^2} + \dfrac{2}{r}\dfrac{d}{dr} - \mu^2\right)\phi(r) = f\delta^3(\boldsymbol{x}) \tag{5.17}$$

のように書き換えられ，この解は，

$$\phi(r) = -\dfrac{f}{4\pi}\dfrac{1}{r}e^{-\mu r} \tag{5.18}$$

で与えられます．

(5.18) の古典場 $\phi(r)$ に結合定数 f を掛けることにより，ψ が位置する点から距離 r だけ離れたところに存在する別の ψ にはたらくポテンシャル

$$\boxed{V_\mathrm{Y}(r) = -\dfrac{f^2}{4\pi}\dfrac{1}{r}e^{-\mu r}} \tag{5.19}$$

が導かれます（添字の Y は Yukawa の略）．この形のポテンシャルは**湯川ポテンシャル**とよばれ，ディラック粒子 ψ 同士の間に引力がはたらくことを表しています．

 **Training 5.1**

$r \neq 0$ において，(5.18) の $\phi(r)$ が (5.17) を満たすことを確かめなさい．

5.3 中間子論　　**87**

　ここでは，上記のように力を媒介する粒子に関する波動方程式を解くことにより，粒子の間にはたらくポテンシャルを求めましたが，相互作用ハミルトニアン密度に基づいて，遷移振幅からポテンシャルを求めることもできます（6.4.2 項，Practice［6.4］を参照）．このことから，場の量子論において，**ポテンシャルよりも相互作用ハミルトニアン密度の方が基本的な物理量である**といえます．

　また，クーロンポテンシャル（5.7）と湯川ポテンシャル（5.19）を見比べてみると，$e^2/4\pi\varepsilon_0$ が $f^2/4\pi$ に相当することがわかります．よって，$f^2/4\pi\hbar c$ が電磁相互作用の微細構造定数 $\alpha \equiv \dfrac{e^2}{4\pi\varepsilon_0\hbar c} = \dfrac{1}{137}$ に比べて十分大きければ，核力の特徴（2）が理解できます（c や $\hbar$ を復活させました）．実際，核子に関する散乱実験により，$f^2/4\pi\hbar c = 0.1 \sim 1$ が得られます．

　このように，核力の結合定数の値は電磁相互作用の結合定数の値よりも大きいため，核力を**強い相互作用**ともいいます[5]．

　また，湯川ポテンシャル（5.19）の大きさは，ϕ の間の距離 r と共に指数関数（$e^{-\mu r}$）的に小さくなり，力の到達距離 l を $1/\mu$ とすると，

$$l = \frac{\hbar}{\mu c} \tag{5.20}$$

が導かれます（ここでも，c や $\hbar$ を復活させました）．よって，**力の到達距離は力を媒介する粒子の質量に反比例する**ので，核力を媒介する粒子の質量が $200\,\mathrm{MeV}/c^2$ 程度であれば $l \simeq 10^{-15}\,\mathrm{m}$ となり，核力の特徴（3）が理解できます（$\hbar c = 197\,\mathrm{MeV \cdot fm}$ と $1\,\mathrm{fm} = 10^{-15}\,\mathrm{m}$ を思い出しましょう．Exercise 1.2 を参照）．実際，表 5.2 に記した π 中間子の質量 $m_{\pi^\pm}$（m_{π^0}）を（5.20）に代入して計算してみると，核力の到達距離が $1.4 \times 10^{-15}\,\mathrm{m}$（$1.5 \times 10^{-15}\,\mathrm{m}$）ほどであることがわかります．

　さらに，π 中間子よりも重い粒子が存在し，その粒子が媒介することによって強い斥力がはたらくとすると，核力の特徴（4）も理解できます．参考ま

---

　5)　現在では，「強い相互作用」という用語は，核子を構成するクォークの間にはたらく力を指すことが多いということも覚えておきましょう．

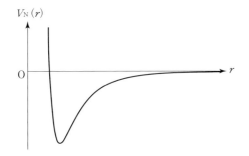

図 5.7 核力のポテンシャル

でに，湯川ポテンシャルを用いて，核力のポテンシャルを

$$V_{\rm N}(r) = -\frac{f^2}{4\pi}\frac{1}{r}e^{-\mu r} + \frac{\tilde{f}^2}{4\pi}\frac{1}{r}e^{-\tilde{\mu} r} \tag{5.21}$$

のように構成し，$\tilde{f}^2 = 10f^2$, $\tilde{\mu} = 5\mu$ としてグラフに描くと，図 5.7 のようになり[6]，図 5.2 の予想図と同じような形をとります．

核子と π 中間子に関するラグランジアン密度

核力の特徴 (1) は，π 中間子による核子の間の相互作用が，陽子と中性子を入れ替えたり，混ぜ合わせたりする変換（荷電空間上の回転）のもとで不変であることを意味します．

このような対称性をもつ，核子と π 中間子に関するラグランジアン密度は，

$$\begin{aligned}\mathscr{L}_{湯川} =\ & \widehat{\overline{N}}(x)(i\gamma^\mu \partial_\mu - m_{\rm N})\widehat{N}(x) \\ & + \frac{1}{2}\sum_{a=1}^{3}\{\partial_\mu \hat{\pi}^a(x)\partial^\mu \hat{\pi}^a(x) - m_\pi^2 \hat{\pi}^a(x)\hat{\pi}^a(x)\} \\ & - f\sum_{a=1}^{3}\widehat{\overline{N}}(x)i\gamma_5 \hat{\pi}^a(x)\tau^a \widehat{N}(x) \end{aligned} \tag{5.22}$$

で与えられます．ここで，τ^a は**パウリ行列**

$$\tau^1 = \begin{pmatrix} 0 & 1 \\ 1 & 0 \end{pmatrix}, \quad \tau^2 = \begin{pmatrix} 0 & -i \\ i & 0 \end{pmatrix}, \quad \tau^3 = \begin{pmatrix} 1 & 0 \\ 0 & -1 \end{pmatrix} \tag{5.23}$$

です[7]．

---

[6] 実際の核力には，アイソスピンの寄与などが加わります．また約 5×10^{-16} m 以下ではたらく強い斥力に関しては，クォークやグルーオンの寄与が重要で，これらを用いた考察が必要となります．

5.3 中間子論

また，(5.22) の $\tilde{\pi}^a(x)$ ($a = 1, 2, 3$) は，$\tilde{\pi}^{\pm}(x)$ や $\tilde{\pi}^0(x)$ と

$$\tilde{\pi}^{\pm}(x) = \frac{\tilde{\pi}^1(x) \mp i\tilde{\pi}^2(x)}{\sqrt{2}}, \qquad \tilde{\pi}^0(x) = \tilde{\pi}^3(x) \tag{5.24}$$

のような関係にあるアイソスピン 3 重項を組む π 中間子です．なお簡単のため，核子および π 中間子はそれぞれ共通の質量 m_N および m_π をもつとしました．

さらに，f は核子と π 中間子の間の結合定数で，(5.22) の $\widehat{\mathcal{L}}_{湯川}$ の最後の項から，核子と π 中間子は**湯川相互作用**を通じて相互作用していることがわかります[8]．実際，陽子と中性子を混ぜ合わせるような変換と同時に，3 種類の π 中間子も適切に混ぜ合わせるような変換を行うことにより，$\widehat{\mathcal{L}}_{湯川}$ は不変に保たれます．ただし，このことを数式を用いて理解するためには，群論の知識が必要になるので，ここではその説明を割愛します (7.5.2 項を参照)．

Training 5.2

π 中間子に関するオイラー–ラグランジュの方程式 $\partial_\mu \left(\dfrac{\partial \widehat{\mathcal{L}}_{湯川}}{\partial (\partial_\mu \tilde{\pi}^a)} \right) - \dfrac{\partial \widehat{\mathcal{L}}_{湯川}}{\partial \tilde{\pi}^a} = 0$ に (5.22) のラグランジアン密度を代入して，π 中間子に関する波動方程式を導きなさい．

π 中間子の発見

π 中間子は，1947 年にパウエルらによる**宇宙線**を用いた観測において発見されました．具体的には，宇宙線の主成分である陽子が大気中の原子核と衝突して荷電 π 中間子 ($\pi^{\pm}$) を発生させます．ちなみに，π^- は短時間でミューオン (μ^-) に，π^+ は反ミューオン (μ^+) に崩壊します．

表 5.3 は，ミューオンと反ミューオンの電荷，スピン，質量，寿命を表したものです．ここで，μ^+ と μ^- は粒子と反粒子の関係にあり，荷電共役変換の

---

7) スピンと区別するために，σ^i ($i = 1, 2, 3$) の代わりに τ^a ($a = 1, 2, 3$) を用いました．

8) $\widehat{\mathcal{L}}_{湯川}$ における相互作用項 $-f \sum_{a=1}^{3} \widehat{\overline{N}}(x) i\gamma_5 \tilde{\pi}^a(x) \tau^a \widehat{N}(x)$ の中に $i\gamma_5$ という因子が存在するのは，空間反転 ($\boldsymbol{x} \to -\boldsymbol{x}$) のもとでの不変性を保つためです．実際，$\tilde{\pi}^a(x)$ は $\tilde{\pi}^a(-\boldsymbol{x}, t) = -\tilde{\pi}^a(\boldsymbol{x}, t)$ のように変換し，$\widehat{\overline{N}}(x) i\gamma_5 \tau^a \widehat{N}(x)$ も同様の変換をします．

表5.3 ミューオンと反ミューオンの電荷，スピン，質量 (MeV/c^2)，寿命 (s)

粒子名	記号	電荷	スピン	質量	寿命
ミューオン	μ^-	$-e$	1/2	105.66	2.2×10^{-6}
反ミューオン	μ^+	e	1/2	105.66	2.2×10^{-6}

もとでの不変性が成り立っていて，同じ質量と同じ寿命をもっていることがわかります．

5.4 素粒子の反応過程

素粒子の反応過程は，どのように記述されるのか？

量子力学において，ハミルトン演算子は $\widehat{H} = -\dfrac{\hbar^2}{2m}\nabla^2 + \widehat{V}$ で与えられ，ポテンシャル $\widehat{V}$ が相互作用を表しました（3.3節を参照）．同様にして，場の量子論では，ハミルトン演算子は，

$$\widehat{H} = \widehat{H}_0 + \widehat{H}_{\text{int}} \tag{5.25}$$

のように表されます．ここで，$\widehat{H}_0$ は運動エネルギーに相当する演算子で，$\widehat{H}_{\text{int}}$ は**相互作用ハミルトニアン**とよばれる，相互作用ハミルトニアン密度 $\widehat{\mathcal{H}}_{\text{int}}$ を空間積分したもので，相互作用を表す演算子です．

ここでは，素粒子の散乱過程 $\varphi_1 + \varphi_2 \to \varphi_3 + \varphi_4$ を例にとって，相互作用についてもう少し考えてみましょう．粒子 φ_a ($a = 1, 2, 3, 4$) の消滅演算子あるいは反粒子 $\overline{\varphi}_a$ の生成演算子を $\widehat{\varphi}_a(x)$ とし，粒子 φ_a の生成演算子あるいは反粒子 $\overline{\varphi}_a$ の消滅演算子を $\widehat{\varphi}_a^\dagger(x)$ としたとき，散乱過程 $\varphi_1 + \varphi_2 \to \varphi_3 + \varphi_4$ を表す相互作用ハミルトニアンが

$$\widehat{H}_{\text{int}} = \int \lambda \{\widehat{\varphi}_4^\dagger(x)\widehat{\varphi}_3^\dagger(x)\widehat{\varphi}_2(x)\widehat{\varphi}_1(x) + \widehat{\varphi}_1^\dagger(x)\widehat{\varphi}_2^\dagger(x)\widehat{\varphi}_3(x)\widehat{\varphi}_4(x)\} d^3x \tag{5.26}$$

のように表されたとします．ここで，λ は**結合定数**で，$|\lambda| \ll 1$ のとき $\widehat{H}_{\text{int}}$ を摂動項として摂動論が有効になります．また，$\widehat{H}_{\text{int}}$ がエルミート演算子になるように，右辺の第1項のエルミート共役を第2項として付け加えました．

(5.26) の右辺の第 1 項から，物理的な条件が整えば，$\varphi_1 + \varphi_2 \to \varphi_3 + \varphi_4$ の他に，

$$\begin{cases} \varphi_1 \;\to\; \overline{\varphi}_2 + \varphi_3 + \varphi_4, & \varphi_1 + \overline{\varphi}_3 \;\to\; \varphi_4 + \overline{\varphi}_2 \\ \varphi_2 \;\to\; \overline{\varphi}_1 + \varphi_3 + \varphi_4, & \cdots, \quad \overline{\varphi}_3 + \overline{\varphi}_4 \;\to\; \overline{\varphi}_1 + \overline{\varphi}_2 \end{cases} \tag{5.27}$$

のような反応過程が起こり得ることがわかります．また，(5.26) の右辺の第 2 項からは，

$$\begin{cases} \varphi_3 + \varphi_4 \;\to\; \varphi_1 + \varphi_2, & \varphi_3 \;\to\; \varphi_1 + \varphi_2 + \overline{\varphi}_4 \\ \varphi_3 + \overline{\varphi}_1 \;\to\; \varphi_2 + \overline{\varphi}_4, & \cdots, \quad \overline{\varphi}_1 + \overline{\varphi}_2 \;\to\; \overline{\varphi}_3 + \overline{\varphi}_4 \end{cases} \tag{5.28}$$

のような反応過程が起こり得ることがわかります．

ここで，(5.27) や (5.28) の各反応を見比べてみると，粒子や反粒子を左辺から右辺へ，あるいは右辺から左辺へ移す際に，粒子（反粒子）が反粒子（粒子）に入れ替わっていることに気付きます．このような入れ替えを施した反応が起こり得るという性質を**交差対称性**といいます．また，(5.26) の右辺の第 2 項から生じる反応は，第 1 項から生じる反応の逆反応に相当します．

このように，**素粒子の反応過程は，相互作用ハミルトニアン（あるいは相互作用ラグランジアン）を用いて記述されます．**

フェルミ理論

(5.27) の最初の反応過程 $\varphi_1 \to \overline{\varphi}_2 + \varphi_3 + \varphi_4$ は，粒子 φ_1 が 3 つの粒子 $\overline{\varphi}_2, \varphi_3, \varphi_4$ に崩壊する過程を表しています．この過程を参考にすれば，β 崩壊の核子レベルの過程と考えられる，$\mathrm{n} \to \mathrm{p} + \mathrm{e}^- + \overline{\nu}_\mathrm{e}$ を記述する相互作用ハミルトニアン $\widehat{H}_\mathrm{int}$ として，例えば，

$$\widehat{H}_\mathrm{int} = \int G_\beta \{ \widehat{\overline{p}}(x) \gamma^\mu \widehat{n}(x) \, \widehat{\overline{e}}(x) \gamma_\mu \widehat{\nu}_\mathrm{e}(x) + \widehat{\overline{n}}(x) \gamma^\mu \widehat{p}(x) \, \widehat{\overline{\nu}}_\mathrm{e}(x) \gamma_\mu \widehat{e}(x) \} \, d^3 x \tag{5.29}$$

が書き下せます．ここで，陽子，中性子，電子，電子ニュートリノ（ν_e）に関する場の演算子をそれぞれ $\widehat{p}(x), \widehat{n}(x), \widehat{e}(x), \widehat{\nu}_\mathrm{e}(x)$ と表しました．場の量子論に基づき，$\widehat{p}(x)$ は陽子の消滅あるいは反陽子の生成を司る演算子であること，$\widehat{n}(x), \widehat{e}(x), \widehat{\nu}_\mathrm{e}(x)$ についても同様に，粒子の消滅あるいは対応する反粒子の生成を司る演算子であることを思い出してください．

また，(5.29) で場の演算子の間に γ^μ, γ_μ を差し込みましたが，他の因子が

入る可能性もあります（第10章を参照）．さらに，G_β は β 崩壊に関する結合定数です．なお，右辺の括弧内の第2項は第1項のエルミート共役で，陽電子 e^+ を放出して原子核が崩壊する現象 $(A, Z) \to (A, Z-1) + e^+ + \nu_e$ （A：原子核の質量数（陽子数と中性子数の和），Z：原子番号（陽子数））や，原子核が電子を捕獲する反応 $(A, Z) + e^- \to (A, Z-1) + \nu_e$ を含んでいます．

(5.29) のような，複数の粒子が同一点で行う相互作用を**局所相互作用**といいます．さらに，4個のフェルミオンによる局所相互作用は，**フェルミ相互作用**とよばれ，図5.8のようなファインマン・ダイアグラムで図示されます．慣例に従い，反粒子である $\bar{\nu}_e$ の矢印は，時間に逆行するように付けました．

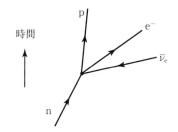

図 5.8　β 崩壊のファインマン・ダイアグラム

理論の検証のために，どのような物理量に着目すればよいのか？

この問いの答えとして，例えば，素粒子の崩壊過程にともなう**崩壊定数**（素粒子の崩壊幅，寿命）と素粒子の散乱過程に関する**散乱断面積**があります．次項と5.4.2項で，これらについて紹介します．

5.4.1　崩壊定数

崩壊定数（崩壊率）R とは，粒子が単位時間当たりに崩壊する確率のことです．このとき，$\Gamma = \hbar R$ を**崩壊幅**といいます．例えば，N 個の粒子のうち，時間 Δt の間に $RN\Delta t$ 個の粒子が崩壊するとき，Δt の間に変化する粒子数を ΔN とすると，$\Delta N = -RN\Delta t$ が成り立ちます．したがって，時刻 t での粒子数を $N(t)$ とすると，$\dfrac{dN(t)}{dt} = -RN(t)$ が成り立ち，

$$N(t) = N(0)e^{-Rt} = N(0)e^{-\frac{\Gamma}{\hbar}t} \tag{5.30}$$

が導かれます.

そして,粒子の**寿命**(平均寿命)を τ とすると,

$$\tau = \frac{1}{R} = \frac{\hbar}{\Gamma} \tag{5.31}$$

が得られます(次の Exercise 5.3 を参照).複数の**崩壊モード**(崩壊の様式を分別したもの)が存在する場合は,崩壊幅 Γ はそれぞれの崩壊モードに関する崩壊幅 Γ_i の和 ($\Gamma = \sum_i \Gamma_i$) で与えられます.

 Exercise 5.3

粒子の個数が $N(t) = N(0)e^{-Rt}$ (R:正の定数)に従って減少するとき,その粒子の寿命が $\tau = \frac{1}{R}$ であることを示しなさい.

Coaching 時刻 $t=0$ に $N(0)$ 個の粒子が存在し,時刻 t から $t + \Delta t$ の間に,これらの粒子のうち $-\Delta N$ 個が崩壊するとします.ここで,ΔN は粒子の変化量で,負の値であることに注意してください.Δt の間に粒子が崩壊する割合は,

$$r \equiv \frac{-\Delta N}{N(0)} = \frac{-\Delta N/\Delta t}{N(0)} \Delta t \tag{5.32}$$

で定義され,粒子の寿命は,$\Delta t \to 0$ の極限を考えて,

$$\tau \equiv \int_0^\infty t \frac{-dN(t)/dt}{N(0)} dt = \int_0^\infty t R e^{-Rt} dt = \frac{1}{R} \tag{5.33}$$

のように求まります.

計算の途中で,微分方程式 $\frac{dN(t)}{dt} = -RN(t)$ とその解 $N(t) = N(0)e^{-Rt}$ を用いました. ∎

崩壊幅 Γ は理論的に計算することができます.例えば,粒子 φ_1 の崩壊では,(5.26) で与えられた相互作用ハミルトニアンが有効で,崩壊過程 $\varphi_1 \to \bar{\varphi}_2 + \varphi_3 + \varphi_4$ が支配的であるとすると,φ_1 の寿命 τ_{φ_1} は,摂動の最低次で,

$$\tau_{\varphi_1} \propto \frac{t}{\left|\frac{1}{i\hbar}\int_0^t \langle \mathrm{f}|\hat{H}_{\mathrm{int}}|\mathrm{i}\rangle\, dt'\right|^2} \propto \frac{1}{\lambda^2} \tag{5.34}$$

のように見積もることができます.ここで,$\propto$ は比例関係を表す記号です.

94　5. 場の量子論（Ⅱ）

また，$|i\rangle$ は崩壊前の状態で，$\langle f|$ は崩壊後の状態です.

　具体的な値を得るためには，運動量に関する積分などを実行する必要があります. 実際，**フェルミの黄金律**とよばれる公式が存在し，崩壊幅の理論値を近似的に求めることができます.（5.34）より，結合定数 λ の値が大きいほど反応が起こりやすくなるため，素粒子の寿命が短くなることがわかります.

5.4.2　散乱断面積

　散乱断面積 $\sigma_{散乱}$ とは，粒子の散乱の頻度を表す物理量です. ここでは，素粒子の散乱過程 $\varphi_1 + \varphi_{tg} \to \varphi_1 + \varphi_{tg}$ を例にとって，散乱断面積について紹介します. ここで，φ_{tg} は標的となる粒子のことです（添字の tg は target の略）.

　この過程の散乱断面積は，**実験室系**（始状態で φ_{tg} を固定した系）において，

$$\sigma_{散乱} \equiv \frac{n_1}{f_1 \cdot n_{tg}} \tag{5.35}$$

で定義されます. ここで，f_1 は入射方向に垂直な単位面積を単位時間当たりに入射する φ_1 の個数，n_{tg} は φ_{tg} の個数，n_1 は単位時間当たりに散乱される φ_1 の個数です. 散乱断面積の次元は L^2 で，単位は**バーン**（b）で表します. ちなみに，$1\,b = 10^{-28}\,m^2 = 10^{-24}\,cm^2$ です.

　散乱断面積も，相互作用ハミルトニアンが与えられると，場の量子論に基づいて理論的に計算することができます.

🌱 5.5　素粒子理論の探究

素粒子の世界を理論的に探究するための道筋

　本章の最後に，素粒子の世界を理論的に探究するための典型的な道筋について紹介します. それは，場の量子論における**正準量子化**（4.3 節を参照）の枠内で摂動論に基づいて行われるもので，図 5.9 のような道筋を辿ります.

　（1）　素粒子 φ_k の運動や相互作用を探究し，関連する作用積分 $\hat{S}$ を書き下します. その際に，最小作用の原理 $\delta\hat{S} = 0$ を用いて波動方程式が導かれること，物理系の対称性を通して保存則が導かれること，ラグランジアン密度 $\mathscr{L}$ がエルミート性をもつこと，安定な**真空状態**（**真空**）が存在することなど

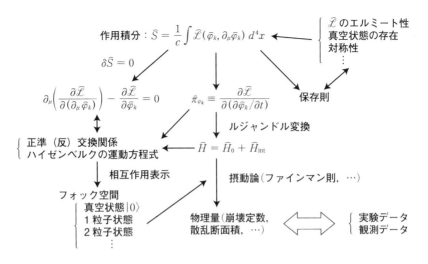

図 5.9 摂動論に基づく探究の道筋

に着目します.ここで,真空状態とは,エネルギーが最低の状態のことです.

(2) 素粒子の場の演算子 $\hat{\varphi}_k$ とそれに正準共役な場の演算子 $\hat{\pi}_{\varphi_k}$ に対して,正準交換関係あるいは正準反交換関係による量子条件を課します.そして,**ルジャンドル変換**を用いて,$\hat{\varphi}_k$ と $\hat{\pi}_{\varphi_k}$ を変数として含む汎関数である,ハミルトン演算子 $\hat{H} = \hat{H}_0 + \hat{H}_{\text{int}}$ を導きます.次に $\hat{H}$ の固有値が最小値をとる状態として,真空状態 $|0\rangle$ を定義します.**相互作用表示**(状態を表す状態ベクトルは相互作用ハミルトニアン $\hat{H}_{\text{int}}$ により時間発展し,物理量を表すエルミート演算子は運動エネルギーに相当するハミルトン演算子 $\hat{H}_0$ により時間発展するという表示)において,$|0\rangle$ に生成演算子を作用させることにより様々な状態を構成します.

(3) 始状態と終状態が与えられたとき,摂動論に基づいて,**ファインマン則**とよばれる計算規則などを用いると,**遷移振幅**が系統立てて求められ,物理量(崩壊定数,散乱断面積など)の理論値が得られます.

(4) 理論的に得られた物理量を実験・観測データと照合することにより,場の量子論に基づく素粒子の理論や模型を検証あるいは反証します.さらに,このような実験や観測によるフィードバックを通して,理論や模型の修正・整備・拡張を行います.

96   5. 場の量子論（Ⅱ）

正準量子化に加えて，量子化の方法としては，**ファインマンの経路積分**が有効ポテンシャルの計算，ゲージ理論の量子化などに広く用いられています．また，摂動論が適用できないような強く相互作用している素粒子をもつ物理系に関しては，**格子理論**とよばれる，離散化された時空上で定義された理論に基づいて数値計算を実行します．

崩壊定数や散乱断面積などの物理量の導出においては，様々な素粒子やそれらの間の相互作用が関与するため，種々の実験・観測データと比較することにより，新粒子の発見や相互作用ハミルトニアン $\hat{H}_{int}$ の特定がなされます．実際，新粒子の探索に関して，次のような 2 つの方法があります．

- **宇宙線**とよばれる，宇宙空間から地球に降り注ぐ放射線を源とする反応過程の中に新粒子を見出す方法．
- 高エネルギー状態にした素粒子を別の素粒子にぶつけて，新粒子を人工的に生成し，その崩壊過程を探索する方法．

いずれの場合も，最終的に生成された素粒子を特定するための**検出器**が必要となります．また，2 つ目の方法では，**加速器**とよばれる，素粒子を加速して高エネルギー状態にするための装置が必要となります．

遷移振幅と S 行列

量子力学において，遷移振幅は時間に依存する摂動論を用いて計算されます．具体的には，量子力学のポテンシャル $\hat{V}(t)$ が場の量子論の相互作用ハミルトニアン $\hat{H}_{int}(t) = \int \hat{\mathcal{H}}_{int}(x)\, d^3x$ に対応するとして，$\int \hat{V}(t)\, dt$ を $\int \hat{\mathcal{H}}_{int}(x)\, d^4x$ に置き換えることにより，遷移振幅を求めることができると予想されます（量子力学における遷移振幅に関する公式については，Practice［5.3］を参照）．

実際，始状態 $|i\rangle$ から終状態 $|f\rangle$ への遷移振幅は，

$$S_{fi} \equiv \langle f | \hat{S} | i \rangle \tag{5.36}$$

で定義され，**遷移確率**は $|S_{fi}|^2$ で与えられます（添字の f, i はそれぞれ final, initial の略）．(5.36) において，$\hat{S}$ は **S 行列**とよばれ，摂動論に基づき，相互作用表示における相互作用ハミルトニアン密度 $\hat{\mathcal{H}}_{int}$ を用いて，

$$\hat{S} \equiv 1 + \sum_{n=1}^{\infty} \frac{(-i)^n}{n!} \int_{-\infty}^{\infty} d^4 x_1 \cdots \int_{-\infty}^{\infty} d^4 x_n \, \mathrm{T} \left(\widehat{\mathscr{H}}_{\mathrm{int}}(x_1) \cdots \widehat{\mathscr{H}}_{\mathrm{int}}(x_n) \right)$$

$$= \mathrm{T} \exp \left\{ -i \int_{-\infty}^{\infty} \widehat{\mathscr{H}}_{\mathrm{int}}(x) \, d^4 x \right\} \tag{5.37}$$

で定義されます[9].

ここで，Tは**時間順序積**を表し，演算子の積を時間が遅いものほど左側に位置するように並び替えるという操作を含んで定義されます．また，n は相互作用の回数を表し，$x_1, \cdots, x_n$ は相互作用をする時空点を表します．

☕ Coffee Break

相互作用の微視的な理解とその帰結

中間子論により，「素粒子同士の間で，キャッチボールの如く，力を媒介する粒子をやりとりすることにより相互作用がはたらく」という理解が浸透しました．この功績により，湯川秀樹（H. Yukawa, 1907 – 1981）は，1949 年に日本人として初めてノーベル賞を受賞しました．相互作用に関するこのような捉え方と，未知の現象の背後に新粒子あり！という考え方は，素粒子の標準模型およびそれを超える試みに受け継がれています．

本章における，クーロンポテンシャル，クーロン力，湯川ポテンシャルの導出過程から，クーロン力に関する逆 2 乗則の背後に，「力を媒介する粒子の質量はゼロである」と「空間は 3 次元である」という性質が潜んでいることがわかります（5.2節，5.3 節を参照）．実際，相対論的場の量子論に基づいて，次のことが導かれます．

- 質量ゼロでスピン 1 の粒子である光子が力を媒介するとき，同種粒子の間には 3 次元空間上で逆 2 乗則に従う斥力が，粒子とその反粒子の間には 3 次元空間上で逆 2 乗則に従う引力がはたらく．
- 質量ゼロでスピン 2 の粒子である重力子（グラビトン）が力を媒介するとき，同種粒子の間にも，粒子とその反粒子の間にも，3 次元空間上で逆 2 乗則に従う引力がはたらく．

天下り的に習ったクーロンの法則やニュートンの万有引力の法則の起源に触れたようで，少し得した気分になりませんか？

---

9)　S行列の $\hat{S}$ と作用積分の $\hat{S}$ を混同しないように注意しましょう．

98   5. 場の量子論（Ⅱ）

📖 本章のPoint

▶ **力とは**：場の量子論では，力とは，素粒子同士の間で「力を媒介する素粒子」をやりとりすることによって伝わる「相互作用」である．

▶ **中間子論**：湯川相互作用に基づいて，π 中間子が核力を媒介することにより，核子が束縛されて原子核が構成される様子を記述する場の量子論．

▶ **アイソスピン**：荷電空間とよばれる内部空間上の回転の生成子．

▶ **湯川ポテンシャル**：ディラック粒子 ψ が位置する点から距離 r だけ離れたところに存在する別の同種粒子 ψ にはたらくポテンシャル．

$$V_Y(r) = -\frac{f^2}{4\pi}\frac{1}{r}e^{-\mu r}$$

ここで，f は ψ と湯川相互作用を媒介する粒子 ϕ との間の結合定数，μ は ϕ の質量である．

▶ **フェルミ理論**：陽子，中性子，電子，電子ニュートリノに関する場の演算子を用いて，フェルミ相互作用に基づいて，β 崩壊などの反応過程を記述する場の量子論．

▶ **崩壊定数**：粒子が単位時間当たりに崩壊する確率．崩壊定数に $\hbar$ を掛けた量を**崩壊幅**という．また，崩壊定数の逆数が素粒子の寿命（平均寿命）である．

▶ **散乱断面積**：粒子の散乱の頻度を表す物理量．

▶ **素粒子理論の検証法**：素粒子の崩壊定数（素粒子の崩壊幅，寿命）や散乱断面積などの理論値を実験値と照合することにより，理論や模型が検証あるいは反証される．

Practice

[5.1] 静電ポテンシャル

ガウスの定理を用いて，$r=0$ においても，(5.4) の静電ポテンシャルが (5.3) の微分方程式を満たすことを確かめなさい．

[5.2] 力の到達距離

エネルギーと時間に関する不確定性原理を用いて，(5.20) を導きなさい．

[5.3] 量子力学の相互作用表示における形式解

ハミルトン演算子 $\hat{H} = \hat{H}_0 + \hat{V}(t)$ で記述される量子力学系について考えます．ここで，$\hat{H}_0$ は無摂動ハミルトニアンで時間に依存しないとし，$\hat{V}(t)$ は摂動ポテンシャルで $\lim_{t\to\pm\infty} \hat{V}(t) = 0$ とします．

相互作用描像における物理状態 $|\phi_I(t)\rangle$ は，シュレーディンガー表示における物理状態 $|\psi(t)\rangle$ を用いて，$|\phi_I(t)\rangle \equiv e^{\frac{i}{\hbar}\hat{H}_0 t}|\psi(t)\rangle$ で定義され，

$$i\hbar \frac{d}{dt}|\phi_I(t)\rangle = \hat{V}_I(t)|\phi_I(t)\rangle$$

に従って時間発展します（添字の I は Interaction の略）．ここで，$\hat{V}_I(t) = e^{\frac{i}{\hbar}\hat{H}_0 t}\hat{V}(t)e^{-\frac{i}{\hbar}\hat{H}_0 t}$ です．

$|\phi_I(t)\rangle$ に関する微分方程式を解いて形式解を求め，遷移振幅に関する公式を書き下しなさい．

量子電磁力学

荷電粒子同士の間には，電磁相互作用とよばれる相互作用がはたらきますが，電子や陽電子にはたらく電磁相互作用はどのように記述され，どのように検証されるのでしょうか？ 一般に物理量は，量子の世界で素粒子が関与する相互作用を通して，量子補正とよばれる補正を受けます．電磁相互作用による量子補正はどのように計算されるのでしょうか？ 本章では，電磁相互作用の世界を探索してみましょう．

6.1 発散の困難

5.5節で，場の量子論における正準量子化の枠内で摂動論に基づいて物理量を計算し，具体的な理論の正否を検証する道筋について紹介しました．そしてそこでは，「(3) 始状態と終状態が与えられたとき，摂動論に基づいて，ファインマン則とよばれる計算規則などを用いると，遷移振幅が系統立てて求められ，物理量（崩壊定数，散乱断面積など）の理論値が得られます」と述べましたが，ここで，もう少し込み入った話をします．

それは，摂動の高次の項を計算すると，**ループ**とよばれる閉じた経路を含む反応過程が現れ，そのループを走る粒子の高い振動数部分からの寄与により，遷移振幅の積分値が**紫外発散**とよばれる無限大の値になることです．そのため，物理的に意味のある有限な値を得るためには，その発散をうまく処

理する必要があります．この問題は**発散の困難**とよばれています．

この困難の原因を見通しよく分析するために，**相対論的共変性**を保つ理論形式や計算法が模索されました．そして，朝永振一郎によって**超多時間理論**とよばれる理論形式が提唱され，高次の項が分析された結果，**発散の困難は場の量子論に固有の問題である**ことがわかりました．その後，朝永振一郎，シュウィンガー，ファインマンらによって，**くりこみ**とよばれる手法に基づいて，発散量をうまく処理して有限値を導き出す**くりこみ理論**が構築されました．

くりこみ理論によってすべての発散量を取り除くことができる理論は**くりこみ可能な理論**とよばれ，その典型例は**量子電磁力学**（**QED**）です．その後，量子電磁力学を用いた理論計算と実験データが極めて良い精度で一致することが確認され，**くりこみ可能性**が理論を構築する際の指導原理的な役割を果たすようになりました．

本章の以下の節の内容を簡単に紹介します．まず 6.2 節で，古典物理学における電磁気学を考えます．具体的には，基礎方程式であるマクスウェル方程式を，電磁ポテンシャルの役割に注意しながら，相対論的波動方程式として定式化します．また，ゲージ変換のもとでの不変性であるゲージ対称性（ゲージ不変性）についても紹介します．

6.3 節では，電磁ポテンシャルを光子場の演算子に格上げすることにより，量子物理学における電磁相互作用の理論である，量子電磁力学が構築されることを見ます．量子電磁力学のラグランジアン密度から相互作用ハミルトニアン密度を読み取り，これがディラック粒子と光子の間にはたらく相互作用に関する基本ブロックになることを紹介します．場の量子論に基づく理論を検証するために，物理量を精密に計算する処方が必要ですが，それには，ファインマン・ダイアグラムと**ファインマン則**に基づく摂動論が有効です．

6.4 節で，量子電磁力学に関するファインマン則を紹介した後，具体的な 2 つの反応過程に摂動論を適用してみます．6.4.1 項では，電子と陽電子の対消滅による粒子と反粒子の生成過程を扱い，6.4.2 項では，電子と陽子の散乱過程を扱います．そして，摂動の最低次における遷移振幅を用いると，非相対論的極限で，電子と陽子の間にはたらく電磁相互作用がクーロンポテ

ンシャルという形で現れることを見ます.

また,素粒子に関する物理量は,一般に**放射補正**とよばれる**量子補正**を受けます.6.5 節で,**真空偏極**とよばれる放射補正を取り込んで,電子と陽子の間で生じるクーロンポテンシャルが修正されるのを見ます.このとき,場の量子論に固有の発散の困難に遭遇しますが,くりこみを行うことにより,この困難が回避されることを紹介します.最後に 6.6 節で,量子電磁力学はくりこみ可能な理論であることを解説します.

6.2 電磁気学

電磁相互作用がはたらく量子の世界に入る前に,まずは古典物理学における電磁気学の世界に立ち寄ってみましょう.

電磁現象の舞台も,特殊相対性理論における 4 次元ミンコフスキー時空なので,真空中の電磁現象を記述する(4 つの)**マクスウェル方程式**は,

$$\partial_\mu F^{\mu\nu} = \mu_0 j^\nu \quad (\mu_0 : 真空の透磁率) \tag{6.1}$$

$$\partial^\lambda F^{\mu\nu} + \partial^\mu F^{\nu\lambda} + \partial^\nu F^{\lambda\mu} = 0 \tag{6.2}$$

のようなローレンツ共変な形に書き表すことができます.ここで,$F^{\mu\nu}$ ($\mu, \nu = 0, 1, 2, 3$) は**電磁場テンソル**とよばれる 2 階の反対称テンソル場(2.6 節を参照)で,電場 $\boldsymbol{E} = (E_x, E_y, E_z)$ と磁束密度 $\boldsymbol{B} = (B_x, B_y, B_z)$ と光の速さ c を用いると,

$$F^{\mu\nu} = \begin{pmatrix} 0 & -E_x/c & -E_y/c & -E_z/c \\ E_x/c & 0 & -B_z & B_y \\ E_y/c & B_z & 0 & -B_x \\ E_z/c & -B_y & B_x & 0 \end{pmatrix} \tag{6.3}$$

のように表されます.

また,j^ν ($\nu = 0, 1, 2, 3$) は**4 元電流密度**とよばれる 4 元ベクトルで,電荷密度 ρ と電流密度 $\boldsymbol{j}$ を用いると,

$$j^\nu = (c\rho, \boldsymbol{j}) \tag{6.4}$$

のように表されます.

なお,(6.1) は,マクスウェル方程式

$$\nabla \cdot \boldsymbol{E} = \frac{\rho}{\varepsilon_0} \qquad （ガウスの法則） \tag{6.5}$$

$$\nabla \times \boldsymbol{B} - \frac{1}{c^2}\frac{\partial \boldsymbol{E}}{\partial t} = \mu_0 \boldsymbol{j} \qquad （マクスウェル-アンペールの法則） \tag{6.6}$$

と等価な式で，また（6.2）は，同じくマクスウェル方程式

$$\nabla \cdot \boldsymbol{B} = 0 \qquad （磁気単極子が存在しないための条件） \tag{6.7}$$

$$\frac{\partial \boldsymbol{B}}{\partial t} + \nabla \times \boldsymbol{E} = \boldsymbol{0} \qquad （ファラデーの電磁誘導の法則） \tag{6.8}$$

と等価な式です．ここで，ε_0 は真空の誘電率です．

Exercise 6.1

（6.1）のマクスウェル方程式 $\partial_\mu F^{\mu 0} = \mu_0 j^0$, $\partial_\mu F^{\mu i} = \mu_0 j^i$ $(i=1,2,3)$ が，それぞれ（6.5），（6.6）と等価な式であることを示しなさい．

Coaching $\partial_\mu F^{\mu 0} = \mu_0 j^0$ において，（6.3）と（6.4）を用いると，

$$（左辺）= \partial_\mu F^{\mu 0} = \partial_0 F^{00} + \partial_1 F^{10} + \partial_2 F^{20} + \partial_3 F^{30}$$
$$= 0 + \frac{\partial(E_x/c)}{\partial x} + \frac{\partial(E_y/c)}{\partial y} + \frac{\partial(E_z/c)}{\partial z}$$
$$= \nabla \cdot \frac{\boldsymbol{E}}{c} \tag{6.9}$$

$$（右辺）= \mu_0 j^0 = \mu_0 c\rho = \frac{\rho}{\varepsilon_0 c} \tag{6.10}$$

となり，両者を合わせて（6.5）が得られます．（6.10）で，$c = \dfrac{1}{\sqrt{\varepsilon_0 \mu_0}}$ を用いました．

また，$\partial_\mu F^{\mu i} = \mu_0 j^i$ において，（6.3）と（6.4）を用いると，$i=1$ のときは

$$（左辺）= \partial_0 F^{01} + \partial_1 F^{11} + \partial_2 F^{21} + \partial_3 F^{31}$$
$$= -\frac{\partial(E_x/c)}{\partial(ct)} + 0 + \frac{\partial B_z}{\partial y} - \frac{\partial B_y}{\partial z}$$
$$= \left(\nabla \times \boldsymbol{B} - \frac{1}{c^2}\frac{\partial \boldsymbol{E}}{\partial t} \right)_x \tag{6.11}$$

$$（右辺）= \mu_0 j^1 = \mu_0 j_x \tag{6.12}$$

となり，両者を合わせて（6.6）の x 成分に関する方程式が導かれます．同様にして，

$i = 2, 3$ から，(6.6) の y 成分，z 成分に関する方程式が導かれます．

このようにして，(6.1) のマクスウェル方程式が (6.5)，(6.6) と等価な式であることがわかります． ▰

 Training 6.1

(6.2) のマクスウェル方程式 $\partial^1 F^{23} + \partial^2 F^{31} + \partial^3 F^{12} = 0$，$\partial^0 F^{ij} + \partial^i F^{j0} + \partial^j F^{0i} = 0$ $(i, j = 1, 2, 3)$ がそれぞれ (6.7)，(6.8) と等価な式であることを示しなさい．

電磁ポテンシャル

(6.7) とベクトル解析の公式 $\nabla \cdot (\nabla \times \boldsymbol{A}) = 0$ より，$\boldsymbol{B}$ はベクトルポテンシャル $\boldsymbol{A}$ を用いて $\boldsymbol{B} = \nabla \times \boldsymbol{A}$ と表すことができます．そして，この式と (6.8) とベクトル解析の公式 $\nabla \times (\nabla \phi_{\mathrm{E}}) = \boldsymbol{0}$ より，$\boldsymbol{E}$ は $\boldsymbol{A}$ とスカラーポテンシャル ϕ_{E} を用いて，$\boldsymbol{E} = -\dfrac{\partial \boldsymbol{A}}{\partial t} - \nabla \phi_{\mathrm{E}}$ と表されます．

さらに，$\boldsymbol{A}$ と ϕ_{E} から構成された**電磁ポテンシャル**とよばれる 4 元ベクトル場 $A^\mu = \left(\dfrac{\phi_{\mathrm{E}}}{c}, \boldsymbol{A}\right)$ を用いると，(6.3) の $F^{\mu\nu}$ は $F^{\mu\nu} = \partial^\mu A^\nu - \partial^\nu A^\mu$ と表され (Practice [6.1] を参照)，マクスウェル方程式 (6.1) は，

$$\Box A^\nu - \partial^\nu \partial_\mu A^\mu = \mu_0 j^\nu \tag{6.13}$$

のように書き換えられます．

ちなみに，(6.2) は**ビアンキの恒等式**とよばれる恒等式で，次の Exercise 6.2 で見るように，$F^{\mu\nu}$ が積分可能条件 $(\partial^\nu \partial^\lambda - \partial^\lambda \partial^\nu) A^\mu = 0$ を満たすような電磁ポテンシャル A^μ を用いて $F^{\mu\nu} = \partial^\mu A^\nu - \partial^\nu A^\mu$ と表されるとき，必ず成り立ちます．

 Exercise 6.2

$F^{\mu\nu}$ が積分可能条件を満たすような A^μ を用いて $F^{\mu\nu} = \partial^\mu A^\nu - \partial^\nu A^\mu$ と表されるとき，(6.2) が成り立つことを示しなさい．

Coaching (6.2) の左辺に，$F^{\mu\nu} = \partial^\mu A^\nu - \partial^\nu A^\mu$ を代入すると，

$$\partial^\lambda F^{\mu\nu} + \partial^\mu F^{\nu\lambda} + \partial^\nu F^{\lambda\mu}$$
$$= \partial^\lambda(\partial^\mu A^\nu - \partial^\nu A^\mu) + \partial^\mu(\partial^\nu A^\lambda - \partial^\lambda A^\nu) + \partial^\nu(\partial^\lambda A^\mu - \partial^\mu A^\lambda)$$
$$= (\partial^\lambda \partial^\mu - \partial^\mu \partial^\lambda)A^\nu + (\partial^\mu \partial^\nu - \partial^\nu \partial^\mu)A^\lambda + (\partial^\nu \partial^\lambda - \partial^\lambda \partial^\nu)A^\mu \quad (6.14)$$

が得られ，A^μ が積分可能条件 $(\partial^\nu \partial^\lambda - \partial^\lambda \partial^\nu)A^\mu = 0$ を満たすとき，右辺の項はすべてゼロとなり，(6.2) が成り立つことがわかります．　■

このように，$F^{\mu\nu}$ が電磁ポテンシャル A^μ を用いて $F^{\mu\nu} = \partial^\mu A^\nu - \partial^\nu A^\mu$ と表されるとき，真空中のマクスウェル方程式は $\partial_\mu F^{\mu\nu} = \mu_0 j^\nu$ となります！

ゲージ変換とゲージ固定

電磁ポテンシャル A^μ は一意的に決まる量ではなくて，
$$A'^\mu = A^\mu - \partial^\mu f \quad (6.15)$$
のような形で与えられた A'^μ も同一の $F^{\mu\nu}$，つまり，同一の $\boldsymbol{E}$ や $\boldsymbol{B}$ を与えます．ここで，f は時空座標を変数にもつ，積分可能条件 $(\partial^\mu \partial^\nu - \partial^\nu \partial^\mu)f = 0$ を満たすような任意の実関数です．

(6.15) の変換は**ゲージ変換**とよばれ，この変換のもとでの不変性は**ゲージ対称性（ゲージ不変性）** とよばれています．

 Exercise 6.3

$F^{\mu\nu}$ が (6.15) のゲージ変換のもとで不変であることを示しなさい．

Coaching $F^{\mu\nu} = \partial^\mu A^\nu - \partial^\nu A^\mu$ にゲージ変換を施した式は，$F'^{\mu\nu} = \partial^\mu A'^\nu - \partial^\nu A'^\mu$ と表され，(6.15) のゲージ変換のもとで，
$$F'^{\mu\nu} = \partial^\mu A'^\nu - \partial^\nu A'^\mu = \partial^\mu A^\nu - \partial^\nu A^\mu - (\partial^\mu \partial^\nu - \partial^\nu \partial^\mu)f$$
$$= \partial^\mu A^\nu - \partial^\nu A^\mu = F^{\mu\nu} \quad (6.16)$$
のように不変であることが示されます．　■

f をうまく選んで，ゲージ変換 (6.15) を行うと，
$$\partial_\mu A'^\mu = \partial_\mu(A^\mu - \partial^\mu f) = \partial_\mu A^\mu - \Box f = 0 \quad (6.17)$$
のような式変形ができます．つまり，ゲージ対称性を用いることで，$\partial_\mu A^\mu = 0$ を満たすように A^μ を選ぶことができます．具体的には，(6.17) を満たす A'^μ を，改めて A^μ とすればよいです．

106   6. 量子電磁力学

このように，特定の条件式を用いて電磁ポテンシャルの値を特定の値に固定することを**ゲージ固定**といいます．ちなみに，$\partial_\mu A^\mu = 0$ は**ローレンスゲージ（ローレンス条件）**といい，このゲージのもとで，(6.13) は $\Box A^\nu = \mu_0 j^\nu$ となり，方程式が簡単な形になります．

マクスウェル方程式に関する作用積分

マクスウェル方程式 (6.13) を導く作用積分とラグランジアン密度は，

$$S_{\text{EM}} = \frac{1}{c} \int \mathscr{L}_{\text{EM}} \, d^4 x \tag{6.18}$$

$$\mathscr{L}_{\text{EM}} = -\frac{1}{4\mu_0}(\partial_\mu A_\nu - \partial_\nu A_\mu)(\partial^\mu A^\nu - \partial^\nu A^\mu) - A_\mu j^\mu \tag{6.19}$$

で与えられます（添字の EM は Electromagnetic の略）．実際，最小作用の原理から得られる，A_ν に関するオイラー–ラグランジュの方程式

$$\partial_\mu \left(\frac{\partial \mathscr{L}_{\text{EM}}}{\partial(\partial_\mu A_\nu)} \right) - \frac{\partial \mathscr{L}_{\text{EM}}}{\partial A_\nu} = 0 \tag{6.20}$$

に対して，(6.19) で与えられた $\mathscr{L}_{\text{EM}}$ を用いることにより，(6.13) のマクスウェル方程式を導くことができます（Practice [6.2] を参照）．

🌱 6.3 量子電磁力学

電子や陽電子にはたらく電磁相互作用は，どのように記述されるのか？

前節の内容を踏まえて，量子物理学における電磁相互作用の世界に入っていきましょう．まずは，電磁ポテンシャル $A^\mu(x)$ を光子場の演算子 $\widehat{A}^\mu (= \widehat{A}^\mu(x))$ に格上げします．なお，光子はスピン 1 の素粒子で，ボソンです．そして，電荷 q，質量 m をもつディラック粒子 ψ に関する場の演算子 $\widehat{\psi} (= \widehat{\psi}(x))$ を導入します．

ψ がつくる 4 元電流密度演算子 $\widehat{j}^\mu$ は，ψ の粒子数の 4 元的な流れ密度 $(\widehat{J}^\mu/\hbar =) c\widehat{\overline{\psi}}\gamma^\mu\widehat{\psi}$（(4.38) を参照）に電荷 q を掛けたもの $\widehat{j}^\mu = qc\widehat{\overline{\psi}}\gamma^\mu\widehat{\psi}$ と考えられるので，ラグランジアン密度における相互作用の項は，

$$-\widehat{A}_\mu \widehat{j}^\mu = -\widehat{A}_\mu qc\widehat{\overline{\psi}}\gamma^\mu\widehat{\psi} \tag{6.21}$$

となります．

よって，作用積分とラグランジアン密度は，(6.18) と (6.19) を基にして，場を演算子に代えて，ϕ に関する運動項 (4.34) を加えることにより，

$$\hat{S}_{\mathrm{QED}} = \frac{1}{c} \int \hat{\mathscr{L}}_{\mathrm{QED}} \, d^4x \tag{6.22}$$

$$\hat{\mathscr{L}}_{\mathrm{QED}} = c\hat{\bar{\phi}} \left\{ i\hbar\gamma^\mu \left(\partial_\mu + i\frac{q}{\hbar} \hat{A}_\mu \right) - mc \right\} \hat{\phi}$$

$$- \frac{1}{4\mu_0} (\partial_\mu \hat{A}_\nu - \partial_\nu \hat{A}_\mu)(\partial^\mu \hat{A}^\nu - \partial^\nu \hat{A}^\mu) \tag{6.23}$$

と表されます（添字の QED は Quantum electrodynamics の略）．

作用積分 $\hat{S}_{\mathrm{QED}}$ に基づく場の量子論は**量子電磁力学 (QED)** とよばれ，電荷 q を電子の電荷 $-e$ に，質量 m を電子の質量 m_e に置き換えることにより，電子に適用することができます．

作用積分に対して，$\hat{\bar{\phi}} \, (= \hat{\phi}^\dagger \gamma^0)$ に関する変分から，電磁相互作用を含んだディラック方程式

$$\left\{ i\hbar\gamma^\mu \left(\partial_\mu + i\frac{q}{\hbar} \hat{A}_\mu \right) - mc \right\} \hat{\phi} = 0 \tag{6.24}$$

が導かれ，$\hat{A}_\mu$ に関する変分から，マクスウェル方程式

$$\Box \hat{A}^\mu - \partial^\mu \partial_\nu \hat{A}^\nu = \mu_0 cq\hat{\bar{\phi}}\gamma^\mu \hat{\phi} \tag{6.25}$$

が導かれます．

電荷を $q = eQ$ として，$\hbar = 1$，$c = 1$ および $\varepsilon_0 = 1$，$\mu_0 = 1$ とする単位系を用いて (6.23) の $\hat{\mathscr{L}}_{\mathrm{QED}}$ を書き換えてみると，

$$\hat{\mathscr{L}}_{\mathrm{QED}} = \hat{\bar{\phi}} \{ i\gamma^\mu (\partial_\mu + ieQ\hat{A}_\mu) - m \} \hat{\phi}$$

$$- \frac{1}{4} (\partial_\mu \hat{A}_\nu - \partial_\nu \hat{A}_\mu)(\partial^\mu \hat{A}^\nu - \partial^\nu \hat{A}^\mu) \tag{6.26}$$

のような簡潔な式になります．以後，この単位系での表式を用いることにしますが，必要に応じて，$\hbar$ などを復活させます．

相互作用ラグランジアン密度

(6.26) の $\hat{\mathscr{L}}_{\mathrm{QED}}$ から，自由な粒子に関する項

$$\hat{\mathcal{L}}_0 = \bar{\hat{\phi}}(i\gamma^\mu \partial_\mu - m)\hat{\phi} - \frac{1}{4}(\partial_\mu \hat{A}_\nu - \partial_\nu \hat{A}_\mu)(\partial^\mu \hat{A}^\nu - \partial^\nu \hat{A}^\mu) \quad (6.27)$$

を取り除いた残りの項 $-eQ\bar{\hat{\phi}}(x)\gamma^\mu\hat{\phi}(x)\hat{A}_\mu(x)$ が，ディラック粒子と光子の間の相互作用を表す相互作用ラグランジアン密度 $\hat{\mathcal{L}}_{\phi\gamma}(x)$ です．よって，相互作用ハミルトニアン密度は，

$$\hat{\mathcal{H}}_{\phi\gamma}(x) = -\hat{\mathcal{L}}_{\phi\gamma}(x) = eQ\bar{\hat{\phi}}(x)\gamma^\mu\hat{\phi}(x)\hat{A}_\mu(x) \quad (6.28)$$

です[1]．

この $\hat{\mathcal{H}}_{\phi\gamma}(x)$ は図 6.1 のような素過程を表していて，これらが反応過程の基本ブロックとなります．

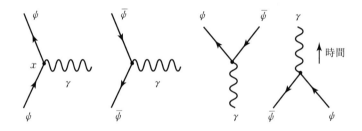

図 6.1 ディラック粒子と光子の相互作用の基本ブロック

図 6.1 において，波線で表される粒子は光子で，矢印付きの実線で表される粒子はディラック粒子 ϕ およびその反粒子 $\bar{\phi}$ です[2]．また，粒子数（ϕ の数 $-\bar{\phi}$ の数）の保存を考慮して，$\bar{\phi}$ の矢印は時間に逆行する向きに付けました．粒子と反粒子で粒子数の値の符号が異なることと，反粒子 $\bar{\phi}$ の矢印の向きが運動量の向きと逆向きであることに注意しましょう．また，図の黒丸は**頂点**（バーテックス）で，相互作用する時空点 x を表します（5.3 節を参照）．

相互作用表示において場の演算子は，運動エネルギーに相当するハミルトン演算子 $\hat{H}_0$ により時間発展するので，自由場として振る舞います．ここで，

---

1) この先，様々な粒子が登場し，いろいろな相互作用を取り扱うことになるので，相互作用ラグランジアン密度や相互作用ハミルトニアン密度を $\hat{\mathcal{L}}_{\text{int}}(x)$ や $\hat{\mathcal{H}}_{\text{int}}(x)$ の代わりに，$\hat{\mathcal{L}}_{\phi\gamma}(x)$ や $\hat{\mathcal{H}}_{\phi\gamma}(x)$ と記しました．
2) $\bar{\phi}$ はディラック粒子 ϕ の反粒子を表しています．ディラック共役 $\bar{\hat{\phi}}$ ($=\hat{\phi}^\dagger\gamma^0$) と混同しないようにしましょう．

自由な電子や光子に関する運動について考えてみましょう.

自由な電子

自由な電子場の演算子 $\hat{\psi}_e$ は $(i\gamma^\mu \partial_\mu - m_e)\hat{\psi}_e = 0$ に従い, その解は

$$\hat{\psi}_e(x) = \int \frac{d^3k}{\sqrt{(2\pi)^3 \cdot 2\omega_k}} \sum_{s=\pm} \{\hat{b}_{es}(\boldsymbol{k})\, u_e(\boldsymbol{k}, s)\, e^{-ikx} + \hat{d}_{es}^\dagger(\boldsymbol{k})\, v_e(\boldsymbol{k}, s)\, e^{ikx}\}$$

(6.29)

で与えられます. ここで, $\omega_k, \boldsymbol{k}$ はそれぞれ角振動数, 波数ベクトルを表し, $k^\mu = (\omega_k, \boldsymbol{k})$ のように4元ベクトルを構成します. そして, 指数関数の肩にある kx は $kx = k^\mu x_\mu = \omega_k t - \boldsymbol{k} \cdot \boldsymbol{x}$ を表します[3). また, $\hat{b}_{es}(\boldsymbol{k}), \hat{d}_{es}^\dagger(\boldsymbol{k})$ はそれぞれ電子の消滅演算子, 陽電子の生成演算子です. s はスピンの状態を表し, ヘリシティが $\pm\hbar/2$ であるような状態を $s = \pm$ と表しました.

さらに, $u_e(\boldsymbol{k}, s), v_e(\boldsymbol{k}, s)$ は, 電子や陽電子のスピンの自由度と関係した**スピノル**（詳しくはディラックスピノル）とよばれる4つの成分をもつ量で,

$$(\not{k} - m_e)\, u_e(\boldsymbol{k}, s) = 0, \qquad (\not{k} + m_e)\, v_e(\boldsymbol{k}, s) = 0 \qquad (6.30)$$

を満たします（Practice [6.3] を参照）. (6.30) において, $\not{k} = \gamma^\mu k_\mu$ です.

自由なディラック粒子 ϕ の場の演算子である $\hat{\phi}$ の解は, (6.29) と (6.30) の $\hat{b}_{es}(\boldsymbol{k}), \hat{d}_{es}^\dagger(\boldsymbol{k}), u_e(\boldsymbol{k}, s), v_e(\boldsymbol{k}, s), m_e$ を, ϕ における対応物 $\hat{b}_{\phi s}(\boldsymbol{k}), \hat{d}_{\phi s}^\dagger(\boldsymbol{k}), u_\phi(\boldsymbol{k}, s), v_\phi(\boldsymbol{k}, s), m_\phi$ に変えることにより得られます.

自由な光子

ローレンスゲージ $\partial_\mu \widehat{A}^\mu = 0$ のもとで, 自由な光子場の演算子 $\widehat{A}^\mu$ は $\Box \widehat{A}^\mu = 0$ に従い, その解は

$$\widehat{A}^\mu(x) = \int \frac{d^3k}{\sqrt{(2\pi)^3 \cdot 2\omega_k}} \sum_{\lambda=0}^{3} \{\hat{a}_\lambda(\boldsymbol{k})\, \epsilon^\mu(\boldsymbol{k}, \lambda)\, e^{-ikx} + \hat{a}_\lambda^\dagger(\boldsymbol{k})\, \epsilon^{\mu*}(\boldsymbol{k}, \lambda)\, e^{ikx}\}$$

(6.31)

で与えられます. ここで, $\omega_k, \boldsymbol{k}$ はそれぞれ角振動数, 波数ベクトルを表し, $kx = k^\mu x_\mu = \omega_k t - \boldsymbol{k} \cdot \boldsymbol{x}$ です. また, $\hat{a}_\lambda^\dagger(\boldsymbol{k}), \hat{a}_\lambda(\boldsymbol{k})$ はそれぞれ光子の生成, 消滅演算子で, λ は**偏極**とよばれる振動方向の偏りを表す量です. そして, $\epsilon^\mu(\boldsymbol{k}, \lambda)$ は偏極で区別される4個のベクトルで, $\partial_\mu \widehat{A}^\mu = 0$ および $\partial_\mu e^{\mp ikx} =$

---

3) k^μ に $\hbar$ を掛けた量は4元運動量なので, k^μ を4元運動量とよんだり, 4元運動量として扱ったりすることがありますので, 注意してください.

$\mp ik_\mu e^{\mp ikx}$ より $k_\mu \epsilon^\mu(\boldsymbol{k}, \lambda) = 0$ や $k_\mu \epsilon^{\mu *}(\boldsymbol{k}, \lambda) = 0$ が成り立ちます.

さらに, 4 元運動量は $p^\mu = \hbar k^\mu$ と表され, 光子は質量がゼロの粒子なので, 4 元運動量の関係式は $p_\mu p^\mu = 0$ となります. これより $k_\mu k^\mu = \omega_k^2 - |\boldsymbol{k}|^2 = 0$, つまり, $\omega_k = |\boldsymbol{k}|$ が成り立ちます.

数種類のディラック粒子

電荷 $q = eQ$ をもつ数種類のディラック粒子 ψ_k $(k = 1, 2, \cdots)$ が存在する粒子系について, ラグランジアン密度 $\widehat{\mathcal{L}}_{\text{QED}}$ および相互作用ハミルトニアン密度 $\widehat{\mathcal{H}}_{\psi\gamma}$ を

$$\widehat{\mathcal{L}}_{\text{QED}} = \sum_k \bar{\widehat{\psi}}_k [i\gamma^\mu \{\partial_\mu + ieQ(\psi_k)\widehat{A}_\mu\} - m_k] \widehat{\psi}_k$$
$$- \frac{1}{4}(\partial_\mu \widehat{A}_\nu - \partial_\nu \widehat{A}_\mu)(\partial^\mu \widehat{A}^\nu - \partial^\nu \widehat{A}^\mu) \tag{6.32}$$

$$\widehat{\mathcal{H}}_{\psi\gamma} = \sum_k eQ(\psi_k)\bar{\widehat{\psi}}_k \gamma^\mu \widehat{\psi}_k \widehat{A}_\mu \tag{6.33}$$

のように書き下すことができます. ここで, $Q(\psi_k), m_k, \widehat{\psi}_k$ はそれぞれ ψ_k の電荷, 質量, 場の演算子です.

🌱 6.4 量子電磁力学の検証

量子電磁力学は, どのように検証されるのか?

電磁相互作用に関する物理量は極めて精密に測定できるので, 観測値と比較するためには, 理論値をできる限り正確に求める計算の枠組みが必要となります.

崩壊定数や散乱断面積などの物理量を求める手段として, ファインマン・ダイアグラムを併用しながら系統立てて計算するための洗練された規則である, **ファインマン則**とよばれるものがあります. これは, 与えられたラグランジアン密度に対して, ファインマン・ダイアグラムの**外線**, **内線**および頂点にどのような量を対応させるかを含む一連の計算規則のことです. ここで, 外線とは 1 つの頂点から外に伸びた線のことで, 内線とは 2 つの頂点を結ぶ線のことです. 内線は, **仮想粒子**とよばれる 4 元運動量の関係式 $p_\mu p^\mu = m^2$ に従わない粒子の伝播を表します.

6.4 量子電磁力学の検証 **111**

▶ **量子電磁力学におけるファインマン則**[4]：次の対応関係（⇔ の左側が右側の関数や数式に対応）や「フェルミオンの入れ替えにより得られる過程には，フェルミ－ディラック統計を考慮して，その遷移振幅に相対的に -1 を掛ける」といった規則のことです．

• 電子の外線　⇔　電子の波動関数

$$\frac{1}{\sqrt{(2\pi)^3 \cdot 2\omega_k}} u_{\mathrm{e}}(\boldsymbol{k}, s)\, e^{-ikx}, \qquad \frac{1}{\sqrt{(2\pi)^3 \cdot 2\omega_k}} \bar{u}_{\mathrm{e}}(\boldsymbol{k}, s)\, e^{ikx} \qquad (6.34)$$

• 陽電子の外線　⇔　陽電子の波動関数

$$\frac{1}{\sqrt{(2\pi)^3 \cdot 2\omega_k}} v_{\mathrm{e}}(\boldsymbol{k}, s)\, e^{ikx}, \qquad \frac{1}{\sqrt{(2\pi)^3 \cdot 2\omega_k}} \bar{v}_{\mathrm{e}}(\boldsymbol{k}, s)\, e^{-ikx} \qquad (6.35)$$

• 電子（陽電子）の内線　⇔　電子（陽電子）の**伝播関数（伝搬関数）**

$$\langle 0 | \mathrm{T}(\hat{\phi}(x)\, \bar{\hat{\phi}}(y)) | 0 \rangle = \int_{-\infty}^{\infty} \frac{d^4k}{(2\pi)^4} \frac{i}{\slashed{k} - m_{\mathrm{e}} + i\varepsilon} e^{-ik(x-y)}$$

$$= \int_{-\infty}^{\infty} \frac{d^4k}{(2\pi)^4} \frac{i(\slashed{k} + m_{\mathrm{e}})}{k^2 - m_{\mathrm{e}}^2 + i\varepsilon} e^{-ik(x-y)} \qquad (6.36)$$

• 光子の外線　⇔　光子の波動関数

$$\frac{1}{\sqrt{(2\pi)^3 \cdot 2\omega_k}} \epsilon^{\mu}(\boldsymbol{k}, \lambda)\, e^{-ikx}, \qquad \frac{1}{\sqrt{(2\pi)^3 \cdot 2\omega_k}} \epsilon^{\mu*}(\boldsymbol{k}, \lambda)\, e^{ikx} \qquad (6.37)$$

• 光子の内線　⇔　光子の伝播関数

$$\langle 0 | \mathrm{T}(\hat{A}_{\mu}(x)\, \hat{A}_{\nu}(y)) | 0 \rangle = \int_{-\infty}^{\infty} \frac{d^4k}{(2\pi)^4} \frac{-i\eta_{\mu\nu}}{k^2 + i\varepsilon} e^{-ik(x-y)} \qquad (6.38)$$

• 頂点　⇔　$ie\gamma^{\mu} \int_{-\infty}^{\infty} d^4x$

以上の対応関係において，ε は正の無限小量を表します．また，$\bar{u}_{\mathrm{e}}(\boldsymbol{k}, s) = u_{\mathrm{e}}^{\dagger}(\boldsymbol{k}, s)\gamma^0,\ \bar{v}_{\mathrm{e}}(\boldsymbol{k}, s) = v_{\mathrm{e}}^{\dagger}(\boldsymbol{k}, s)\gamma^0$ で，

$$\bar{u}_{\mathrm{e}}(\boldsymbol{k}, s)(\slashed{k} - m_{\mathrm{e}}) = 0, \qquad \bar{v}_{\mathrm{e}}(\boldsymbol{k}, s)(\slashed{k} + m_{\mathrm{e}}) = 0 \qquad (6.39)$$

を満たします．そして，光子の伝播関数については，ゲージ固定条件として $\partial_{\mu}\hat{A}^{\mu} = 0$ を選びました．さらに，頂点は電子と光子の間の相互作用に関するものです．

---

4)　テキストにより，因子などが異なることがあるので使用する際には注意しましょう.

112 6. 量子電磁力学

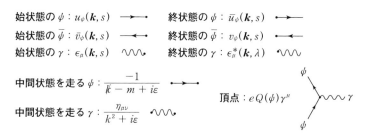

図 6.2 簡略化されたファインマン則

図 6.2 は，外線，内線，頂点に関する規則とファインマン・ダイアグラムでの表記を簡略化した形で表したもので，一般性をもたせるために，電子の代わりにディラック粒子 ϕ を用いました．

6.4.1 電子と陽電子の対消滅による粒子と反粒子の生成過程

具体的な反応過程を通して，ファインマン則の有効性を感じとってみましょう．ここでは，図 6.3 (a) のようなファインマン・ダイアグラムで表される，電子（e$^-$）と陽電子（e$^+$）が対消滅して電荷 $Q(\phi)$ をもつディラック粒子 ϕ と，その反粒子 $\bar{\phi}$ が生成される過程 e$^-$ + e$^+$ → ϕ + $\bar{\phi}$ について考えてみましょう．

この反応過程は図 6.1 の 2 つの基本ブロック（図 6.1 の 3 番目と 4 番目）

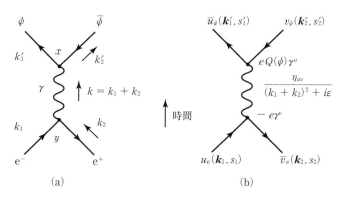

図 6.3 e$^-$ + e$^+$ → ϕ + $\bar{\phi}$

の素過程を使って得られます．始状態は $|\mathrm{i}\rangle = \hat{b}^{\dagger}_{\mathrm{e}s_1}(\boldsymbol{k}_1)\,\hat{d}^{\dagger}_{\mathrm{e}s_2}(\boldsymbol{k}_2)|0\rangle$ で，終状態は $|\mathrm{f}\rangle = \hat{b}^{\dagger}_{\phi s_1'}(\boldsymbol{k}_1')\,\hat{d}^{\dagger}_{\phi s_2'}(\boldsymbol{k}_2')|0\rangle$ です．摂動論に基づくと，この反応過程の遷移振幅は，

$$
\begin{aligned}
S_{\mathrm{fi}} &= \frac{(-i)^2}{2!}\int_{-\infty}^{\infty}d^4x\int_{-\infty}^{\infty}d^4y\,\langle \mathrm{f}|\,\mathrm{T}(\widehat{\mathscr{H}}_{\phi\gamma}(x)\,\widehat{\mathscr{H}}_{\phi\gamma}(y))|\mathrm{i}\rangle \\
&= -\int_{-\infty}^{\infty}d^4x\int_{-\infty}^{\infty}d^4y\,e\,Q(\phi)\,\overline{u}_{\phi(k_1',s_1')}(x)\,\gamma^{\mu}\,v_{\phi(k_2',s_2')}(x) \\
&\quad \times\,\langle 0|\,\mathrm{T}(\widehat{A}_{\mu}(x)\,\widehat{A}_{\nu}(y))|0\rangle\,e\,\overline{v}_{\mathrm{e}(k_2,s_2)}(y)\,\gamma^{\nu}\,u_{\mathrm{e}(k_1,s_1)}(y) \\
&= \int_{-\infty}^{\infty}d^4x\int_{-\infty}^{\infty}d^4y\,\frac{1}{\sqrt{(2\pi)^3\cdot 2\omega_{k_1'}}}\,\frac{1}{\sqrt{(2\pi)^3\cdot 2\omega_{k_2'}}}\,\frac{1}{\sqrt{(2\pi)^3\cdot 2\omega_{k_2}}} \\
&\quad \times\,\frac{1}{\sqrt{(2\pi)^3\cdot 2\omega_{k_1}}}\,e^{ik_1'x}e^{ik_2'x}e^{-ik_2y}e^{-ik_1y}\,\overline{u}_{\phi}(\boldsymbol{k}_1',s_1')\,e\,Q(\phi)\,\gamma^{\mu}\,v_{\phi}(\boldsymbol{k}_2',s_2') \\
&\quad \times\,\int_{-\infty}^{\infty}\frac{d^4k}{(2\pi)^4}\,\frac{-i\eta_{\mu\nu}}{k^2+i\varepsilon}\,e^{-ik(x-y)}\,\overline{v}_{\mathrm{e}}(\boldsymbol{k}_2,s_2)\,(-e\gamma^{\nu})\,u_{\mathrm{e}}(\boldsymbol{k}_1,s_1) \quad (6.40)
\end{aligned}
$$

のように表されます．ここで，$\overline{u}_{\phi(k,s)}(x),\,v_{\phi(k,s)}(x),\,u_{\mathrm{e}(k,s)}(x),\,\overline{v}_{\mathrm{e}(k,s)}(x)$ はそれぞれ運動量 $\hbar\boldsymbol{k}$，スピン状態 s をもつ自由な $\phi,\overline{\phi},\mathrm{e}^-,\mathrm{e}^+$ に関する波動関数で，

$$
\overline{u}_{\phi(k,s)}(x) = \frac{1}{\sqrt{(2\pi)^3\cdot 2\omega_k}}\,\overline{u}_{\phi}(\boldsymbol{k},s)\,e^{ikx} \tag{6.41}
$$

$$
v_{\phi(k,s)}(x) = \frac{1}{\sqrt{(2\pi)^3\cdot 2\omega_k}}\,v_{\phi}(\boldsymbol{k},s)\,e^{ikx} \tag{6.42}
$$

$$
u_{\mathrm{e}(k,s)}(x) = \frac{1}{\sqrt{(2\pi)^3\cdot 2\omega_k}}\,u_{\mathrm{e}}(\boldsymbol{k},s)\,e^{-ikx} \tag{6.43}
$$

$$
\overline{v}_{\mathrm{e}(k,s)}(x) = \frac{1}{\sqrt{(2\pi)^3\cdot 2\omega_k}}\,\overline{v}_{\mathrm{e}}(\boldsymbol{k},s)\,e^{-ikx} \tag{6.44}
$$

のように表されます．

さらに，(6.40) で 4 次元座標 x と y に関する積分を実行することにより，

$$
S_{\mathrm{fi}} = -i\,\frac{1}{\sqrt{(2\pi)^3\cdot 2\omega_{k_1'}}}\,\frac{1}{\sqrt{(2\pi)^3\cdot 2\omega_{k_2'}}}\,\frac{1}{\sqrt{(2\pi)^3\cdot 2\omega_{k_2}}}\,\frac{1}{\sqrt{(2\pi)^3\cdot 2\omega_{k_1}}}
$$

$$\times \, \overline{u}_\phi(\boldsymbol{k}_1', s_1') \, e \, Q(\phi) \, \gamma^\mu v_\phi(\boldsymbol{k}_2', s_2') \, \frac{\eta_{\mu\nu}}{(k_1 + k_2)^2 + i\varepsilon}$$

$$\times \, \overline{v}_\mathrm{e}(\boldsymbol{k}_2, s_2) \, (-e\gamma^\nu) \, u_\mathrm{e}(\boldsymbol{k}_1, s_1) \, (2\pi)^4 \, \delta^4(k_1' + k_2' - k_1 - k_2) \tag{6.45}$$

が導かれます.

遷移振幅 (6.45) と図 6.3 (a) を見比べてみると,規格化因子や 4 元運動量の保存を表すディラックの δ 関数などを除き,図 6.2 のファインマン則に基づいて,図 6.3 (b) のように波動関数,伝播関数,頂点に関する因子がうまく割り当てられていることがわかります.

さらに少し面倒な計算を行うことにより,反応の全断面積が,

$$\overline{\sigma}(\mathrm{e}^- + \mathrm{e}^+ \to \phi + \overline{\phi}) = \frac{4\pi Q(\phi)^2 \alpha^2}{3s} \tag{6.46}$$

のように求まります[5].ここで $\overline{\sigma}$ の上線は,始状態のスピン状態は未知であるとして平均をとり,終状態のスピン状態に関しては,あらゆる可能性を考慮に入れて和をとっていることを表しています.

また,$\alpha \equiv e^2/4\pi = 1/137$,$s$ は**マンデルスタム変数**とよばれる変数の 1 つで,$s \equiv (k_1 + k_2)^2$ で定義されます.同じ質量をもつ 2 粒子系において,重心系では $k_1^\mu = (E, \boldsymbol{p})$,$k_2^\mu = (E, -\boldsymbol{p})$ なので,

$$s = (k_1^0 + k_2^0)^2 - (\boldsymbol{k}_1 + \boldsymbol{k}_2)^2 = (E + E)^2 = 4E^2 \tag{6.47}$$

となり,(6.46) の全断面積が E の 2 乗に反比例して減少することがわかります.このような特徴は実験で確かめられていて,$\sqrt{s} = 1\,\mathrm{GeV}$ で,$\overline{\sigma} \simeq 10^{-35}\,\mathrm{m}^2 = 0.1\,\mathrm{\mu b}$ と評価されます.

なお,(6.46) を用いると,**ドレル比**とよばれる物理量が理論的に求められ,新粒子の発見に際して重要な役割を演じます(9.3 節を参照).

6.4.2 電子と陽子の散乱過程

次に,図 6.4 のようなファインマン・ダイアグラムで表される,電子(e^-)と陽子(p)の散乱過程について考えてみましょう.この反応過程は,図 6.1

---

5) より詳しいことを知りたい方は,「場の量子論」のテキストなどを参照してください.

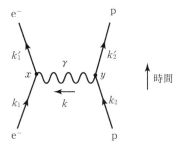

図 6.4 $e^- + p \to e^- + p$

の1番目の基本ブロックを2個使って得られるものです．始状態 $|i\rangle = \hat{b}^\dagger_{es_1}(\boldsymbol{k}_1)\hat{b}^\dagger_{ps_2}(\boldsymbol{k}_2)|0\rangle$ と終状態 $|f\rangle = \hat{b}^\dagger_{es'_1}(\boldsymbol{k}'_1)\hat{b}^\dagger_{ps'_2}(\boldsymbol{k}'_2)|0\rangle$ は共に，電子と陽子が1個ずつ存在する状態です．

この散乱過程の遷移振幅は，摂動の最低次で，

$$S_{\rm fi} = \int_{-\infty}^{\infty} d^4x \int_{-\infty}^{\infty} d^4y \, e\, \overline{u}_{e(k'_1, s'_1)}(x)\, \gamma^\mu\, u_{e(k_1, s_1)}(x)$$
$$\times \langle 0|{\rm T}(\widehat{A}_\mu(x)\widehat{A}_\nu(y))|0\rangle\, e\, \overline{u}_{p(k'_2, s'_2)}(y)\, \gamma^\nu\, u_{p(k_2, s_2)}(y) \quad (6.48)$$

のように表されます．

クーロンポテンシャル

非相対論的極限で，電子と陽子の間にクーロンポテンシャルが発生することを見ましょう．具体的には，非相対論的極限で，遷移振幅 (6.48) が**ボルン近似**（始状態と終状態の電子の波動関数として，平面波解を用いた近似）のもとでの遷移振幅

$$S_{\rm fi} = -i \int_{-\infty}^{\infty} d^4x \, u^\dagger_{e(k'_1, s'_1)}(x)\, V(\boldsymbol{x})\, u_{e(k_1, s_1)}(x) \quad (6.49)$$

に帰着するという特徴を用いると，ポテンシャル $V(\boldsymbol{x})$ が**クーロンポテンシャル**

$$V_{\rm C}(\boldsymbol{x}) = -\frac{e^2}{4\pi}\frac{1}{|\boldsymbol{x}|} \quad (6.50)$$

に一致することがわかります（次の Exercise 6.4 を参照）．

116   6. 量子電磁力学

🔑 Exercise 6.4

非相対論的極限で，遷移振幅 (6.48) が (6.49) に帰着することから，クーロンポテンシャル (6.50) を導きなさい．

Coaching　陽子は点電荷で，エネルギーを一定に保ちながら $(k_2'^0 = k_2^0)$，原点に静止しているとします．このとき，

$$\overline{u}_{p(k_2', s_2')}(y)\,\gamma^0 u_{p(k_2, s_2)}(y) = \delta^3(\boldsymbol{y}) \quad (\delta^3(\boldsymbol{y}) : \text{ディラックの}\delta\text{関数}) \quad (6.51)$$

$$\overline{u}_{p(k_2', s_2')}(y)\,\gamma^i u_{p(k_2, s_2)}(y) = 0 \quad (i = 1, 2, 3) \quad (6.52)$$

となり，(6.48) の遷移振幅は，

$$\begin{aligned}
S_{\mathrm{fi}} &= \int_{-\infty}^{\infty} d^4x \int_{-\infty}^{\infty} dy^0 \int_{-\infty}^{\infty} d^3y\, e\,\overline{u}_{e(k_1', s_1')}(x)\,\gamma^0 u_{e(k_1, s_1)}(x) \\
&\quad \times \int_{-\infty}^{\infty} \frac{dk^0}{2\pi} \int_{-\infty}^{\infty} \frac{d^3k}{(2\pi)^3} \frac{-i\eta_{00}}{k^2 + i\varepsilon} e^{-ik^0(x^0 - y^0)} e^{i\boldsymbol{k}\cdot(\boldsymbol{x} - \boldsymbol{y})} e\,\delta^3(\boldsymbol{y}) \\
&= \int_{-\infty}^{\infty} d^4x\, u_{e(k_1', s_1')}^{\dagger}(x)\, u_{e(k_1, s_1)}(x) \int_{-\infty}^{\infty} \frac{d^3k}{(2\pi)^3} \frac{ie^2}{|\boldsymbol{k}|^2 - i\varepsilon} e^{i\boldsymbol{k}\cdot\boldsymbol{x}} \quad (6.53)
\end{aligned}$$

のようになります．ここで，$\overline{u}_{e(k_1', s_1')}\gamma^0 u_{e(k_1, s_1)} = u_{e(k_1', s_1')}^{\dagger}(\gamma^0)^2 u_{e(k_1, s_1)} = u_{e(k_1', s_1')}^{\dagger} u_{e(k_1, s_1)}$ を用いました．また，$\boldsymbol{y}$ に関する積分を行い，$\boldsymbol{y} = \boldsymbol{0}$ としました．そして，y^0 に関する積分にともなって生じた $\delta(k^0)$ のもとで，k^0 に関する積分を行い，$k^0 = 0$ としました．

さらに，フーリエ解析に関する公式

$$\int_{-\infty}^{\infty} \frac{d^3k}{(2\pi)^3} \frac{1}{|\boldsymbol{k}|^2 - i\varepsilon} e^{i\boldsymbol{k}\cdot\boldsymbol{x}} = \frac{1}{4\pi|\boldsymbol{x}|} \quad (6.54)$$

を用いると，(6.53) から

$$S_{\mathrm{fi}} = i\int_{-\infty}^{\infty} d^4x\, u_{e(k_1', s_1')}^{\dagger}(x)\,\frac{e^2}{4\pi|\boldsymbol{x}|}\, u_{e(k_1, s_1)}(x) \quad (6.55)$$

が得られます．この遷移振幅 (6.55) が (6.49) と一致するとして両者を比較すると，クーロンポテンシャル (6.50) が導かれます．

このようにして，光子の伝播関数がクーロンポテンシャルの起源であることがわかりました．　　　　　　　　　　　　　　　　　　　　　　　　　　　　▨

🌱 6.5　量子補正

電磁相互作用による量子補正は，どのように計算されるのか？

前節のような計算で得られた理論値は，摂動の最低次のもので，物理量を

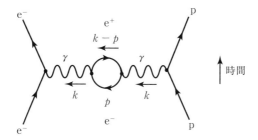

図 6.5　真空偏極による量子補正

観測値と比較するためには，摂動の高次の効果を計算する必要があります．ここでは，6.4.2 項の電子と陽子から成る粒子系を例にとって，**量子補正**について解説します．

例えば，量子補正として，図 6.1 の基本ブロックを 4 個使った図 6.5 のような散乱過程を，図 6.4 の過程に加えると，ポテンシャルが修正されます．この量子補正は，仮想粒子の状態にある光子が伝播する間に，共に仮想粒子の状態にある電子と陽電子の対生成と対消滅が起こるという過程で，**真空偏極**とよばれています．そして，遷移振幅に

$$I(k^2) = \frac{e^2}{12\pi^2} \int_{m_e^2}^{\infty} \frac{dp^2}{p^2} - \frac{e^2}{2\pi^2} \int_0^1 dz\,(1-z)z \ln\left\{1 - \frac{k^2(1-z)z}{m_e^2}\right\} \tag{6.56}$$

のような因子を含みます．ここで，k は光子の 4 元運動量で，$k^0 = 0$, $k^2 = -|\boldsymbol{k}|^2\,(\neq 0)$ が成り立ち，光子は仮想粒子の状態です．

また，p は仮想粒子の状態の電子の 4 元運動量で，不確定性原理に基づき，いくらでも大きなエネルギーをもつ状態を取り得るので，(6.56) の右辺の第 1 項は，

$$\frac{e^2}{12\pi^2} \int_{m_e^2}^{\infty} \frac{dp^2}{p^2} = \frac{e^2}{12\pi^2}[\ln p^2]_{m_e^2}^{\infty} = \frac{e^2}{12\pi^2} \ln \frac{\infty}{m_e^2} \tag{6.57}$$

のように，対数的に発散します．

一般に，量子補正においては，図 6.5 のように**ループ**とよばれる閉じた経

路を含む反応過程が現れ，そのループを走る粒子の高い振動数（高エネルギー）の状態からの寄与により，遷移振幅の積分値が**紫外発散**とよばれる無限大の値になります．そのため，物理的に意味のある有限な値を得るためには，その発散をうまく処理する必要があります．

ここでは，(6.57) の積分区間の上限をある有限な値 Λ^2 に置き換えることにより，積分値を有限にしましょう．このように，発散を何らかの方法で有限にする手続きは**正則化**とよばれ，このために導入される Λ のような変数を**切断パラメータ**といいます．

この正則化によって，例えば $-k^2 = |\boldsymbol{k}|^2 \ll m_e^2$ $(k_0 = 0)$ であるような低エネルギー領域では，遷移振幅に含まれる因子 $I(k^2)$ は

$$I(k^2) = \frac{e^2}{12\pi^2}\ln\frac{\Lambda^2}{m_e^2} - \frac{e^2}{60\pi^2}\frac{|\boldsymbol{k}|^2}{m_e^2} \tag{6.58}$$

となります．

 Training 6.2

$-k^2 = |\boldsymbol{k}|^2 \ll m_e^2$ $(k_0 = 0)$ のもとで，(6.56) の右辺の第 2 項を積分して，(6.58) の右辺の第 2 項のようになることを確かめなさい．

このように真空偏極により，前節で求めた遷移振幅から光子の伝播関数が補正されて，(6.53) の中の $\dfrac{ie^2}{|\boldsymbol{k}|^2 - i\varepsilon}$ が $\dfrac{ie^2}{|\boldsymbol{k}|^2 - i\varepsilon}\{1 - I(k^2)\}$ に，つまり，$\boldsymbol{k}$ に関する積分が

$$\int_{-\infty}^{\infty}\frac{d^3k}{(2\pi)^3}\frac{ie^2}{|\boldsymbol{k}|^2 - i\varepsilon}\left(1 - \frac{e^2}{12\pi^2}\ln\frac{\Lambda^2}{m_e^2} + \frac{e^2}{60\pi^2}\frac{|\boldsymbol{k}|^2}{m_e^2}\right)e^{i\boldsymbol{k}\cdot\boldsymbol{x}} \tag{6.59}$$

に変わります．

さらに，素電荷 e を

$$e_R^2 \equiv e^2\left(1 - \frac{e^2}{12\pi^2}\ln\frac{\Lambda^2}{m_e^2}\right) \tag{6.60}$$

のように再定義し，e_R が観測される素電荷であるとします（添字の R は Renormalized の略）．このとき，(6.59) の被積分関数に現れる次の因子は，

$$\frac{e^2}{|\boldsymbol{k}|^2 - i\varepsilon}\left(1 - \frac{e^2}{12\pi^2}\ln\frac{\Lambda^2}{m_{\mathrm{e}}^2} + \frac{e^2}{60\pi^2}\frac{|\boldsymbol{k}|^2}{m_{\mathrm{e}}^2}\right)$$

$$= \frac{e_{\mathrm{R}}^2}{|\boldsymbol{k}|^2 - i\varepsilon}\left\{1 + \frac{e_{\mathrm{R}}^2}{60\pi^2}\frac{|\boldsymbol{k}|^2}{m_{\mathrm{e}}^2} + O(e_{\mathrm{R}}^4)\right\}$$

$$= \frac{e_{\mathrm{R}}^2}{|\boldsymbol{k}|^2 - i\varepsilon} + \frac{e_{\mathrm{R}}^4}{60\pi^2 m_{\mathrm{e}}^2} + O(e_{\mathrm{R}}^6) \tag{6.61}$$

のように変形されて，見かけ上，切断パラメータ Λ を消去することができます．ここで，この式変形において，摂動論の有効性を仮定して，$\frac{e^2}{12\pi^2}\ln\frac{\Lambda^2}{m_{\mathrm{e}}^2}$ ≪ 1 としました．また，$O(e_{\mathrm{R}}^n)$ は e_{R} の n 次以上の項を表します．こうして再定義された e_{R} を**くりこまれた電荷**といいます．

このように量子補正を取り込んで，結合定数や質量などを観測値に置き換えて再定義することを**くりこみ**といい，くりこみを用いて有限な物理量を導き出す理論形式を**くりこみ理論**といいます．

くりこみ理論による (6.61) を用いると，遷移振幅 (6.53) は

$$S_{\mathrm{fi}} = \int_{-\infty}^{\infty} d^4x \, u_{\mathrm{e}(k_1', s_1')}^{\dagger}(x) \, u_{\mathrm{e}(k_1, s_1)}(x)$$

$$\times \int_{-\infty}^{\infty}\frac{d^3k}{(2\pi)^3}\left\{\frac{ie_{\mathrm{R}}^2}{|\boldsymbol{k}|^2 - i\varepsilon} + \frac{ie_{\mathrm{R}}^4}{60\pi^2 m_{\mathrm{e}}^2} + O(e_{\mathrm{R}}^6)\right\}e^{ik\cdot x} \tag{6.62}$$

のように修正され，$\boldsymbol{k}$ に関する積分を行うことにより，

$$S_{\mathrm{fi}} = i\int_{-\infty}^{\infty} d^4x \, u_{\mathrm{e}(k_1', s_1')}^{\dagger}(x)$$

$$\times \left\{\frac{e_{\mathrm{R}}^2}{4\pi|\boldsymbol{x}|} + \frac{e_{\mathrm{R}}^4}{60\pi^2 m_{\mathrm{e}}^2}\delta^3(\boldsymbol{x})\right\}u_{\mathrm{e}(k_1, s_1)}(x) \tag{6.63}$$

が得られます．ここで，$O(e_{\mathrm{R}}^6)$ は省略しました．

よって，真空偏極による量子補正が加わったポテンシャルとして，

$$V(\boldsymbol{x}) = -\frac{e_{\mathrm{R}}^2}{4\pi|\boldsymbol{x}|} - \frac{e_{\mathrm{R}}^4}{60\pi^2 m_{\mathrm{e}}^2}\delta^3(\boldsymbol{x}) \tag{6.64}$$

が導かれます．右辺の第 2 項がクーロンポテンシャルからのずれを表し，電子軌道（電子の状態）の違いに応じて，水素原子のエネルギースペクトルに

対する補正を与えます.

実際，他の様々な補正も考慮に入れて，くりこみ理論による理論値が得られています．そして，水素原子における**ラムシフト**とよばれる，$2S_{1/2}$ の状態と $2P_{1/2}$ の状態のエネルギースペクトルの差が，11桁の精度で検証されています．

6.6 くりこみ

量子電磁力学の量子補正は，次の3つのタイプに分類することができます．
- 真空偏極とよばれる光子の伝播関数に対する補正
- 電子の**自己エネルギー**とよばれる電子の伝播関数に対する補正
- 頂点に対する補正

1ループの量子補正に対応するファインマン・ダイアグラムは，それぞれ図 6.6 (a), (b), (c) となります．ちなみに，**ウォード－高橋の恒等式**とよばれる，ゲージ対称性に起因する関係式が存在して，頂点に現れる発散と電子の自己エネルギーに現れる発散の間に関係が付きます．

1ループの量子補正に現れる発散は，前節で述べたような正則化の手続きを経て，光子の波動関数，電荷，電子の波動関数，電子の質量にくりこむことにより取り除かれます．さらに，このような手続きを摂動の各次数で行うことにより，量子電磁力学に現れる発散をすべて取り除くことができます．

このように，すべての発散を有限個のパラメータや波動関数にくりこむこ

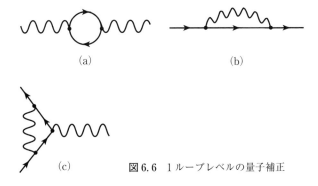

図 6.6　1ループレベルの量子補正

とができる理論は，**くりこみ可能な理論**とよばれ，高い予言能力を兼ね備えています．

　量子電磁力学は予言能力が高く，なおかつ精密実験により実証された理論です．くりこみ可能な理論においては，一般に，異なるファインマン・ダイアグラムの間で，発散に関して絶妙な相殺が起こっていて，その背後に対称性が潜んでいます．量子電磁力学の場合は，ゲージ対称性が潜んでいることを頭の片隅にとどめておいてください．

☕ Coffee Break

発散の困難を巡って

　場の量子論には，「量子補正を計算すると，一般に無限大の値が生じる」という，発散の困難とよばれる問題が内在しています．この困難を巡って，様々な研究（例えば，坂田昌一（S. Sakata, 1911 - 1970）らによる紫外発散を相殺するはたらきをする粒子（C 中間子）の導入など）がなされ，朝永振一郎（S. Tomonaga, 1906 - 1979），シュウィンガー（J. Schwinger, 1918 - 1994），ファインマン（R. Feynman, 1918 - 1988），ダイソン（F. Dyson, 1923 - 2020）により「くりこみ理論」という形で実を結びました．

　くりこみ可能な理論は予言能力が高いため，くりこみ可能性を原理として素粒子現象を記述する模型の構築がなされましたが，当初は，くりこみ理論は "放棄の原理" に基づくあきらめの理論と考えられていたようです．

　その空気を一変させたのは，ウィルソン（K. Wilson, 1936 - 2013）による，くりこみ群の理論です．具体的には，「くりこみ群方程式に基づいて，結合定数や質量などの理論に含まれるパラメータがエネルギーと共に変化し，低エネルギー（赤外領域）ではくりこみ可能な理論が支配的になる．つまり，くりこみ可能性は原理ではなくて，帰結である．」という考え方が浸透し，標準模型も有効理論に過ぎないという認識が広がりました．理論に潜む困難は，時として宝の山になるかもしれませんね．

122   6. 量子電磁力学

📖 本章のPoint

▶ **マクスウェル方程式**：電磁ポテンシャル $A^\mu = (\phi_E/c, \boldsymbol{A})$ を用いて，磁束密度，電場はそれぞれ $\boldsymbol{B} = \nabla \times \boldsymbol{A}$, $\boldsymbol{E} = -\dfrac{\partial \boldsymbol{A}}{\partial t} - \nabla \phi_E$ と表される．このとき，$F^{\mu\nu} = \partial^\mu A^\nu - \partial^\nu A^\mu$ を用いて，真空中のマクスウェル方程式は $\partial_\mu F^{\mu\nu} = \mu_0 j^\nu$ と表される．ここで，j^ν は 4 元電流密度である．

▶ **ゲージ対称性**：ゲージ変換 $A'^\mu = A^\mu - \partial^\mu f$（$f$ は時空座標を変数にもつ積分可能な任意の実関数）のもとで，物理系が不変に保たれる性質のことで，ゲージ変換のもとで，$F^{\mu\nu}$，つまり，$\boldsymbol{E}$ や $\boldsymbol{B}$ は不変である．

▶ **量子電磁力学**：荷電粒子の間で光子をやりとりすると考えることで電磁相互作用がはたらく様子を記述する場の量子論で，ラグランジアン密度は

$$\widehat{\mathcal{L}}_{QED} = \overline{\widehat{\psi}} \{ i\gamma^\mu (\partial_\mu + ieQ\widehat{A}_\mu) - m \} \widehat{\psi}$$
$$- \frac{1}{4} (\partial_\mu \widehat{A}_\nu - \partial_\nu \widehat{A}_\mu)(\partial^\mu \widehat{A}^\nu - \partial^\nu \widehat{A}^\mu)$$

で与えられる．

▶ **ディラック場の方程式**：電荷 $q\,(=eQ)$，質量 m をもつディラック場の演算子に関する相対論的波動方程式（ディラック方程式）で，次式で表される．

$$\left\{ i\hbar\gamma^\mu \left(\partial_\mu + i\frac{q}{\hbar}\widehat{A}_\mu \right) - mc \right\} \widehat{\psi} = 0$$

▶ **光子場の方程式**：電荷 $q\,(=eQ)$ をもつディラック粒子の 4 元電流密度演算子 $\widehat{j}^\mu = qc\overline{\widehat{\psi}}\gamma^\mu \widehat{\psi}$ を源泉とする，光子場の演算子に関する相対論的波動方程式（マクスウェル方程式）で，次式で表される．

$$\Box \widehat{A}^\mu - \partial^\mu \partial_\nu \widehat{A}^\nu = \mu_0 qc\overline{\widehat{\psi}}\gamma^\mu \widehat{\psi}$$

▶ **ファインマン則**：場の量子論において，物理量を計算する際に用いる洗練された計算規則で，ファインマン・ダイアグラムとの併用により系統的な計算が可能になる．

▶ **量子補正**：中間状態において，仮想粒子がループ上を運動することにより生じる遷移振幅に関する補正で，一般に無限大の値が生じる．

▶ **発散の困難**：場の量子論において，物理量の量子補正を計算すると，一般に無限大の値が生じて理論の予言能力が損なわれる．

▶ **くりこみ可能な理論**：量子補正において現れるあらゆる発散量を，有限個の観測量にくりこむことにより取り除くことができる理論．

Practice

[6.1] 電磁場テンソル

電磁ポテンシャル $A^\mu = (\phi_E/c, \boldsymbol{A})$ を用いて，磁束密度と電場がそれぞれ $\boldsymbol{B} = \nabla \times \boldsymbol{A}$ と $\boldsymbol{E} = -\dfrac{\partial \boldsymbol{A}}{\partial t} - \nabla \phi_E$ と表されるとき，$F^{\mu\nu} = \partial^\mu A^\nu - \partial^\nu A^\mu$ が (6.3) で表されることを示しなさい．

[6.2] マクスウェル方程式

ラグランジアン密度 (6.19) と A_ν に関するオイラー-ラグランジュの方程式 (6.20) を用いて，マクスウェル方程式 (6.13) を導きなさい．

[6.3] ディラック方程式

自由な電子場の解 (6.29) におけるスピノル $u_e(\boldsymbol{k}, s)$ と $v_e(\boldsymbol{k}, s)$ が (6.30) の方程式を満たすことを示しなさい．

[6.4] 湯川ポテンシャル

$\widehat{\mathcal{H}}_{\phi\phi}(x) = f\widehat{\bar\psi}(x)\widehat{\psi}(x)\widehat{\phi}(x)$ (f：結合定数，$\widehat{\psi}(x)$：ディラック粒子 ψ に関する場の演算子，$\widehat{\phi}(x)$：質量 m をもつ実スカラー粒子 ϕ に関する場の演算子) で記述される粒子系について，ϕ に関する伝播関数が

$$\langle 0|\mathrm{T}(\widehat{\phi}(x)\widehat{\phi}(y))|0\rangle = \int_{-\infty}^{\infty} \frac{d^4k}{(2\pi)^4} \frac{i}{k^2 - m^2 + i\varepsilon} e^{-ik(x-y)}$$

で与えられるとします．このとき，散乱過程 $\psi + \psi \to \psi + \psi$ に関する遷移振幅を用いて，非相対論的極限で湯川ポテンシャルを導きなさい．

対称性と対称性の自発的破れ

素粒子の世界は，対称性で溢れています．この対称性は，どのように定式化すればよいのでしょうか？ 対称性はどのような利点や特徴をもっているのでしょうか？ また，物理状態において，対称性はどのような形で実現しているのでしょうか？ 本章では，対称性の世界を探索してみることにしましょう．

7.1 対称性とは

対称性とは，対象とする系が変換のもとで不変に保たれる性質（不変性）のことで，変換の集合により系が特徴付けられ，系の性質が明らかになります．例えば，対象とする系が図形であるとすると，図形を不変に保つ変換の集合により，図形を特徴付けることができます．

図 7.1 のような正三角形 ABC を例にとりましょう．この図形は「中心 O の周りでの $2\pi/3$ の整数倍の回転，線分 OA を含む軸に関する反転（**鏡映**），線分 OB を含む軸に関する反転，線分 OC を含む軸に関する反転」のもとでの不変性をもっています．これらの変換は正三角形を特徴付け，逆に，対称性から図形の形やその性質を割り出すことができます．

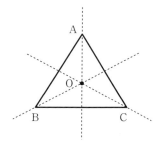

図 7.1 正三角形

7.1 対称性とは　125

　同様にして，**物理系を不変に保つ変換の集合により物理系が特徴付けられるとすると，その変換に関する対称性から物理系のもつ法則**（法則を記述する作用積分）**を推測することができるのではないかと考えられ，物理現象から対称性を見出せれば，理論の構築に活かすことができる**と期待されます．

　物理系における対称性は，それに付随する保存則の存在を意味します．よって，保存則の精度から対称性の精度を知ることができます．

　素粒子の世界で厳密に成り立っていると考えられる保存則は限られています．その代表的なものは電荷です．一方，近似的に成り立っている保存則は数多く存在していて，これらに関する対称性も宝の山です．なぜなら，**保存則の破れは対称性の破れを意味し，対称性の破れの起源を探究することにより，基本的な法則やその法則を記述する理論に行き着く可能性がある**からです．

　素粒子の標準模型を理解する上で，さらに，標準模型を超える理論を探究する上で，「**対称性の自発的破れ**」と「**量子異常**による対称性の破れ（巻末の付録 C を参照）」を理解することは極めて重要です．

　1937 年に提唱されたランダウの**相転移**の理論に，対称性の自発的破れの萌芽が見られます．ここで相転移とは，物理系が 1 つの相（物理系の均一な部分や状態）から別の相に変化する現象のことです．この相転移の例として，**磁性体**がよく取り上げられます．高温では，磁性体中の**電子スピン**が熱運動によりばらばらの向きをとるため，**磁化**がゼロの状態（**常磁性体**）にありますが，温度が下がるとスピンの向きが揃って，磁化をもつ永久磁石の状態（**強磁性体**）に相転移します．

　また，相転移の別の例として，ある種の金属が**常伝導**状態から**超伝導**状態（電気抵抗がゼロの状態）に変化する現象があります．1957 年にバーディーン，クーパー，シュリーファーが BCS 理論とよばれる超伝導を記述する微視的な理論を提案しました．この BCS 理論の対称性に疑問をもって，独自に理論を展開して，対称性の自発的破れという概念を確立し，さらに，その概念を素粒子物理学に応用したのが南部陽一郎で，1960 年頃のことです．このあたりの事情については，8.1 節でもう少し解説を加えます．

　本章の以下の節では，素粒子の強い相互作用や弱い相互作用の世界を探索

するための準備の第1弾として，**群論**（群のもつ代数的構造，群の分類，群の表現などを論じる数学の一分野）と対称性の自発的破れについて紹介します．その内容は以下の通りです．

対称性に関する変換の多くは**群**とよばれる集合を成します．そこで7.2節で，群論について紹介します[1]．群論を用いると，対称性をよりよく理解することができます．7.3節で，対称性の利点と特徴について紹介します．また7.4節で，対称性の自発的破れに関する一般論を述べます．そして，それを踏まえて，7.5節で，対称性の自発的破れに関する具体的な模型を2つ紹介します．それは，**ゴールドストーン模型**とσ**模型**です．

🌱7.2 群 論

まずは図7.1を参照しながら，正三角形の対称性について，もう少し考えてみましょう．中心 O の周りでの（反時計回りの）$2\pi/3$ 回転を a，線分 OA を含む軸に関する反転を b_1，線分 OB を含む軸に関する反転を b_2，線分 OC を含む軸に関する反転を b_3，**恒等変換**（何もしないという変換）を e とすると，正三角形 ABC を自分自身に移す変換の集合 $G_\triangle$ は，

$$G_\triangle = \{e, a, a^2, b_1, b_2, b_3\} \tag{7.1}$$

のように6つの**元**（**要素**）から構成されます．

これらの元の間には，$a^3 = e$, $b_i^2 = e$ $(i = 1, 2, 3)$, $b_2 = b_1 a$, $b_3 = b_1 a^2$ のような関係式が成り立ち，表7.1のように，任意の2つの変換の合成は $G_\triangle$

表7.1 正三角形を不変にする変換の積 xy

$x \backslash y$	e	a	a^2	b_1	b_2	b_3
e	e	a	a^2	b_1	b_2	b_3
a	a	a^2	e	b_3	b_1	b_2
a^2	a^2	e	a	b_2	b_3	b_1
b_1	b_1	b_2	b_3	e	a	a^2
b_2	b_2	b_3	b_1	a^2	e	a
b_3	b_3	b_1	b_2	a	a^2	e

---

[1]　より詳しいことを学びたい方は，「群論」のテキストなどを参照してください．

の元の 1 つと一致します. ここで, b_1 と a の積 $b_1 a$ は a と b_1 を合成した変換で, a を行ってから b_1 を行うことを意味します. また, $G_\triangle$ の任意の 3 つの元 x_i ($i = 1, 2, 3$) の積 (3 つの変換の合成) に関しては $(x_1 x_2) x_3 = x_1 (x_2 x_3)$ が成り立ち, $G_\triangle$ の任意の元 x に対して, $xe = ex = x$ を満たす元 e が 1 つだけ存在します. さらに, $G_\triangle$ の任意の元 x に対して, $xx^{-1} = x^{-1} x = e$ を満たす元 x^{-1} が 1 つだけ存在します. このような性質をもつ集合は**群**とよばれ, 数学や物理の分野で頻繁に現れます.

ここで, 群の定義を紹介します.

▶ **群の定義**：群とは次の (1) ～ (4) の性質をもつ集合のことである.
 (1) 集合 G の任意の元 g, h に対して, G の元を一意的に定める規則 (**積**とよばれ, gh と記される) が与えられる.
 (2) G の任意の元 g, h, k に対して, 積に関して, **結合則**とよばれる性質 $(gh)k = g(hk)$ が成り立つ.
 (3) G の任意の元 g に対して, $ge = eg = g$ を満たす元 e が 1 つだけ存在し, **単位元**とよばれる.
 (4) G の任意の元 g に対して, $gg^{-1} = g^{-1}g = e$ を満たす元 g^{-1} が 1 つだけ存在し, g の**逆元**とよばれる.

上記のような性質をもつ集合において, 積が可換である ($gh = hg$) 群を**可換群**, 可換でない ($gh \neq hg$) 群を**非可換群**といいます. また, 変換の集合が群を成すとき, その集合を**変換群**といいます.

さらに, 群の元が連続的な値をとるパラメータで指定される群を**連続群**といいます. 例えば, 大局的 U(1) 変換 $\widehat{\varphi}'(x) = e^{-iQ\alpha} \widehat{\varphi}(x)$ (α：実数の定数) は群を成し, U(1) と表記されます. U(1) の元は $e^{-iQ\alpha}$ と表され, U(1) は α を実数のパラメータとする連続群となります. また, U(1) は積が可換である ($e^{-iQ\alpha_1} e^{-iQ\alpha_2} = e^{-iQ\alpha_2} e^{-iQ\alpha_1}$) ため, 可換群です.

リー群

連続群 G の元が n 個の独立なパラメータ α^a ($a = 1, \cdots, n$) で指定されるとき, n を群の**次元**といいます. 簡単のため, G の元を $g(\alpha)$ と表すことにしましょう (引数 α^a を α と略記しました). そして, パラメータに関して連

128   7. 対称性と対称性の自発的破れ

続で微分可能な群を**リー群**といいます.

一般に, 群は正則行列 (逆行列が存在する正方行列) を用いて表されます. リー群の元 $g(\alpha)$ に対応する $l \times l$ 行列を $M(\alpha)$ とすると, 単位元 $e = g(0)$ に対応する行列 $M(0)$ は $l \times l$ 単位行列 I で与えられ, $M(\alpha)$ は I の周りで,

$$M(\alpha) = I + \sum_{a=1}^{n} \alpha^a \frac{\partial M(\alpha)}{\partial \alpha^a}\bigg|_{\alpha^a = 0} + \cdots \tag{7.2}$$

のようにテイラー展開できます. さらに, 指数を用いると,

$$M(\alpha) = \sum_{m=0}^{\infty} \frac{\left(-i \sum_{a=1}^{n} \alpha^a T^a\right)^m}{m!} = \exp\left(-i \sum_{a=1}^{n} \alpha^a T^a\right) \tag{7.3}$$

のように表されます. ここで, T^a $(a = 1, \cdots, n)$ は,

$$T^a = i \frac{\partial M(\alpha)}{\partial \alpha^a}\bigg|_{\alpha^a = 0} \tag{7.4}$$

で与えられる, **リー代数 (リー環)** とよばれる $l \times l$ 行列の集合の元で, **生成子**ともよばれます.

$l \times l$ 行列の指数関数 e^{tX} と e^{tY} $(t : 定数, X, Y : l \times l 行列)$ の積は,

$$e^{tX} e^{tY} = e^{Z(t)} \tag{7.5}$$

のように $l \times l$ 行列の指数関数で表されます. ここで, $Z(t)$ は,

$$Z(t) = t(X + Y) + \frac{t^2}{2}[X, Y]$$

$$+ \frac{t^3}{12}([X, [X, Y]] + [[X, Y], Y]) + (t \text{ の 4 次以上の項})$$

$$\tag{7.6}$$

で与えられ, (7.5) と (7.6) はまとめて**ベーカー - キャンベル - ハウスドルフの公式**とよばれます.

(7.6) において, t の 4 次以上の項も, t の 3 次以上の項と同様に, 交換子 $[X, Y]$ をもとにして, それを交換子 $[\;\;]$ で包む形で表されます. よって, リー群の元の積 $M(\alpha)M(\beta) = \exp\left(-i \sum_{a=1}^{n} \alpha^a T^a\right) \exp\left(-i \sum_{b=1}^{n} \beta^b T^b\right)$ はリー代数の交換関係

7.2 群　論　129

表 7.2　主なリー群

群	記　号	群の元
複素特殊線形変換群	$SL(N, C)$	行列式が 1 の複素行列
ユニタリー群	$U(N)$	ユニタリー行列
特殊ユニタリー群	$SU(N)$	行列式が 1 のユニタリー行列
直交群	$O(N)$	直交行列
特殊直交群（回転群）	$SO(N)$	行列式が 1 の直交行列

$$[T^a, T^b] = i \sum_{c=1}^{n} f^{abc} T^c \tag{7.7}$$

により決定されます．ここで，f^{abc} をリー群の**構造定数**といいます．

　主なリー群を表 7.2 に列挙します．ここで，C は複素数の値をもつことを意味します．

様々な表現

　群の次元が n であるリー群 G について，(7.7) と同じ形の交換関係を満たす $r \times r$ 行列 T^a $(a = 1, 2, \cdots, n)$ をリー代数の表現行列とする表現は，G の **r 表現（r 次元表現）** とよばれ，r と表されます．そして，$r \times r$ 行列が作用する対象は r 個の成分をもつ量で r **重項**とよばれ，r 表現に従う r 重項を Ψ と記すと，リー群 G の元により，

$$\Psi' = \exp\left(-i \sum_{a=1}^{n} \alpha^a T^a\right) \Psi \tag{7.8}$$

のように変換します．ここで，α^a $(a = 1, 2, \cdots, n)$ は実数値をとるパラメータ，T^a は $r \times r$ 行列，Ψ は r 個の成分をもつ縦ベクトルです．

　また，(7.7) の複素共役をとることにより，

$$[-(T^a)^*, -(T^b)^*] = i \sum_{c=1}^{n} f^{abc}(-(T^c)^*) \tag{7.9}$$

が導かれ，$r \times r$ 行列である $-(T^a)^*$ も (7.7) と同じ形の交換関係を満たすことがわかります．この $-(T^a)^*$ をリー代数の表現行列とする表現は r の**複素共役表現**（$\bar{r}$ 表現，r^* 表現）とよばれ，$\bar{r}$ あるいは r^* と表されます．

　例えば，(7.8) の複素共役をとると，

$$\Psi'^* = \exp\left\{-i \sum_{a=1}^{n} \theta^a(-(T^a)^*)\right\} \Psi^* \tag{7.10}$$

が得られ, Ψ^* が $\bar{r}$ 表現に従うことがわかります[2]).

また, r 表現と $\bar{r}$ 表現が相似変換

$$\exp\left\{-i\sum_{a=1}^{n}\theta^a(-(T^a)^*)\right\} = S\exp\left(-i\sum_{a=1}^{n}\alpha^a T^a\right)S^{-1} \quad (S:\text{正則行列}) \tag{7.11}$$

で結ばれているとき, これらの表現は**同値である**といいます. そして, このような表現を**実表現**といいます.

さらに構造定数 f^{abc} $(a,b,c=1,\cdots,n)$ を用いると, T^a の b 行 c 列の成分が

$$(T^a)_{bc} = -if^{abc} \tag{7.12}$$

と表されるような $n \times n$ 行列は, (7.7) と同じ形の交換関係を満たします. このように表現行列の成分が (7.12) で表される表現を**随伴表現**といいます.

**Training 7.1**

ヤコビの恒等式とよばれる関係式

$$[T^a,[T^b,T^c]] + [T^b,[T^c,T^a]] + [T^c,[T^a,T^b]] = 0 \tag{7.13}$$

を用いて, (7.12) の $(T^a)_{bc} = -if^{abc}$ が (7.7) と同じ交換関係を満たすことを示しなさい.

ウェイトとカシミール演算子

リー代数の元の中で互いに可換なもの H^k $(k=1,\cdots,p)$ をすべて選び出したとき, これらを元とする集合を**カルタン部分代数**といい, カルタン部分代数の元の総数(カルタン部分代数を基底とする線形空間の次元)を**ランク**といいます. カルタン部分代数の元は対角行列で表すことができて, H^k の固有値 $\mu = (\mu^1,\cdots,\mu^p)$ は表現の**ウェイト**とよばれます. また, すべてのリー代数の元と交換する行列を**カシミール演算子**といいます. そして, ウェイトとカシミール演算子の固有値を用いることにより, 群の表現に従う状態を指定することができます.

---

2) Ψ を場の演算子とすると, 粒子と反粒子を入れ替えるような変換である荷電共役変換に複素共役変換が含まれていて, 粒子が r 表現に従うならば, その反粒子は $\bar{r}$ 表現に従います.

特殊ユニタリー群

N 次**特殊ユニタリー群**SU(N) とは，SU(N) 変換に関する変換群で，$N \times N$ **特殊ユニタリー行列** (SU(N) 行列) と同じ性質をもつ元の集合です．ここで，特殊ユニタリー行列とは行列式が 1 のユニタリー行列のことで，この行列を U とすると，「特殊」が「行列式が 1 であること ($\det U = 1$)」を，「ユニタリー」が「ユニタリー性 ($U^\dagger U = U U^\dagger = I$)」を意味します．なお，$U^\dagger$ は U のエルミート共役行列で，I は $N \times N$ 単位行列です．

またユニタリー行列は，$U = \sum_{n=0}^{\infty} \dfrac{(iH)^n}{n!} = e^{iH}$ のようにエルミート行列 H を用いて表されます．ここで，**エルミート行列**とは $H^\dagger = H$ を満たす行列のことです．このとき，$\det U = 1$ は H の**トレース**（**対角和**）がゼロであること ($\mathrm{tr}\, H = 0$) と等価で，この等価性は $\det e^{iH} = e^{i\,\mathrm{tr}\, H}$ を用いて示されます．そして，実数値をとるパラメータ α^a ($a = 1, \cdots, N^2 - 1$) と，トレースがゼロである $N \times N$ エルミート行列 t^a を用いると，任意の SU(N) 行列は，$\exp\left(-i \sum_{a=1}^{N^2-1} \alpha^a t^a\right)$ のように表されます．

同様にして，N 次特殊ユニタリー群 SU(N) の任意の元は，t^a と同じ交換関係に従うエルミート行列 T^a を用いて，

$$\exp\left(-i \sum_{a=1}^{N^2-1} \alpha^a T^a\right) \in \mathrm{SU}(N) \tag{7.14}$$

のように表されます．ここで SU(N) は，SU(N) 行列と同じ代数的構造をもつ特殊ユニタリー群を表します．行列と同じ記号を用いているので，混乱しないようにしましょう．また，T^a として，**基本表現**とよばれる t^a に相当する $N \times N$ 行列が存在します．ちなみに，SU(N) 行列 ($N \geq 2$) の積は一般に交換しないので，SU(N) ($N \geq 2$) は非可換群です．

SU(N) は，$N^2 - 1$ 個の実数のパラメータ α^a で指定され，群の次元は $N^2 - 1$ です．また，カルタン部分代数は $N - 1$ 個の元をもち，群のランクは $N - 1$ です．さらに，カシミール演算子として，$\sum_{a=1}^{N^2-1} (T_{(r)}^a T_{(r)}^a)$ が存在します．ここで，$T_{(r)}^a$ は **r 表現**に関するリー代数の表現行列で，$r \times r$ エル

ミート行列です.

実際, このカシミール演算子の i 行 j 列の成分は,

$$\sum_{a=1}^{N^2-1} (T_{(r)}^a T_{(r)}^a)_{ij} = C_2(\boldsymbol{r}) \delta_{ij} \qquad (i, j = 1, 2, \cdots, r) \qquad (7.15)$$

のように表され, $\boldsymbol{r}$ 表現に関するすべてのリー代数の元と交換します. ここで, $C_2(\boldsymbol{r})$ はカシミール演算子の固有値で, $\boldsymbol{r}$ 表現が随伴表現 $\boldsymbol{N^2-1}$ のとき, $C_2(\boldsymbol{N^2-1}) = N$ です. また, δ_{ij} はクロネッカーの δ です.

2 次特殊ユニタリー群 SU(2)

2 次特殊ユニタリー群 SU(2) は, SU(2) 行列と同じ性質をもつ元の集合です. SU(2) 行列は, 3 個の実数 α^a $(a = 1, 2, 3)$ を用いて, $\exp\left(-i \sum_{a=1}^{3} \alpha^a \frac{\tau^a}{2}\right)$ と表されます. ここで, τ^a は**パウリ行列**で,

$$\tau^1 = \begin{pmatrix} 0 & 1 \\ 1 & 0 \end{pmatrix}, \qquad \tau^2 = \begin{pmatrix} 0 & -i \\ i & 0 \end{pmatrix}, \qquad \tau^3 = \begin{pmatrix} 1 & 0 \\ 0 & -1 \end{pmatrix} \qquad (7.16)$$

で与えられます.

$\tau^a/2$ は SU(2) の **2** 表現のリー代数の元になり, 交換関係

$$\left[\frac{\tau^a}{2}, \frac{\tau^b}{2}\right] = i \sum_{c=1}^{3} \varepsilon^{abc} \frac{\tau^c}{2} \qquad (7.17)$$

に従います. ここで, ε^{abc} は SU(2) の構造定数で, 3 つの添字の入れ替えに関して完全反対称な量です. 具体的には, ゼロでないものは $\varepsilon^{123} = \varepsilon^{231} = \varepsilon^{312} = 1$ と $\varepsilon^{321} = \varepsilon^{213} = \varepsilon^{132} = -1$ です. また, (7.17) の交換関係が, 運動量演算子 $\hat{\boldsymbol{p}} = -i\nabla$ が満たす交換関係と同じ形であることに注目してください.

SU(2) の $\boldsymbol{r}$ 表現の表現行列は, (7.17) と同じ形の交換関係を満たす 3 個の $r \times r$ エルミート行列 $T_{(r)}^a$ を用いて, $\exp\left(-i \sum_{a=1}^{3} \alpha^a T_{(r)}^a\right)$ と表されます.

(7.17) と同じ形の交換関係を満たす正方行列として, 任意の大きさ (r: 任意の自然数) のものが存在します. ちなみに, SU(2) の任意の表現は実表現です (Practice [7.1] を参照).

SU(2) の次元は 3 で, ランクは 1 です. 例えば, **2** 表現に対して, カルタン

7.2 群論　*133*

表 7.3　SU(2) のカルタン部分代数とカシミール演算子の固有値

r	1	2	3
$T^3_{(r)}$	0	$\begin{pmatrix} \frac{1}{2} & 0 \\ 0 & -\frac{1}{2} \end{pmatrix}$	$\begin{pmatrix} 1 & 0 & 0 \\ 0 & 0 & 0 \\ 0 & 0 & -1 \end{pmatrix}$
$C_2(r)$	0	$\frac{3}{4}$	2

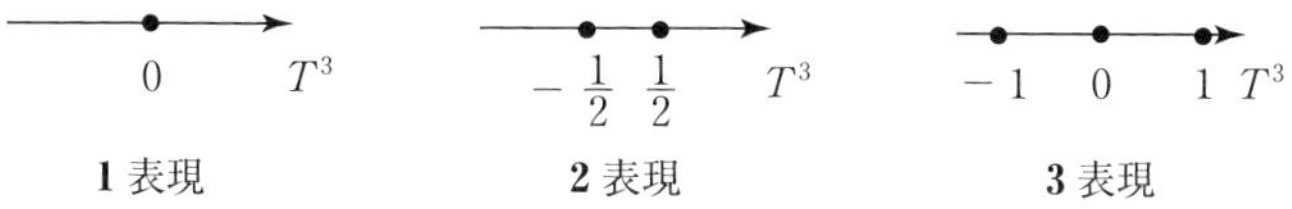

図 7.2　SU(2) の **1** 表現，**2** 表現，**3** 表現のウェイト図

部分代数の元は $\tau^3/2$ です.

　ウェイト（カルタン部分代数の元 $T^3_{(r)}$ の固有値）とカシミール演算子の固有値 $C_2(r)$ で，SU(2) の表現に従う状態を指定することができます. 表 7.3 に r が **1**（**1** 表現），**2**（**2** 表現），**3**（**3** 表現）に関するカルタン部分代数の元 $T^3_{(r)}$ とカシミール演算子の固有値 $C_2(r)$ を記しました. また，図 7.2 はそれぞれの表現のウェイトをプロットしたもので，**ウェイト図**といいます.

3 次特殊ユニタリー群 SU(3)

　3 次特殊ユニタリー群 SU(3) は，SU(3) 行列と同じ性質をもつ元の集合です. SU(3) 行列は，8 個の実数 α^a $(a = 1, \cdots, 8)$ を用いて，$\exp\left(-i\sum_{a=1}^{8} \alpha^a \dfrac{\lambda^a}{2}\right)$ と表されます. ここで，λ^a は**ゲルマン行列**とよばれるエルミート行列で，

$$\begin{cases} \lambda^1 = \begin{pmatrix} 0 & 1 & 0 \\ 1 & 0 & 0 \\ 0 & 0 & 0 \end{pmatrix}, & \lambda^2 = \begin{pmatrix} 0 & -i & 0 \\ i & 0 & 0 \\ 0 & 0 & 0 \end{pmatrix}, & \lambda^3 = \begin{pmatrix} 1 & 0 & 0 \\ 0 & -1 & 0 \\ 0 & 0 & 0 \end{pmatrix} \\[2ex] \lambda^4 = \begin{pmatrix} 0 & 0 & 1 \\ 0 & 0 & 0 \\ 1 & 0 & 0 \end{pmatrix}, & \lambda^5 = \begin{pmatrix} 0 & 0 & -i \\ 0 & 0 & 0 \\ i & 0 & 0 \end{pmatrix}, & \lambda^6 = \begin{pmatrix} 0 & 0 & 0 \\ 0 & 0 & 1 \\ 0 & 1 & 0 \end{pmatrix} \\[2ex] \lambda^7 = \begin{pmatrix} 0 & 0 & 0 \\ 0 & 0 & -i \\ 0 & i & 0 \end{pmatrix}, & \lambda^8 = \dfrac{1}{\sqrt{3}}\begin{pmatrix} 1 & 0 & 0 \\ 0 & 1 & 0 \\ 0 & 0 & -2 \end{pmatrix} \end{cases} \quad (7.18)$$

で与えられます.

$\lambda^a/2$ が SU(3) の **3** 表現のリー代数の元になり，交換関係

$$\left[\frac{\lambda^a}{2}, \frac{\lambda^b}{2}\right] = i\sum_{c=1}^{3} f^{abc}\frac{\lambda^c}{2} \qquad (7.19)$$

に従います．ここで，f^{abc} は SU(3) の構造定数で，3つの添字の入れ替えに関して完全反対称な量です．具体的には，ゼロでないものは，

$$\begin{cases} f^{123} = 1, \quad f^{147} = f^{246} = f^{257} = f^{345} = \dfrac{1}{2} \\ f^{156} = f^{367} = -\dfrac{1}{2}, \quad f^{458} = f^{678} = \dfrac{\sqrt{3}}{2} \end{cases} \qquad (7.20)$$

と，これらにおいて添字を入れ替えたものです.

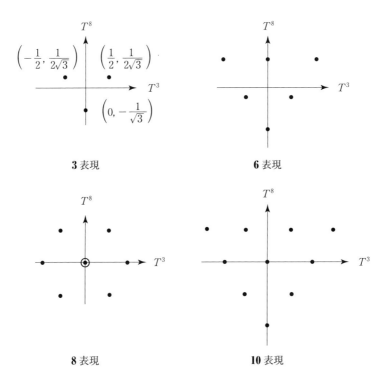

図 7.3　SU(3) の **3** 表現，**6** 表現，**8** 表現，**10** 表現のウェイト図

SU(3) の **r** 表現の表現行列は，(7.19) と同じ形の交換関係を満たす8個の $r \times r$ エルミート行列 $T^a_{(r)}$ を用いて，$\exp\left(-i\sum\limits_{a=1}^{8} \alpha^a T^a_{(r)}\right)$ と表されます．例えば，**3** 表現の複素共役表現である $\overline{\mathbf{3}}$ 表現の表現行列は $\exp\left\{-i\sum\limits_{a=1}^{8}\alpha^a\left(-\dfrac{\lambda^a}{2}\right)^*\right\}$ で与えられます．つまり，$\overline{\mathbf{3}}$ 表現のリー代数の元は $-(\lambda^a)^*/2$ です．ちなみに，(7.19) と同じ形の交換関係を満たす正方行列としては，特定の大きさのもの（$r = 1, 3, 6, 8, 10, \cdots$）しか存在しません．

SU(3) の次元は8で，ランクは2です．例えば，**3** 表現に対して，カルタン部分代数の元は $\lambda^3/2$ と $\lambda^8/2$ です．

ウェイト（カルタン部分代数の元 $T^3_{(r)}$, $T^8_{(r)}$ の固有値）とカシミール演算子の固有値 $C_2(\boldsymbol{r})$ で SU(3) の表現に従う状態を指定することができます．図7.3 は SU(3) の **3** 表現，**6** 表現，**8** 表現，**10** 表現に関するウェイトをプロットした，ウェイト図です．

☕ Coffee Break

群論の有用性

本節で，「群論」とよばれる，群のもつ代数的構造や群の分類・表現などを論じる数学の一分野が登場して面喰った方もいるのではないかと思います．ここで群論を取り上げた理由は，もちろん，物理学にとって有用だからです．

数学は抽象性を重んじる学問で，群も抽象的な概念です．抽象的な概念は一般性や普遍性をもつため，汎用性があり応用範囲が広く，普遍性を有する物理法則を解明したり記述したりする際に非常に役に立ちます．

群の元は行列で表現されるので，群論を修得するためには線形代数学の知識が必要になります．ハードルが高いと感じる方もおられるかと思いますが，様々な物理系に群が登場するので，慣れれば身近に感じることができます．

例えば，ポアンカレ変換は，ポアンカレ群とよばれる変換群を成します．自然界は群を成す対称性で溢れていて，本書でもいろいろなところに群が顔を出します．具体例を通して，群論に馴染んでいくこともできますので，各自のペースで学んで身に付けてほしいと思います．

136   7. 対称性と対称性の自発的破れ

🌱 7.3 対称性の利点と特徴

対称性は，どのような利点や特徴をもっているのか？

ここでは，対称性の利点と特徴をいくつか紹介します．

利点 1：「保存量」が存在する．

具体的には，**大局的な連続的対称性**をもつ物理系において，**保存カレント**および**保存チャージ**が存在します．

この利点は，**ネーターの定理**とよばれる次の定理として定式化されます（4.2 節を参照）．

▶ **ネーターの定理**：作用積分が大局的な連続的対称性を有するとき，保存カレントおよび保存チャージが存在する．

ここでは，内部空間に関する対称性を例にとって解説します．r 個の成分をもつ素粒子 φ に関する作用積分 $\widehat{S}_\varphi = \int \widehat{\mathcal{L}}(\widehat{\varphi}, \partial_\mu \widehat{\varphi})\, d^4x$ が大局的変換 $\widehat{\varphi}'(x) = \exp\left(-i \sum_{a=1}^{n} \alpha^a T^a\right) \widehat{\varphi}(x)$, $\widehat{\varphi}'^\dagger(x) = \widehat{\varphi}^\dagger(x) \exp\left(i \sum_{a=1}^{n} \alpha^a T^a\right)$ のもとで不変に保たれると仮定します．ここで，$\widehat{\varphi}(x)$ は r 個の成分をもつ場の演算子で，次元 n の変換群 G の r 重項を成しているとします．また，α^a ($a = 1, 2, \cdots, n$) は実数の定数，T^a は G のリー代数の元で，交換関係

$$[T^a, T^b] = i \sum_{c=1}^{n} f^{abc} T^c \tag{7.21}$$

を満たす $r \times r$ 行列とします．このとき，

$$\widehat{j}_\mu^a(x) \equiv \widehat{\varphi}^\dagger(x)\, iT^a \frac{\partial \widehat{\mathcal{L}}}{\partial(\partial^\mu \widehat{\varphi}^\dagger(x))} - \frac{\partial \widehat{\mathcal{L}}}{\partial(\partial^\mu \widehat{\varphi}(x))} iT^a \widehat{\varphi}(x) \tag{7.22}$$

$$\widehat{Q}^a \equiv \int \widehat{j}_0^a(x)\, d^3x \tag{7.23}$$

のように定義される**保存カレント** $\widehat{j}_\mu^a(x)$ と**保存チャージ** $\widehat{Q}^a$ が存在します[3]

---

3)　後ほど紹介する対称性が自発的に破れた場合には，(7.23) の積分が収束しないため，保存チャージをうまく定義できないので，保存チャージの代わりに保存カレントを用いることになります．ただし，標語的に保存チャージを使用する場合があります．

（導出については，Exercise 4.1 を参照）.

ここで，保存カレントと保存チャージに関する特徴を列挙します.

▶ **保存カレント $\hat{J}^a_\mu(x)$ と保存チャージ $\hat{Q}^a$ に関する特徴**

(1) $\hat{J}^a_\mu(x)$ は**連続（の）方程式** $\partial^\mu \hat{J}^a_\mu(x) = 0$ を満たし，$\hat{Q}^a$ が保存量となる. そして，ハイゼンベルクの運動方程式（4.17）より，

$$i\frac{d\hat{Q}^a}{dt} = [\hat{Q}^a, \hat{H}_\varphi] = 0 \tag{7.24}$$

が成り立つ. ここで，$\hat{H}_\varphi$ はハミルトン演算子である.

(2) $\hat{Q}^a$ はリー代数の元 T^a と同じ形の交換関係

$$[\hat{Q}^a, \hat{Q}^b] = i\sum_{c=1}^n f^{abc}\hat{Q}^c \tag{7.25}$$

を満たす. ここで，T^a は $r \times r$ 行列で，$\hat{Q}^a$ は場の演算子から構成された演算子である（両者を混同しないように注意してほしい）. 保存カレントの $\mu = 0$ の成分 $\hat{J}^a_0(x) = \hat{J}^a_0(\boldsymbol{x}, t)$ は，同時刻の交換関係

$$[\hat{J}^a_0(\boldsymbol{x}, t), \hat{J}^b_0(\boldsymbol{y}, t)] = i\sum_{c=1}^n f^{abc}\hat{J}^c_0(\boldsymbol{x}, t)\,\delta^3(\boldsymbol{x} - \boldsymbol{y}) \tag{7.26}$$

に従う.

(3) $\hat{Q}^a$ を用いて，大局的変換が

$$\hat{\varphi}'(x) = \exp\left(i\sum_{a=1}^n \alpha^a \hat{Q}^a\right)\hat{\varphi}(x)\exp\left(-i\sum_{a=1}^n \alpha^a \hat{Q}^a\right)$$

$$= \exp\left(-i\sum_{a=1}^n \alpha^a T^a\right)\hat{\varphi}(x) \tag{7.27}$$

で与えられる. また，この無限小変換は，

$$\delta_\varepsilon \hat{\varphi}(x) = \left[i\sum_{a=1}^n \varepsilon^a \hat{Q}^a, \hat{\varphi}(x)\right] = \int\left[i\sum_{a=1}^n \varepsilon^a \hat{J}^a_0(y), \hat{\varphi}(x)\right]d^3y$$

$$= -i\sum_{a=1}^n \varepsilon^a T^a \hat{\varphi}(x) \tag{7.28}$$

で与えられる（Practice [7.2] を参照）. ここで，ε^a は無限小の実数の定数である. このようにして，$\hat{Q}^a$ が変換の生成子の役割を果たす.

利点 2：運動や相互作用の形が限定される.

具体的には，ポアンカレ対称性が運動形態を規定します．第 2 章で見たように，慣性系同士はポアンカレ変換（ローレンツ変換と並進）でつながっていて，あらゆる慣性系で自由粒子に関する運動方程式が同じ形になることを要請すると，スピン 0 の粒子はクライン－ゴルドン方程式に従い（4.4 節を参照），質量をもつスピン 1/2 の粒子はディラック方程式に従います（4.5 節を参照）．また，光子はマクスウェル方程式に従います（6.3 節を参照）．さらに，ゲージ対称性がゲージ相互作用の形を規定します（第 8 章を参照）．

利点 3：量子補正に関して，理論の振る舞いが良くなる.

例えば，量子電磁力学のようなゲージ対称性を有する理論は，くりこみ可能な理論になります（第 6 章，第 8 章を参照）．また，**超対称性**（ボソンとフェルミオンを入れ替えるような変換のもとでの不変性）をもつ理論は，2 次発散のない理論や発散を含まない理論になります（巻末の付録 A を参照）．

利点 4：素粒子が対称性のもとで分類される（第 9 章を参照）.

例えば，陽子と中性子がアイソスピン 2 重項として，π 中間子がアイソスピン 3 重項として，アイソスピンに関する SU(2) 対称性のもとで分類されます（5.3 節と 7.5.2 項を参照）．

利点 5：「物理状態」が対称性のもとで分類される（次節を参照）.

🌱 7.4　対称性の自発的破れ

対称性は，どのような形で実現しているのか？

物理状態において，対称性がどのような形で実現するのかを理解するために，対称性の観点から，物理状態の**相構造**について考えてみましょう．物理状態のベースを成すのは真空状態なので，まずは「真空状態とは何か？」という問いから始めることにします．

場の量子論では，真空状態は次のように定義されます.

▶ **真空状態**：ハミルトン演算子の固有値（エネルギー）が最小の状態である.

状態の縮退という観点から，真空状態は次の 2 つの相に大別されます．

（1）　**ウィグナー相**：真空状態が縮退していないとき，つまり，真空状態がただ 1 つ存在するとき，その状態を**ウィグナー相**といいます．このとき，作用積分を不変に保つ変換のもとで真空状態は不変です．

例えば，変換 $\widehat{\varphi}'(x) = \exp\left(-i\sum_{a=1}^{n}\alpha^a T^a\right)\widehat{\varphi}(x)$ のもとで，作用積分が不変であるとすると，保存チャージ $\widehat{Q}^a$ が定義され，真空状態の不変性は，

$$\exp\left(-i\sum_{a=1}^{n}\alpha^a\widehat{Q}^a\right)|0\rangle = |0\rangle, \quad \text{つまり}, \quad \widehat{Q}^a|0\rangle = 0 \qquad (7.29)$$

のように表されます．ここで，(7.29) における 2 つの式が等価であることは，指数関数の展開式

$$\exp\left(-i\sum_{a=1}^{n}\alpha^a\widehat{Q}^a\right) = 1 + \sum_{n=1}^{\infty}\frac{\left(-i\sum_{a=1}^{n}\alpha^a\widehat{Q}^a\right)^n}{n!} \qquad (7.30)$$

を用いて示すことができます．

（2）　**南部 - ゴールドストーン相**：真空状態が縮退しているとき，その状態を**南部 - ゴールドストーン相**といいます．このとき，作用積分を不変に保つ変換のもとで真空状態は不変ではありません．

例えば，変換 $\widehat{\varphi}'(x) = \exp\left(-i\sum_{a=1}^{n}\alpha^a T^a\right)\widehat{\varphi}(x)$ のもとで，作用積分が不変であるとすると，保存カレント $\hat{J}_\mu^a$ が定義され，真空状態が変換のもとで不変ではない状況が，次のような形で発生します．

場の演算子の無限小変換 $\delta_{\varepsilon^a}\widehat{\varphi}(x)$ を真空状態 $\langle 0|$ と $|0\rangle$ で挟んだ量が，

$$\langle 0|\delta_{\varepsilon^a}\widehat{\varphi}(x)|0\rangle = \langle 0|[\,i\varepsilon^a\widehat{Q}^a, \widehat{\varphi}(x)\,]|0\rangle$$

$$= \langle 0|\int[\,i\varepsilon^a\hat{J}_0^a(y), \widehat{\varphi}(x)\,]\,d^3y|0\rangle$$

$$= -i\varepsilon^a T^a\langle 0|\widehat{\varphi}(x)|0\rangle$$

$$\neq 0 \qquad (7.31)$$

のようにゼロでない値をもつとき，つまり，$\widehat{\varphi}(x)$ の**真空期待値**とよばれる物理量 $\langle 0|\widehat{\varphi}(x)|0\rangle$ がゼロでない値をとるとき，真空状態は変換のもとで不変

140   7. 対称性と対称性の自発的破れ

ではありません[4].

　現実には，縮退している複数の真空状態の中から自然に1つの状態が選ばれることにより，対称性が破れます．このような現象を**対称性の自発的破れ**（**自発的対称性の破れ**）といいます．なお，単一の場の演算子 $\hat{\varphi}(x)$ の代わりに，複数の場の演算子の積から成る演算子の場合でも，対称性の自発的破れが起こることがあります（Practice [7.3]，[7.4] を参照）．

　対称性の自発的破れに関して，**南部 – ゴールドストーンの定理**とよばれる，次のような定理が存在します．

▶ **南部 – ゴールドストーンの定理**：次の仮定 (1) および (2) のもとで，**南部 – ゴールドストーン粒子**とよばれる質量ゼロの粒子が出現する[5]．仮定 (3) を課すと，南部 – ゴールドストーン粒子は相対論的な粒子となる．

(1)　作用積分が大局的な連続的対称性をもつ．このとき，ネーターの定理により，保存カレント $\tilde{J}_\mu^a(x)$ が存在する．

(2)　その大局的な連続的対称性に関して，対称性の自発的破れ

$$\langle 0 | \int [\tilde{J}_0^a(y), \hat{\varphi}(x)] \, d^3y | 0 \rangle = -T^a \langle 0 | \hat{\varphi}(x) | 0 \rangle \neq 0 \qquad (7.32)$$

が起こっている．

(3)　物理系がポアンカレ変換（ローレンツ変換と並進）に関する対称性をもつ．

🌱 7.5　具体的な模型

　南部 – ゴールドストーンの定理を証明する代わりに，具体的な模型を用いて，対称性の自発的破れにともなって南部 – ゴールドストーン粒子が出現す

---

　4)　(7.31) で，標語的に $\hat{Q}^a$ を用いました．さらに，標語的な書き方ですが，(7.31) から $\langle 0 | [\hat{Q}^a, \hat{\varphi}(x)] | 0 \rangle = \langle 0 | \hat{Q}^a \hat{\varphi}(x) - \hat{\varphi}(x) \hat{Q}^a | 0 \rangle \neq 0$ が得られ，これは $\hat{Q}^a | 0 \rangle \neq 0$，つまり，$\exp\left(-i \sum_{a=1}^{n} \alpha^a \hat{Q}^a\right) | 0 \rangle \neq | 0 \rangle$ を意味します．

ることを確認してみましょう.

7.5.1 ゴールドストーン模型

ゴールドストーン模型とは，ラグランジアン密度
$$\widehat{\mathcal{L}}_G = \partial_\mu \widehat{\phi}^\dagger(x)\, \partial^\mu \widehat{\phi}(x) + \mu^2 \widehat{\phi}^\dagger(x)\, \widehat{\phi}(x) \\ - \lambda \{\widehat{\phi}^\dagger(x)\, \widehat{\phi}(x)\}^2 \quad (7.33)$$
で定義される模型です（添字の G は Goldstone の略）.
ここで，$\widehat{\phi}(x)$ は 1 個だけしか成分をもっていない複素スカラー場の演算子とします．また，μ^2, λ は定数です．

図 7.4 複素スカラー粒子の自己相互作用

(7.33) の右辺の第 3 項は，複素スカラー粒子が λ を結合定数として自分自身と相互作用をしていることを表していて，このような相互作用を**自己相互作用**といいます．ファインマン則では，図 7.4 のような頂点として表されます．

🔖 Exercise 7.1

(7.33) のゴールドストーン模型のラグランジアン密度 $\widehat{\mathcal{L}}_G$ は，大局的 U(1) 対称性をもちます．この対称性に関する保存カレントと保存チャージを求めなさい．

Coaching $\widehat{\mathcal{L}}_G$ は，大局的 U(1) 変換
$$\widehat{\phi}'(x) = e^{-i\alpha}\widehat{\phi}(x), \quad \widehat{\phi}'^\dagger(x) = \widehat{\phi}^\dagger(x)\, e^{i\alpha} \quad (\alpha：実数の定数) \quad (7.34)$$
のもとで不変です．7.3 節で述べたネーターの定理を参考にすると，保存カレント $\widehat{j}_\mu(x)$，保存チャージ $\widehat{Q}_\phi$ はそれぞれ
$$\widehat{j}_\mu(x) = i\{\widehat{\phi}^\dagger(x)\, \partial_\mu \widehat{\phi}(x) - \partial_\mu \widehat{\phi}^\dagger(x)\, \widehat{\phi}(x)\} \quad (7.35)$$
$$\widehat{Q}_\phi = i\int \{\widehat{\phi}^\dagger(x)\, \widehat{\pi}_\phi^\dagger(x) - \widehat{\pi}_\phi(x)\, \widehat{\phi}(x)\}\, d^3x \quad (7.36)$$
と求まります．ここで，$\widehat{\pi}_\phi(x) \,(=\partial \widehat{\phi}^\dagger(x)/\partial t)$，$\widehat{\pi}_\phi^\dagger(x) \,(=\partial \widehat{\phi}(x)/\partial t)$ は，それぞれ $\widehat{\phi}(x), \widehat{\phi}^\dagger(x)$ に関する正準共役な場の演算子です． ■

---

5) 南部‐ゴールドストーン粒子がボソン（フェルミオン）の場合は，**南部‐ゴールドストーンボソン（南部‐ゴールドストーンフェルミオン）**とよばれます．

ゴールドストーン模型の真空状態

次に，ゴールドストーン模型の真空状態を求めてみましょう．そのために，ラグランジアン $\widehat{L}_G = \int \widehat{\mathcal{L}}_G \, d^3x$ に対してルジャンドル変換を施すと，ハミルトン演算子

$$\widehat{H}_G = \int [\widehat{\pi}_\phi^\dagger(x)\widehat{\pi}_\phi(x) + \nabla\widehat{\phi}^\dagger(x)\cdot\nabla\widehat{\phi}(x)$$
$$- \mu^2 \widehat{\phi}^\dagger(x)\widehat{\phi}(x) + \lambda\{\widehat{\phi}^\dagger(x)\widehat{\phi}(x)\}^2]\, d^3x \tag{7.37}$$

を得ることができます．そして，真空状態の定義により，エネルギーの値が最小となるところが真空状態に対応し，それは場の演算子 $\widehat{\phi}(x)$ の真空期待値 $\phi = \langle 0|\widehat{\phi}(x)|0\rangle$ が定数で，ポテンシャル

$$V = -\mu^2|\phi|^2 + \lambda(|\phi|^2)^2 \tag{7.38}$$

が最小になるところです．ここで，$\langle 0|\widehat{\phi}^\dagger(x)|0\rangle\langle 0|\widehat{\phi}(x)|0\rangle$ を $|\phi|^2 (= \phi^*\phi)$ と表しました．より正確には，V はポテンシャルに関するエネルギー密度です．

Exercise 7.2

(7.38) の V が有限な最小値をとるとき，$\phi = \langle 0|\widehat{\phi}(x)|0\rangle$ の値を求めなさい．

Coaching　(7.38) の V において，$\lambda < 0$ のときは，$|\phi|$ の値が大きくなればなるほど，V の値はいくらでも小さくなるので，安定な真空状態は存在しません．よって，以後は $\lambda > 0$ の場合を考えます．そして，V を

$$V = \lambda\left(|\phi|^2 - \frac{\mu^2}{2\lambda}\right)^2 - \frac{\mu^4}{4\lambda} \tag{7.39}$$

のように書き換えることにより，μ^2 の正負に応じて真空状態に違いが現れることがわかります．

$\mu^2 < 0$ のときは $|\phi|^2 > 0$，$\dfrac{\mu^2}{2\lambda} < 0$ となるので，$\phi = 0$ が真空状態を表し，物理状態は**ウィグナー相**となります．このとき，ポテンシャルの概形は図 7.5 (a) のようになり，原点 O が真空状態に対応します．

また，$\mu^2 > 0$ のときは $\dfrac{\mu^2}{2\lambda} > 0$ となるので，真空状態は $|\phi|^2 = \dfrac{\mu^2}{2\lambda}$，つまり，

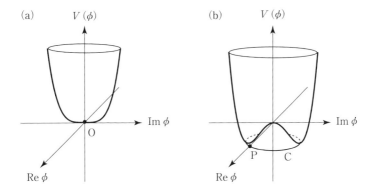

図 7.5 ポテンシャルの概形

$\phi = \langle 0|\hat{\phi}(x)|0\rangle = \sqrt{\dfrac{\mu^2}{2\lambda}}e^{i\zeta} \neq 0$ （ζ：実数の定数）と表され，ζ の値は任意にとれるので，真空状態が無限に縮退していることがわかります．これは，**南部 - ゴールドストーン相**に相当します．このとき，ポテンシャルの概形は図 7.5 (b) のようになり，円周 C 上のすべての点が真空状態に対応します． ■

ゴールドストーン模型における対称性の自発的破れ

Exercise 7.2 の結果から，一般性を失うことなく，真空状態として $e^{i\zeta} = 1$ となるところ（図 7.5 (b) の点 P），つまり，

$$\langle 0|\hat{\phi}(x)|0\rangle = \frac{v}{\sqrt{2}}, \qquad v \equiv \sqrt{\frac{\mu^2}{\lambda}} \tag{7.40}$$

を選ぶことができます．その周りで $\hat{\phi}(x)$ を，

$$\hat{\phi}(x) = \frac{1}{\sqrt{2}}\{v + \hat{\rho}(x)\}e^{-i\frac{\hat{\xi}(x)}{v}} \tag{7.41}$$

のように表してみましょう．

このとき，$\hat{\rho}(x), \hat{\xi}(x)$ は大局的 U(1) 変換 (7.34) のもとで，

$$\hat{\rho}'(x) = \hat{\rho}(x), \qquad \hat{\xi}'(x) = \hat{\xi}(x) + \alpha v \tag{7.42}$$

のように変換します．

Training 7.2

$\hat{\rho}(x), \hat{\xi}(x)$ は大局的 U(1) 変換 (7.34) のもとで，(7.42) のように変換することを示しなさい．

(7.42) の変換の無限小変換は $\delta_\varepsilon \hat{\rho}(x) = 0$, $\delta_\varepsilon \hat{\xi}(x) = \varepsilon v$ (ε：無限小の実数の定数）で，変換の生成子 $\widehat{Q}_\phi$ を標語的に用いると，

$$\langle 0|\delta_\varepsilon\hat{\xi}(x)|0\rangle = \langle 0|[i\varepsilon\widehat{Q}_\phi, \hat{\xi}(x)]|0\rangle = \varepsilon v \neq 0 \tag{7.43}$$

が成り立ち，大局的 U(1) 対称性が自発的に破れていることがわかります．

さらに，(7.41) を (7.33) に代入することにより，対称性の自発的破れの後に実現する物理系を記述するラグランジアン密度として，

$$\widehat{\mathscr{L}}_G = \frac{1}{2}\left\{1 + \frac{\hat{\rho}(x)}{v}\right\}^2 \partial_\mu \hat{\xi}(x)\,\partial^\mu \hat{\xi}(x) + \frac{1}{2}\{\partial_\mu \hat{\rho}(x)\,\partial^\mu \hat{\rho}(x) - 2\mu^2 \hat{\rho}(x)^2\}$$

$$- \sqrt{\mu^2\lambda}\,\hat{\rho}(x)^3 - \frac{\lambda}{4}\hat{\rho}(x)^4 \tag{7.44}$$

が得られます．ここで，定数項を省略しました．

(7.44) より，$\hat{\xi}(x)$ が質量項をもたないスカラー場（スピン 0 のボソン）であり，これが**南部-ゴールドストーンボソン**であることがわかります．

7.5.2 σ 模型

σ **模型**とは，核子 N（陽子と中性子），π 中間子 π^a ($a = 1, 2, 3$) と，σ と表記される**スカラー中間子**を含む核力に関する場の量子論に基づく模型です．そして，**カイラル対称性**（右巻きフェルミオンの位相と左巻きフェルミオンの位相を逆向きに変える変換のもとでの不変性）の自発的な破れにともなう核子の質量生成を記述することができます．また，大局的対称性の一部として，アイソスピンに関する SU(2) 対称性が含まれていて，N, π^a, σ はそれぞれアイソスピン 2 重項，3 重項，1 重項を成します．

σ 模型のラグランジアン密度は

$$\widehat{\mathscr{L}}_\sigma = \frac{1}{2}\left[\{\partial_\mu \hat{\sigma}(x)\}^2 + \sum_{a=1}^{3}\{\partial_\mu \hat{\pi}^a(x)\}^2\right] + i\widehat{\overline{N}}(x)\,\gamma^\mu \partial_\mu \widehat{N}(x)$$

$$+ \frac{\mu^2}{2}\left\{\hat{\sigma}(x)^2 + \sum_{a=1}^{3} \hat{\pi}^a(x)^2\right\} - \frac{\lambda}{4}\left\{\hat{\sigma}(x)^2 + \sum_{a=1}^{3} \hat{\pi}^a(x)^2\right\}^2$$

$$- g_{\pi N}\widehat{\overline{N}}(x)\left\{\hat{\sigma}(x) + i\gamma_5 \sum_{a=1}^{3} \hat{\pi}^a(x)\tau^a\right\}\widehat{N}(x) \tag{7.45}$$

で与えられ，大局的 $\mathrm{SU}(2)_{\mathrm{V}} \times \mathrm{SU}(2)_{\mathrm{A}} \times \mathrm{U}(1)_{\mathrm{V}} \times \mathrm{U}(1)_{\mathrm{A}}$ 対称性をもちます（添字の V, A はそれぞれ Vector, Axial vector の略）．実際，次のような大局的 $\mathrm{SU}(2)_{\mathrm{V}} \times \mathrm{SU}(2)_{\mathrm{A}} \times \mathrm{U}(1)_{\mathrm{V}} \times \mathrm{U}(1)_{\mathrm{A}}$ 変換のもとで，$\mathcal{L}_\sigma$ は不変です．

この大局的変換に関する無限小変換と，それにともなう保存カレント $\tilde{J}_\mu^a$，$\tilde{J}_{5\mu}^a, \tilde{J}_\mu, \tilde{J}_{5\mu}$ を書き下すと，それぞれ次のようになります．

$$\mathrm{SU}(2)_{\mathrm{V}}: \quad \delta_\varepsilon \hat{\sigma} = 0, \quad \delta_\varepsilon \hat{\pi}^a = \sum_{b,c=1}^{3} \varepsilon^{abc} \varepsilon_{\mathrm{V}}^b \hat{\pi}^c, \quad \delta_\varepsilon \widehat{N} = -i \sum_{a=1}^{3} \varepsilon_{\mathrm{V}}^a \frac{\tau^a}{2} \widehat{N} \tag{7.46}$$

$$\tilde{J}_\mu^a = \widehat{\overline{N}}\gamma_\mu \frac{\tau^a}{2}\widehat{N} + \sum_{b,c=1}^{3} \varepsilon^{abc}\hat{\pi}^b \partial_\mu \hat{\pi}^c \tag{7.47}$$

$$\mathrm{SU}(2)_{\mathrm{A}}: \quad \delta_\varepsilon \hat{\sigma} = -\sum_{a=1}^{3} \varepsilon_{\mathrm{A}}^a \hat{\pi}^a, \quad \delta_\varepsilon \hat{\pi}^a = \varepsilon_{\mathrm{A}}^a \hat{\sigma}, \quad \delta_\varepsilon \widehat{N} = -i\sum_{a=1}^{3} \varepsilon_{\mathrm{A}}^a \frac{\tau^a}{2}\gamma_5 \widehat{N}$$
$$\tag{7.48}$$

$$\tilde{J}_{5\mu}^a = \widehat{\overline{N}}\gamma_\mu \gamma_5 \frac{\tau^a}{2}\widehat{N} + \hat{\sigma}\partial_\mu \hat{\pi}^a - \hat{\pi}^a \partial_\mu \hat{\sigma} \tag{7.49}$$

$$\mathrm{U}(1)_{\mathrm{V}}: \quad \delta_\varepsilon \hat{\sigma} = 0, \quad \delta_\varepsilon \hat{\pi}^a = 0, \quad \delta_\varepsilon \widehat{N} = -i\varepsilon_{\mathrm{V}} \widehat{N} \tag{7.50}$$
$$\tilde{J}_\mu = \widehat{\overline{N}}\gamma_\mu \widehat{N} \tag{7.51}$$
$$\mathrm{U}(1)_{\mathrm{A}}: \quad \delta_\varepsilon \hat{\sigma} = 0, \quad \delta_\varepsilon \hat{\pi}^a = 0, \quad \delta_\varepsilon \widehat{N} = -i\varepsilon_{\mathrm{A}}\gamma_5 \widehat{N} \tag{7.52}$$
$$\tilde{J}_{5\mu} = \widehat{\overline{N}}\gamma_\mu \gamma_5 \widehat{N} \tag{7.53}$$

ここで，$\varepsilon_{\mathrm{V}}^a, \varepsilon_{\mathrm{A}}^a, \varepsilon_{\mathrm{V}}, \varepsilon_{\mathrm{A}} \ (a=1,2,3)$ は，無限小の実数の定数です．

大局的 $\mathrm{SU}(2)_{\mathrm{V}}$ 対称性がアイソスピンに関する $\mathrm{SU}(2)$ 対称性に相当し，(7.46) の変換により，陽子と中性子が混じり合うと同時に，π 中間子のアイソスピン 3 重項の間でも混合が起こります．そして，このような混合のもとで，N と π^a や σ の間の相互作用項 $-g_{\pi N}\widehat{\overline{N}}(x)\left\{\hat{\sigma}(x) + i\gamma_5 \sum_{a=1}^{3} \hat{\pi}^a(x)\tau^a\right\}\widehat{N}(x)$ が不変に保たれることから，陽子と中性子が核力のもとで同じように振る舞うという核力の特徴（1）（5.3 節を参照）が理解されます．

σ 模型の真空状態

σ 模型のポテンシャルは

$$V = -\frac{\mu^2}{2}\Big\{\hat{\sigma}(x)^2 + \sum_{a=1}^{3}\hat{\pi}^a(x)^2\Big\} + \frac{\lambda}{4}\Big\{\hat{\sigma}(x)^2 + \sum_{a=1}^{3}\hat{\pi}^a(x)^2\Big\}^2$$

$$+ g_{\pi N}\widehat{\overline{N}}(x)\Big\{\hat{\sigma}(x) + i\gamma_5\sum_{a=1}^{3}\hat{\pi}^a(x)\tau^a\Big\}\widehat{N}(x) \tag{7.54}$$

で与えられます．核子が真空期待値をもたないとすると，最後の項は真空状態でゼロとなり，ゴールドストーン模型を参考にして，$\lambda > 0,\ \mu^2 > 0$ のとき，縮退した真空が存在することがわかります．このとき，エネルギーが最小になるのは，$\hat{\sigma}(x)$ と $\hat{\pi}^a(x)$ の真空期待値 $\sigma = \langle 0|\hat{\sigma}(x)|0\rangle$ と $\pi^a = \langle 0|\hat{\pi}^a(x)|0\rangle$ が定数で，$\sigma^2 + \sum_{a=1}^{3}(\pi^a)^2 = \dfrac{\mu^2}{\lambda}$ を満たすところです．

真空状態として，$\sigma = \sqrt{\mu^2/\lambda}$ と $\pi^a = 0$ を選ぶことにすれば，$\mathrm{SU(2)_A}$ 対称性が自発的に破れることが，

$$\langle 0|i\!\int [\hat{J}_{50}^b(y), \hat{\pi}^a(x)]\,d^3y|0\rangle = \langle 0|\hat{\sigma}(x)|0\rangle\delta^{ab} = f_\pi\delta^{ab} \tag{7.55}$$

からわかります．ここで，$f_\pi \equiv \sqrt{\mu^2/\lambda}$ としました．以後，f_π を用います．

$\sigma = f_\pi$ の周りで，$\hat{\sigma}(x)$ を $\hat{\sigma}(x) = f_\pi + \hat{\tilde{\sigma}}(x)$ のように表し，これを (7.45) に代入することにより，カイラル対称性の自発的破れの後に実現する物理系を記述するラグランジアン密度として，

$$\widehat{\mathcal{L}}_\sigma = \frac{1}{2}[\{\partial_\mu\hat{\tilde{\sigma}}(x)\}^2 - 2\mu^2\hat{\tilde{\sigma}}(x)^2] + \frac{1}{2}\sum_{a=1}^{3}\{\partial_\mu\hat{\pi}^a(x)\}^2$$

$$+ \lambda f_\pi\hat{\tilde{\sigma}}(x)\Big\{\hat{\tilde{\sigma}}(x)^2 + \sum_{a=1}^{3}\hat{\pi}^a(x)^2\Big\} - \frac{\lambda}{4}\Big\{\hat{\tilde{\sigma}}(x)^2 + \sum_{a=1}^{3}\hat{\pi}^a(x)^2\Big\}^2$$

$$+ i\widehat{\overline{N}}(x)\gamma^\mu\partial_\mu\widehat{N}(x) - g_{\pi N}f_\pi\widehat{\overline{N}}(x)\widehat{N}(x)$$

$$- g_{\pi N}\widehat{\overline{N}}(x)\Big\{\hat{\tilde{\sigma}}(x) + i\gamma_5\sum_{a=1}^{3}\hat{\pi}^a(x)\tau^a\Big\}\widehat{N}(x) \tag{7.56}$$

が得られます．(7.56) から，カイラル対称性の自発的破れにより，核子と（場の演算子 $\hat{\tilde{\sigma}}(x)$ で記述される）スカラー中間子がそれぞれ

$$m_N = g_{\pi N}f_\pi, \qquad m_\sigma = \sqrt{2\mu^2} = \sqrt{2\lambda}\,f_\pi \tag{7.57}$$

という質量を得ることがわかります[6].

その一方で，π中間子については質量項が現れず，π中間子が**南部－ゴールドストーンボソン**に相当すると考えられます．実際には，π中間子の質量はゼロではありませんが，このことはπ中間子の構成要素であるクォークが質量をもっていることに起因します（第9章を参照）．このように，近似的な大局的対称性の自発的破れにともなって現れる南部－ゴールドストーン粒子は質量をもち，**擬南部－ゴールドストーン粒子**とよばれます．

軸性ベクトルカレントの部分的な保存

最後に，大局的$SU(2)_A$対称性に関する保存則について考えてみましょう．$\tilde{J}_{5\mu}^a$は$SU(2)_A$**軸性ベクトルカレント**とよばれ，それを真空状態$\langle 0|$と4元運動量p^μをもつπ中間子π^b（$b = 1, 2, 3$）が存在する状態$|\pi^b(p)\rangle$で挟んだ行列要素は，(7.49)や$\langle 0|\hat{\sigma}(x)|0\rangle = f_\pi$などを用いて，

$$\langle 0|\tilde{J}_{5\mu}^a(x)|\pi^b(p)\rangle = i p_\mu f_\pi \delta^{ab} e^{-ipx} \qquad (7.58)$$

のように表されます．ここで，$|\pi^b(p)\rangle$は$\langle 0|\hat{\pi}^a(x)|\pi^b(p)\rangle = \delta^{ab} e^{-ipx}$のように規格化されています．

(7.58)から，f_πは荷電π中間子に関する**崩壊定数**という意味合いが付加されます．実際，$\pi^- \to \mu^- + \bar{\nu}_\mu$のような崩壊過程を用いて，$f_\pi = 93\,\mathrm{MeV}$が得られます．また，(7.58)を用いて，

$$\langle 0|\partial^\mu \tilde{J}_{5\mu}^a(x)|\pi^b(p)\rangle = p_\mu p^\mu f_\pi \delta^{ab} e^{-ipx} = m_\pi^2 f_\pi \delta^{ab} e^{-ipx} \qquad (7.59)$$

が導かれます．ここで，m_πはπ中間子の質量です[7].

さらに，(7.59)の右辺は$m_\pi^2 f_\pi \delta^{ab} e^{-ipx} = m_\pi^2 f_\pi \langle 0|\hat{\pi}^a(x)|\pi^b(p)\rangle$のように表されるため，(7.59)より，演算子のレベルで，

$$\partial^\mu \tilde{J}_{5\mu}^a(x) = f_\pi m_\pi^2 \hat{\pi}^a(x) \qquad (7.60)$$

が導かれます．この関係式を**PCAC**といいます[8].

---

6) $m_\pi = 0$, $m_N = g_{\pi N} f_\pi$, $f = g_{\pi N}$とおくと，(7.56)の$\hat{\mathcal{L}}_\sigma$が(5.22)の$\mathcal{L}_{湯川}$を含む形のラグランジアン密度になることに注目してください．

7) $m_\pi = 0$のとき，(7.59)の最右辺はゼロとなり，$\langle 0|\partial^\mu \tilde{J}_{5\mu}^a(x)|\pi^b(p)\rangle = 0$が得られます．また，量子異常が現れることも知られています（巻末の付録のC.1節を参照）．

8) PCACはPartial Conservation of Axial vector Current，あるいは，Partially Conserved Axial vector Currentの略で，軸性ベクトルカレントの部分的な保存を表しています．

Coffee Break

美と科学

「美とは何か？」は，本来，芸術論や美学や哲学における問いかけかもしれませんが，敢えて，ここで科学と関連付けてみたいと思います．

美を科学の対象とするならば，つまり，自然現象を美という観点から捉えるとしたら，美の高低を測る尺度が必要となります．そこで，有用な概念として，「対称性（変換のもとでの不変性）」が考えられます．図形を例にとると，三角形の中で正三角形が最も美しい形と感じるのは，正三角形が最も対称性が高い三角形であるからと考えられます．

このように，対称性の高いものほど，人は美しいと感じる傾向にあるといえるでしょう．多くの場合，変換は群を成します．というわけで，群論が自然に潜む美の高低を測る一つの尺度を与える可能性があり，「群論」は自然に関する美学といえます．

西洋の建築や庭園を見ればわかるように，西洋では幾何学的に対称性が高いものが好まれます．このような西洋の美の基準の背景には「完全性」があるのではないでしょうか．一方，日本の寺院（金堂と塔の配置）や庭園は程よく対称性が破れていて，日本の美の基準の背景には「自然との調和」があるように思います．そして，このような対称性の実現形態の背後に，南部陽一郎（Y. Nambu, 1921 – 2015）が提唱した，「対称性の自発的破れ」の概念が潜んでいるような気がしてなりません．

本章のPoint

▶ **群論**：群のもつ代数的構造，群の分類，群の表現などを論じる数学の一分野．ここで，群とは，「ある集合の任意の元に対して，積とよばれる規則が定義される．積に関して，結合則が成り立つ．積に関して，単位元と逆元とよばれる元が存在する．」という性質をもつ集合のことである（より詳しい定義については，7.2 節を参照）．物理系を（近似的に）不変に保つ変換の集まりは群を成すことが多く，群論は物理系の解析に有用である．素粒子の世界では，**リー群**がしばしば現れる．リー群とは，群の元が連続的な値をとるパラメータで指定され，そのパラメータに関して微分可能な群のことである．

▶ **対称性の利点**：対称性に起因して，「保存量が存在する．運動形態や相互作用の形が限定される．量子補正に関して，理論の振る舞いが良くなる．素粒子や状態の分類に役立つ．」という利点が得られる．

▶ **真空状態**：エネルギーが最小の状態で，**ウィグナー相**（唯一の真空状態が存在する相）と**南部－ゴールドストーン相**（縮退した真空状態が存在する相）に大別される．

▶ **対称性の自発的破れ**：南部－ゴールドストーン相において，縮退した真空状態の中から1つの状態が選ばれることにより対称性が破れる現象．

▶ **ゴールドストーン模型**：複素スカラー粒子に関する場の量子論に基づく模型で，大局的 $U(1)$ 対称性の自発的破れにともない，南部－ゴールドストーンボソンが出現する様子を記述する．

▶ **σ 模型**：核子と π 中間子とスカラー中間子 σ を含む核力に関する場の量子論に基づく模型で，カイラル対称性の自発的破れにともない，核子が質量を獲得する様子を記述する．また，π 中間子が南部－ゴールドストーンボソンであると解釈される．

Practice

[7.1]　表現の同値性

SU(2) の **2** 表現とその複素共役表現が同値であることを示しなさい.

[7.2]　保存カレントによる無限小変換の生成

(4.14) の正準交換関係と (7.22) で定義された保存カレントを用いて，(7.28) の無限小変換における関係式

$$\int \left[i \sum_{a=1}^{n} \varepsilon^a \hat{J}_0^a(y), \hat{\varphi}(x) \right] d^3y = -i \sum_{a=1}^{n} \varepsilon^a T^a \hat{\varphi}(x)$$

を示しなさい.

[7.3]　南部 - Jona Lasinio 模型[9]の $U(1)_V \times U(1)_A$ 対称性

ラグランジアン密度

$$\hat{\mathcal{L}}_{NJ} = \hat{\bar{\psi}}(x) i \gamma^\mu \partial_\mu \hat{\psi}(x) - G_{NJ}[\{\hat{\bar{\psi}}(x)\hat{\psi}(x)\}^2 + \{\hat{\bar{\psi}}(x) i \gamma_5 \hat{\psi}(x)\}^2]$$

が大局的 $U(1)_V$ 変換 $\hat{\psi}'(x) = e^{-i\alpha}\hat{\psi}(x)$ (α：実数の定数) と大局的 $U(1)_A$ 変換 $\hat{\psi}'(x) = e^{-i\beta\gamma_5}\hat{\psi}(x)$ (β：実数の定数) のもとで不変であることを示し ($e^{-2i\beta\gamma_5} = \cos 2\beta - i\gamma_5 \sin 2\beta$ を用いると便利)，それぞれの変換に関する保存カレントを求めなさい（添字の NJ は Nambu - Jona Lasinio の略）. ここで，$\hat{\psi}(x)$ はディラック場の演算子, G_{NJ} は結合定数, $\gamma_5 = i\gamma^0\gamma^1\gamma^2\gamma^3$ です.

[7.4]　南部 - Jona Lasinio 模型の対称性の自発的破れ

$\langle 0|\hat{\bar{\psi}}(x)\hat{\psi}(x)|0\rangle \neq 0$ のとき，大局的 $U(1)_A$ 対称性が自発的に破れることを示しなさい. また，このとき $\hat{\psi}(x)$ に関する質量項が生成されることを示しなさい.

---

9) Jona Lasinio に関する統一的なカタカナ表記がなさそうなので，アルファベット表記にしました. ちなみに，『学術用語集』(培風館) では「ジョナ ラジニオ」，南部陽一郎 著『クォーク 第2版』(講談社) では「イオナラシニオ」と記載されています.

ゲージ理論

量子電磁力学の世界には，どのような対称性が存在しているのでしょうか？ 電磁相互作用の形を決定する原理があるとしたら，それはどのようなもので，また，その原理は他の相互作用の形を決定する際にも適用できるのでしょうか？ 本章では，ゲージ相互作用の世界を覗いてみることにしましょう．

8.1 ゲージ対称性

7.1節で，「**物理現象から対称性を見出せれば，理論の構築に活かすことができると期待されます**」と述べました．具体的には，素粒子に関する反応過程などを通して，(近似的な) 保存則から対称性が見出されたとき，作用積分を限定することができます．例えば，前章で述べたように，σ模型において，$SU(2)_V \times SU(2)_A \times U(1)_V \times U(1)_A$変換のもとでの対称性 (不変性) を仮定して (場から構成される多項式の次数を制限したとして)，ラグランジアン密度の形を (7.45) の $\mathcal{L}_\sigma$ のように決めることができます．このように，理論の構築に際し，対称性が役に立ちます．

素粒子に関する基本的な理論を探究する際には，予言能力が高くて実験で検証された理論に着目し，それをお手本とするのがよいと思われます．例えば，第6章で紹介した量子電磁力学がお手本になる可能性があります．

量子電磁力学の作用積分は，「ディラック粒子と光子の運動項」と「ディラ

152　8. ゲージ理論

ック粒子と光子の間の相互作用項」から構成されていて，運動項はポアンカ
レ対称性（ポアンカレ変換のもとでの不変性）により決まります（6.3 節を参
照）．よって，「相互作用の形を決定する対称性に根ざした，理論を構築する
ための指導原理はないだろうか？」という問いが重要になります．

　実際，**ゲージ対称性**に根ざした**ゲージ原理**（ゲージ変換のもとで，物理法
則は不変である）がその役割を担う可能性があることを，ワイルが 1929 年に
指摘しました．そして 1954 年に，ヤンとミルズがゲージ原理を用いて，
SU(2) に基づくゲージ理論（狭い意味での**ヤン‐ミルズ理論**）を構築しまし
た．ちょうど同じ頃，内山龍雄はゲージ原理に基づいて，量子電磁力学や
ヤン‐ミルズ理論を特別な場合として含む，ゲージ理論の一般論を展開しま
した．この一般論によると，重力相互作用もゲージ理論の一種として理解で
きます．

　一般に，局所的変換を**ゲージ変換**，ゲージ変換に対する不変性を**ゲージ対
称性**（**ゲージ不変性**）といい，ゲージ不変性をもつ理論を**ゲージ理論**といい
ます．また，ゲージ変換が構成する変換群を**ゲージ群**といいます．さらに，
光子（光子場）のような役割を果たす粒子（場）を**ゲージ粒子**（**ゲージ場**）
といい，ゲージ粒子が媒介する相互作用を**ゲージ相互作用**といいます．

　ゲージ原理を用いてラグランジアン密度を導くと，ゲージ場の質量項が現
れません．しかし，光子以外に質量がゼロである粒子が見つかっていないの
で，例えば，弱い相互作用をゲージ理論として理解したいならば，「ゲージ対
称性と矛盾することなく，ゲージ粒子は質量を獲得できるのか？」という問
いに答える必要があります．実際，**ヒッグス機構**とよばれる質量生成機構が
肯定的な答えを与えてくれます．

　ヒッグス機構の萌芽は，1960 年の南部陽一郎の超伝導の理論にあります．
彼は，BCS 理論において電荷の保存則が一見成り立っていないように見える
こと，つまり，電荷に関する U(1) 対称性が破れているように見えることに
疑問をもち，独自の理論を駆使して，「対称性の自発的破れ」という概念と
フェルミオンやゲージ粒子の質量生成機構に辿り着きました．その後，1964 年
にエングラート，ブロートおよびヒッグスにより遂行された，複素スカラー
粒子を含むゲージ理論を用いた解析により，質量生成機構のからくりが，

より鮮明に理解されるようになりました.

　本章の以下の節では，素粒子の強い相互作用や弱い相互作用の世界を探索するための準備の第2弾として，ゲージ原理に基づくゲージ理論の構築とヒッグス機構について紹介します．その内容は以下の通りです.

　まず，8.2節で，量子電磁力学の対称性をリストアップし，それらを様々な観点から分類します．その中で，ゲージ対称性が特に興味深い性質をもっていることを指摘します.

　8.3節では，ゲージ対称性に着目して，それをゲージ原理とよばれる指導原理に昇格させ，この原理を用いて，量子電磁力学の作用積分を再導出します．そして，ゲージ原理の効力を確認した上で，この原理を非可換群に基づく対称性に適用します．具体的には，8.4節で，大局的SU(2)対称性にゲージ原理を適用して，局所的SU(2)対称性をもつ理論を構築します.

　ここで前述のように，ゲージ理論に基づく弱い相互作用の理論の構築に向けて，「ゲージ対称性と矛盾することなく，ゲージ粒子は質量を獲得できるのか？」という問いが問題となります.

　そして8.5節では，局所的U(1)対称性をもつ物理系において，U(1)対称性の自発的破れが起こったとき，ヒッグス機構を通して，ゲージ対称性に抵触せずにゲージ粒子が質量を得ることができることを示します.

🌱 8.2　量子電磁力学の対称性

量子電磁力学の世界には，どのような対称性が存在するのか？

　6.3節で述べたように，電磁相互作用がはたらく素粒子の世界（**量子電磁力学の世界**）は，作用積分

$$\hat{S}_{\text{QED}} = \int [\bar{\hat{\psi}}(x)\{i\gamma^\mu(\partial_\mu + ieQ\hat{A}_\mu(x)) - m\}\hat{\psi}(x)$$

$$- \frac{1}{4}\{\partial_\mu\hat{A}_\nu(x) - \partial_\nu\hat{A}_\mu(x)\}\{\partial^\mu\hat{A}^\nu(x) - \partial^\nu\hat{A}^\mu(x)\}] \, d^4x$$

$$(8.1)$$

で記述されます．ここで，$\hat{\psi}(x)$ は質量 m，電荷 eQ をもつディラック場の演

154 8. ゲージ理論

算子で, $\widehat{A}_\mu(x)$ は光子場の演算子です.

まずは, 量子電磁力学の世界に存在する対称性をリストアップします. 具体的には, $\widehat{S}_{\mathrm{QED}}$ は次の (1) ～ (9) のような変換のもとでの対称性 (不変性) をもっています.

(1) **並進対称性**：2.4 節で述べた, 時空に関する**並進**

$$\begin{cases} x'^\mu = x^\mu + a^\mu \qquad (a^\mu : 実数の定数) \\ \widehat{\psi}'(x') = \widehat{\psi}(x) \\ \widehat{A}'^\mu(x') = \widehat{A}^\mu(x) \end{cases} \tag{8.2}$$

のもとでの不変性で, その保存量はエネルギーおよび運動量です.

(2) **本義ローレンツ対称性**：2.4 節で述べた**本義ローレンツ変換**

$$\begin{cases} x'^\mu = \Lambda^\mu{}_\nu x^\nu \qquad (\eta_{\alpha\beta} = \eta_{\mu\nu}\Lambda^\mu{}_\alpha \Lambda^\nu{}_\beta, \ \Lambda^0{}_0 \geq 1, \ \det \Lambda^\mu{}_\nu = 1) \\ \widehat{\psi}'(x') = S(\Lambda)\,\widehat{\psi}(x), \qquad \widehat{A}'^\mu(x') = \Lambda^\mu{}_\nu \widehat{A}^\nu(x) \end{cases} \tag{8.3}$$

のもとでの不変性で, その保存量は (4 次元的) 角運動量です. ここで,

$S(\Lambda) = \sum_{n=0}^{\infty} \frac{1}{n!}\left(\frac{1}{8}\,\omega_{\mu\nu}[\gamma^\mu, \gamma^\nu]\right)^n = e^{\frac{1}{8}\omega_{\mu\nu}[\gamma^\mu, \gamma^\nu]}$ ($\omega_{\mu\nu}$：本義ローレンツ変換の

パラメータ) です (Practice [4.3] を参照).

(3) **大局的 U(1) 対称性**：4.5 節で述べた**大局的 U(1) 変換 (位相変換)**

$$\widehat{\psi}'(x) = e^{-i\alpha}\widehat{\psi}(x) \quad (\alpha : 実数の定数), \qquad \widehat{A}'^\mu(x) = \widehat{A}^\mu(x) \tag{8.4}$$

のもとでの不変性で, その保存量 $\widehat{N} \equiv \int \widehat{\psi}^\dagger(x)\,\widehat{\psi}(x)\,d^3x$ は粒子数 (粒子の数 － 反粒子の数) です. $\widehat{N}$ に eQ を掛けた量は電荷 (電気量) を表します.

(4) **局所的 U(1) 対称性 (ゲージ対称性)**：**局所的 U(1) 変換 (ゲージ変換)**

$$\widehat{\psi}'(x) = e^{-iQ\theta(x)}\widehat{\psi}(x), \qquad \widehat{A}'^\mu(x) = \widehat{A}^\mu(x) + \frac{1}{e}\partial^\mu\theta(x) \tag{8.5}$$

のもとでの不変性です (次節を参照). ここで, $\theta(x)$ は積分可能条件 $(\partial_\mu\partial_\nu - \partial_\nu\partial_\mu)\theta(x) = 0$ を満たす任意の実関数です.

(5) **空間反転対称性**：2.4 節で述べた**空間反転**

$$\begin{cases} t' = t, \ \ \boldsymbol{x}' = -\boldsymbol{x}, \ \ \widehat{\psi}'(x') = e^{i\theta_\mathrm{P}}\gamma^0\widehat{\psi}(x) \qquad (\theta_\mathrm{P}：実数の定数) \\ \widehat{A}'^0(x') = \widehat{A}^0(x), \ \ \widehat{\boldsymbol{A}}'(x') = -\widehat{\boldsymbol{A}}(x) \end{cases} \tag{8.6}$$

のもとでの不変性で, その保存量はパリティです. ここで, $e^{i\theta_\mathrm{P}}$ は**固有パリティ**で, 空間反転を 2 回行うと元に戻ることを要請すると, $e^{i\theta_\mathrm{P}} = \pm 1$ とな

ります．また，パリティとは，空間反転を引き起こす演算子，あるいはその
固有値のことです．

(6) **時間反転対称性**：2.4 節で述べた**時間反転**

$$
\begin{cases}
t' = -t, \quad \boldsymbol{x}' = \boldsymbol{x}, \quad \hat{\psi}'(x') = e^{i\theta_{\mathrm{T}}} \gamma^1 \gamma^3 \hat{\psi}(x) \qquad (\theta_{\mathrm{T}}：実数の定数) \\
\widehat{A}'^0(x') = \widehat{A}^0(x), \quad \widehat{\boldsymbol{A}}'(x') = -\widehat{\boldsymbol{A}}(x)
\end{cases}
\tag{8.7}
$$

のもとでの不変性です．

(7) **荷電共役対称性**：**荷電共役変換**

$$
\begin{cases}
\hat{\psi}'(x) = e^{i\theta_{\mathrm{C}}} \gamma^2 \hat{\psi}^*(x) \qquad (\theta_{\mathrm{C}}：実数の定数) \\
\widehat{A}'^{\mu}(x) = -\widehat{A}^{\mu}(x)
\end{cases}
\tag{8.8}
$$

のもとでの不変性です．この変換により，粒子と反粒子が入れ替わります．

この他に，ラグランジアン密度の特定の項を除いたときに成り立つ対称性
が存在します．このような部分的に破れた対称性を**近似的対称性**といいます．
そこで，量子電磁力学における近似的対称性として，次の 2 つを加えます．

(8) **大局的軸性 U(1) 対称性**：**大局的軸性 U(1) 変換**

$$
\begin{cases}
\hat{\psi}'(x) = e^{-i\beta\gamma_5} \hat{\psi}(x), \quad \hat{\bar{\psi}}'(x) = \hat{\bar{\psi}}(x) e^{-i\beta\gamma_5} \qquad (\beta：実数の定数) \\
\widehat{A}'^{\mu}(x) = \widehat{A}^{\mu}(x)
\end{cases}
\tag{8.9}
$$

のもとで，ディラック粒子の質量項 $m \hat{\bar{\psi}}(x) \hat{\psi}(x)$ を除いて作用積分は不変で
す．ここで，$\gamma_5 = i\gamma^0 \gamma^1 \gamma^2 \gamma^3$ です．

(9) **共形不変性**における**スケール不変性**と**特殊共形不変性**：共形不変性
とは，$ds^2 = c^2 dt^2 - dx^2 - dy^2 - dz^2 = 0$ を不変に保つ変換である**共形変
換**のもとでの不変性で，共形変換はポアンカレ変換，**スケール変換**，**特殊共
形変換**から構成されます．例えば，スケール変換は，

$$
\begin{cases}
x'^{\mu} = \rho x^{\mu} \qquad (\rho：実数の定数) \\
\hat{\psi}'(x') = \rho^{-3/2} \hat{\psi}(x), \qquad \widehat{A}'^{\mu}(x') = \rho^{-1} \widehat{A}^{\mu}(x)
\end{cases}
\tag{8.10}
$$

のように表され，この変換のもとで，ディラック粒子の質量項 $m \hat{\bar{\psi}}(x) \hat{\psi}(x)$
を除いて作用積分は不変です．

(8) と (9) の対称性は，$m = 0$ の場合でも量子補正により破れることが知
られています（巻末の付録 C を参照）．

156   8. ゲージ理論

上の (1) 〜 (9) の対称性を様々な観点から分類してみましょう.

- 厳密に成り立っているか否か

  厳密に成り立つ対称性：(1) 〜 (7)

  近似的対称性：(8), (9)

- 時空座標が変換するか否か

  時空座標が変換する対称性：(1), (2), (5), (6), (9)

  時空座標が変換しない対称性（**内部対称性**）：(3), (4), (7), (8)

- 連続的対称性か否か

  連続的対称性：(1) 〜 (4), (8), (9)

  離散的対称性：(5), (6), (7)

- 大局的対称性か否か

  大局的対称性：(1) 〜 (3), (5) 〜 (9)

  局所的対称性：(4)

ゲージ対称性の利点

局所的 U(1) 対称性（ゲージ対称性）は，局所的 U(1) 変換（ゲージ変換）のもとでの不変性であるため，作用積分の中の $\bar{\widehat{\psi}}(x)\,i\gamma^\mu\partial_\mu\,\widehat{\psi}(x)$ のみでは不変性は保たれなくて，この項から生じるおつり「$\delta_{\text{おつり}}(\bar{\widehat{\psi}}(x)\,i\gamma^\mu\partial_\mu\,\widehat{\psi}(x)) \equiv \bar{\widehat{\psi}}'(x)\,i\gamma^\mu\partial_\mu\,\widehat{\psi}'(x) - \bar{\widehat{\psi}}(x)\,i\gamma^\mu\partial_\mu\,\widehat{\psi}(x) = \bar{\widehat{\psi}}(x)\,\gamma^\mu\{Q\partial_\mu\,\theta(x)\}\widehat{\psi}(x)$」を相殺するような別の項（具体的には，相互作用項：$-eQ\bar{\widehat{\psi}}(x)\,\gamma^\mu\widehat{\psi}(x)\,\widehat{A}_\mu(x)$）からのおつり「$\delta_{\text{おつり}}(-eQ\bar{\widehat{\psi}}(x)\,\gamma^\mu\widehat{\psi}(x)\,\widehat{A}_\mu(x)) \equiv -eQ\bar{\widehat{\psi}}'(x)\,\gamma^\mu\widehat{\psi}'(x)\,\widehat{A}'_\mu(x) + eQ\bar{\widehat{\psi}}(x)\,\gamma^\mu\widehat{\psi}(x)\,\widehat{A}_\mu(x) = -Q\bar{\widehat{\psi}}(x)\,\gamma^\mu\widehat{\psi}(x)\,\partial_\mu\,\theta(x)$」が必要となります. つまり，運動項と相互作用項が共存する必要があります. そして，この特徴を踏まえると，ゲージ対称性を用いてディラック粒子と光子の間の相互作用項の形を決定することができます（次節を参照）.

🌱 8.3 ゲージ原理

電磁相互作用の形を決定する原理は，どのようなものか？

量子電磁力学のラグランジアン密度

$$\widehat{\mathcal{L}}_{\text{QED}} = \bar{\widehat{\psi}}(x)\,[\,i\gamma^\mu\{\partial_\mu + ieQ\widehat{A}_\mu(x)\} - m\,]\widehat{\psi}(x)$$

$$-\frac{1}{4}\{\partial_\mu \widehat{A}_\nu(x) - \partial_\nu \widehat{A}_\mu(x)\}\{\partial^\mu \widehat{A}^\nu(x) - \partial^\nu \widehat{A}^\mu(x)\}$$

$$(8.11)$$

に注目しましょう. 古典物理学の世界の電磁気学と同様に, 量子電磁力学も**ゲージ対称性**をもっていて, 実際, **局所的変換**とよばれる, 時空の各点における独立な変換

$$\widehat{\psi}'(x) = e^{-iQ\theta(x)}\widehat{\psi}(x) \tag{8.12}$$

$$\widehat{A}'_\mu(x) = \widehat{A}_\mu + \frac{1}{e}\partial_\mu \theta(x) \tag{8.13}$$

のもとで, $\widehat{\mathcal{L}}_{\mathrm{QED}}$ は不変です (次の Exercise 8.1 を参照). ここで, $\theta(x)$ は積分可能な任意の実関数です.

(8.12) は電荷をもつディラック場に関する位相変換で, U(1) 変換です. また, (8.13) は光子場に関する変換で, (6.15) における任意の実関数 f を $f = -\theta(x)/e$ と選べば, 電磁ポテンシャルのゲージ変換 (6.15) と同じ形をしていることがわかります. そして, (8.12) と (8.13) の変換を合わせて, **U(1) ゲージ変換**といいます. ここで, U(1) はユニタリー群の U(1) を表しています.

🔆 Exercise 8.1

(8.12) と (8.13) の U(1) ゲージ変換のもとで, (8.11) のラグランジアン密度 $\widehat{\mathcal{L}}_{\mathrm{QED}}$ が不変であることを示しなさい.

Coaching (8.12) と (8.13) の U(1) ゲージ変換のもとで, (8.11) の右辺の第 1 項は,

$$\begin{aligned}
&\overline{\widehat{\psi}}'(x)[i\gamma^\mu\{\partial_\mu + ieQ\widehat{A}'_\mu(x)\} - m]\widehat{\psi}'(x)\\
&= \overline{\widehat{\psi}}(x)\,e^{iQ\theta(x)}\Big[i\gamma^\mu\Big\{\partial_\mu + ieQ\Big(\widehat{A}_\mu(x) + \frac{1}{e}\partial_\mu \theta(x)\Big)\Big\} - m\Big]e^{-iQ\theta(x)}\widehat{\psi}(x)\\
&= \overline{\widehat{\psi}}(x)\,e^{iQ\theta(x)}e^{-iQ\theta(x)}[i\gamma^\mu\{\partial_\mu + ieQ\widehat{A}_\mu(x)\} - m]\widehat{\psi}(x)\\
&= \overline{\widehat{\psi}}(x)[i\gamma^\mu\{\partial_\mu + ieQ\widehat{A}_\mu(x)\} - m]\widehat{\psi}(x)
\end{aligned} \tag{8.14}$$

のように変換するので, $\widehat{\mathcal{L}}_{\mathrm{QED}}$ の第 1 項は不変であることがわかります. ここで, $\partial_\mu\{e^{-iQ\theta(x)}\widehat{\psi}(x)\} = -iQ\{\partial_\mu \theta(x)\}e^{-iQ\theta(x)}\widehat{\psi}(x) + e^{-iQ\theta(x)}\partial_\mu \widehat{\psi}(x)$ を使って得られ

158 8. ゲージ理論

る関係式

$$\{\partial_\mu + ieQ\widehat{A}'_\mu(x)\}\widehat{\psi}'(x)$$
$$= \left[\partial_\mu + ieQ\left\{\widehat{A}_\mu(x) + \frac{1}{e}\,\partial_\mu\,\theta(x)\right\}\right]e^{-iQ\theta(x)}\,\widehat{\psi}(x)$$
$$= e^{-iQ\theta(x)}\{\partial_\mu + ieQ\widehat{A}_\mu(x)\}\widehat{\psi}(x) \tag{8.15}$$

を用いました.

また,(8.13) の U(1) ゲージ変換のもとで,(8.11) の右辺の第2項は,

$$-\frac{1}{4}\{\partial_\mu\widehat{A}'_\nu(x) - \partial_\nu\widehat{A}'_\mu(x)\}\{\partial^\mu\widehat{A}'^\nu(x) - \partial^\nu\widehat{A}'^\mu(x)\}$$
$$= -\frac{1}{4}\left[\partial_\mu\left\{\widehat{A}_\nu(x) + \frac{1}{e}\,\partial_\nu\,\theta(x)\right\} - \partial_\nu\left\{\widehat{A}_\mu(x) + \frac{1}{e}\,\partial_\mu\,\theta(x)\right\}\right]$$
$$\times\left[\partial^\mu\left\{\widehat{A}^\nu(x) + \frac{1}{e}\,\partial^\nu\,\theta(x)\right\} - \partial^\nu\left\{\widehat{A}^\mu(x) + \frac{1}{e}\,\partial^\mu\,\theta(x)\right\}\right]$$
$$= -\frac{1}{4}\{\partial_\mu\widehat{A}_\nu(x) - \partial_\nu\widehat{A}_\mu(x)\}\{\partial^\mu\widehat{A}^\nu(x) - \partial^\nu\widehat{A}^\mu(x)\} \tag{8.16}$$

のように変換するので,$\widehat{\mathcal{L}}_{\mathrm{QED}}$ の第2項も不変であることがわかります.ここで,$\partial_\mu\partial_\nu\theta(x) - \partial_\nu\partial_\mu\theta(x) = 0$ を用いました(Exercise 6.3 を参照).

よって,$\widehat{\mathcal{L}}_{\mathrm{QED}}$ は (8.12) と (8.13) の U(1) ゲージ変換のもとで不変なことが示せました. ∎

このようにして,量子電磁力学は U(1) ゲージ変換に対する不変性をもつ理論であることがわかりました.

そして,ゲージ対称性を**ゲージ原理**とよばれる次のような原理に昇格させることにより,電磁相互作用やそれとよく似た特徴をもつ相互作用について,逆にゲージ原理からそのラグランジアン密度を決定することができます.これは,まさに逆転の発想です.

▶ **ゲージ原理**:ゲージ変換とよばれる,時空の各点で独立な変換(局所的変換)のもとで,物理法則は不変である.

実際,相互作用をしていないディラック粒子を出発点にとり,ゲージ原理を指導原理とすれば,次のような手順により,電磁相互作用を記述するラグランジアン密度 $\widehat{\mathcal{L}}_{\mathrm{QED}}$ に到達することができます.

手順1:質量 m をもつ自由なディラック粒子の運動を記述する,(4.34) のラグランジアン密度

$$\widehat{\mathcal{L}}_{\mathrm{D}} = \bar{\hat{\psi}}(x)(i\gamma^\mu \partial_\mu - m)\hat{\psi}(x) \tag{8.17}$$

を出発点にとる（添字の D は Dirac の略）.

手順2：$\widehat{\mathcal{L}}_{\mathrm{D}}$ がもつ大局的 U(1) 変換

$$\hat{\psi}'(x) = e^{-iQ\alpha}\hat{\psi}(x) \qquad (\alpha：実数の定数) \tag{8.18}$$

のもとでの不変性に着目する.

手順3：$\hat{\psi}(x)$ は電荷 $q\,(= eQ)$ をもつディラック場の演算子であるとして，ゲージ原理を採用し，「$\hat{\psi}(x)$ に関する局所的 U(1) 変換

$$\hat{\psi}'(x) = e^{-iQ\theta(x)}\hat{\psi}(x) \tag{8.19}$$

のもとで，作用積分が不変になるべし」という要請を課す.

手順4：光子場の演算子に相当する $\widehat{A}_\mu(x)$ を導入して，偏微分 ∂_μ を

$$\partial_\mu \;\Rightarrow\; D_\mu \equiv \partial_\mu + ieQ\widehat{A}_\mu(x) \tag{8.20}$$

のように**共変微分**とよばれる微分演算子 D_μ に置き換える．ここで，e は**ゲージ結合定数**とよばれる物理量で，量子電磁力学の場合は素電荷に相当する.

手順5：(8.20) の置き換えにより，(8.17) の $\widehat{\mathcal{L}}_{\mathrm{D}}$ が

$$\widehat{\mathcal{L}}_{\mathrm{D}} + \widehat{\mathcal{L}}_{\phi\gamma} = \bar{\hat{\psi}}(x)[i\gamma^\mu\{\partial_\mu + ieQ\widehat{A}_\mu(x)\} - m]\hat{\psi}(x) \tag{8.21}$$

と変わり，$\hat{\psi}(x)$ と $\widehat{A}_\mu(x)$ の間の相互作用の形が決まる．ここで，相互作用項 $-eQ\bar{\hat{\psi}}(x)\gamma^\mu\widehat{A}_\mu(x)\hat{\psi}(x)$ を $\widehat{\mathcal{L}}_{\phi\gamma}$ と表した.

手順6：$\hat{\psi}(x)$ に関する共変微分 $D_\mu\hat{\psi}(x)$ が，ゲージ変換のもとで**ゲージ共変性**とよばれる性質

$$(D_\mu\hat{\psi}(x))' = e^{-iQ\theta(x)}D_\mu\hat{\psi}(x) \tag{8.22}$$

をもつとすると，$\widehat{A}_\mu(x)$ に関するゲージ変換

$$\widehat{A}'_\mu(x) = \widehat{A}_\mu(x) + \frac{1}{e}\partial_\mu\theta(x) \tag{8.23}$$

が導かれる（(8.15) を参照）．(8.22) の左辺を具体的に書くと，$(D_\mu\hat{\psi}(x))' = \{\partial_\mu + ieQ\widehat{A}'_\mu(x)\}\hat{\psi}'(x)$ である.

手順7：(8.20) で定義された共変微分を用いて，交換関係を計算すると，

$$[D_\mu, D_\nu] = ieQ\widehat{F}_{\mu\nu}(x) \tag{8.24}$$

が得られる．ここで，$\widehat{F}_{\mu\nu}(x)$ は**電磁場テンソル**とよばれる電磁場の強さを表す量で，

$$\widehat{F}_{\mu\nu}(x) \equiv \partial_\mu \widehat{A}_\nu(x) - \partial_\nu \widehat{A}_\mu(x) \tag{8.25}$$

で定義される．$\widehat{F}_{\mu\nu}(x)$ は (8.23) の U(1) ゲージ変換のもとで，

$$\begin{aligned}
\widehat{F}'_{\mu\nu}(x) &= \partial_\mu \widehat{A}'_\nu(x) - \partial_\nu \widehat{A}'_\mu(x) \\
&= \partial_\mu \widehat{A}_\nu(x) - \partial_\nu \widehat{A}_\mu(x) = \widehat{F}_{\mu\nu}(x)
\end{aligned} \tag{8.26}$$

のように不変である（Exercise 6.3 を参照）．

手順 8：光子場の運動項は，ローレンツ対称性とゲージ対称性を課すことにより，$\widehat{F}_{\mu\nu}(x)$ $(= \partial_\mu \widehat{A}_\nu(x) - \partial_\nu \widehat{A}_\mu(x))$ の 2 次式として，

$$\widehat{\mathcal{L}}_\gamma = -\frac{1}{4}\{\partial_\mu \widehat{A}_\nu(x) - \partial_\nu \widehat{A}_\mu(x)\}\{\partial^\mu \widehat{A}^\nu(x) - \partial^\nu \widehat{A}^\mu(x)\} \tag{8.27}$$

で与えられ，光子場の運動項の形態も決まる．

手順 9：$\widehat{\mathcal{L}}_D + \widehat{\mathcal{L}}_{\psi\gamma}$ と $\widehat{\mathcal{L}}_\gamma$ を足し合わせることにより，$\widehat{\mathcal{L}}_{\mathrm{QED}}$ に到達する．

ここで，手順 8 について解説します．光子はボソンであることから，(4.24) のクライン−ゴルドン方程式 $(\Box + m^2)\widehat{\phi}(x) = 0$ を思い起こすと，光子場の方程式の左辺にダランベルシアン $(\Box)$ が含まれると予想されます．そして，最小作用の原理を通して，このような方程式を導くためには，ラグランジアン密度として，光子場の演算子を 2 次の形で，さらに偏微分も 2 次の形で含んだものが相応しいと思われます．それに加えて，ローレンツ対称性とゲージ対称性をもつ必要があります．また，係数の $-1/4$ は最小作用の原理によりマクスウェル方程式が導出されるように選びました（Practice [6.2] を参照）．

ここで，光子場の特徴を確認してみましょう．

- ゲージ原理を採用して得られたラグランジアン密度 $\widehat{\mathcal{L}}_{\mathrm{QED}}$ の中に，光子場に関する質量項が現れない．実際，光子が質量 m_γ をもつとすると，質量項に相当する $\widehat{A}_\mu$ の 2 次の項は，(8.23) のゲージ変換のもとで，

$$\begin{aligned}
\frac{1}{2} m_\gamma^2 \widehat{A}'_\mu \widehat{A}'^\mu &= \frac{1}{2} m_\gamma^2 \left(\widehat{A}_\mu - \frac{1}{e}\partial_\mu\theta\right)\left(\widehat{A}^\mu - \frac{1}{e}\partial^\mu\theta\right) \\
&\neq \frac{1}{2} m_\gamma^2 \widehat{A}_\mu \widehat{A}^\mu
\end{aligned} \tag{8.28}$$

のように変換するため，不変ではなくなる．

- 光子場は，電荷をもつディラック粒子の間で電磁相互作用を媒介する．
- 光子場は，マクスウェル方程式 $\Box \widehat{A}^\mu - \partial^\mu \partial_\nu \widehat{A}^\nu = eQ\overline{\widehat{\psi}}\gamma^\mu\widehat{\psi}$ に従う．

このように，**量子電磁力学において，ゲージ原理は，「電磁相互作用を媒介する光子場の導入」，「ディラック場と光子場の間の相互作用の形の決定」，「光子場の運動形態の決定」という役割を果たしながら，目的の作用積分に到達するための手引きをしてくれます！**

🌱 8.4 ヤン‐ミルズ理論

ゲージ原理は，他の相互作用の形を決定する際にも適用されるのか？

前節の手順 1〜9 を参考にして，ゲージ群が SU(2) であるようなゲージ理論を構築してみましょう．

まず，手順 1 については，SU(2) に関する 2 重項を組む質量 m_Ψ をもつ，自由なディラック粒子 Ψ の運動を記述するラグランジアン密度

$$\widehat{\mathcal{L}}_{\mathrm{D}} = \overline{\widehat{\Psi}}(x)(i\gamma^\mu\partial_\mu - m_\Psi)\widehat{\Psi}(x) \tag{8.29}$$

を出発点とします．ここで，$\widehat{\Psi}(x)$ は 2 つの成分をもつディラック場の演算子です．

次に，手順 2 として，$\widehat{\mathcal{L}}_{\mathrm{D}}$ がもつ大局的 SU(2) 変換

$$\widehat{\Psi}'(x) = \exp\left(-i\sum_{a=1}^{3}\alpha^a\frac{\tau^a}{2}\right)\widehat{\Psi}(x) \qquad (\alpha^a : 実数の定数) \tag{8.30}$$

のもとでの不変性に着目します．ここで，τ^a はパウリ行列で，交換関係

$$\left[\frac{\tau^a}{2}, \frac{\tau^b}{2}\right] = i\sum_{c=1}^{3}\varepsilon^{abc}\frac{\tau^c}{2} \tag{8.31}$$

に従います（(7.16)，(7.17) を参照）．ε^{abc} は SU(2) の構造定数とよばれる，3 つの添字の入れ替えに関して完全反対称な量で，ゼロでないものは $\varepsilon^{123} = \varepsilon^{231} = \varepsilon^{312} = 1$ と $\varepsilon^{321} = \varepsilon^{213} = \varepsilon^{132} = -1$ です．

そして，手順 3 として，ゲージ原理を採用し，「$\widehat{\Psi}(x)$ に関する局所的 SU(2) 変換

162   8. ゲージ理論

$$\widehat{\Psi}'(x) = U(x)\,\widehat{\Psi}(x), \qquad U(x) \equiv \exp\left\{-i\sum_{a=1}^{3}\theta^a(x)\frac{\tau^a}{2}\right\} \quad (8.32)$$

のもとで，作用積分が不変になるべし」という要請を課します．ここで，$\theta^a(x)$ $(a = 1, 2, 3)$ は任意の積分可能な実関数です．

さらに手順4と5に基づいて，(8.32) の局所的 SU(2) 変換のもとでの不変性を確保するために，**ヤン-ミルズ場（非可換ゲージ場）**とよばれる，ゲージ場に関する場の演算子 $\widehat{A}^a_\mu(x)$ $(a = 1, 2, 3)$ を導入して，偏微分 ∂_μ を

$$\partial_\mu \;\Rightarrow\; D_\mu \equiv \partial_\mu + ig\sum_{a=1}^{3}\widehat{A}^a_\mu(x)\frac{\tau^a}{2} \quad (8.33)$$

のように，共変微分 D_μ に置き換えます．ここで，g は**ゲージ結合定数**です．この置き換えにより，$\widehat{\mathcal{L}}_{\mathrm{D}}$ が

$$\widehat{\mathcal{L}}_{\mathrm{D}} + \widehat{\mathcal{L}}_{\Psi A^a_\mu} = \overline{\widehat{\Psi}}(x)\left[i\gamma^\mu\left\{\partial_\mu + ig\sum_{a=1}^{3}\widehat{A}^a_\mu(x)\frac{\tau^a}{2}\right\} - m_\Psi\right]\widehat{\Psi}(x) \quad (8.34)$$

となって，$\widehat{\Psi}(x)$ と $\widehat{A}^a_\mu(x)$ の間の相互作用の形が決まります．ここで，相互作用項 $-g\overline{\widehat{\Psi}}(x)\gamma^\mu\sum_{a=1}^{3}\widehat{A}^a_\mu(x)\frac{\tau^a}{2}\widehat{\Psi}(x)$ を $\widehat{\mathcal{L}}_{\Psi A^a_\mu}$ と表しました．

🔱 Exercise 8.2

手順6に従って，$D_\mu\widehat{\Psi}(x)$ がゲージ変換のもとで，ゲージ共変性

$$D'_\mu\widehat{\Psi}'(x) = U(x)\,D_\mu\widehat{\Psi}(x) \quad (8.35)$$

をもつとして，$\widehat{A}^a_\mu(x)$ に関するゲージ変換を求めなさい．

Coaching　(8.35) の左辺に (8.32) と (8.33) を代入することにより，

$$\left(\partial_\mu + ig\sum_{a=1}^{3}\widehat{A}'^a_\mu(x)\frac{\tau^a}{2}\right)U\widehat{\Psi}(x)$$

$$= U\left\{\partial_\mu + U^{-1}ig\sum_{a=1}^{3}\widehat{A}'^a_\mu(x)\frac{\tau^a}{2}U + U^{-1}\partial_\mu U\right\}\widehat{\Psi}(x) \quad (8.36)$$

が得られます．ここで，簡単のため，$U(x)$ を U と記しました．

(8.36) の右辺が (8.35) の右辺 $U(x)D_\mu\widehat{\Psi}(x)$ に等しいという条件から，

$$U^{-1}ig\sum_{a=1}^{3}\widehat{A}'^a_\mu(x)\frac{\tau^a}{2}U + U^{-1}\partial_\mu U = ig\sum_{a=1}^{3}\widehat{A}^a_\mu(x)\frac{\tau^a}{2} \quad (8.37)$$

が得られます．そして，(8.37) の両辺に対して，左と右からそれぞれ U と U^{-1} を

掛けることにより，

$$ig\sum_{a=1}^{3}\widehat{A}_{\mu}^{\prime a}(x)\frac{\tau^a}{2} + (\partial_\mu U)U^{-1} = igU\sum_{a=1}^{3}\widehat{A}_{\mu}^{a}(x)\frac{\tau^a}{2}U^{-1} \tag{8.38}$$

が導かれ，さらにこの式を変形すれば，$\widehat{A}_{\mu}^{a}(x)$ に関するゲージ変換

$$\sum_{a=1}^{3}\widehat{A}_{\mu}^{\prime a}(x)\frac{\tau^a}{2} = U\sum_{a=1}^{3}\widehat{A}_{\mu}^{a}(x)\frac{\tau^a}{2}U^{-1} - \frac{i}{g}U\partial_\mu U^{-1} \tag{8.39}$$

が導かれます．ここで，$\partial_\mu(UU^{-1}) = \partial_\mu I = 0$（$I: 2 \times 2$ 単位行列）から導かれる公式 $(\partial_\mu U)U^{-1} + U\partial_\mu U^{-1} = 0$ を用いました． ■

次に手順7に基づいて，共変微分の間の交換関係 $[D_\mu, D_\nu]$ を計算すると，

$$[D_\mu, D_\nu] = ig\sum_{a=1}^{3}\widehat{F}_{\mu\nu}^{a}(x)\frac{\tau^a}{2} \tag{8.40}$$

$$\widehat{F}_{\mu\nu}^{a}(x) \equiv \partial_\mu \widehat{A}_{\nu}^{a}(x) - \partial_\nu \widehat{A}_{\mu}^{a}(x) - g\sum_{b,c=1}^{3}\varepsilon^{abc}\widehat{A}_{\mu}^{b}(x)\widehat{A}_{\nu}^{c}(x) \tag{8.41}$$

が導かれます．この $\widehat{F}_{\mu\nu}^{a}(x)$ を**ヤン－ミルズ場テンソル**とよぶことにします．

 Training 8.1

交換関係 $[D_\mu, D_\nu]$ を計算して，(8.40) と (8.41) を確かめなさい．

 Training 8.2

共変微分のゲージ変換性を用いて，$\widehat{F}_{\mu\nu}^{a}(x)\frac{\tau^a}{2}$ が (8.39) のゲージ変換のもとで，

$$\sum_{a=1}^{3}\widehat{F}_{\mu\nu}^{\prime a}(x)\frac{\tau^a}{2} = U\sum_{a=1}^{3}\widehat{F}_{\mu\nu}^{a}(x)\frac{\tau^a}{2}U^{-1} \tag{8.42}$$

のように変換することを確かめなさい．ここで，$\widehat{F}_{\mu\nu}^{\prime a}(x) \equiv \partial_\mu \widehat{A}_{\nu}^{\prime a}(x) - \partial_\nu \widehat{A}_{\mu}^{\prime a}(x) - g\sum_{b,c=1}^{3}\varepsilon^{abc}\widehat{A}_{\mu}^{\prime b}(x)\widehat{A}_{\nu}^{\prime c}(x)$ です．

Exercise 8.3

手順8を参考にして，ヤン－ミルズ場に関する運動項を含むラグランジアン密度を求めなさい．

164 8. ゲージ理論

Coaching ヤン－ミルズ場 $\widehat{A}_\mu^a(x)$ もスピン 1 の粒子でボソンです. よって, ヤン－ミルズ場の運動項を記述するラグランジアン密度は, $\widehat{A}_\mu^a(x)$ を 2 次の形で, さらに偏微分も 2 次の形で含み, $\widehat{F}_{\mu\nu}^a(x)$ の 2 次式に比例すると考えられます. $\widehat{F}_{\mu\nu}^a(x)$ の 2 次式で, ローレンツ対称性とゲージ対称性を併せもつ項としては,

$$\mathrm{tr}\left(\sum_{a,\,b=1}^{3}\widehat{F}_{\mu\nu}^a(x)\frac{\tau^a}{2}\widehat{F}^{b\mu\nu}(x)\frac{\tau^b}{2}\right)=\frac{1}{2}\sum_{a=1}^{3}\widehat{F}_{\mu\nu}^a(x)\widehat{F}^{a\mu\nu}(x) \tag{8.43}$$

が存在します. ここで, $\mathrm{tr}\left(\dfrac{\tau^a}{2}\dfrac{\tau^b}{2}\right)=\dfrac{1}{2}\delta^{ab}$ を用いました.

実際, トレースに関する関係式

$$\mathrm{tr}\,(UFU^{-1}UGU^{-1})=\mathrm{tr}\,(FU^{-1}UGU^{-1}U)=\mathrm{tr}\,(FG) \tag{8.44}$$

と (8.42) を用いると, (8.43) が (8.39) のゲージ変換のもとで不変であることを示すことができます.

よって, (8.27) の光子場の運動項を参考にすれば, ヤン－ミルズ場の運動項を含むラグランジアン密度は,

$$\widehat{\mathscr{L}}_{A_\mu^a}=-\frac{1}{4}\sum_{a=1}^{3}\widehat{F}_{\mu\nu}^a(x)\widehat{F}^{a\mu\nu}(x) \tag{8.45}$$

で与えられ, ヤン－ミルズ場の運動形態も決まります. ∎

最後に, 手順 9 に従って, (8.34) の $\widehat{\mathscr{L}}_{\mathrm{D}}+\widehat{\mathscr{L}}_{\Psi A_\mu^a}$ と (8.45) の $\widehat{\mathscr{L}}_{A_\mu^a}$ を足し合わせることにより, ラグランジアン密度

$$\widehat{\mathscr{L}}_{\mathrm{YM}}=\overline{\widehat{\Psi}}(x)\left[i\gamma^\mu\left\{\partial_\mu+ig\sum_{a=1}^{3}\widehat{A}_\mu^a(x)\frac{\tau^a}{2}\right\}-m_\Psi\right]\widehat{\Psi}(x)$$

$$-\frac{1}{4}\sum_{a=1}^{3}\widehat{F}_{\mu\nu}^a(x)\widehat{F}^{a\mu\nu}(x) \tag{8.46}$$

に到達します (添字の YM は Yang-Mills の略). $\widehat{\mathscr{L}}_{\mathrm{YM}}$ のような非可換群に関するゲージ対称性をもつラグランジアン密度により記述される理論を, **ヤン－ミルズ理論 (非可換ゲージ理論)** といいます.

▶ **ヤン－ミルズ場 $\widehat{A}_\mu^a(x)$ の特徴**

- 光子場の場合と同様に, ゲージ原理を採用して得られたラグランジアン密度の中に, ヤン－ミルズ場に関する質量項が現れない.
- 光子場の場合と同様に, ヤン－ミルズ場がディラック場の間で相互作用を媒介する. 作用積分 $\widehat{S}_{\mathrm{YM}}=\int\widehat{\mathscr{L}}_{\mathrm{YM}}\,d^4x$ に対して, ディラ

ック場の演算子のディラック共役 $\overline{\widehat{\varPsi}}(x)$ に関する変分より, ディ
ラック場に関する波動方程式

$$\left[i\gamma^\mu\left\{\partial_\mu + ig\sum_{a=1}^{3}\widehat{A}_\mu^a(x)\frac{\tau^a}{2}\right\} - m_\varPsi\right]\widehat{\varPsi}(x) = 0 \tag{8.47}$$

が導かれる.

- $\widehat{S}_{\mathrm{YM}}$ に対して, ゲージ場の演算子 $\widehat{A}_\mu^a(x)$ に関する変分を行うと, **ヤン-ミルズ方程式**とよばれる, ヤン-ミルズ場に関する波動方程式

$$\partial_\mu \widehat{F}^{a\mu\nu}(x) - g\sum_{b,c=1}^{3}\varepsilon^{abc}\widehat{A}_\mu^b(x)\widehat{F}^{c\mu\nu}(x) = g\overline{\widehat{\varPsi}}(x)\gamma^\nu\frac{\tau^a}{2}\widehat{\varPsi}(x) \tag{8.48}$$

が導かれる.

- ヤン-ミルズ場自身が**ゲージ量子数**をもち,

$$\widehat{\mathcal{L}}_{\text{自己}} = \frac{g}{2}\sum_{a,b,c=1}^{3}\varepsilon^{abc}\{\partial_\mu\widehat{A}_\nu^a(x) - \partial_\nu\widehat{A}_\mu^a(x)\}\widehat{A}^{b\mu}(x)\widehat{A}^{c\nu}(x)$$

$$- \frac{g^2}{4}\sum_{a,b,c,d,e=1}^{3}\varepsilon^{abc}\varepsilon^{ade}\widehat{A}_\mu^b(x)\widehat{A}_\nu^c(x)\widehat{A}^{d\mu}(x)\widehat{A}^{e\nu}(x) \tag{8.49}$$

に従って**自己相互作用**を行う. ここで, ゲージ量子数とは, ゲージ
群に関する量子数のことで, 表現やリー代数の元で指定される.
例えば, ヤン-ミルズ場は SU(2) の随伴表現 (**3** 表現) に従う 3 重
項で, ゲージ量子数は **3** と表記される.

一般の非可換ゲージ理論

本節では, SU(2) の **2** 表現に従うディラック場をもとにして SU(2) ゲー
ジ理論を構築しましたが, 同様の手続きにより, 様々な非可換群に基づいて
様々な粒子 (ディラック粒子, ワイル粒子, 複素スカラー粒子など) を含む
ゲージ理論を構築することができます.

ここでは, 次元が n の非可換群 G に関する, G の r 表現に従うディラック
場の演算子 $\widehat{\varPsi}(x)$ を物質粒子として含むゲージ理論を例にとります.
ヤン-ミルズ場の演算子 $\widehat{A}_\mu^a(x)$ $(a = 1, 2, \cdots, n)$ を導入することにより, ゲージ
群 G に関するゲージ変換

166　8. ゲージ理論

$$\widehat{\Psi}'(x) = U\,\widehat{\Psi}(x), \qquad U \equiv \exp\left\{-i\sum_{a=1}^{n}\theta^a(x)\,T^a_{(r)}\right\} \tag{8.50}$$

$$\sum_{a=1}^{n}\widehat{A}'^a_\mu(x)\,T^a_{(r)} = U\sum_{a=1}^{n}\widehat{A}^a_\mu(x)\,T^a_{(r)}\,U^{-1} - \frac{i}{g}U\,\partial_\mu U^{-1} \tag{8.51}$$

のもとで不変なラグランジアン密度

$$\mathscr{L}_{\mathrm{YM}} = \widehat{\overline{\Psi}}(x)\left[i\gamma^\mu\left\{\partial_\mu + ig\sum_{a=1}^{n}\widehat{A}^a_\mu(x)\,T^a_{(r)}\right\} - m_\Psi\right]\widehat{\Psi}(x)$$

$$- \frac{1}{4}\sum_{a=1}^{n}\widehat{F}^a_{\mu\nu}(x)\,\widehat{F}^{a\mu\nu}(x) \tag{8.52}$$

を構成することができます. ここで, $T^a_{(r)}$ は G の **r** 表現に関するリー代数の元です. また, $\widehat{F}^a_{\mu\nu}(x)$ はヤン－ミルズ場テンソルで,

$$\widehat{F}^a_{\mu\nu}(x) \equiv \partial_\mu\widehat{A}^a_\nu(x) - \partial_\nu\widehat{A}^a_\mu(x) - g\sum_{b,c=1}^{n}f^{abc}\widehat{A}^b_\mu(x)\widehat{A}^c_\nu(x) \tag{8.53}$$

で定義されます.

(8.53) において, f^{abc} はリー代数の交換関係

$$[T^a_{(r)},\,T^b_{(r)}] = i\sum_{c=1}^{n}f^{abc}\,T^c_{(r)} \tag{8.54}$$

に現れる G の構造定数です. さらに, ヤン－ミルズ方程式は,

$$\partial_\mu\widehat{F}^{a\mu\nu}(x) - g\sum_{b,c=1}^{n}f^{abc}\widehat{A}^b_\mu(x)\widehat{F}^{c\mu\nu}(x) = g\,\widehat{\overline{\Psi}}(x)\,\gamma^\nu T^a_{(r)}\,\widehat{\Psi}(x) \tag{8.55}$$

となります.

このようにして, ヤン－ミルズ理論においても, ゲージ原理は,「ゲージ相互作用を媒介するヤン－ミルズ場の導入」,「ディラック場とヤン－ミルズ場の間の相互作用の形の決定」,「ヤン－ミルズ場の運動形態の決定」という役割を果たすことがわかりました.

ただし, ゲージ原理を採用して得られたラグランジアン密度には, ゲージ場に関する質量項が存在しませんでした. それでは, 光子以外に質量がゼロのゲージ粒子が見つかっていないという事実を私たちはどのように考えればよいのでしょうか? 次節で, この問いに答えます.

8.5 ヒッグス機構

本節では,「局所的対称性をもつ系において, 対称性が自発的に破れた場合, 何が起こるのか?」ということについて考えてみましょう. そのために, 局所的 U(1) 対称性をもつラグランジアン密度

$$\widehat{\mathcal{L}}_\mathrm{H} = \{D_\mu \widehat{\phi}(x)\}^\dagger D^\mu \widehat{\phi}(x) + \mu^2 \widehat{\phi}^\dagger(x)\,\widehat{\phi}(x)$$
$$- \lambda \{\widehat{\phi}^\dagger(x)\,\widehat{\phi}(x)\}^2 - \frac{1}{4}\widehat{W}_{\mu\nu}(x)\widehat{W}^{\mu\nu}(x) \quad (8.56)$$

により記述される**ヒッグス模型**とよばれる模型を考えてみます (添字の H は Higgs の略).

いま, $\widehat{\phi}(x)$ は1個だけしか成分をもっていない複素スカラー場の演算子とします. また, U(1) ゲージ場の演算子を $\widehat{W}_\mu(x)$, ゲージ結合定数を g, $\widehat{\phi}(x)$ の U(1) 変換に関する保存チャージの値を 1 とすると, $\widehat{\phi}(x)$ に対する共変微分は $D_\mu \widehat{\phi}(x) = \{\partial_\mu + ig\widehat{W}_\mu(x)\}\widehat{\phi}(x)$ となります. また, μ^2, λ は定数です. そして, $\widehat{W}_{\mu\nu}(x)$ はゲージ場の強さに相当するテンソル (ゲージ場テンソル) で, $\widehat{W}_{\mu\nu}(x) \equiv \partial_\mu \widehat{W}_\nu(x) - \partial_\nu \widehat{W}_\mu(x)$ で定義されます.

ヒッグス模型は, ゴールドストーン模型 (7.5.1 項を参照) を出発点にして, ゲージ原理を採用することにより得られる模型で, 局所的 U(1) 対称性をもちます. 実際, (8.56) の $\widehat{\mathcal{L}}_\mathrm{H}$ は, 局所的 U(1) 変換

$$\widehat{\phi}'(x) = e^{-i\theta(x)}\widehat{\phi}(x), \qquad \widehat{W}'_\mu(x) = \widehat{W}_\mu(x) + \frac{1}{g}\partial_\mu \theta(x) \quad (8.57)$$

のもとで不変です. ここで, $\theta(x)$ は積分可能な任意の実関数です.

Training 8.3

(8.56) のラグランジアン密度が (8.57) の局所的 U(1) 変換のもとで不変であることを示しなさい.

ヒッグス模型の真空状態

ゴールドストーン模型の場合と同様の考察により, $\lambda > 0, \mu^2 > 0$ のとき,

168　8. ゲージ理論

物理状態が南部 - ゴールドストーン相になり，U(1) 対称性の自発的破れが起こります．そして，真空状態として，(7.40) のように，

$$\langle 0 | \hat{\phi}(x) | 0 \rangle = \frac{v}{\sqrt{2}}, \qquad v \equiv \sqrt{\frac{\mu^2}{\lambda}} \tag{8.58}$$

を選び，その周りで $\hat{\phi}(x)$ を，

$$\hat{\phi}(x) = \frac{1}{\sqrt{2}} \{ v + \hat{\rho}(x) \} e^{-i \frac{\hat{\xi}(x)}{v}} \tag{8.59}$$

のように表してみましょう．また，(8.59) を (8.56) の $\hat{\mathscr{L}}_{\mathrm{H}}$ に代入すると，対称性の自発的破れの後に実現する物理系を記述するラグランジアン密度として，

$$\begin{aligned}
\hat{\mathscr{L}}_{\mathrm{H}} = & \frac{1}{2} \{ \partial_\mu \hat{\rho}(x) \, \partial^\mu \hat{\rho}(x) - 2\mu^2 \hat{\rho}(x)^2 \} \\
& - \sqrt{\mu^2 \lambda} \, \hat{\rho}(x)^3 - \frac{\lambda}{4} \hat{\rho}(x)^4 - \frac{1}{4} \widehat{W}_{\mu\nu}(x) \widehat{W}^{\mu\nu}(x) \\
& + \frac{1}{2} (gv)^2 \Big\{ 1 + \frac{\hat{\rho}(x)}{v} \Big\}^2 \Big\{ \widehat{W}_\mu(x) - \frac{1}{gv} \partial_\mu \hat{\xi}(x) \Big\} \\
& \times \Big\{ \widehat{W}^\mu(x) - \frac{1}{gv} \partial^\mu \hat{\xi}(x) \Big\}
\end{aligned} \tag{8.60}$$

が得られます．ここで，定数項を省略しました．

さらに，$\widehat{W}_\mu(x)$ と $\hat{\xi}(x)$ を用いて，

$$\widehat{V}_\mu(x) \equiv \widehat{W}_\mu(x) - \frac{1}{gv} \partial_\mu \hat{\xi}(x) \tag{8.61}$$

$$\begin{aligned}
\widehat{V}_{\mu\nu}(x) & \equiv \partial_\mu \widehat{V}_\nu(x) - \partial_\nu \widehat{V}_\mu(x) = \partial_\mu \widehat{W}_\nu(x) - \partial_\nu \widehat{W}_\mu(x) \\
& = \widehat{W}_{\mu\nu}(x)
\end{aligned} \tag{8.62}$$

のように，ゲージ場の演算子 $\widehat{V}_\mu(x)$ とゲージ場テンソル $\widehat{V}_{\mu\nu}(x)$ を定義し直して，(8.60) の $\hat{\mathscr{L}}_{\mathrm{H}}$ を書き直すと，

$$\begin{aligned}
\hat{\mathscr{L}}_{\mathrm{H}} = & \frac{1}{2} \{ \partial_\mu \hat{\rho}(x) \, \partial^\mu \hat{\rho}(x) - 2\mu^2 \hat{\rho}(x)^2 \} - \sqrt{\mu^2 \lambda} \, \hat{\rho}(x)^3 - \frac{\lambda}{4} \hat{\rho}(x)^4 \\
& - \frac{1}{4} \widehat{V}_{\mu\nu}(x) \widehat{V}^{\mu\nu}(x) + \frac{1}{2} (gv)^2 \Big\{ 1 + \frac{\hat{\rho}(x)}{v} \Big\}^2 \widehat{V}_\mu(x) \widehat{V}^\mu(x)
\end{aligned}$$

$$\tag{8.63}$$

のようになり，**南部 – ゴールドストーン粒子** $\hat{\xi}(x)$ **が姿を消します**．その代わりに，**スピン 1 の粒子** $\widehat{V}_\mu(x)$ **が質量** $m_V = gv$ **をもちました**．さらに，質量 $m_\rho = \sqrt{2\lambda}\,v$ をもつスピン 0 の粒子 $\hat{\rho}(x)$ も存在します．

このようにして，「光子以外に質量がゼロのゲージ粒子が見つかっていないという事実を私たちはどのように考えればよいのでしょうか？」という問いに対して，「**ヒッグス機構**とよばれる，次のような機構がはたらいている可能性がある」と答えることができます．

▶ **ヒッグス機構**：対称性の自発的破れにともない，ゲージ粒子が南部 –
　　ゴールドストーン粒子を吸収することにより，質量を獲得する．

♊ Exercise 8.4

(8.60) のラグランジアン密度 $\mathscr{L}_{\mathrm{H}}$ が局所的 U(1) 対称性をもつことを示しなさい．

Coaching　(8.60) の $\mathscr{L}_{\mathrm{H}}$ を扱う段階では，局所的 U(1) 変換は

$$
\begin{cases}
\hat{\rho}'(x) = \hat{\rho}(x), \qquad \hat{\xi}'(x) = \hat{\xi}(x) + \theta(x)\,v \\[2mm]
\widehat{W}_\mu'(x) = \widehat{W}_\mu(x) + \dfrac{1}{g}\,\partial_\mu\theta(x)
\end{cases}
\tag{8.64}
$$

で与えられます．これらの変換のもとで，$\widehat{W}_{\mu\nu}(x) = \partial_\mu\widehat{W}_\nu(x) - \partial_\nu\widehat{W}_\mu(x)$ も $\widehat{W}_\mu(x) - \dfrac{1}{gv}\partial_\mu\hat{\xi}(x)$ も不変なので，(8.60) の $\mathscr{L}_{\mathrm{H}}$ は不変です．よって，局所的 U(1) 対称性をもつことを示せました．　∎

Exercise 8.4 からわかるように，対称性の自発的破れの後も物理系のゲージ対称性は破れずに存続します．(8.64) のもとで，$\hat{\rho}(x)$ と $\widehat{V}_\mu(x)$ は不変なので，これはゲージ対称性が隠れているという表現の方が適切かもしれません．そして，**このような対称性が自発的に破れて，ゲージ対称性が隠れている物理系においても，ゲージ理論はくりこみ可能であるという特質が保持される**ことが知られています．

170   8. ゲージ理論

このようにゲージ理論は，くりこみ可能で高い予言能力をもつ筋のよい理論です．

☕ Coffee Break

ゲージ理論の誕生秘話

電磁相互作用に潜むゲージ不変性を用いて，理論を再構築できることを最初に見抜いたのはワイル（H. Weyl, 1885 – 1955）で，1929 年のことです．これがゲージ原理の発見でした．その後，1954 年にヤン（C. N. Yang, 1922 –）とミルズ（R. Mills, 1927 – 1999）が，核子の間の相互作用の形を決めるために，アイソスピンに関する対称性にゲージ原理を適用して，SU(2) 非可換ゲージ理論（SU(2) ヤン－ミルズ理論）を構築しました．しかし，その理論が予言するスピン 1，アイソスピン 1 をもつ質量ゼロのゲージ粒子は存在しないので，パウリにその信憑性を厳しく追及されたそうです．というのも，パウリはすでに同様の結果を得ていて，理論の弱点を熟知していたからです．

非可換ゲージ理論がその真価を発揮するのは，弱い相互作用や，クォークの間にはたらく強い相互作用の世界です．これらについては第 9 章 ～ 第 11 章で登場しますので，お楽しみに．

内山龍雄（R. Utiyama, 1916 – 1990）は，ヤンとミルズとは独立に，ゲージ原理の重要性に気付き，重力相互作用も視野に入れて一般的なゲージ理論を構築しました．著書に『物理学はどこまで進んだか ―相対論からゲージ論へ―』（岩波書店）があり，その中に，ヤンとミルズよりも早い時期に非可換ゲージ理論という着想に到達していながら，発表が遅れたせいで十分な評価を得ていないことなどに対する後悔の念を綴った章「痛恨記」があります．教訓としては，「発表は早めに！ チャンスの前髪を摑もう！」でしょうか．

本章の Point　　171

📖 本章の Point

▶ **ゲージ対称性**：ゲージ変換とよばれる，時空の各点で独立な変換（**局所的変換**）を行っても，物理法則が不変に保たれる性質．

▶ **ゲージ原理**：「ゲージ変換のもとで，物理法則は不変である」を要請することで，ゲージ粒子が媒介する相互作用の形を決定する指導原理．

▶ **電磁相互作用に関するゲージ変換**：電荷 eQ をもつ荷電粒子に関する場の演算子 $\hat{\psi}(x)$ と光子場の演算子 $\widehat{A}_\mu(x)$ に関する局所的変換で，それぞれ

$$\hat{\psi}'(x) = e^{-iQ\theta(x)}\hat{\psi}(x), \qquad \widehat{A}'_\mu(x) = \widehat{A}_\mu(x) + \frac{1}{e}\partial_\mu\theta(x)$$

で与えられ，これらの変換のもとで量子電磁力学の作用積分は不変に保たれる．ここで，$\theta(x)$ は積分可能条件を満たす任意の実関数である．

▶ **非可換群 G に関するゲージ変換**：次元が n である群 G の $\boldsymbol{r}$ 表現に従う場の演算子 $\widehat{\Psi}(x)$ と，ヤン–ミルズ場の演算子 $\widehat{A}^a_\mu(x)$（$a = 1, 2, \cdots, n$）に関する局所的変換で，

$$\widehat{\Psi}'(x) = U\,\widehat{\Psi}(x), \qquad U \equiv \exp\left\{-i\sum_{a=1}^{n}\theta^a(x)T^a_{(r)}\right\}$$

$$\sum_{a=1}^{n}\widehat{A}'^a_\mu(x)T^a_{(r)} = U\sum_{a=1}^{n}\widehat{A}^a_\mu(x)T^a_{(r)}U^{-1} - \frac{i}{g}U\partial_\mu U^{-1}$$

で与えられる．これらの変換のもとで，G に基づくゲージ理論の作用積分は不変に保たれる．ここで，$\theta^a(x)$ は積分可能条件を満たす任意の実関数，$T^a_{(r)}$ は G の $\boldsymbol{r}$ 表現に関するリー代数の元，g はゲージ結合定数である．

▶ **ヤン–ミルズ方程式**：ヤン–ミルズ場に関する相対論的な波動方程式で，次元が n である群 G の $\boldsymbol{r}$ 表現に従う場の演算子 $\widehat{\Psi}(x)$ が存在するとき，ヤン–ミルズ場の演算子 $\widehat{A}^a_\mu(x)$ は，ヤン–ミルズ方程式

$$\partial_\mu\widehat{F}^{a\mu\nu}(x) - g\sum_{b,c=1}^{n}f^{abc}\widehat{A}^b_\mu(x)\widehat{F}^{c\mu\nu}(x) = g\overline{\widehat{\Psi}}(x)\gamma^\nu T^a_{(r)}\widehat{\Psi}(x)$$

に従う．ここで，$\widehat{F}^a_{\mu\nu}(x)$ はヤン–ミルズ場テンソルで，

$$\widehat{F}^a_{\mu\nu}(x) \equiv \partial_\mu\widehat{A}^a_\nu(x) - \partial_\nu\widehat{A}^a_\mu(x) - g\sum_{b,c=1}^{n}f^{abc}\widehat{A}^b_\mu(x)\widehat{A}^c_\nu(x)$$

で定義される．また，f^{abc} は G の構造定数である．

▶ **ヒッグス機構**：対称性の自発的破れにともない，ゲージ粒子が南部–ゴールドストーン粒子を吸収することにより，質量を獲得する機構．

Practice

[8.1]　ビアンキの恒等式

共変微分に関するヤコビの恒等式 $[D_\mu, [D_\nu, D_\lambda]] + [D_\nu, [D_\lambda, D_\mu]] + [D_\lambda, [D_\mu, D_\nu]] = 0$ から，量子電磁力学における共変微分 $D_\mu = \partial_\mu + ieQ\widehat{A}_\mu$ に対して，ビアンキの恒等式とよばれる $\partial_\mu \widehat{F}_{\nu\lambda} + \partial_\nu \widehat{F}_{\lambda\mu} + \partial_\lambda \widehat{F}_{\mu\nu} = 0$ が導かれることを示しなさい．

[8.2]　無限小ゲージ変換

局所的 SU(2) 変換

$$\widehat{\Psi}'(x) = U\widehat{\Psi}(x), \qquad U \equiv \exp\left\{-i\sum_{a=1}^{3} \theta^a(x)\frac{\tau^a}{2}\right\}$$

$$\sum_{a=1}^{3} \widehat{A}'^a_\mu(x)\frac{\tau^a}{2} = U\sum_{a=1}^{3} \widehat{A}^a_\mu(x)\frac{\tau^a}{2}U^{-1} - \frac{i}{g}U\partial_\mu U^{-1}$$

に対して，$\theta^a(x)$ を無限小の実関数 $\varepsilon^a(x)$ に変えることにより，これらの変換に関する無限小変換を求めなさい．

[8.3]　ヤン‐ミルズ理論の保存カレント

ヤン‐ミルズ理論のラグランジアン密度 (8.46) が大局的 SU(2) 変換

$$\widehat{\Psi}'(x) = \exp\left(-i\sum_{a=1}^{3} \alpha^a \frac{\tau^a}{2}\right)\widehat{\Psi}(x) \qquad (\alpha^a : \text{実数の定数})$$

$$\sum_{a=1}^{3} \widehat{A}'^a_\mu(x)\frac{\tau^a}{2} = \exp\left(-i\sum_{a=1}^{3} \alpha^a \frac{\tau^a}{2}\right)\sum_{a=1}^{3} \widehat{A}^a_\mu(x)\frac{\tau^a}{2}\exp\left(i\sum_{a=1}^{3} \alpha^a \frac{\tau^a}{2}\right)$$

のもとで不変であることを示しなさい．また，この大局的 SU(2) 変換に関する保存カレント $\widehat{J}^{a\mu}(x)$ を求めなさい．

[8.4]　ヤン‐ミルズ理論のディラック場に関するカレント

$\widehat{j}^{a\mu}(x) \equiv g\overline{\widehat{\Psi}}(x)\gamma^\mu \dfrac{\tau^a}{2}\widehat{\Psi}(x)$ で定義されたディラック場の演算子 $\widehat{\Psi}(x)$ に関するカレントについて，$\partial_\mu \widehat{j}^{a\mu}(x) = g\sum_{b,c=1}^{3} \varepsilon^{abc}\widehat{A}^b_\mu(x)\widehat{j}^{c\mu}(x)$ が成り立つことを示しなさい．さらに，この式が $\widehat{J}^{a\mu}(x)$ に関する連続(の)方程式 $\partial_\mu \widehat{J}^{a\mu}(x) = 0$ と等価であることを示しなさい．ここで，$\widehat{J}^{a\mu}(x)$ は Practice [8.3] で求めた保存カレントです．

量子色力学

クォークや反クォークにはたらく強い相互作用により，それらの束縛状態としてハドロンが構成されます．このような強い相互作用はどのように記述され，どのような特徴をもっているのでしょうか？ 本章では，強い相互作用の世界を探索してみることにしましょう．

9.1 ハドロンからクォークへ

核子に π 中間子をぶつける衝突実験により，**共鳴状態**とよばれる極めて短い寿命（10^{-23} s ほど）をもつ準安定な粒子を含む，多くの新粒子が見つかりました．その数は数百にものぼり，強い相互作用をする粒子たちは**ハドロン**と総称されています．ハドロンは次のような特徴をもっています．

特徴1 ハドロンはスピンにより，2種類に大別される（表9.1）．整数スピンの粒子は**メソン**（中間子），半整数スピンの粒子は**バリオン**（重粒子）とよばれる．表9.1で，π は π 中間子 (π^+, π^0, π^-)，$K, \overline{K}$ は K 中間子 (K^+, K^0), $(\overline{K}^0, K^-)$，η は η 中間子，ρ は ρ 中間子 (ρ^+, ρ^0, ρ^-)，N は

表9.1 スピンによるハドロンの分類

名称	スピン	粒子の種類
メソン	整数	$\pi, K, \overline{K}, \eta, \rho, \cdots$
バリオン	半整数	$N, \Lambda, \Sigma, \Xi, \cdots$

核子 (p, n), Λ は Λ 粒子, Σ は Σ 粒子 (Σ⁺, Σ⁰, Σ⁻), Ξ は Ξ 粒子 (Ξ⁰, Ξ⁻) である.

特徴 2：ハドロンは頻繁に生成される.

特徴 3：共鳴状態は 10^{-23} s ほどで崩壊する (Practice [9.1] を参照).

特徴 4：比較的長い寿命（10^{-10} s ほど）をもつハドロンが存在する.

始状態 $|i\rangle$ から終状態 $|f\rangle$ への遷移確率を

$$|S_{\mathrm{fi}}|^2 = |\langle f|\widehat{S}|i\rangle|^2 \simeq |\langle f| - i\int \widehat{\mathcal{H}}_{\mathrm{int}}(x)\,d^4x|i\rangle|^2 \propto f^2 \tag{9.1}$$

のように近似すると（(5.12), (5.36), (5.37) を参照）, 粒子の生成確率は結合定数 f の 2 乗に比例するので, 特徴 2 はハドロンの生成に強い相互作用が関与していることを意味します. また, ハドロンが強い相互作用を通して崩壊するならば, 特徴 3 も理解できます（(5.34), 9.2.1 項を参照）.

特徴 4 の 10^{-10} s ほどの比較的長い寿命をもつ粒子は, 例えば, K^0 や $Λ$ で,

$$\pi^- + p \ \rightarrow\ K^0 + \Lambda, \quad K^0 \ \rightarrow\ \pi^+ + \pi^-, \quad \Lambda \ \rightarrow\ p + \pi^- \tag{9.2}$$

のような反応過程で, 生成したり消滅したりします. そして, 特徴 4 は 10^{-23} s ほどの寿命しかもたない共鳴状態に比べて, K^0 や $Λ$ のような粒子が比較的安定に存在していることを意味します. それらの粒子が比較的安定に存在する理由を保存則に求めるのは, 自然な発想です (Practice [9.2] を参照).

実際, 9.2.2 項で解説するように, **バリオン数** B とよばれる**量子数**（近似的なものを含む保存量の固有値）に加えて, **奇妙さ** S とよばれる, 強い相互作用の世界で保存する新たな量子数を導入することにより, 特徴 4 は「π 中間子と核子の衝突にともなって, 強い相互作用を通して S がゼロでないハドロンが複数生成される. そのうち S がゼロでない比較的軽いハドロンは弱い相互作用を通して崩壊するため, 寿命が比較的長い.」というように理解することができます. 具体的には, K^0 は $S \neq 0$, $B = 0$ である最も軽い中性のメソンで, $Λ$ は $S \neq 0$, $B \neq 0$ である最も軽いバリオンです. ここで, バリオンのバリオン数は 1 で, メソンのバリオン数はゼロです.

ハドロンの量子数である, 電荷 Q, アイソスピンの第 3 成分 I_3, バリオン

数 B, 奇妙さ S の間に，**中野 – 西島 – ゲルマンの規則**（**NNG 則**）とよばれる関係式が存在します (9.2.2 項を参照). また, アイソスピンの第 3 成分 I_3 と**ハイパーチャージ** $Y \equiv B + S$ に基づいて, ハドロンが 3 次特殊ユニタリー群 SU(3) の表現として分類されます (9.2.3 項を参照).

上記のようなハドロンの量子数に関する特徴に基づくと,「中野 – 西島 – ゲルマンの規則に従う量子数をもつ基本粒子が存在し, ハドロンはその基本粒子から構成された**複合粒子**である」という考えが浮かびます. そして, 基本粒子として, その当時既知の粒子であった陽子（p), 中性子（n), Λ 粒子（Λ）とその反粒子を用いた模型が**坂田模型**で, その当時未知の粒子を用いた典型的な模型が**クォーク模型**です. クォーク模型は, 1964 年にゲルマン（M. Gell – Mann）とツワイク（G. Zweig）により独立に提唱された模型で, これを用いてハドロンが鮮やかに構成されます (9.3 節を参照).

クォークは**色**（**カラー**）と名付けられた自由度をもっていて, これがゲージ量子数となり, クォークに関する**強い相互作用**の理論は, **量子色力学**（**QCD**）とよばれる, ゲージ群 SU(3)$_c$ に基づくゲージ理論として定式化されます (9.4 節を参照). 量子色力学の主な特徴として, 漸近的自由性 (9.4.1 項を参照), クォークの閉じ込め (9.4.2 項を参照), カイラル対称性の自発的破れ (9.4.3 項を参照) があります.

9.2 ハドロン

9.2.1 共鳴状態

まずは, 特徴 3 に関連する Exercise から始めましょう.

 Exercise 9.1

核力を媒介する π 中間子のコンプトン波長 $l_\pi \equiv \hbar/m_\pi c$ がハドロンの典型的な大きさを与えるとします. このとき, 強い相互作用を通して崩壊するハドロンの寿命は $\tau = l_\pi/c$ であるとして, この値を求めなさい.

176   9. 量子色力学

Coaching　$m_\pi c^2 \fallingdotseq 140\,\mathrm{MeV}$ とすると，π 中間子のコンプトン波長は $l_\pi \equiv \hbar/m_\pi c \fallingdotseq 1.4 \times 10^{-15}\,\mathrm{m}$ となり，これを用いると，

$$\tau = \frac{l_\pi}{c} = \frac{\hbar}{m_\pi c^2} \fallingdotseq 4.7 \times 10^{-24}\,\mathrm{s} \tag{9.3}$$

が得られます．ここで，簡単のため，核力の結合定数 f から構成される $f^2/4\pi\hbar c$ の値を 1 としました（5.3 節を参照）．(9.3) の値は，特徴 3 が強い相互作用に起因していることを裏付けています．　■

共鳴状態の寿命

次に，共鳴状態の寿命と加速器による衝突実験のデータとの関係について考えてみましょう．衝突実験を通して生成される質量 M_0 をもつ共鳴状態は，エネルギーが複素数の値 $\mathcal{E} = E_0 - i\dfrac{\Gamma}{2}$ をとるような波動関数 $\phi(t) = \phi(0)e^{-\frac{i}{\hbar}\mathcal{E}t}$ で記述されます．ここで，$E_0 = M_0 c^2$ です．また，Γ は**崩壊幅**に相当します．

そして，共鳴状態がディラック粒子だとすると，その粒子数密度の値は $|\phi(t)|^2$ で与えられるため，粒子数は，

$$|\phi(t)|^2 = |\phi(0)|^2 e^{-\frac{i}{\hbar}(\mathcal{E} - \mathcal{E}^*)t} = |\phi(0)|^2 e^{-\frac{\Gamma}{\hbar}t} \tag{9.4}$$

に比例します．よって，寿命 τ で崩壊する粒子は，その粒子数が $e^{-\frac{t}{\tau}}$ に従って指数関数的に減少するので，(9.4) と絡めて，寿命に関する公式

$$\tau = \frac{\hbar}{\Gamma} \tag{9.5}$$

が導かれます．

さらに，時刻 $t = 0$ で，共鳴状態が生成されたという初期条件 $\phi(t) = 0|_{t<0}$ のもとで，重心系におけるエネルギー E を用いて，$\phi(t) = \phi(0)e^{-\frac{i}{\hbar}\left(E_0 - i\frac{\Gamma}{2}\right)t}$ をフーリエ変換すると，

$$\phi(E) = \frac{1}{\sqrt{2\pi}} \int_{-\infty}^{\infty} \phi(t)\, e^{\frac{i}{\hbar}Et}\, dt = \frac{\phi(0)}{\sqrt{2\pi}} \frac{i\hbar}{E - E_0 + i\frac{\Gamma}{2}} \tag{9.6}$$

が得られます．よって，エネルギーが E と $E + dE$ の間にある共鳴状態は，

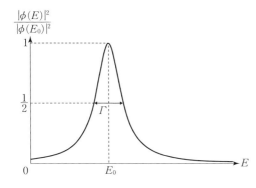

図 9.1 ブライト – ウィグナーの公式

$$|\phi(E)|^2 \, dE = \frac{|\phi(0)|^2}{2\pi} \frac{\hbar^2}{(E-E_0)^2 + \left(\frac{\Gamma}{2}\right)^2} \, dE \tag{9.7}$$

のような分布関数に従うことがわかります.

(9.7) は**ブライト – ウィグナーの公式**とよばれ，図 9.1 のようなグラフとして描くことができます．このグラフと衝突実験のデータから得られる分布をフィッティングすることで E_0 と Γ が決まり，粒子の質量と寿命を知ることができます．

 Exercise 9.2

崩壊幅が Γ [MeV] の粒子の寿命 τ は何秒でしょうか．

Coaching 粒子の寿命と崩壊幅の間の関係式 (9.5) および $\hbar = 6.58 \times 10^{-22}$ MeV·s を用いると，粒子の寿命は

$$\tau = \frac{6.58}{\Gamma} \times 10^{-22} \, \mathrm{s} \tag{9.8}$$

のように得られます．　■

 Training 9.1

Δ と記されるバリオンの崩壊幅は 117 MeV です．このバリオンの寿命を求めなさい．

178   9. 量子色力学

9.2.2　ハドロンの規則

　ハドロンを主役とする，強い相互作用の世界における連続的な内部対称性に関する保存量として，**アイソスピン** I，**バリオン数** B，**奇妙さ** S，**電荷** Q が存在します．表 9.2，表 9.3，表 9.4 に，スピン 0 のメソン，スピン 1/2 のバリオン，スピン 3/2 のバリオンに対して，I_3（アイソスピンの第 3 成分），B，S，Q および**ハイパーチャージ** $Y \equiv B + S$ の値を列挙しました．まずは，これらの**量子数**を眺めてみましょう．勘の良い方であれば，これらの量子数の間に成り立つ規則性に気付けるかもしれません．

　表 9.2 において，K_S^0 や K_L^0 は K^0 と $\overline{K}^0$ の線形結合により構成される粒子で，添字の S と L はそれぞれ short と long の略で寿命の長短を表します．また，表 9.4 で，$(\Delta^{++}, \Delta^+, \Delta^0, \Delta^-)$ は $\overset{\text{デルタ}}{\Delta}$ 粒子，$(\Sigma^{*+}, \Sigma^{*0}, \Sigma^{*-})$ は $\overset{\text{シグマスター}}{\Sigma^*}$ 粒子，

表 9.2　スピン 0 のメソンの量子数，質量（MeV/c^2），寿命・崩壊幅

粒子	I_3	B	S	Q	Y	質 量	寿命・崩壊幅
π^+	1	0	0	1	0	139.570	2.6033×10^{-8} s
π^0	0	0	0	0	0	134.977	8.43×10^{-17} s
π^-	-1	0	0	-1	0	139.570	2.6033×10^{-8} s
K^+	1/2	0	1	1	1	493.677	1.2380×10^{-8} s
K^0	$-1/2$	0	1	0	1	497.611	0.8954×10^{-10} s (K_S^0)
$\overline{K}^0$	1/2	0	-1	0	-1	497.611	5.116×10^{-8} s (K_L^0)
K^-	$-1/2$	0	-1	-1	-1	493.677	1.2380×10^{-8} s
η	0	0	0	0	0	547.862	1.31 keV
η'	0	0	0	0	0	957.78	0.188 MeV

表 9.3　スピン 1/2 のバリオンの量子数，質量（MeV/c^2），寿命

粒子	I_3	B	S	Q	Y	質 量	寿 命
p	1/2	1	0	1	1	938.272	$> 9 \times 10^{29}$ 年
n	$-1/2$	1	0	0	1	939.565	878.4 s
Λ	0	1	-1	0	0	1115.683	2.617×10^{-10} s
Σ^+	1	1	-1	1	0	1189.37	0.8018×10^{-10} s
Σ^0	0	1	-1	0	0	1192.642	7.4×10^{-20} s
Σ^-	-1	1	-1	-1	0	1197.449	1.479×10^{-10} s
Ξ^0	1/2	1	-2	0	-1	1314.86	2.90×10^{-10} s
Ξ^-	$-1/2$	1	-2	-1	-1	1321.71	1.639×10^{-10} s

9.2 ハドロン　179

表 9.4　スピン 3/2 のバリオンの量子数, 質量 (MeV/c^2), 寿命・崩壊幅

粒子	I_3	B	S	Q	Y	質　量	寿命・崩壊幅
Δ^{++}	$3/2$	1	0	2	1	1232	117 MeV
Δ^{+}	$1/2$	1	0	1	1	1232	117 MeV
Δ^{0}	$-1/2$	1	0	0	1	1232	117 MeV
Δ^{-}	$-3/2$	1	0	-1	1	1232	117 MeV
Σ^{*+}	1	1	-1	1	0	1382.83	36.2 MeV
Σ^{*0}	0	1	-1	0	0	1383.7	36 MeV
Σ^{*-}	-1	1	-1	-1	0	1387.2	39.4 MeV
Ξ^{*0}	$1/2$	1	-2	0	-1	1531.80	9.1 MeV
Ξ^{*-}	$-1/2$	1	-2	-1	-1	1535.0	9.9 MeV
Ω^{-}	0	1	-3	-1	-2	1672.45	0.821×10^{-10} s

(Ξ^{*0}, Ξ^{*-}) は $\overset{\text{グザイスター}}{\Xi^*}$ 粒子, Ω^- は $\overset{\text{オメガ}}{\Omega}$ 粒子です.

　これらの表から, ハドロンの量子数の間に,

$$Q = I_3 + \frac{B+S}{2} \tag{9.9}$$

のような関係式が成り立つことがわかります. (9.9) は, **中野 – 西島 – ゲルマンの規則** (**NNG 則**) とよばれ, すべてのハドロンがこの規則に従っていることがわかっています.

9.2.3　ハドロンの分類

　アイソスピンの第 3 成分 I_3 を横軸に, ハイパーチャージ Y を縦軸にとり, 表 9.2, 表 9.3 のハドロンを座標上にプロットしてみると, それぞれ図 9.2 (a), (b) のようになります. また, 表 9.4 のバリオンをプロットしてみると, 図 9.3 のようになります.

　これらの表や図, および 3 次特殊ユニタリー群 SU(3) の**ウェイト図**との対応から, SU(3) のカルタン部分代数の元 T^3, T^8 とアイソスピンの第 3 成分 I_3, ハイパーチャージ Y の間に, $I_3 = T^3$, $Y = \dfrac{2}{\sqrt{3}} T^8$ という関係が示唆され, ハドロンは, アイソスピンに関する 2 次特殊ユニタリー群 SU(2) と Y に関する 1 次ユニタリー群 U(1) を部分群として含む SU(3) の 1 重項,

180　9. 量子色力学

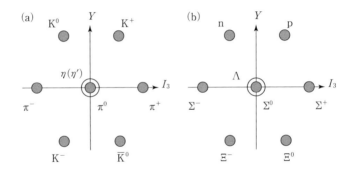

図 9.2 スピン 0 のメソンとスピン 1/2 のバリオンの量子数 (I_3, Y)

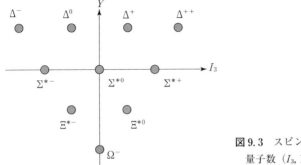

図 9.3 スピン 3/2 のバリオンの量子数 (I_3, Y)

8重項, 10重項として分類されることがわかります (7.2 節を参照).

9.3　クォーク

クォークとは, ハドロンを構成する粒子で, 標準模型の物質粒子に属する素粒子です (1.2 節を参照). これまでに, 6 種類のクォーク

$$\begin{pmatrix} u \\ d \end{pmatrix}, \begin{pmatrix} c \\ s \end{pmatrix}, \begin{pmatrix} t \\ b \end{pmatrix} \tag{9.10}$$

が確認されています. u, d はそれぞれ**アップクォーク**, **ダウンクォーク**とよばれる第 1 世代のクォーク, c, s はそれぞれ**チャームクォーク**, **ストレンジクォーク**とよばれる第 2 世代のクォーク, t, b はそれぞれ**トップクォーク**, **ボトムクォーク**とよばれる第 3 世代のクォークです.

これらのクォークをまとめて，q_f と表しましょう．ここで，添字 f (= u, d, s, c, b, t) で表される自由度を**香り**（フレーバー）といいます（f の成分はクォークの確認順に並べました）．このとき，$q_u, q_d, q_s, q_c, q_b, q_t$ はそれぞれ u, d, s, c, b, t を表します．

ちなみに，チャームクォーク c は 1974 年にティン（C.C.Ting）のグループとリヒター（B.Richiter）のグループによって独立に，**ジェイプサイ粒子**（J/ψ）とよばれる束縛状態 $c\bar{c}$（c とその反粒子 $\bar{c}$ から構成された複合粒子の状態）の発見という形で確認されました．J/ψ の質量は 3096.9 MeV/c^2 で，崩壊幅はわずか 92.6 keV ほどです．なお，c の質量は $m_c = 1.27$ GeV/c^2 です．

ボトムクォーク b は 1978 年にレーダーマン（L.Lederman）らにより，**ウプシロン粒子**（Υ）とよばれる束縛状態 $b\bar{b}$ の発見という形で確認されました．b の質量は $m_b = 4.18$ GeV/c^2 です．

一方，トップクォーク t は 1994 年に陽子と反陽子との衝突実験により生成され，その崩壊現象により確認されました．t の寿命は極めて短いため，束縛状態を生成する前に崩壊してしまいます．また，t の質量は $m_t = 172.57$ GeV/c^2 という，他のクォークに比べて極めて大きな値をもちます．

 **Training 9.2**

t の崩壊幅は 1.42 GeV です．t の寿命は何秒でしょうか？

ハドロンの構成

u, d, s およびその反粒子は，表 9.5 のような量子数をもち，これらを用いると，表 9.2 〜 表 9.4 のハドロンを構成することができます．

具体的には，表 9.2 に挙げたスピン 0 のメソンは，

表 9.5 クォークおよび反クォークの量子数

q_f	スピン	I_3	B	S	Q	$\bar{q}_f$	スピン	I_3	B	S	Q
u	1/2	1/2	1/3	0	2/3	$\bar{u}$	1/2	$-1/2$	$-1/3$	0	$-2/3$
d	1/2	$-1/2$	1/3	0	$-1/3$	$\bar{d}$	1/2	1/2	$-1/3$	0	1/3
s	1/2	0	1/3	-1	$-1/3$	$\bar{s}$	1/2	0	$-1/3$	1	1/3

182   9. 量子色力学

$$K^0 = d\bar{s}, \qquad K^+ = u\bar{s}$$

$$\pi^- = d\bar{u}, \qquad \pi^0 = u\bar{u} - d\bar{d}, \qquad \eta, \eta' = \{u\bar{u}, d\bar{d}, s\bar{s}\}, \qquad \pi^+ = u\bar{d}$$

$$K^- = s\bar{u}, \qquad \overline{K^0} = s\bar{d}$$

$$(9.11)$$

のようにクォークと反クォークを用いて構成されます．ここで，$K^0 = d\bar{s}$ は K^0 が d と $\bar{s}$ から構成されることを表しています．他のメソンも同様です．また，$\eta, \eta' = \{u\bar{u}, d\bar{d}, s\bar{s}\}$ は η, η' が $u\bar{u}, d\bar{d}, s\bar{s}$ から構成される線形結合の状態であることを表していて，π^0 を含めて互いに独立な状態を構成します．

また，表 9.3 に挙げたスピン 1/2 のバリオンの 8 重項は，

$$n = udd, \qquad p = uud$$

$$\Sigma^- = dds, \qquad \Sigma^0 = uds, \qquad \Lambda^0 = uds, \qquad \Sigma^+ = uus$$

$$\Xi^- = dss, \qquad \Xi^0 = uss$$

$$(9.12)$$

のように構成されます．

🔱 Exercise 9.3

クォークを用いて，表 9.4 に挙げたスピン 3/2 のバリオンを構成しなさい．

Coaching　表 9.4 より，Ω^- は $I_3 = 0$, $B = 1$, $S = -3$ をもつので，表 9.5 より，$\Omega^- = sss$ であることがわかります．そして，Ω^- の中の s を u (d) に置き換えるごとに，I_3 が 1/2 だけ増加（減少）し，S が 1 だけ増加します．

このことから，スピン 3/2 のバリオンの 10 重項が

$$\Delta^- = ddd, \qquad \Delta^0 = udd, \qquad \Delta^+ = uud, \qquad \Delta^{++} = uuu$$

$$\Sigma^{*-} = dds, \qquad \Sigma^{*0} = uds, \qquad \Sigma^{*+} = uus$$

$$\Xi^{*-} = dss, \qquad \Xi^{*0} = uss$$

$$\Omega^- = sss$$

$$(9.13)$$

のように構成されることがわかります．　　　　　　　　　　　　　　　■

このようにして，クォークを用いて，スピン 0 と 1 のメソンおよびスピン 1/2 と 3/2 のバリオンが鮮やかに構成されました！これからわかるように，

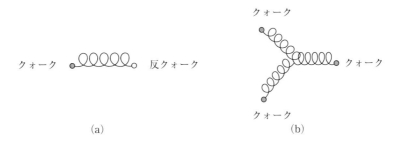

図 9.4 メソンとバリオンの構成

メソンはクォークと反クォークから構成され，バリオンは3つのクォークから構成されます（図9.4）．図9.4において，バネのような曲線はクォークや反クォークの間にはたらく強い相互作用を表しています．

表9.5を見ると，クォークや反クォークが(9.9)の中野–西島–ゲルマンの規則を満たしているために，ハドロンも中野–西島–ゲルマンの規則に従うことがわかります．このようなクォークに基づく模型を**クォーク模型**といいます．

クォークの色

各クォークは，**色**（**カラー**）とよばれる自由度をもっています．色の数は3で，色を表す添字を$c\ (=r,g,b)$とし，光の3原色をまねて，それぞれ赤，緑，青と読んだりします．そして，各クォークは色に関するSU(3)$_c$の3重項$q_{fc} = (q_{fr}, q_{fg}, q_{fb})$を組みます[1]（添字のCはColorの略）．

このとき，スピンの第3成分が$S_z = 3/2$の状態にあるΔ^{++}を記述する波動関数は，

$$u_{\uparrow r}u_{\uparrow g}u_{\uparrow b} + u_{\uparrow g}u_{\uparrow b}u_{\uparrow r} + u_{\uparrow b}u_{\uparrow r}u_{\uparrow g}$$
$$- u_{\uparrow b}u_{\uparrow g}u_{\uparrow r} - u_{\uparrow g}u_{\uparrow r}u_{\uparrow b} - u_{\uparrow r}u_{\uparrow b}u_{\uparrow g} \tag{9.14}$$

のように完全反対称な状態（クォークの任意の入れ替えのもとで符号が変わる状態）として表され，Δ^{++}はフェルミ–ディラック統計に従います．よって，Δ^{++}はフェルミオンであり，半整数のスピンをもっていることと整合し

---

[1] 反クォークはSU(3)$_c$の複素共役表現に従う3重項を組み，それぞれ赤，緑，青の補色をもちます．

ます[2].

なお，(9.14)において，$u_{\uparrow r}$は$S_z = 1/2$で，rという色をもつアップクォークの波動関数を表します．他の波動関数も同様です．ハドロンは色をもっていないため，$SU(3)_C$に関する1重項の状態です（Practice［9.3］を参照）．

ドレル比

クォークのような直接観測できない粒子の存在を確認するためには，電子・陽電子衝突における**ドレル比**を用いるのが有益です．ここでドレル比とは，電子と陽電子を衝突させたときのミューオン（μ^-）と反ミューオン（μ^+）を生成する**反応断面積** $\bar{\sigma}(e^- + e^+ \to \mu^- + \mu^+)$ と，ハドロンを生成する反応断面積 $\sigma(e^- + e^+ \to$ ハドロン$)$ の比のことです．ここで，反応断面積とは反応の頻度のことで，ドレル比の求め方は次の通りです．

まず，電子と陽電子が衝突すると，クォーク（q_f）とその反クォーク（$\bar{q}_f$）の対生成が起こり，その後，**ジェット**とよばれるハドロンの束が発生します．

次に，重心系における電子のエネルギー E_e が q_f の静止エネルギー $m_f c^2$ に比べて十分に大きいとき，ハドロンの反応断面積は q_f と $\bar{q}_f$ の反応断面積の総和 $\sigma(e^- + e^+ \to$ ハドロン$) = \sum_f \bar{\sigma}(e^- + e^+ \to q_f + \bar{q}_f)$ で近似されます．ここで，$\bar{\sigma}$ の上線は，始状態のスピン状態は未知であるとして平均をとり，終状態に関してはあらゆる可能性を考慮に入れて，和をとっていることを表します（反粒子を表す上線と混同しないでください）．

このような反応断面積 $\bar{\sigma}(e^- + e^+ \to \mu^- + \mu^+)$ および $\bar{\sigma}(e^- + e^+ \to q_f + \bar{q}_f)$ は（6.46）を用いて求められ，$E_e \gg m_f c^2$ のとき，ドレル比は

$$R \equiv \frac{\sum_f \bar{\sigma}(e^- + e^+ \to q_f + \bar{q}_f)}{\bar{\sigma}(e^- + e^+ \to \mu^- + \mu^+)} = \sum_f Q(q_f)^2 N_C \tag{9.15}$$

となります（添字の C は Color の略）．ここで，N_C は色の数を表し，香りが同じでも，色が異なる粒子は反応断面積に独立に寄与することが知られています．

なお，タウオン（τ^-）や反タウオン（τ^+）もハドロンに崩壊するので，

---

2) もし，色の自由度を考慮しなかった場合，Δ^{++} の波動関数は $u_{\uparrow} u_{\uparrow} u_{\uparrow}$ のような完全対称な状態（クォークの任意の入れ替えのもとで不変な状態）として表され，ボソンの性質をもつため，スピンと統計の関係（4.3節の脚注3）を参照）が成り立たなくなります．

$E_e \gg m_\tau c^2$ ($m_\tau = 1777\,\mathrm{MeV}/c^2$：$\tau^\pm$ の質量) のとき，$\bar{\sigma}(\mathrm{e}^- + \mathrm{e}^+ \to \tau^- + \tau^+)$ の寄与も（9.15）に加わります．

Exercise 9.4

$N_\mathrm{c} = 3$ として，$\mathrm{q}_f = (\mathrm{u,d,s})$ が寄与するとき，（9.15）のドレル比を求めなさい．

Coaching　表 9.5 より $Q(\mathrm{u}) = 2/3$，$Q(\mathrm{d}) = -1/3$，$Q(\mathrm{s}) = -1/3$ なので，これらを（9.15）に代入すると，

$$R = \sum_{f=\mathrm{u,d,s}} Q(\mathrm{q}_f)^2 N_\mathrm{c} = 3\left\{\left(\frac{2}{3}\right)^2 + \left(-\frac{1}{3}\right)^2 + \left(-\frac{1}{3}\right)^2\right\} = 2 \qquad (9.16)$$

となります．

（9.16）のドレル比の値は，重心系のエネルギーが 3 GeV 以下の実験データとよく合うことが知られています．u, d, s の他に，さらに，新たな香りをもつ重いクォークが存在するならば，その質量の値がしきい値となり，それを超えたあたりでドレル比の値が変化します．

このようにして，ハドロンを生成する反応断面積を測定することにより，電荷をもつ新粒子の存在を実証することができます．例えば，新粒子が既知のクォークと同様に $N_\mathrm{c} = 3$ で，電荷 $Q = 2/3$，$Q = -1/3$ をもつ場合は，ドレル比 R がそれぞれ 4/3，1/3 だけ増えます．実際，重心系のエネルギーが 3 GeV を超えると，チャームクォーク c と反チャームクォーク $\bar{\mathrm{c}}$ が生成され，R が 4/3 だけ増えることが実験で確認されています．

9.4　量子色力学

強い相互作用は，どのように記述されるのか？

クォークにはたらく強い相互作用は，色に関する $\mathrm{SU}(3)_\mathrm{c}$ をゲージ群とするゲージ理論として理解されます．具体的には，8.3 節で述べたゲージ原理を採用して，「クォークに関する局所的 $\mathrm{SU}(3)_\mathrm{c}$ 変換

186   9. 量子色力学

$$
\bar{q}_f(x) \quad \to \quad \bar{q}'_f(x) = U(x)\bar{q}_f(x), \qquad U(x) \equiv \exp\left\{-i \sum_{a=1}^{8} \theta^a(x) \frac{\lambda^a}{2}\right\}
$$

(9.17)

のもとで，理論が不変となるべし」という要請のもとで，強い相互作用を記述するラグランジアン密度

$$
\widehat{\mathscr{L}}_{\mathrm{QCD}} = \sum_{f=u}^{t} \bar{q}_f(x) \left[i\gamma^\mu \left\{ \partial_\mu + ig_s \sum_{a=1}^{8} \widehat{G}_\mu^a(x) \frac{\lambda^a}{2} \right\} - m_f \right] \hat{q}_f(x)
$$

$$
- \frac{1}{4} \sum_{a=1}^{8} \widehat{G}_{\mu\nu}^a(x) \widehat{G}^{a\mu\nu}(x) + \theta \frac{g_s^2}{32\pi^2} \sum_{a=1}^{8} \widehat{G}_{\mu\nu}^a(x) \widehat{\widetilde{G}}^{a\mu\nu}(x) \quad (9.18)
$$

を得ることができます．ここで，g_s はゲージ結合定数（添字の s は strong の頭文字），λ^a は**ゲルマン行列**です（(7.18) を参照）．

また，$\widehat{G}_\mu^a(x)$ は**グルーオン**とよばれる $\mathrm{SU}(3)_\mathrm{C}$ の 8 重項を組むゲージ粒子を表す場（**グルーオン場**）の演算子で，局所的 $\mathrm{SU}(3)_\mathrm{C}$ 変換のもとで，

$$
\sum_{a=1}^{8} \widehat{G}_\mu'^a(x) \frac{\lambda^a}{2} = U(x) \sum_{a=1}^{8} \widehat{G}_\mu^a(x) \frac{\lambda^a}{2} U^{-1}(x) - \frac{i}{g_s} U(x) \partial_\mu U^{-1}(x)
$$

(9.19)

のように変換します（(8.51) を参照）．そして，$\widehat{G}_{\mu\nu}^a(x)$ はグルーオン場の強さを表すグルーオン場テンソルで，

$$
\widehat{G}_{\mu\nu}^a(x) \equiv \partial_\mu \widehat{G}_\nu^a(x) - \partial_\nu \widehat{G}_\mu^a(x) - g_s \sum_{b,c=1}^{8} f^{abc} \widehat{G}_\mu^b(x) \widehat{G}_\nu^c(x) \quad (9.20)
$$

で定義されます．ここで，f^{abc} は $\mathrm{SU}(3)_\mathrm{C}$ の構造定数です（(7.20) を参照）．

さらに，$\widehat{\mathscr{L}}_{\mathrm{QCD}}$ の最後の項は **θ 項**とよばれる項で，θ は **θ パラメータ**とよばれる定数です．また，$\widehat{\widetilde{G}}^{a\mu\nu}(x)$ は $\widehat{\widetilde{G}}^{a\mu\nu}(x) \equiv \frac{1}{2} \varepsilon^{\mu\nu\lambda\rho} \widehat{G}_{\lambda\rho}^a(x)$ で定義されます．θ 項の起源や特徴については，巻末の付録 C で解説します．

θ 項は，第 10 章で解説する CP 変換のもとで不変ではないため，もし，θ が有限な値をもつと，CP の破れが発生します．ただし，中性子の双極子モーメントの実験により，$|\theta|_{\text{実験}} \leq O(10^{-10})$ という制限が与えられていて，強い相互作用の世界で CP の破れは見つかっていません．$\widehat{\mathscr{L}}_{\mathrm{QCD}}$ に基づく量子色力学の枠内で，θ の値を理論的に予測することはできないため，**強い CP 問題**とよ

ばれる,「なぜ, θ の値はこんなにも小さいのか？」という謎が残っています.

(9.18) の $\hat{\mathcal{L}}_{\text{QCD}}$ に基づく場の量子論を, **量子色力学 (QCD)** といいます. 量子色力学は非可換ゲージ理論の一種で, グルーオンに関する自己相互作用項を含むため, 一般に, 解析的に解くことが困難です. 以下で, 量子色力学の特徴として, 漸近的自由性, クォークの閉じ込め, カイラル対称性の自発的破れについて紹介します.

9.4.1 漸近的自由性

6.5 節で述べたように, 物理量は一般に**量子補正**を受けて, エネルギーと共に変化します. その変化を記述する方程式は**くりこみ群方程式**とよばれています. 例えば, ゲージ結合定数 $g = g(t)$ に関するくりこみ群方程式は,

$$\frac{dg}{dt} = \beta(g) \tag{9.21}$$

で与えられます. ここで, $t = \ln(\mu/\mu_0)$, μ はくりこみ点とよばれる, くりこみを行うエネルギースケール, μ_0 はある基準となるエネルギースケールです. また, $\beta(g)$ は β **関数**とよばれ, 摂動計算により求められます.

具体的には, 摂動の 1 ループのレベルで,

$$\beta(g) = \frac{g^3}{16\pi^2} b \tag{9.22}$$

が得られます. ここで, b は摂動の 1 ループのレベルでの β 関数の係数で,

$$b = -\frac{11}{3} C_2(\mathrm{G}) + \frac{2}{3} \sum_{\phi_{\mathrm{W}}} T(\boldsymbol{r}_{\mathrm{W}}) + \frac{1}{3} \sum_{\phi_{\mathrm{s}}} T(\boldsymbol{r}_{\mathrm{s}}) \tag{9.23}$$

と表されます（添字の W, s はそれぞれ Weyl, scalar の略）. (9.23) における $C_2(\mathrm{G})$ および $T(\boldsymbol{r})$ は, 群 G に関して,

$$\sum_{c,d=1}^{\dim \mathrm{G}} f^{acd} f^{bcd} = C_2(\mathrm{G}) \delta^{ab}, \qquad \mathrm{tr}(T^a_{(r)} T^b_{(r)}) = T(\boldsymbol{r}) \delta^{ab} \tag{9.24}$$

に現れる係数です. ここで, dim G は群 G の次元, f^{acd} や f^{bcd} は G の構造定数, $T^a_{(r)}$ は $\boldsymbol{r}$ 表現に関する表現行列です.

ちなみに, 群が $\mathrm{SU}(n)$ $(n \geq 2)$ のとき, $C_2(\mathrm{SU}(n)) = n$ で, さらに $\hat{\psi}_{\mathrm{W}}$ および $\hat{\phi}_{\mathrm{s}}$ が $\boldsymbol{n}$ 表現, あるいは $\overline{\boldsymbol{n}}$ 表現に属するとき, $T(\boldsymbol{n}) = T(\overline{\boldsymbol{n}}) = 1/2$ で,

188   9. 量子色力学

これらを用いると,

$$b = -\frac{11}{3} n + \frac{1}{3} N_{\mathrm{w}} + \frac{1}{6} N_{\mathrm{s}} \tag{9.25}$$

となります. ここで, $N_{\mathrm{w}}, N_{\mathrm{s}}$ はそれぞれワイル粒子の数, 複素スカラー粒子の数を表します.

Exercise 9.5

(9.21) と (9.22) より, 1 ループのレベルで, くりこみ群方程式は,

$$\frac{dg}{dt} = \frac{g^3}{16\pi^2} b \tag{9.26}$$

で与えられます. このくりこみ群方程式の解を求めなさい.

Coaching   (9.26) のくりこみ群方程式を変形すると,

$$\frac{d}{dt}\left(\frac{4\pi}{g(t)^2}\right) = -\frac{b}{2\pi} \tag{9.27}$$

となり, $\dfrac{4\pi}{g(t)^2}$ をひとかたまりとすると, この解は

$$\frac{4\pi}{g(t)^2} = -\frac{b}{2\pi} t + \frac{4\pi}{g(0)^2} \tag{9.28}$$

となります. よって解が得られました.

またここで, $\alpha_g(\mu) \equiv \dfrac{g(t)^2}{4\pi}$ を用いると, (9.28) の解は,

$$\frac{1}{\alpha_g(\mu)} = \frac{1}{\alpha_g(\mu_0)} - \frac{b}{2\pi} \ln \frac{\mu}{\mu_0} \tag{9.29}$$

と表されます. さらに, (9.29) を変形すると,

$$\alpha_g(\mu) = \frac{\alpha_g(\mu_0)}{1 - \dfrac{b}{2\pi} \alpha_g(\mu_0) \ln \dfrac{\mu}{\mu_0}} \tag{9.30}$$

が得られ, $\alpha_g(\mu)$ の変化を通してゲージ結合定数の変化の様子を知ることができます.

9.4 量子色力学   189

Exercise 9.6

(9.30)を用いて，$b > 0$ のときのゲージ結合定数の変化の様子を求めなさい．

Coaching $b > 0$ のとき，$\mu > \mu_0$ で $\alpha_g(\mu) > \alpha_g(\mu_0)$ となるため，短距離（高エネルギー）にいくほどゲージ結合定数の値が大きくなります（図9.5）．この性質は，電磁力において**真空偏極**の効果として理解されます（6.5節を参照）．

例えば，正電荷 $eQ\,(>0)$ をもつ粒子 ψ^+ が存在したとします．その周りに短時間，仮想粒子とその反粒子が対生成したとしましょう．すると，負電荷をもつ仮想粒子が

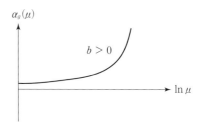

図9.5 ゲージ結合定数の変化の様子

ψ^+ に引き寄せられ，遠くから見ると ψ^+ の電荷が減少して見えます．また，遠方からじわじわと ψ^+ に近づいていくと，電荷の値が増加して見えます．

Exercise 9.7

(9.30)を用いて，$b < 0$ のときのゲージ結合定数の変化の様子を求めなさい．

Coaching $b < 0$ のとき，$\mu > \mu_0$ で $\alpha_g(\mu) < \alpha_g(\mu_0)$ となり，短距離（高エネルギー）にいくほどゲージ結合定数の値が小さくなります（図9.6）．

このような性質を**漸近的自由性**といい，短距離（高エネルギー）で，ゲージ結合定数に関する摂動論が有効になることを示しています．

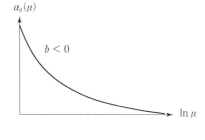

図9.6 ゲージ結合定数の変化の様子

190   9. 量子色力学

話を量子色力学に戻しましょう. α_g を $\alpha_s \equiv \dfrac{g_s^2}{4\pi}$ とします. そうすると, 量子色力学のゲージ群は SU(3)$_c$ で, クォークは 3 表現に属しているので, (9.25) より

$$b_s = -11 + \frac{2}{3} N_q \tag{9.31}$$

となります. ここで, b を b_s と表しました. また, N_q は量子補正に寄与する (μ より小さい質量をもつ) クォークの香りの数です. (9.31) より, $N_q < 16$ のとき $b < 0$ となり, 漸近的自由性を示すことがわかります.

QCD スケール

$\alpha_s(\Lambda_{\mathrm{QCD}}) \equiv \dfrac{g_s(\Lambda_{\mathrm{QCD}})^2}{4\pi} = \infty$ となるようなエネルギースケール Λ_{QCD} を **QCD スケール**といいます (添字の QCD は quantum chromodynamics の略). Λ_{QCD} は QCD が適用可能なエネルギースケールの下限と考えられます. 1 ループのレベルで, (9.29) において $\mu_0 = \Lambda_{\mathrm{QCD}}$ とすると, $\dfrac{1}{\alpha_s(\mu)} = -\dfrac{b_s}{2\pi} \ln \dfrac{\mu}{\Lambda_{\mathrm{QCD}}}$ が得られ, これより,

$$\Lambda_{\mathrm{QCD}} = \mu e^{\frac{2\pi}{b_s \alpha_s(\mu)}} \tag{9.32}$$

が導かれます.

9.4.2 クォークの閉じ込め

色をもつ粒子 (クォーク, グルーオン) は単独では取り出せず, 無色の状態であるハドロンが観測されます. この現象は**クォークの閉じ込め**, あるいは**色の閉じ込め**とよばれています. 漸近的自由性とは対照的に, クォークの閉じ込めは長距離 (低エネルギー) の物理現象で, 長距離でゲージ結合定数 g_s の値が大きくなるため, この現象を理解するためには非摂動的な解析が必要となります. ここでは, クォークの閉じ込めに関する判定基準や機構として, 代表的なものを紹介します[3].

---

3) 他にも様々な判定基準や機構が提案されています. 例えば, 九後 (T. Kugo) と小嶋 (I. Ojima) により, **BRS 量子化**とよばれる正準量子化に基づいて, 物理的粒子がすべて無色の状態になるための十分条件が与えられています.

面 積 則

ウィルソン（K.Wilson）により，クォークの閉じ込めの判定基準として，次のことが提案されています．

▶ **クォークの閉じ込めの判定基準**：クォークの閉じ込めが起こるためには，面積則

$$\langle 0 | \widehat{W}(\mathrm{C}) | 0 \rangle \simeq e^{-k\Sigma(\mathrm{C})} \tag{9.33}$$

が成り立つ必要がある．ここで，$\Sigma(\mathrm{C})$ は閉曲線 C で囲まれた面積である．

(9.33) で，$\widehat{W}(\mathrm{C})$ は**ウィルソンループ**とよばれるゲージ不変な物理量で，

$$\widehat{W}(\mathrm{C}) \equiv \mathrm{tr}\left(\mathrm{P}\exp\left\{ig_{\mathrm{s}}\oint_{\mathrm{C}}\sum_{a=1}^{8}\widehat{G}_{\mu}^{a}(x)T^{a}\,dx^{\mu}\right\}\right) \tag{9.34}$$

で定義されます．ここで，P は**経路順序積**（経路に沿って順番に演算子を並べてつくられる積）を表します．また，T^a は SU(3) のリー代数の表現行列です．

格子ゲージ理論とよばれる非摂動的定式化を用いると，g_{s} が大きい領域（強結合領域）で，(9.33) の物理量は，

$$\langle 0 | \widehat{W}(\mathrm{C}) | 0 \rangle \simeq \left(\frac{1}{g_{\mathrm{s}}^2}\right)^{\frac{RT}{a^2}} = \exp\left(-\frac{\ln g_{\mathrm{s}}^2}{a^2}RT\right) \tag{9.35}$$

のように評価されます．ここで，a は**格子間隔**です．

格子ゲージ理論では，時空は離散的なものとして扱われ，$a \to 0$ の極限を**連続極限**といいます．また，R はクォークと反クォークの間の距離で，T は時間です（Practice [9.5] を参照）．さらに，強結合領域におけるクォークの閉じ込めと弱結合領域における漸近的自由性が同じ相で起こっていることを示す必要がありますが，数値計算により，このことを示唆する結果が得られています．

双対マイスナー効果

クォークの閉じ込めに関する機構について，超伝導現象との類似に基づく，次のような仮説が提案されています．ここで，超伝導状態とはクーパー対とよばれる電子の対が凝縮することにより発生する状態で，超伝導体内で電気

抵抗はゼロとなります．また，**マイスナー効果**とよばれる，超伝導体が磁力線を排除する性質をもちます．

いま仮に，超伝導体内に N 極のみ，S 極のみから成る一対の磁気単極子が紛れ込んだとします．このとき，それらがつくる磁力線は 1 次元的に絞られ，一対の磁気単極子の閉じ込めが起こっているように見えます．

これと類似の現象が量子色力学でも起こるとしましょう．つまり，クォークの閉じ込めを実現するために，電気と磁気の役割を逆転させて，「量子色力学の真空は，色磁気に関する超伝導状態である」という仮説を立ててみます．具体的には，色磁気単極子が存在し，それが凝縮を起こして色磁気に関する超伝導状態が発生し，これが量子色力学の真空状態であるとします．このとき，**双対マイスナー効果**とよばれるマイスナー効果の双対版により，色電荷をもつ粒子（クォークやグルーオン）がつくる色電気力線が絞られることで，色の閉じ込めが起こるのではないかと予想されています．

9.4.3 カイラル対称性の自発的破れ

9.4.1 項の考察により，QCD スケール Λ_{QCD} のあたりでゲージ結合定数の値が発散し，非摂動効果が顕著になるため，クォークや反クォークが束縛状態を形成し，ハドロンが構成されます．ここでは，メソンの質量に着目して，Λ_{QCD} のあたりで起こる，**クォーク−ハドロン相転移**とよばれるクォークからハドロンへの相転移現象に付随する対称性の自発的破れについて考えてみましょう．

まずは，$\widehat{\mathscr{L}}_{\mathrm{QCD}}$ がもつクォークの香りに関する大局的対称性に着目します．以下では，簡単のため，軽い 2 種類のクォーク u と d を扱うことにします．これらのクォークの質量をゼロとしたとき，$\widehat{\mathscr{L}}_{\mathrm{QCD}}$ は大局的 $\mathrm{SU}(2)_{\mathrm{V}} \times \mathrm{SU}(2)_{\mathrm{A}} \times \mathrm{U}(1)_{\mathrm{V}} \times \mathrm{U}(1)_{\mathrm{A}}$ 変換のもとで不変で，この変換とネーターカレントはそれぞれ

$$\mathrm{SU}(2)_{\mathrm{V}}: \quad \hat{q}' = \exp\left(-i\sum_{a=1}^{3}\theta_{\mathrm{V}}^{a}\frac{\tau^a}{2}\right)\hat{q}, \qquad \hat{J}_{\mu}^{a} = \hat{\bar{q}}\gamma_{\mu}\frac{\tau^a}{2}\hat{q} \qquad (9.36)$$

$$\mathrm{SU}(2)_{\mathrm{A}}: \quad \hat{q}' = \exp\left(-i\sum_{a=1}^{3}\theta_{\mathrm{A}}^{a}\frac{\tau^a}{2}\gamma_5\right)\hat{q}, \qquad \hat{J}_{5\mu}^{a} = \hat{\bar{q}}\gamma_{\mu}\gamma_5\frac{\tau^a}{2}\hat{q} \quad (9.37)$$

$$\mathrm{U}(1)_{\mathrm{V}}: \quad \hat{q}' = e^{-i\theta_{\mathrm{V}}}\hat{q}, \qquad \hat{J}_{\mu} = \hat{\bar{q}}\gamma_{\mu}\hat{q} \qquad\qquad (9.38)$$

$$\mathrm{U}(1)_\mathrm{A}: \quad \hat{q}' = e^{-i\theta_\mathrm{A}\gamma_5}\hat{q}, \qquad \hat{J}_{5\mu} = \bar{\hat{q}}\gamma_\mu\gamma_5\hat{q} \tag{9.39}$$

となります．ここで，$\hat{q}$ は u と d に関する場の演算子から成る $\mathrm{SU}(2)_\mathrm{V}$ の2重項

$$\hat{q} = \begin{pmatrix} \hat{u} \\ \hat{d} \end{pmatrix} \tag{9.40}$$

で，$\theta_\mathrm{V}^a, \theta_\mathrm{A}^a, \theta_\mathrm{V}, \theta_\mathrm{A}$ は実数の定数です．

さらに，上記の変換は，$\hat{q}$ の左巻き状態 $\hat{q}_\mathrm{L}$ と右巻き状態 $\hat{q}_\mathrm{R}$ に関する $\mathrm{U}(2)_\mathrm{L} \times \mathrm{U}(2)_\mathrm{R}$ 変換

$$\hat{q}'_\mathrm{L}(x) = \exp\left(-i\sum_{\alpha=0}^{3}\theta_\mathrm{L}^\alpha T^\alpha\right)\hat{q}_\mathrm{L}(x) \tag{9.41}$$

$$\hat{q}'_\mathrm{R}(x) = \exp\left(-i\sum_{\alpha=0}^{3}\theta_\mathrm{R}^\alpha T^\alpha\right)\hat{q}_\mathrm{R}(x) \tag{9.42}$$

として捉えられます．ここで，$\theta_\mathrm{L}^\alpha, \theta_\mathrm{R}^\alpha$ は実数の定数です．また，T^α は $T^0 = \dfrac{1}{2}I$（$I : 2\times2$ 単位行列），$T^a = \dfrac{\tau^a}{2}$（$a = 1,2,3$）で，$\mathrm{tr}\,(T^\alpha T^\beta) = \dfrac{1}{2}\delta^{\alpha\beta}$（$\alpha, \beta = 0,1,2,3$）を満たします．

ワイル粒子（カイラルフェルミオン）に関する，このような変換は**カイラル変換**，カイラル変換のもとでの不変性は**カイラル対称性（カイラル不変性）**とよばれています．実際は，クォークは質量をもっているので，カイラル対称性は近似的対称性となります．

クォークの世界からハドロンの世界に移行しても $\mathrm{SU}(2)_\mathrm{A}$ 対称性が存続するならば，核子と $\mathrm{SU}(2)_\mathrm{A}$ の2重項を組むようなパリティ（空間反転に関する固有値）が異なる粒子が存在するはずですが，実際にはそのような粒子が存在しないことから，カイラル対称性は

$$\begin{aligned} &\mathrm{SU}(2)_\mathrm{V} \times \mathrm{U}(1)_\mathrm{V} \times \mathrm{SU}(2)_\mathrm{A} \times \mathrm{U}(1)_\mathrm{A} \quad (\mathrm{U}(2)_\mathrm{L} \times \mathrm{U}(2)_\mathrm{R}) \\ &\rightarrow \quad \mathrm{SU}(2)_\mathrm{V} \times \mathrm{U}(1)_\mathrm{V} \end{aligned} \tag{9.43}$$

のように自発的に破れていると考えられます．7.5.2項で紹介したように，このような近似的対称性の自発的破れにともない，**擬南部 – ゴールドストーン粒子**が出現します．具体的には，$\mathrm{SU}(2)_\mathrm{A}$ 対称性の自発的破れにともない，

194　9. 量子色力学

スピン 0 の 3 個のメソンである π 中間子が，**擬南部 – ゴールドストーンボソ
ン**になります．

π 中間子場の演算子が $\bar{\pi}^a = i\hat{\bar{q}}\gamma_5 \dfrac{\tau^a}{2}\hat{q}$ $(a = 1, 2, 3)$ であるとすると，
(7.55) を参考にすれば，$SU(2)_A$ 対称性の自発的破れが起こるための条件式
は，

$$\langle 0| i \int [\bar{J}_{50}^b(y), \bar{\pi}^a]\, d^3y |0\rangle = \frac{1}{2}\langle 0|\hat{\bar{q}}\hat{q}|0\rangle \delta^{ab} \neq 0 \tag{9.44}$$

となります．ここで，$\hat{\bar{q}}\hat{q} = \hat{\bar{u}}\hat{u} + \hat{\bar{d}}\hat{d}$ で，$\langle 0|\hat{\bar{q}}\hat{q}|0\rangle \neq 0$ となることを
クォーク凝縮が起こるといいます．

また，(7.60) を拡張した $\partial^\mu \bar{J}_{5\mu}^a = f_a m_a^2 \bar{\pi}^a$ を用いると[4]，

$$f_a^2 m_a^2 \delta^{ab} = \langle 0|[\hat{Q}_5^a, [\hat{Q}_5^b, \mathcal{H}_{QCD}]]|0\rangle \tag{9.45}$$

が導かれます．ここで，$\hat{Q}_5^a = \int \bar{J}_{50}^a(x)\, d^3x$ は $SU(2)_A$ 対称性に関するネー
ターチャージで，$\mathcal{H}_{QCD}$ は量子色力学のハミルトニアン密度です．

アイソスピン対称性を考慮に入れて，(9.45) を用いると，

$$f_{\pi^\pm}^2 m_{\pi^\pm}^2 = -\frac{m_u + m_d}{2}\langle 0|\hat{\bar{u}}\hat{u} + \hat{\bar{d}}\hat{d}|0\rangle \tag{9.46}$$

$$f_{\pi^0}^2 m_{\pi^0}^2 = -m_u \langle 0|\hat{\bar{u}}\hat{u}|0\rangle - m_d \langle 0|\hat{\bar{d}}\hat{d}|0\rangle \tag{9.47}$$

が得られます．ここで，$SU(2)_V$ 対称性は自発的には破れないので，

$$\Lambda^3 \equiv -\langle 0|\hat{\bar{u}}\hat{u}|0\rangle = -\langle 0|\hat{\bar{d}}\hat{d}|0\rangle, \qquad f_\pi \equiv f_{\pi^\pm} = f_{\pi^0} \tag{9.48}$$

が成り立つとします．一方，$\Lambda \neq 0$ のときは，(9.44) より $SU(2)_A$ 対称性が
自発的に破れるので，(9.46) ～ (9.48) から，

$$m_{\pi^\pm}^2 = m_{\pi^0}^2 = (m_u + m_d)\frac{\Lambda^3}{f_\pi^2} \tag{9.49}$$

が導かれます．

---

4)　ここで f_a, m_a は，それぞれ π^a の崩壊定数，π^a の質量で，共通のものを選んでいない
ことに注意してください．

(9.49) から，クォークの質量がゼロのとき，π 中間子の質量もゼロになることがわかります．

また，$\Lambda = \Lambda_{\mathrm{QCD}} = 247\,\mathrm{MeV}$（Practice $[9.4]$ を参照），$f_\pi = 93\,\mathrm{MeV}$，$m_{\pi^\pm} = m_{\pi^0} \simeq 140\,\mathrm{MeV}$ とすると，(9.49) より，$m_\mathrm{u} + m_\mathrm{d} \simeq 11\,\mathrm{MeV}$ が得られます．参考までに，ストレンジクォーク s まで含めた精密な計算では，$m_\mathrm{u} = 2.16\,\mathrm{MeV}$，$m_\mathrm{d} = 4.70\,\mathrm{MeV}$ が得られ，これらの値は Λ_{QCD} に比べて小さいため，カイラル対称性が良い近似で成り立っていると考えられます．さらに，**シュウィンガー–ダイソン方程式**とよばれる方程式に基づく近似計算により，クォーク凝縮が起こること，つまり，(9.44) が確認できます．

ちなみに，ラグランジアン密度に現れるヒッグス機構により獲得されたクォークの質量を**カレントクォーク質量**といい，ハドロン内に束縛されているクォークの有効的な質量を**構成子クォーク質量**といいます．表 1.3 のクォークの質量は，カレントクォーク質量です．

☕ Coffee Break

対称性の威力

　ハドロンの世界に足を踏み込むと，樹海に迷い込んだ気分になります．そこは，数百にもおよぶ粒子たちが複雑に強い相互作用をする，摂動論が通用しない世界です．数多くのハドロンが見つかった 1950 年代 〜 1960 年代は，ハドロンに関する諸現象を理解する基礎理論を見出すまでには長い年月が必要で，来世紀（21 世紀）に持ち越されるのではないかと考えられていました．しかし，このような悲観的な予想を見事に覆したのも，やはり，対称性でした．

　群論を用いたハドロンの分類の末，ハドロンを構成する基本的な粒子（クォーク）の存在が示唆され，スピン 3/2 のバリオンをフェルミオンとして理解する過程で，クォークに色（カラー）の自由度が導入されました．そして，ハドロンが色をもたないことから，ハドロンを構成する力は色に関係すると予想され，色に関する対称性にゲージ原理を採用して，量子色力学（QCD）が構築されました．

　量子色力学は，クォークとグルーオンを素粒子とする，くりこみ可能で予言能力に富む理論です．このように，直接観測されない素粒子たちが従う基本的な法則を知り得たのは，対称性のもつ魔法のような力によるものではないでしょうか．

196　9. 量子色力学

📖 本章のPoint

▶ **ハドロン**：クォークや反クォークから構成される複合粒子で，スピンにより，**メソン**と**バリオン**に大別される．メソンは整数のスピンをもち，バリオンは半整数のスピンをもつ．ハドロンの量子数の間には，**中野－西島－ゲルマンの規則**（NNG則）

$$Q = I_3 + \frac{B + S}{2}$$

が成り立つ．ここで，Q, I_3, B, S はそれぞれ電荷，アイソスピンの第3成分，バリオン数，奇妙さとよばれる量子数である．

▶ **クォーク**：6種類の香り（フレーバー）で識別される，u, d, s, c, b, t と表記されるスピン 1/2，バリオン数 1/3 をもつ素粒子で，それぞれ3種類の**色（カラー）**をもつ．メソンはクォークと反クォークから構成され，バリオンは3つのクォークから構成される．

▶ **量子色力学**：クォークにはたらく強い相互作用を記述する，色に関するゲージ群 $\mathrm{SU(3)_c}$ に基づくゲージ場の量子論で，ラグランジアン密度は

$$\hat{\mathscr{L}}_{\mathrm{QCD}} = \sum_{f=\mathrm{u}}^{\mathrm{t}} \bar{\hat{q}}_f(x) \left[i\gamma^\mu \left\{ \partial_\mu + ig_\mathrm{s} \sum_{a=1}^{8} \hat{G}_\mu^a(x) \frac{\lambda^a}{2} \right\} - m_f \right] \hat{q}_f(x)$$
$$- \frac{1}{4} \sum_{a=1}^{8} \hat{G}_{\mu\nu}^a(x) \hat{G}^{a\mu\nu}(x) + \theta \frac{g_\mathrm{s}^2}{32\pi^2} \sum_{a=1}^{8} \hat{G}_{\mu\nu}^a(x) \widetilde{\hat{G}}^{a\mu\nu}(x)$$

で与えられる．

▶ **漸近的自由性**：短距離（高エネルギー）になるほど，ゲージ結合定数の値が小さくなる，つまり，相互作用の強さが弱くなる性質．

▶ **クォークの閉じ込め**：実在するハドロンは，色に関する1重項の状態で，クォークを単独で取り出すことができないという性質．

▶ **カイラル対称性の自発的破れ**：クォークからハドロンへの相転移（クォーク－ハドロン相転移）に付随して起こる，クォーク凝縮によってカイラル対称性が自発的に破れる現象．

Practice

[9.1] 弱い相互作用を通して崩壊するハドロンの寿命

弱い相互作用が結合定数 G_F をもつフェルミ相互作用であるとします（添字のFは Fermi の略）．$\frac{G_F}{\hbar^3 c^3} \simeq 1.2 \times 10^{-5}\,\text{GeV}^{-2}$ として，このフェルミ相互作用を通してハドロンが崩壊するとき，ハドロンの寿命を次元解析を用いて概算しなさい．

[9.2] 電子と陽子の安定性

電子や陽子が安定に存在する理由を，保存則を用いて説明しなさい．

[9.3] ハドロンの波動関数

クォーク q_f と反クォーク $\bar{q}_{f'}$ ($f \neq f'$) から成るメソンの波動関数と3つのクォーク $q_f, q_{f'}, q_{f''}$ から成るバリオンの波動関数を，色の自由度を考慮に入れて書き下しなさい．

[9.4] QCDスケール

Zボソンの質量である $M_Z = 91.19\,\text{GeV}$ をくりこみ点 μ として選んで，$\alpha_s(M_Z) = 0.1181$ とします．このとき，$N_q = 3$ として，(9.31) と (9.32) を用いて Λ_{QCD} の値を求めなさい．

[9.5] クォークの閉じ込めの判定基準

図 9.7 のように，距離 R だけ離れた，時刻 $t = 0$ でのクォークと反クォークの束縛状態 $|q(0,0)\bar{q}(R,0)\rangle$ と時刻 $t = T$ での束縛状態 $|q(0,T)\bar{q}(R,T)\rangle$ について考えます．ウィルソンループの真空期待値と関係する $\langle q(0,0)\bar{q}(R,0) | q(0,T)\bar{q}(R,T)\rangle$ を評価することにより，(9.33) で表されたクォークの閉じ込めの判定基準が妥当であることを示しなさい．

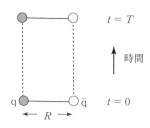

図 9.7 クォークと反クォークの束縛状態

電弱理論

1.2節で述べたように，β崩壊やμ崩壊は，弱い相互作用により起こることが知られています．では，この弱い相互作用は，どのような特徴をもっていて，どのように記述されるのでしょうか？本章では，弱い相互作用の世界を探索してみることにしましょう．

10.1 フェルミ理論から電弱理論へ

弱い相互作用が関与する典型例は β 崩壊（$n \to p + e^- + \bar{\nu}_e$）で，**フェルミ相互作用**に基づいて，**フェルミ理論**が構築されました（5.4節を参照）．さらには，μ 崩壊（$\mu^- \to \nu_\mu + e^- + \bar{\nu}_e$），$\Lambda$ 粒子の崩壊（$\Lambda \to p + \pi^-$）などにも弱い相互作用が関与しますが，弱い相互作用は次のような特徴をもっていることが知られています．

特徴1：弱い相互作用は普遍性をもつ．具体的には，μ 崩壊から得られる**フェルミ結合定数**とよばれる定数 $G_F = 1.1663787 \times 10^{-5} \, \text{GeV}^{-2}$（添字の F は Fermi の略）を基準とすると，β 崩壊から得られる値は aG_F ($a \simeq 0.974$)，Λ 粒子の崩壊から得られる値は $a_\Lambda G_F$ ($a_\Lambda \simeq 0.219$) のように，様々な反応過程から得られる結合定数の値は同じ桁となる．

特徴2：弱い相互作用において，**パリティの破れ**が起こる．例えば，β 崩壊では，カイラリティ（$\gamma_5 \equiv i\gamma^0\gamma^1\gamma^2\gamma^3$ の固有値）-1 をもつ電子やカイ

ラリティ 1 をもつ反電子ニュートリノが関与するため，空間反転対称性
が壊れる（10.2 節を参照）.

パリティの破れの発見は，θ–τ **パズル**とよばれる謎に端を発します．こ
の謎は「その当時，θ^+ と τ^+（反タウオンではありません）と名付けられた
2 種類の粒子は，同一のスピン，質量，寿命をもっているので同一粒子のよう
に思えるが，それぞれ終状態がパリティの異なる $\theta^+ \to \pi^+ + \pi^0$, $\tau^+ \to \pi^+$
$+ \pi^+ + \pi^-$ のような崩壊モードをもつため，異種の粒子であると結論付け
られました．この結論は正しいのか？」というものでした．リー（T. D. Lee）
とヤン（C. N. Yang）が，この謎を解くために，「弱い相互作用において，パ
リティは保存しない！」という大胆な仮説を立て，この仮説を検証する実験
を 1956 年に提案しました．この提案を受けて，ウー（C. S. Wu）らが ^{60}Co に
よる β 崩壊の実験を行い，パリティの破れが実証されました．

　弱い相互作用の特徴 1, 2 と，ハドロンがクォークから構成されていること
を踏まえると，$\underset{\text{V マイナス A}}{\mathbf{V} - \mathbf{A}}$ **相互作用**とよばれる相互作用に基づいた **V − A 理論**
が構築されます（10.3 節を参照）．ただし V − A 理論は，「**ユニタリー性の
問題**」と「**発散の困難**」を抱えていることが知られており，これらの問題を
解消する鍵は**ゲージ対称性**であると考えられています．ここで，ユニタリー
性とは，確率の保存則に関係する性質です．

　ゲージ理論は，一般にゲージ対称性が存続する限り（ヒッグス機構が起こ
っても，ゲージ対称性が隠れた形で保持される限り），ユニタリー性を兼ね備
えた，くりこみ可能な理論となります．

　弱い相互作用をゲージ理論として定式化する試みは，1957 年のシュウィン
ガーによる先駆的な研究を皮切りに，1961 年にはグラショウ（S. Glashow）
が弱い相互作用と電磁相互作用を含むゲージ理論の原型となる模型を提案し
ました．ただし，ヒッグス模型が提案される前だったこともあり，最初から
ゲージ粒子に質量が与えられていたため，これはゲージ原理にそぐわない模
型でした．

　その後ヒッグス機構を用いて，グラショウの模型に改良を加えたのが，
ワインバーグ（S. Weinberg）やサラム（A. Salam）で，こうした改良を経て，

200 10. 電弱理論

電弱理論（**ワインバーグ – サラム理論**）とよばれる理論が 1967 年頃に誕生しました（10.4 節を参照）.

本章では，10.4.1 項で，「弱い相互作用を記述するゲージ理論のゲージ群が SU(2)$_L$ × U(1)$_Y$ であること」と「このゲージ群の中に電磁相互作用のゲージ群である U(1)$_{EM}$ が部分群として含まれていること」を見ていきます（添字の L, EM はそれぞれ Left, Electromagnetic の略）. このことは，**弱い相互作用のゲージ理論には電磁相互作用が必然的に含まれていて，弱い相互作用と電磁相互作用を統一的に扱う必要がある**ことを意味しています.

また 10.4.2 項では，ヒッグス機構により，SU(2)$_L$ × U(1)$_Y$ 対称性が U(1)$_{EM}$ 対称性に壊れるとき，「壊れずに残る U(1)$_{EM}$ に関するゲージ粒子が光子で，光子が電磁相互作用を媒介し，電弱理論が量子電磁力学に移行すること」と「壊れた対称性（隠れたゲージ対称性）に関するゲージ粒子は**ウィークボソン**とよばれる重い質量をもつ 3 個の粒子（W$^+$, W$^-$, Z^0）で，これらの粒子が弱い相互作用を媒介し，その相互作用が低エネルギーで，V − A 理論の相互作用に帰着すること」を見ていきます. なお，ここでの低エネルギーとは，ウィークボソンが運ぶエネルギーが，ウィークボソンの質量に比べて十分に小さい極限のことを意味します.

🌱 10.2 パリティの破れ

10.2.1 空間反転

物理法則は，空間反転された世界でも同じ形で成り立つのか？

この問いに答えるために，まずは，空間反転

$$\boldsymbol{x} = (x, y, z) \quad \rightarrow \quad \boldsymbol{x}' = (-x, -y, -z) = -\boldsymbol{x} \tag{10.1}$$

にともなう物理量の変換を見てみましょう. 例えば，運動量 $\boldsymbol{p}$ は

$$\boldsymbol{p} = (p_x, p_y, p_z) \quad \rightarrow \quad \boldsymbol{p}' = (-p_x, -p_y, -p_z) = -\boldsymbol{p} \tag{10.2}$$

のように変換します. $\boldsymbol{x}$ や $\boldsymbol{p}$ のように，空間反転のもとで符号を変えるベクトルを**極性ベクトル**といいます.

Exercise 10.1

空間反転のもとで，角運動量 $\boldsymbol{L} = \boldsymbol{x} \times \boldsymbol{p}$ がどのように変換するのか求めなさい．

Coaching 角運動量の定義から，
$$\boldsymbol{L} = \boldsymbol{x} \times \boldsymbol{p} \quad \rightarrow \quad \boldsymbol{L}' = (-\boldsymbol{x}) \times (-\boldsymbol{p}) = \boldsymbol{L} \tag{10.3}$$
となり，空間反転のもとで角運動量は不変であることがわかります．

$\boldsymbol{L}$ のように空間反転のもとで不変なベクトルを**軸性ベクトル**といいます．スピン $\boldsymbol{S}$ や磁束密度 $\boldsymbol{B}$ も軸性ベクトルです． ■

8.2 節で，量子電磁力学の作用積分（8.1）は空間反転対称性をもっていると述べましたが，(8.6) のディラック場の演算子 $\hat{\psi}(x)$ に関する変換をカイラル表示（4.39）を用いて表すと，$\gamma^0 = \begin{pmatrix} 0 & I \\ I & 0 \end{pmatrix}$（$I$：$2 \times 2$ 単位行列）より，

$$\hat{\psi}(x) = \begin{pmatrix} \hat{\xi}(x) \\ \hat{\eta}(x) \end{pmatrix} \quad \rightarrow \quad \hat{\psi}'(x') = e^{i\theta_{\mathrm{P}}} \begin{pmatrix} \hat{\eta}(x) \\ \hat{\xi}(x) \end{pmatrix} \quad (\theta_{\mathrm{P}}：実数の定数) \tag{10.4}$$

のようになります．ここで，x' は $x'^\mu = (ct, -\boldsymbol{x})$ です．**空間反転のもとで，カイラリティ（γ_5 の固有値）-1 をもつ $\hat{\xi}(x)$ と，カイラリティ 1 をもつ $\hat{\eta}(x)$ が入れ替わっていることに注意してください．**

$\hat{\xi}(x)$ と $\hat{\eta}(x)$ に対して，電磁相互作用や強い相互作用は同じ形ではたらくため，それらに対する空間反転対称性は保持されますが，もし，異なる形ではたらくような相互作用が存在すれば，空間反転対称性が壊れます．

10.2.2 パリティの破れの実証

原子核に束縛されずに単独に存在する中性子（n）や原子核内の中性子が陽子（p）に変化する現象は **β 崩壊**とよばれ，その過程は n → p + e$^-$ + $\bar{\nu}_\mathrm{e}$ と表されます．ここで，$\bar{\nu}_\mathrm{e}$ は反電子ニュートリノです．

β 崩壊において，空間反転対称性が成り立たないこと，つまり，**パリティ（偶奇性）の破れ**が，次のようにして確認されました．ここで，パリティとは，空間反転を引き起こす演算子，あるいはその固有値のことです．

いま、β崩壊を引き起こす原子を用いて、原子のスピン S_A の向きに対して角度 θ の向きに放出される電子の分布を測る実験を行ったとしましょう（添字の A は Atom の略）。電子の運動量を $\bm{p}_e$ とすると、電子の角度分布は $S_A \cdot \bm{p}_e = |S_A||\bm{p}_e|\cos\theta$ を用いて定量化され、空間反転のもとで、$S_A \cdot \bm{p}_e$ は $-S_A \cdot \bm{p}_e$ に変換するので、電子の角度分布が θ に依存した非対称な形になったとき、空間反転対称性が壊れます。

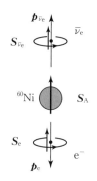

図 10.1　^{60}Co の β 崩壊

実際に、リーとヤンの提案に基づき、ウーらが ^{60}Co による β 崩壊（$^{60}_{27}$Co $\to$ $^{60}_{28}$Ni $+ e^- + \bar{\nu}_e$）を用いて、電子の角度分布を測定しました。その結果、β崩壊にともない原子のスピンが 1 減少した状態になることと、電子が ^{60}Co のスピンの向き（= ^{60}Ni のスピンの向き）と反対の向き（$\theta = \pi$ の向き）に放出される傾向が強いこと、つまり、非対称な角度分布になることがわかりました（図 10.1）。こうして、**パリティの破れが実証されました！**

この粒子系の軌道角運動量は $\bm{0}$ で、角運動量の保存則より、β崩壊の前後で粒子系のスピンは保存します。よって、放出される電子と反電子ニュートリノのスピンの向きは、図 10.1 のように、原子のスピンの向きと同じになります。したがって、この実験結果はカイラリティ -1 をもつ電子[1]とカイラリティ 1 をもつ反電子ニュートリノ（カイラリティ -1 をもつ電子ニュートリノの反粒子）[2]が β崩壊に関与していることを示唆しています。

つまり、β崩壊が**フェルミ相互作用**に基づいて、

$$\widehat{\mathcal{H}}_\beta = G_\beta \{ \widehat{\bar{p}}(x)\gamma^\mu(C_V - C_A\gamma_5)\widehat{n}(x)\widehat{\bar{e}}(x)\gamma_\mu(1-\gamma_5)\widehat{\nu}_e(x) \\ + \widehat{\bar{n}}(x)\gamma^\mu(C_V - C_A\gamma_5)\widehat{p}(x)\widehat{\bar{\nu}}_e(x)\gamma_\mu(1-\gamma_5)\widehat{e}(x) \}$$

(10.5)

---

[1]　質量が無視できるような高エネルギー状態のフェルミオンにおいて、カイラリティの固有状態とヘリシティの固有状態は一致します。そのため、カイラリティ -1 をもつ高エネルギー状態の電子は、スピンと反対の向きに放出されると考えられます。

[2]　荷電共役変換によってカイラリティが変化するため、カイラリティ 1 をもつ反電子ニュートリノは、カイラリティ -1 をもつ電子ニュートリノの反粒子と考えられます。

のような相互作用ハミルトニアン密度により記述できることを意味します．ここで，陽子，中性子，電子，電子ニュートリノに関する場の演算子をそれぞれ $\hat{p}(x), \hat{n}(x), \hat{e}(x), \hat{\nu}_e(x)$ と表しました．また，G_β は β 崩壊に関する結合定数，C_V, C_A は実数の定数です（V, A はそれぞれ Vector, Axial vector の略）．

(5.29) の相互作用ハミルトニアン $\hat{H}_{\text{int}}$ と (10.5) の $\hat{\mathcal{H}}_\beta$ を見比べてみると，パリティの破れを反映して，$\hat{\mathcal{H}}_\beta$ の中に $(1 - \gamma_5)$ や $(C_V - C_A\gamma_5)$ という因子が含まれていることがわかります．そして，次の Exercise 10.2 により，「カイラリティ -1 をもつ電子（$\hat{e}_L$）」と「カイラリティ -1 をもつ電子ニュートリノ（$\hat{\nu}_{eL}$）」を用いて，(10.5) の $\bar{\hat{e}}(x)\gamma_\mu(1-\gamma_5)\hat{\nu}_e(x)$ が $2\bar{\hat{e}}_L\gamma_\mu\hat{\nu}_{eL}$ のように表されることがわかります．

Exercise 10.2

$\bar{\hat{\phi}}_1\gamma_\mu(1-\gamma_5)\hat{\phi}_2 = 2\bar{\hat{\phi}}_{1L}\gamma_\mu\hat{\phi}_{2L}$ を示しなさい．

Coaching $\dfrac{1 \pm \gamma_5}{2}$ を $\Gamma_\pm$ とおくと，これらが**射影演算子**として，

$$(\Gamma_\pm)^2 = \Gamma_\pm, \qquad \Gamma_\pm\Gamma_\mp = 0, \qquad \Gamma_+ + \Gamma_- = 1 \tag{10.6}$$

のような性質を満たします．この性質と

$$\gamma_\mu\Gamma_\pm = \Gamma_\mp\gamma_\mu, \qquad \gamma_5^\dagger = \gamma_5 \tag{10.7}$$

および

$$\bar{\hat{\phi}}_1 \equiv \hat{\phi}_1^\dagger\gamma_0, \qquad \hat{\phi}_{2L} \equiv \Gamma_-\hat{\phi}_2, \qquad \hat{\phi}_{1L}^\dagger \equiv \hat{\phi}_1^\dagger\Gamma_-, \qquad \bar{\hat{\phi}}_{1L} \equiv \hat{\phi}_{1L}^\dagger\gamma_0 \tag{10.8}$$

を用いると，

$$\bar{\hat{\phi}}_1\gamma_\mu(1-\gamma_5)\hat{\phi}_2 = 2\bar{\hat{\phi}}_1\gamma_\mu\Gamma_-\hat{\phi}_2 = 2\bar{\hat{\phi}}_1\gamma_\mu(\Gamma_-)^2\hat{\phi}_2 = 2\bar{\hat{\phi}}_1\Gamma_+\gamma_\mu\Gamma_-\hat{\phi}_2$$
$$= 2\hat{\phi}_1^\dagger\Gamma_-\gamma_0\gamma_\mu\Gamma_-\hat{\phi}_2 = 2\hat{\phi}_{1L}^\dagger\gamma_0\gamma_\mu\hat{\phi}_{2L} = 2\bar{\hat{\phi}}_{1L}\gamma_\mu\hat{\phi}_{2L} \tag{10.9}$$

のように変形されます．よって関係式が示されました． ■

10.2.3　荷電共役変換と時間反転

これまでに述べた内容で，「物理法則は，空間反転された世界でも同じ形で成り立つのか？」という問いの答えに辿り着いたのでしょうか．実は，まだ見落としがあります．というのは，粒子と反粒子の入れ替えに相当する**荷電共役変換**とよばれる変換

204　10. 電弱理論

$$\hat{\psi}(x) = \begin{pmatrix} \hat{\xi}(x) \\ \hat{\eta}(x) \end{pmatrix} \quad \rightarrow \quad \hat{\psi}^{\mathrm{c}}(x) = e^{i\theta_{\mathrm{C}}} \gamma^2 \hat{\psi}^*(x) = e^{i\theta_{\mathrm{C}}} \begin{pmatrix} \sigma^2 \hat{\eta}^*(x) \\ -\sigma^2 \hat{\xi}^*(x) \end{pmatrix}$$

(10.10)

と空間反転を合成することによって，対称性が復活する可能性があるのです．ここで，θ_{C} は実数の定数です．

　具体的には，荷電共役変換と空間反転を合わせた変換は **CP 変換**とよばれ，

$$\hat{\psi}(x) = \begin{pmatrix} \hat{\xi}(x) \\ \hat{\eta}(x) \end{pmatrix} \quad \rightarrow \quad \hat{\psi}_{\mathrm{CP}}(x') = e^{i\theta_{\mathrm{CP}}} \begin{pmatrix} \sigma^2 \hat{\xi}^*(x) \\ -\sigma^2 \hat{\eta}^*(x) \end{pmatrix}$$

(10.11)

で与えられます．ここで，x' は $x'^\mu = (ct, -\boldsymbol{x})$ です．

　実際，(10.5) の $\widehat{\mathcal{H}}_\beta$ は CP 変換のもとで不変で，「粒子と反粒子の役割が入れ替わった上で空間反転された世界」と「元の世界」を区別することはできません．

　ちなみに，K 中間子の崩壊過程において，**CP の破れ**（CP 変換のもとでの不変性の崩れ）が実験で確認されています．このような CP の破れは，**小林 − 益川模型**を用いて説明することができます（11.2 節を参照）．

　さらに離散的な変換として，**時間反転** $t \rightarrow t' = -t$ が存在します．そして，これらの離散的な変換（荷電共役変換，空間反転，時間反転）に関して，次のような定理が成り立ちます．

> ▶ **CPT 定理**：局所相互作用が本義ローレンツ変換に対して不変であるとき，荷電共役変換，空間反転，時間反転を合わせた変換（**CPT 変換**）に関しても不変である．

🌱 10.3　弱い相互作用の有効理論

　9.3 節で述べたように，ハドロンはクォークの束縛状態として，例えば，n = udd, p = uud, Λ = uds のように構成されます．このことを用いると，β 崩壊，Λ 粒子の崩壊は，クォークのレベルで，

$$\mathrm{d} \quad \rightarrow \quad \mathrm{u} + \mathrm{e}^- + \bar{\nu}_\mathrm{e}, \quad \mathrm{s} \quad \rightarrow \quad \mathrm{u} + \mathrm{d} + \bar{\mathrm{u}}$$

(10.12)

のように表されます．

10.3 弱い相互作用の有効理論　　205

そして，10.1 節で述べた特徴 1 と 2 を踏まえると，β 崩壊，μ 崩壊，Λ 粒子の崩壊を記述する相互作用ラグランジアン密度は，それぞれ

$$\widehat{\mathscr{L}}_\beta = -\frac{aG_F}{\sqrt{2}}\,\widehat{\bar{u}}(x)\gamma^\mu(1-\gamma_5)\widehat{d}(x)\widehat{\bar{e}}(x)\gamma_\mu(1-\gamma_5)\widehat{\nu_e}(x)\,+\,\text{h.c.}$$

(10.13)

$$\widehat{\mathscr{L}}_\mu = -\frac{G_F}{\sqrt{2}}\,\widehat{\bar{\nu}_\mu}(x)\gamma^\mu(1-\gamma_5)\widehat{\mu}(x)\widehat{\bar{e}}(x)\gamma_\mu(1-\gamma_5)\widehat{\nu_e}(x)\,+\,\text{h.c.}$$

(10.14)

$$\widehat{\mathscr{L}}_\Lambda = -\frac{a_\Lambda G_F}{\sqrt{2}}\,\widehat{\bar{u}}(x)\gamma^\mu(1-\gamma_5)\widehat{s}(x)\widehat{\bar{d}}(x)\gamma_\mu(1-\gamma_5)\widehat{u}(x)\,+\,\text{h.c.}$$

(10.15)

と表されます（h.c. は Hermitian conjugate の略）．ここで，a, a_Λ は特徴 1 で紹介した数値 $a \fallingdotseq 0.974$，$a_\Lambda \fallingdotseq 0.219$ です．

なお，これらの崩壊現象にはカイラリティ -1 をもつ粒子のみが関与すると仮定しました．さらに，相互作用ラグランジアン密度がエルミート演算子になるように，それぞれの右辺の第 1 項の**エルミート共役**を第 2 項（h.c.）として付け加えています．

V－A 理論

弱い相互作用の普遍性が，「弱い相互作用の強さは 1 つの結合定数 G_F により規定され，反応過程が統一的に理解される」という仮定に基づくものとすると，$\widehat{\mathscr{L}}_\beta, \widehat{\mathscr{L}}_\mu, \widehat{\mathscr{L}}_\Lambda$ を含む包括的なラグランジアン密度として，

$$\widehat{\mathscr{L}}_{\text{V-A}} = -\frac{G_F}{\sqrt{2}}\,\widehat{J}_\mu^\dagger(x)\widehat{J}^\mu(x)$$

(10.16)

が得られます（添字の V － A は Vector current minus Axial vector current の略）．ここで，$\widehat{J}^\mu(x)$ は**荷電カレント**とよばれる，電荷の値が相互作用を通して変化するカレントを表し，

$$\widehat{J}^\mu(x) = \widehat{J}_{(q)}^\mu(x) + \widehat{J}_{(l)}^\mu(x)$$

(10.17)

$$\widehat{J}_{(q)}^\mu(x) \equiv a\widehat{\bar{u}}\gamma^\mu(1-\gamma_5)\widehat{d} + b\widehat{\bar{u}}\gamma^\mu(1-\gamma_5)\widehat{s}$$

(10.18)

$$\widehat{J}_{(l)}^\mu(x) \equiv \widehat{\bar{\nu}_e}\gamma^\mu(1-\gamma_5)\widehat{e} + \widehat{\bar{\nu}_\mu}\gamma^\mu(1-\gamma_5)\widehat{\mu}$$

(10.19)

で定義されます．また，$\widehat{J}_{(q)}^\mu(x), \widehat{J}_{(l)}^\mu(x)$ はそれぞれクォーク，レプトンから

構成された荷電カレントです（添字の q, l はそれぞれ quark, lepton の略）．さらに，$b = a_\wedge/a \fallingdotseq 0.225$ です．

(10.13) ~ (10.16) のような相互作用ラグランジアン密度は，**ベクトルカレント** $\bar{\hat{\psi}}_1(x)\gamma_\mu\hat{\psi}_2(x)$ から**擬ベクトルカレント** $\bar{\hat{\psi}}_1(x)\gamma_\mu\gamma_5\hat{\psi}_2(x)$ を引き算したものから構成されるため，**V－A 相互作用**とよばれています．また，V－A 相互作用に基づく理論を **V－A 理論**といいます．

Exercise 10.3

(10.13) の $\hat{\mathcal{L}}_\beta$ が (10.16) の $\hat{\mathcal{L}}_{\mathrm{V-A}}$ に含まれていることを示しなさい．

Coaching　(10.16) の $\hat{\mathcal{L}}_{\mathrm{V-A}}$ を (10.17) ~ (10.19) を用いて具体的に書き表して，その中に (10.13) の $\hat{\mathcal{L}}_\beta$ の項が含まれていることを示します．

$\hat{\mathcal{L}}_\beta$ の右辺の第 1 項は，$\hat{j}^\mu_{(\mathrm{q})}(x)$ の右辺の第 1 項と，$\hat{j}^\mu_{(\mathrm{l})}(x)$ のエルミート共役から得られる，

$$\hat{j}^{\dagger\mu}_{(\mathrm{l})} = \bar{\hat{e}}\gamma^\mu(1-\gamma_5)\hat{\nu}_e + \bar{\hat{\mu}}\gamma^\mu(1-\gamma_5)\hat{\nu}_\mu \tag{10.20}$$

の右辺の第 1 項（の γ^μ を γ_μ に変えたもの）を掛け合わせることにより得られます．また，$\hat{\mathcal{L}}_\beta$ の右辺の第 2 項は，$\hat{j}^\mu_{(\mathrm{q})}(x)$ のエルミート共役から得られる項 $a\bar{\hat{d}}\gamma^\mu(1-\gamma_5)\hat{u}$ と $\hat{j}^\mu_{(\mathrm{l})}(x)$ の右辺の第 1 項（の γ^μ を γ_μ に変えたもの）を掛け合わせることにより得られます．

したがって，(10.13) の $\hat{\mathcal{L}}_\beta$ が (10.16) の $\hat{\mathcal{L}}_{\mathrm{V-A}}$ に含まれていることがわかります．　■

Training 10.1

(10.14) の $\hat{\mathcal{L}}_\mu$ と (10.15) の $\hat{\mathcal{L}}_\wedge$ が，(10.16) の $\hat{\mathcal{L}}_{\mathrm{V-A}}$ に含まれていることを示しなさい．

カビボ角

$a \fallingdotseq 0.974$, $b \fallingdotseq 0.225$ より，$a^2 + b^2 \fallingdotseq 1$ が成り立ちます．このことから，a と b を $a = \cos\theta_\mathrm{C}$ と $b = \sin\theta_\mathrm{C}$（添字の C は Cabibbo の略）のように表してみましょう．ここで，θ_C は**カビボ角**とよばれる混合角で[3]，d と s から

---

3)　実験により，$\theta_\mathrm{C} \fallingdotseq 12.8°$ であることがわかっています．

それらの混合状態 d′ と s′ が

$$\begin{pmatrix} \tilde{d}' \\ \tilde{s}' \end{pmatrix} = \begin{pmatrix} \cos\theta_C & \sin\theta_C \\ -\sin\theta_C & \cos\theta_C \end{pmatrix} \begin{pmatrix} \tilde{d} \\ \tilde{s} \end{pmatrix} \quad (10.21)$$

のように構成されます．(10.21) に現れる 2×2 直交行列は**カビボ行列**とよばれるクォーク間の混合を表す行列です（第 3 世代を含む場合については，11.2 節を参照）．

さらに，チャームクォーク（c）を導入して，(10.18) の $\tilde{J}^\mu_{(q)}$ を

$$\tilde{J}^\mu_{(q)} = \overline{\tilde{u}}\gamma^\mu(1-\gamma_5)\tilde{d}' + \overline{\tilde{c}}\gamma^\mu(1-\gamma_5)\tilde{s}' \quad (10.22)$$

のように拡張してみると，$a\,(\fallingdotseq 0.974)$，$a_\Lambda\,(\fallingdotseq 0.219)$ **が消えて，(10.16) のラグランジアン密度により相互作用の強さが結合定数 G_F のみで表され，弱い相互作用の普遍性が明確に表現されます！**

 **Training 10.2**

(10.22) の右辺の第 1 項が，(10.18) の右辺と一致することを確かめなさい．

V − A 理論の問題

V − A 理論は，次のような 2 つの問題をもっています．

▶ **ユニタリー性の問題**：高エネルギー領域でユニタリー性が壊れる．

ここで，ユニタリー性とは，時間発展を記述する演算子 $\hat{U}$ が満たすべき性質 $\hat{U}^\dagger \hat{U} = I$（$I$：恒等演算子）のことで，確率の保存と関係する性質です．よって，この問題は，「V − A 理論の世界では，高エネルギー領域で確率の保存則が成り立たなくなってしまう」と読み替えることができます．

具体的には，ユニタリー性が保たれているとき，散乱過程において遷移確率の和は 1 となりますが，この性質は S 行列 $\hat{S}$ を用いて $\hat{S}^\dagger \hat{S} = I$（$I$：恒等演算子）と表されます．また，$\hat{S} = I + i\hat{T}$ で定義される $\hat{T}$ を用いると，$\hat{S}^\dagger \hat{S} = (I - i\hat{T}^\dagger)(I + i\hat{T}) = I + i(\hat{T} - \hat{T}^\dagger) + \hat{T}^\dagger \hat{T}$ が得られます．そして，この式に $\hat{S}^\dagger \hat{S} = I$ を用いると，$2i\,\mathrm{Im}\,\hat{T} = \hat{T} - \hat{T}^\dagger = i\hat{T}^\dagger \hat{T}$ が得られるので，

$$\langle f|\operatorname{Im}\widehat{T}|i\rangle = \frac{1}{2i}\langle f|(\widehat{T}-\widehat{T}^{\dagger})|i\rangle = \frac{1}{2}\langle f|\widehat{T}^{\dagger}\widehat{T}|i\rangle \qquad (10.23)$$

が導かれます. ここで, $|i\rangle, |f\rangle$ はそれぞれ始状態, 終状態を表しています.

さらに, (10.23)を用いると, **光学定理**とよばれる関係式 $\sigma_{\text{tot}} = \dfrac{4\pi}{k}\operatorname{Im} f(0)$ が得られます (添字の tot は total の略). ここで, σ_{tot} は散乱の全断面積, k は波数ベクトルの大きさ, $f(0)$ は散乱振幅の前方 ($\theta = 0$) の値です.

散乱振幅の大きさには上限があるため, σ_{tot} の大きさにも限界があります. しかるに, V − A 理論を用いて σ_{tot} を計算すると, G_F が -2 の**質量次元**[4]をもつことに起因して, σ_{tot} はエネルギーと共に増大します. このため, e_L^- と $\bar{\nu}_{eL}$ の弾性散乱においては 700 GeV のあたりでユニタリー性の崩壊が起こり, 確率の保存則が成り立たなくなります.

▶ **発散の困難**: 量子補正を計算すると, 一般に無限大の値が生じる. しかも, 有限個の物理量にくりこむことができない.

β 崩壊に関する量子補正として, 例えば, 図 10.2 のようなフェルミ相互作用に関する補正が存在し, V − A 理論に基づいて計算すると無限大の値が生じます. もっとも, この量子補正は結合定数 G_F にくりこむことによって, 発散を取り除くことができます.

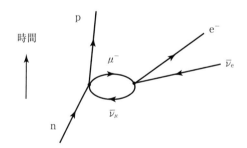

図 10.2 β 崩壊に関する量子補正

---

4) 自然単位系では, 物理量はエネルギーの冪を単位として数量化されます. さらに, 自然単位系では光の速さ c を $c=1$ とおいているので, 質量はエネルギーと同じ単位で表されます. この質量の冪のことを質量次元といい, ラグランジアン密度, フェルミオン場の質量次元は, それぞれ 4, 3/2 です.

問題は，V − A 理論では，摂動の高次で新たな発散が次々と現れ，それらを取り除くために無限個の相殺項，つまり，それにともなう無限個の結合定数を必要とするため，くりこみ不可能で予言能力の乏しい理論になってしまうことです．

　この問題も，結合定数 G_F が -2 の質量次元をもつことに起因します．実際，**理論がくりこみ可能になるための必要条件として，理論に含まれるパラメータ（質量や結合定数）の質量次元がゼロ以上である**ことが知られています．

10.4　電弱理論

　「ゲージ結合定数の質量次元はゼロで，ゲージ理論はユニタリー性をもち，くりこみ可能である」というゲージ理論の特質を念頭に置き，V − A 相互作用の形を参考に，弱い相互作用に関するゲージ理論を構築してみましょう．

10.4.1　弱い相互作用のゲージ群

　弱い相互作用は，カイラリティ -1 をもつ電子が，カイラリティ -1 をもつ電子ニュートリノに変化する反応過程などを含んでいるので，(10.16) の V − A 相互作用の形から，カイラリティ -1 をもつクォークやレプトンが 2 重項

$$\widehat{\psi}_{Lj} \equiv \begin{pmatrix} \widehat{u}_L \\ \widehat{d}_L \end{pmatrix}, \begin{pmatrix} \widehat{c}_L \\ \widehat{s}_L \end{pmatrix}, \begin{pmatrix} \widehat{t}_L \\ \widehat{b}_L \end{pmatrix},$$
$$\begin{pmatrix} \widehat{\nu}_{eL} \\ \widehat{e}_L \end{pmatrix}, \begin{pmatrix} \widehat{\nu}_{\mu L} \\ \widehat{\mu}_L \end{pmatrix}, \begin{pmatrix} \widehat{\nu}_{\tau L} \\ \widehat{\tau}_L \end{pmatrix} \quad (10.24)$$

を組んで弱い相互作用に関与し，ゲージ群として $SU(2)_L$ が含まれていると考えられます（添字の L は Left の略）．

　(10.24) では，物質粒子のカイラリティ -1 をもつ成分を 3 世代分すべて記しました．このとき，カイラリティ 1 をもつ物質粒子 $\widehat{u}_R, \widehat{d}_R, \widehat{c}_R, \widehat{s}_R, \widehat{t}_R, \widehat{b}_R,$ $\widehat{e}_R, \widehat{\mu}_R, \widehat{\tau}_R$（添字の R は Right の略）は $SU(2)_L$ の 1 重項となります[5]．また，

---

　5)　カイラリティ 1 をもつニュートリノはまだ確認されていないので，ここでは記しませんでした．

(10.24) で, $\hat{d}_{\mathrm{L}}$ や $\hat{s}_{\mathrm{L}}$ は, (10.21) の $\hat{d}'$ や $\hat{s}'$ の左巻き成分に相当します[6].

物質粒子のゲージ量子数

クォークとレプトンの**ゲージ量子数**を書き下してみると, 表 10.1 のようになります. この表では, 物質粒子として場の演算子を記しました. ここでは第 1 世代の粒子 (u, d, e⁻, νe) のみを記しましたが, 第 2 世代の粒子 (c, s, μ^-, ν_μ) や第 3 世代の粒子 (t, b, τ^-, ν_τ) も同様の量子数をもっています.

SU(2)L に関する量子数は**弱アイソスピン**とよばれ, その生成子は T_{L}^a ($a = 1, 2, 3$) と表されます[7]. なお, T_{L}^3 は弱アイソスピンの第 3 成分, Q は電荷, Y は**弱ハイパーチャージ**とよばれる,

$$Y \equiv Q - T_{\mathrm{L}}^3 \tag{10.25}$$

で定義される量子数です[8].

(10.25) のように弱ハイパーチャージを定義した理由は, 以下の通りです. 表 10.1 からもわかるように, $\hat{u}_{\mathrm{L}}$ と $\hat{d}_{\mathrm{L}}$ ($\hat{\nu}_{e\mathrm{L}}$ と $\hat{e}_{\mathrm{L}}$) が異なる電荷をもつため, 弱アイソスピン T_{L}^a と電荷 Q は独立ではありません. よって, 弱アイソスピンに関する SU(2)L ゲージ対称性と電荷に関する U(1)EM ゲージ対称性を独立

表 10.1 第 1 世代の物質粒子のゲージ量子数

物質粒子 $\hat{\psi}_k$	SU(2)L	T_{L}^3	Q	$Y \equiv Q - T_{\mathrm{L}}^3$
$\hat{q}_{\mathrm{L}} = \begin{pmatrix} \hat{u}_{\mathrm{L}} \\ \hat{d}_{\mathrm{L}} \end{pmatrix}$	**2**	$\begin{pmatrix} 1/2 \\ -1/2 \end{pmatrix}$	$\begin{pmatrix} 2/3 \\ -1/3 \end{pmatrix}$	$1/6$
$\hat{u}_{\mathrm{R}}$	**1**	0	$2/3$	$2/3$
$\hat{d}_{\mathrm{R}}$	**1**	0	$-1/3$	$-1/3$
$\hat{l}_{\mathrm{L}} = \begin{pmatrix} \hat{\nu}_{e\mathrm{L}} \\ \hat{e}_{\mathrm{L}} \end{pmatrix}$	**2**	$\begin{pmatrix} 1/2 \\ -1/2 \end{pmatrix}$	$\begin{pmatrix} 0 \\ -1 \end{pmatrix}$	$-1/2$
$\hat{e}_{\mathrm{R}}$	**1**	0	-1	-1

---

6) より正確には, 第 3 世代も含めた混合状態を取り扱う必要があります (11.2 節を参照).

7) ヒッグス機構による質量生成が起こるまでは, 物質粒子はワイル粒子として振る舞い, カイラリティの固有状態とヘリシティの固有状態が一致します. そのため, カイラリティ −1 (1) の粒子を左巻き (右巻き) の粒子とよんだりします.

8) 強い相互作用で登場したハイパーチャージ Y ($\equiv B + S$) とは異なります (9.2.2 項を参照). 混同しないように注意しましょう.

した形($\mathrm{SU(2)_L \times U(1)_{EM}}$)として扱うことができません. 実際, $[Q, T_\mathrm{L}^1] \neq 0$, $[Q, T_\mathrm{L}^2] \neq 0$ が導かれます.

例えば, $\hat{q}_\mathrm{L}$ に対して Q と T_L^1 は, それぞれ

$$Q = \begin{pmatrix} 2/3 & 0 \\ 0 & -1/3 \end{pmatrix}, \qquad T_\mathrm{L}^1 = \frac{\tau^1}{2} = \begin{pmatrix} 0 & 1/2 \\ 1/2 & 0 \end{pmatrix} \tag{10.26}$$

で与えられ, 交換しないことがわかります. また, $\hat{q}_\mathrm{L}$ や $\hat{l}_\mathrm{L}$ の Q の値を見ると, $\mathrm{SU(2)_L}$ の 2 重項の上の成分と下の成分の Q の値の差は 1 で, T_L^3 の値の差も 1 です. このことから, $Q - T_\mathrm{L}^3$ が単位行列に比例し, すべての T_L^a $(a = 1, 2, 3)$ と交換すること, つまり, $[Q - T_\mathrm{L}^3, T_\mathrm{L}^a] = 0$ が成り立つことがわかります. 群の元を用いると, $e^{-i\theta Q}$ と $\exp\left(-i\sum\limits_{a=1}^{3} \theta^a T_\mathrm{L}^a\right)$ は可換ではありませんが, $e^{-i\theta(Q - T_\mathrm{L}^3)}$ と $\exp\left(-i\sum\limits_{a=1}^{3} \theta^a T_\mathrm{L}^a\right)$ は可換になります. $e^{-i\theta(Q - T_\mathrm{L}^3)}$ を元とする群は 1 次ユニタリー群を成し, これを $\mathrm{U(1)_Y}$ と表すことにします.

このようにして, $\mathrm{SU(2)_L}$ と独立な $\mathrm{U(1)}$ チャージとして, 弱ハイパーチャージ Y $(= Q - T_\mathrm{L}^3)$ が定義され, $\mathrm{SU(2)_L \times U(1)_Y}$ が弱い相互作用を記述するゲージ群となります.

抑えておくべきポイントは, $\mathrm{U(1)_Y}$ は**電磁相互作用のゲージ群である** $\mathrm{U(1)_{EM}}$ **と同一ではなく**, $\mathrm{U(1)_{EM}}$ は $\mathrm{SU(2)_L \times U(1)_Y}$ **の部分群であること**, つまり, $\mathrm{SU(2)_L \times U(1)_Y}$ **に基づく弱い相互作用のゲージ理論には電磁相互作用が必然的に含まれていて, 弱い相互作用と電磁相互作用を統一的に扱う必要がある**ということです.

ゲージ原理の採用

ゲージ群がわかったので, 8.3 節で述べたゲージ原理を採用すれば, 「局所的 $\mathrm{SU(2)_L \times U(1)_Y}$ 変換のもとで, 理論が不変になるべし」という要請のもとで, ラグランジアン密度

$$\widehat{\mathscr{L}}_\phi + \widehat{\mathscr{L}}_W = \sum_k \bar{\hat{\psi}}_k i\gamma^\mu D_\mu \hat{\psi}_k - \frac{1}{4}\sum_{a=1}^{3} \widehat{W}_{\mu\nu}^a \widehat{W}^{a\mu\nu} - \frac{1}{4}\widehat{B}_{\mu\nu}\widehat{B}^{\mu\nu} \tag{10.27}$$

を得ることができます. ここで, $\mathrm{SU(2)_L \times U(1)_Y}$ に関する 2 種類のゲージ場の演算子 $\widehat{W}_\mu^a(x)$ $(a = 1, 2, 3)$ と $\widehat{B}_\mu(x)$ を導入しました. また, 表 10.2 にゲージ群, ゲージ結合定数, ゲージ場, 生成子を示しました.

212   10. 電弱理論

表 10.2 ゲージ群，ゲージ結合定数，ゲージ場，生成子

ゲージ群	SU(2)$_\mathrm{L}$	U(1)$_Y$
ゲージ結合定数	g	g'
ゲージ場の演算子	$\widehat{W}_\mu^a(x)$ $(a=1,2,3)$	$\widehat{B}_\mu(x)$
生成子	T_L^a	Y

（10.27）において，共変微分は

$$D_\mu \equiv \partial_\mu + ig \sum_{a=1}^{3} T_\mathrm{L}^a \widehat{W}_\mu^a + ig' Y \widehat{B}_\mu \tag{10.28}$$

で与えられます．また，$\widehat{W}_\mu^a$, $\widehat{B}_\mu$ に関するゲージ場テンソルはそれぞれ

$$\widehat{W}_{\mu\nu}^a \equiv \partial_\mu \widehat{W}_\nu^a - \partial_\nu \widehat{W}_\mu^a - g \sum_{b,c=1}^{3} \varepsilon^{abc} \widehat{W}_\mu^b \widehat{W}_\nu^c \tag{10.29}$$

$$\widehat{B}_{\mu\nu} \equiv \partial_\mu \widehat{B}_\nu - \partial_\nu \widehat{B}_\mu \tag{10.30}$$

で定義されます（第 8 章を参照）．

　ゲージ原理を採用して得られたラグランジアン密度 $\mathscr{L}_\phi + \mathscr{L}_W$ の中には，ゲージ場の質量項も物質場の質量項も現れません．物質粒子が質量をもたないのは，左巻きの粒子とそれと対を成して質量項を構成するはずの右巻きの粒子（例えば，$\widehat{u}_\mathrm{L}$ と $\widehat{u}_\mathrm{R}$）が SU(2)$_\mathrm{L}$ × U(1)$_Y$ に関して異なるゲージ量子数をもつためです．

　しかし，実際に観測される質量ゼロのゲージ粒子は光子のみで，実際に観測される物質粒子は質量をもっています．よって，弱い相互作用をゲージ相互作用として理解したいならば，ゲージ対称性と抵触せずに，ゲージ粒子や物質粒子が質量を獲得する必要があります．次項で，ヒッグス機構に基づく，ゲージ粒子の質量生成について紹介します．

10.4.2 電弱対称性の破れ

　SU(2)$_\mathrm{L}$ × U(1)$_Y$ 対称性は**電弱対称性**ともよばれ，前項の最後で述べた理由により，その一部が自発的に破れている（ゲージ対称性が隠れている）と考えられます．ヒッグス機構を通して，SU(2)$_\mathrm{L}$ × U(1)$_Y$ が U(1)$_\mathrm{EM}$ に壊れる（光子は質量ゼロであるため，電磁相互作用に関する U(1)$_\mathrm{EM}$ ゲージ対称

10. 4 電弱理論 **213**

表 10.3 ヒッグス 2 重項に関するゲージ量子数

ヒッグス 2 重項	$SU(2)_L$	T_L^3	Q	$Y = Q - T_L^3$
$\widehat{\Phi} = \begin{pmatrix} \hat{\phi}^+ \\ \hat{\phi}^0 \end{pmatrix}$	**2**	$\begin{pmatrix} 1/2 \\ -1/2 \end{pmatrix}$	$\begin{pmatrix} 1 \\ 0 \end{pmatrix}$	$1/2$

性は壊れずに残る）模型として，**ヒッグス 2 重項**とよばれる，表 10.3 のよう
なゲージ量子数をもつ，$SU(2)_L$ の 2 重項を成す複素スカラー場を導入した
模型があります.

ヒッグス 2 重項 $\widehat{\Phi}$ を導入すると，ラグランジアン密度として，

$$\widehat{\mathscr{L}}_H = (D_\mu \widehat{\Phi})^\dagger D^\mu \widehat{\Phi} + \mu^2 \widehat{\Phi}^\dagger \widehat{\Phi} - \lambda (\widehat{\Phi}^\dagger \widehat{\Phi})^2 \tag{10.31}$$

$$\widehat{\mathscr{L}}_Y = - \sum_{A,B=1}^{3} (y_{AB}^{(d)} \widehat{\bar{q}}_{LA} \widehat{\Phi} \hat{d}_{RB} + y_{AB}^{(u)} \widehat{\bar{q}}_{LA} \widehat{\bar{\Phi}} \hat{u}_{RB} + y_{AB}^{(e)} \widehat{\bar{l}}_{LA} \widehat{\Phi} \hat{e}_{RB} + \text{h.c.})$$

$$\tag{10.32}$$

が追加されます（添字の H, Y はそれぞれ Higgs, Yukawa の略）. ここで，
$A, B \,(= 1, 2, 3)$ は物質粒子の世代を表す添字で，

$$\hat{q}_{L1} = \begin{pmatrix} \hat{u}_L \\ \hat{d}_L \end{pmatrix}, \qquad \hat{q}_{L2} = \begin{pmatrix} \hat{c}_L \\ \hat{s}_L \end{pmatrix}, \qquad \hat{q}_{L3} = \begin{pmatrix} \hat{t}_L \\ \hat{b}_L \end{pmatrix} \tag{10.33}$$

$$\hat{u}_{R1} = \hat{u}_R, \qquad \hat{u}_{R2} = \hat{c}_R, \qquad \hat{u}_{R3} = \hat{t}_R \tag{10.34}$$

$$\hat{d}_{R1} = \hat{d}_R, \qquad \hat{d}_{R2} = \hat{s}_R, \qquad \hat{d}_{R3} = \hat{b}_R \tag{10.35}$$

$$\hat{l}_{L1} = \begin{pmatrix} \hat{\nu}_{eL} \\ \hat{e}_L \end{pmatrix}, \qquad \hat{l}_{L2} = \begin{pmatrix} \hat{\nu}_{\mu L} \\ \hat{\mu}_L \end{pmatrix}, \qquad \hat{l}_{L3} = \begin{pmatrix} \hat{\nu}_{\tau L} \\ \hat{\tau}_L \end{pmatrix} \tag{10.36}$$

$$\hat{e}_{R1} = \hat{e}_R, \qquad \hat{e}_{R2} = \hat{\mu}_R, \qquad \hat{e}_{R3} = \hat{\tau}_R \tag{10.37}$$

を表しています.

また，$\widehat{\bar{\Phi}}$ は $\widehat{\Phi}$ の反粒子に相当する場の演算子で，

$$\widehat{\bar{\Phi}} \equiv i\tau^2 \widehat{\Phi}^* = \begin{pmatrix} \hat{\phi}^{0*} \\ -\hat{\phi}^- \end{pmatrix}, \qquad \tau^2 = \begin{pmatrix} 0 & -i \\ i & 0 \end{pmatrix} \tag{10.38}$$

で定義されます（$\hat{\phi}^+$ の複素共役 $\hat{\phi}^{+*}$ は電荷 -1 をもっているので，$\hat{\phi}^-$ と表
しました）. さらに，$y_{AB}^{(e)}$, $y_{AB}^{(d)}$, $y_{AB}^{(u)}$ は**湯川結合定数**とよばれる，一般に複素
数の値をもつ定数です. ここでも，$\widehat{\mathscr{L}}_Y$ がエルミート演算子になるように，
エルミート共役（h.c. と記された項）を加えています.

次の Exercise 10.4 および Training 10.3 を用いると，$\hat{\mathcal{L}}_Y$ が $SU(2)_L \times U(1)_Y$ ゲージ変換のもとで不変であることを示すことができます（Practice [10.1] を参照）．

 Exercise 10.4

表 10.1 より，$SU(2)_L \times U(1)_Y$ ゲージ変換のもとで，$\hat{q}_{LA}(x), \hat{u}_{RA}(x), \hat{d}_{RA}(x)$ がどのように変換するか求めなさい．

Coaching 表 10.1 より，$\hat{q}_{LA}$ は $SU(2)_L$ の **2** 表現に従うので，リー代数の表現行列は $\tau^a/2$（τ^a：パウリ行列）で，リー群の元は $\exp\left\{-i\sum_{a=1}^{3}\theta^a \dfrac{\tau^a}{2}\right\}$ と表されます．また，$Y = 1/6$ なので，$U(1)_Y$ の元は $e^{-\frac{i}{6}\theta}$ と表されます．

よって，$SU(2)_L \times U(1)_Y$ ゲージ変換のもとで，$\hat{q}_{LA}$ は

$$\hat{q}'_{LA}(x) = \exp\left\{-i\sum_{a=1}^{3}\theta^a(x) \frac{\tau^a}{2}\right\} e^{-\frac{i}{6}\theta(x)} \hat{q}_{LA}(x) \tag{10.39}$$

のように変換します．ここで，$\theta^a(x), \theta(x)$ は積分可能な任意の実関数です．

一方，$\hat{u}_{RA}(x), \hat{d}_{RA}(x)$ は $SU(2)_L$ の **1** 表現に従い，$SU(2)_L$ ゲージ変換のもとでは変化しません．そして，$\hat{u}_{RA}(x), \hat{d}_{RA}(x)$ の Y の値はそれぞれ $2/3, -1/3$ なので，$U(1)_Y$ の元はそれぞれ $e^{-\frac{2i}{3}\theta}, e^{\frac{i}{3}\theta}$ と表されます．

よって，$SU(2)_L \times U(1)_Y$ ゲージ変換のもとで，

$$\hat{u}'_{RA}(x) = e^{-\frac{2i}{3}\theta(x)} \hat{u}_{RA}(x), \quad \hat{d}'_{RA}(x) = e^{\frac{i}{3}\theta(x)} \hat{d}_{RA}(x) \tag{10.40}$$

のように変換します．∎

 Training 10.3

表 10.1, 表 10.3 より，$SU(2)_L \times U(1)_Y$ ゲージ変換のもとでレプトンとヒッグス 2 重項がどのように変換するか求めなさい．

ヒッグス機構

(10.31) の $\hat{\mathcal{L}}_H$ に注目しましょう．8.5 節を参考にすると，$\lambda > 0, \mu^2 > 0$ のとき，縮退した真空状態が現れることがわかります．そして，一般性を失うことなく，真空状態として，

10.4 電弱理論

$$\langle 0|\widehat{\varPhi}|0\rangle = \begin{pmatrix} 0 \\ v/\sqrt{2} \end{pmatrix}, \quad v = \sqrt{\frac{\mu^2}{\lambda}} \tag{10.41}$$

を選ぶことができて，このとき，壊れずに残る対称性は $U(1)_{EM}$ 対称性です（次の Exercise 10.5 を参照）．

 Exercise 10.5

ヒッグス 2 重項に対して，電荷 Q に関する表現行列は，

$$Q = T_L^3 + Y = \begin{pmatrix} 1/2 & 0 \\ 0 & -1/2 \end{pmatrix} + \begin{pmatrix} 1/2 & 0 \\ 0 & 1/2 \end{pmatrix} = \begin{pmatrix} 1 & 0 \\ 0 & 0 \end{pmatrix} \tag{10.42}$$

と表されます．これを (10.41) の真空期待値 $\langle 0|\widehat{\varPhi}|0\rangle$ に作用させることにより，$U(1)_{EM}$ 対称性が壊れずに残っていることを示しなさい．

Coaching (10.41) の $\langle 0|\widehat{\varPhi}|0\rangle$ に，電荷に関する表現行列 Q を作用させると，

$$Q\langle 0|\widehat{\varPhi}|0\rangle = \begin{pmatrix} 1 & 0 \\ 0 & 0 \end{pmatrix}\begin{pmatrix} 0 \\ v/\sqrt{2} \end{pmatrix} = \begin{pmatrix} 0 \\ 0 \end{pmatrix} \tag{10.43}$$

が得られます．そして，$U(1)_{EM}$ に関するゲージ変換 $\widehat{\varPhi}' = e^{-i\theta(x)Q}\widehat{\varPhi}$ から得られる関係式 $\langle 0|\widehat{\varPhi}'|0\rangle = e^{-i\theta(x)Q}\langle 0|\widehat{\varPhi}|0\rangle$ に対して，(10.43) を用いると，

$$\langle 0|\widehat{\varPhi}'|0\rangle = e^{-i\theta(x)Q}\langle 0|\widehat{\varPhi}|0\rangle = \langle 0|\widehat{\varPhi}|0\rangle \tag{10.44}$$

が導かれます．

よって，電磁相互作用に関するゲージ対称性が壊れずに残っていることがわかります．　∎

(10.31) の $\widehat{\mathcal{L}}_H$ に基づいて，対称性の自発的破れが起こった後に，どのような粒子がどのような質量をもつかを調べてみましょう．まずは，真空状態の周りで，ヒッグス 2 重項を

$$\widehat{\varPhi}(x) = \exp\left(-i\frac{\sum_{a=1}^{3}\widehat{\xi}^a(x)\tau^a}{v}\right)\begin{pmatrix} 0 \\ \dfrac{v+\widehat{h}(x)}{\sqrt{2}} \end{pmatrix} \tag{10.45}$$

のように表してみましょう．ここで，$\widehat{\xi}^a(x)\,(a=1,2,3)$ と $\widehat{h}(x)$ は実スカラー場の演算子で，τ^a はパウリ行列です．

そして，(10.45) の $\widehat{\varPhi}(x)$ を (10.31) の $\widehat{\mathcal{L}}_H$ に代入し，ゲージ場の再定義

216   10. 電弱理論

により $\hat{\xi}^a(x)$ を消し去り，行列の対角化などを行うと，

$$
\hat{\mathscr{L}}_{\mathrm{H}} = \frac{1}{2} \partial_\mu \hat{h} \partial^\mu \hat{h} - \frac{1}{2} m_h^2 \hat{h}^2 \left(1 + \frac{\hat{h}}{2v} \right)^2
$$

$$
+ M_W^2 \hat{W}_\mu^+ \hat{W}^{-\mu} \left(1 + \frac{\hat{h}}{v} \right)^2 + \frac{1}{2} M_Z^2 \hat{Z}_\mu \hat{Z}^\mu \left(1 + \frac{\hat{h}}{v} \right)^2
$$

(10.46)

というラグランジアン密度が得られます．ここで，$\hat{W}_\mu^\pm$ および $\hat{Z}_\mu$ は，それぞれ

$$
\hat{W}_\mu^\pm \equiv \frac{1}{\sqrt{2}} \left(\hat{W}_\mu^1 \mp i \hat{W}_\mu^2 \right)
$$

(10.47)

$$
\begin{pmatrix} \hat{Z}_\mu \\ \hat{A}_\mu \end{pmatrix} \equiv \begin{pmatrix} \cos\theta_{\mathrm{W}} & -\sin\theta_{\mathrm{W}} \\ \sin\theta_{\mathrm{W}} & \cos\theta_{\mathrm{W}} \end{pmatrix} \begin{pmatrix} \hat{W}_\mu^3 \\ \hat{B}_\mu \end{pmatrix}
$$

(10.48)

で定義されます．また，m_h, M_W, M_Z は，それぞれ $\hat{h}, \hat{W}_\mu^\pm, \hat{Z}_\mu$ に関する質量です．

(10.48) において，θ_{W} は**弱混合角**（**ワインバーグ角**）とよばれる，中性の
ゲージ場の演算子 $\hat{W}_\mu^3$ と $\hat{B}_\mu$ の混合を表す角で，ゲージ結合定数 g と g' を用
いて，

$$
\cos\theta_{\mathrm{W}} = \frac{g}{\sqrt{g^2 + g'^2}}, \qquad \sin\theta_{\mathrm{W}} = \frac{g'}{\sqrt{g^2 + g'^2}}, \qquad \tan\theta_{\mathrm{W}} = \frac{g'}{g}
$$

(10.49)

と表されます（添字の W は Weak あるいは Weinberg の略）．なお，実験に
より，$\sin^2\theta_{\mathrm{W}}(M_Z)|_{\text{実験}} = 0.231$ であることがわかっています．

　ここから，粒子とその粒子の場の演算子を同義語のように用いることにし
ましょう．$\hat{h}$ は**ヒッグス粒子**とよばれる実スカラー粒子です．$\hat{W}_\mu^\pm$ は **W ボ
ソン**（**W 粒子**），$\hat{Z}_\mu$ は **Z ボソン**（**Z 粒子**）とよばれるゲージ粒子で，$\hat{\xi}^a(x)$ を
吸収して質量を獲得しています．また，W ボソンと Z ボソンをまとめて，
ウィークボソンといいます．

　さらに，結合定数 λ, g, g' および真空期待値 v を用いると，ヒッグス粒子の
質量 m_h とウィークボソンの質量 M_W, M_Z は

$$
m_h \equiv \sqrt{2\lambda}\, v, \qquad M_W \equiv \frac{1}{2} g v, \qquad M_Z \equiv \frac{1}{2} \sqrt{g^2 + g'^2}\, v
$$

(10.50)

と表されます（M_W, M_Z に関しては，Practice [10.2] を参照）．なお，(10.46) には $\widehat{A}_\mu$ が現れていないので，$\widehat{A}_\mu$ は質量ゼロの粒子で，光子と考えられます．

M_W と M_Z の間には，

$$\rho \equiv \frac{M_W^2}{M_Z^2 \cos^2 \theta_W} = 1 \tag{10.51}$$

の関係が成り立ちます．ここで，ρ は ρ **パラメータ**とよばれ，理論の検証および未知の理論探究の試金石として使われたりします．ρ パラメータの実験値は $\rho|_{\text{実験}} \fallingdotseq 1.01$ で，1 からのずれは量子補正によるものなので，理論の正しさを示しています．

さらに，対称性の自発的破れにともない，(10.32) の湯川相互作用を記述するラグランジアン密度 $\widehat{\mathcal{L}}_Y$ を用いて，物質粒子が質量を獲得することが示されます（第 11 章を参照）．

ラグランジアン密度 $\widehat{\mathcal{L}}_{WS} = \widehat{\mathcal{L}}_\phi + \widehat{\mathcal{L}}_W + \widehat{\mathcal{L}}_H + \widehat{\mathcal{L}}_Y$（添字の WS は Weinberg‐Salam の略）に基づく理論は，**電弱理論**（**ワインバーグ‐サラム理論**）とよばれ，電磁相互作用と弱い相互作用を統一的に記述します．

量子電磁力学へ

ウィークボソンとヒッグス粒子を省いたときに，電弱理論が量子電磁力学に移行することを確かめてみましょう．

🔱 Exercise 10.6

(10.28) の共変微分 D_μ を変形して，ゲージ結合定数 e, g, g' の間に成り立つ関係式を求めなさい．

Coaching　(10.47)，(10.48)，$Y = Q - T_L^3$ を用いると，共変微分 D_μ は

$$\begin{aligned}
D_\mu &\equiv \partial_\mu + ig \sum_{a=1}^3 T_L^a \widehat{W}_\mu^a + ig' Y \widehat{B}_\mu \\
&= \partial_\mu + i\sqrt{2}\,g T_L^+ \widehat{W}_\mu^+ + i\sqrt{2}\,g T_L^- \widehat{W}_\mu^- \\
&\quad + i(g T_L^3 \cos\theta_W - g' Y \sin\theta_W)\widehat{Z}_\mu + i(g T_L^3 \sin\theta_W + g' Y \cos\theta_W)\widehat{A}_\mu \\
&= \partial_\mu + i\sqrt{2}\,g T_L^+ \widehat{W}_\mu^+ + i\sqrt{2}\,g T_L^- \widehat{W}_\mu^- \\
&\quad + i\frac{g}{\cos\theta_W}(T_L^3 - \sin^2\theta_W Q)\widehat{Z}_\mu + i\frac{gg'}{\sqrt{g^2 + g'^2}}Q\widehat{A}_\mu \tag{10.52}
\end{aligned}$$

218   10. 電弱理論

のように変形されます．ここで，$T_L^\pm = \frac{1}{2}(T_L^1 \pm iT_L^2)$ です．

(10.52) の最後の表式の最後の項が電磁相互作用に関するもので，これが $ieQ\widehat{A}_\mu$ に一致するという条件を課すと，ゲージ結合定数 e, g, g' の間に，

$$e = \frac{gg'}{\sqrt{g^2 + g'^2}} = g\sin\theta_{\mathrm{w}} = g'\cos\theta_{\mathrm{w}} \tag{10.53}$$

が成り立ちます．ちなみに，$\alpha(M_Z)|_{\text{実験}} = 1/128$ です．ここで，$\alpha \equiv e^2/4\pi$ は量子電磁力学における微細構造定数です．

(10.52) において，ウィークボソンを省いて，(10.53) の関係式を用いると，共変微分は $D_\mu = \partial_\mu + ieQ\widehat{A}_\mu$ となり，(10.27) のラグランジアン密度の物質粒子に関する運動項 $\sum_k \overline{\widehat{\psi}}_k i\gamma^\mu D_\mu \widehat{\psi}_k$ に，ヒッグス機構により生成される物質粒子の質量項を加えたものが，量子電磁力学の物質粒子に関する運動項に移行することがわかります（ヒッグス機構に基づく物質粒子の質量生成については，次章を参照）．

また，(10.48) を用いて，(10.27) のラグランジアン密度のゲージ粒子に関する運動項 $-\frac{1}{4}\sum_{a=1}^{3}\widehat{W}_{\mu\nu}^a\widehat{W}^{a\mu\nu} - \frac{1}{4}\widehat{B}_{\mu\nu}\widehat{B}^{\mu\nu}$ を書き直して，ウィークボソンを省くと，量子電磁力学の光子に関する運動項 $-\frac{1}{4}\widehat{F}_{\mu\nu}\widehat{F}^{\mu\nu}$（$\widehat{F}_{\mu\nu} = \partial_\mu\widehat{A}_\nu - \partial_\nu\widehat{A}_\mu$）（(6.32)，(8.11) を参照）に移行します．

このようにして，**ヒッグス機構により，**$\mathrm{SU}(2)_{\mathrm{L}} \times \mathrm{U}(1)_Y$ **対称性が** $\mathrm{U}(1)_{\mathrm{EM}}$ **対称性に壊れるとき，壊れずに残る** $\mathrm{U}(1)_{\mathrm{EM}}$ **に関するゲージ粒子が光子で，光子が電磁相互作用を媒介し，電弱理論が量子電磁力学に移行することがわかります！**

V−A 理論へ

$\mathrm{SU}(2)_{\mathrm{L}}$ の 2 重項を組む粒子（カイラリティ -1 をもつ粒子）に関する散乱過程を用いて，W ボソンが媒介する相互作用が低エネルギー（W ボソンが運ぶエネルギーが，W ボソンの質量に比べて十分に小さい極限）で，V−A 理論の相互作用に帰着することを確かめてみましょう．参考のため，左巻きの電子 e_{L} と左巻きの電子ニュートリノ $\nu_{e\mathrm{L}}$ の散乱過程に関するファインマン・

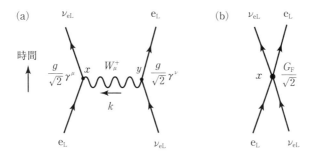

図 10.3 e_L と ν_{eL} の散乱過程

ダイアグラムを図 10.3 に描きました．

電弱理論を用いると，図 10.3 (a) のような散乱過程の遷移振幅は，低エネルギー ($k^2 \to 0$) で，

$$S_{fi} = \langle f | \frac{i^2}{2!} \int_{-\infty}^{\infty} d^4 x \int_{-\infty}^{\infty} d^4 y \, \widehat{\mathcal{L}}_{CC}(x) \widehat{\mathcal{L}}_{CC}(y) | i \rangle$$

$$= \langle f | -i \int_{-\infty}^{\infty} d^4 x \, \frac{g^2}{2M_W^2} \hat{j}_\mu^+(x) \hat{j}^{-\mu}(x) | i \rangle \quad (10.54)$$

のように表されます．ここで，$\widehat{\mathcal{L}}_{CC}$ は SU(2)$_L$ の 2 重項を組む物質粒子と W ボソンの間の相互作用を表すラグランジアン密度で，$\sum_k \overline{\hat{\psi}}_k i \gamma^\mu D_\mu \hat{\psi}_k$ と (10.52) を用いると，

$$\widehat{\mathcal{L}}_{CC}(x) = -\frac{g}{\sqrt{2}} \{ \hat{j}_\mu^+(x) \widehat{W}^{+\mu}(x) + \hat{j}_\mu^-(x) \widehat{W}^{-\mu}(x) \} \quad (10.55)$$

のように表されます（添字の CC は Charged Current の略）．

また，$\hat{j}^{\pm\mu}(x)$ は電弱理論における荷電カレントで，SU(2)$_L$ の 2 重項を組む物質粒子から構成されるカレント $\hat{j}_\mu^a(x) \equiv \sum_j \overline{\hat{\psi}}_{Lj} \gamma_\mu \frac{\tau^a}{2} \hat{\psi}_{Lj}$ を用いて，$\hat{j}_\mu^\pm(x) \equiv \hat{j}_\mu^1(x) \pm i \hat{j}_\mu^2(x)$ で定義されます．

さらに，W ボソンの伝播に関しては，伝播関数

$$\langle 0 | T(\widehat{W}_\mu^+(x) \widehat{W}_\nu^-(y)) | 0 \rangle = \int_{-\infty}^{\infty} \frac{d^4 k}{(2\pi)^4} \frac{-i\eta_{\mu\nu}}{k^2 - M_W^2 + i\varepsilon} e^{-ik(x-y)}$$

$$(10.56)$$

を用いて, $k^2 = 0$ として, k に関する積分を実行して得られた $\dfrac{i\eta_{\mu\nu}}{M_W^2}\delta^4(x-y)$ をあてがいました.

一方, V $-$ A 理論を用いると, 図 10.3 (b) のような散乱過程の遷移振幅は,

$$S_{\mathrm{fi}} = \langle \mathrm{f}| - i\int_{-\infty}^{\infty} d^4x\, \frac{G_{\mathrm{F}}}{\sqrt{2}}\, \tilde{j}_\mu^\dagger(x)\,\tilde{j}^\mu(x)|\mathrm{i}\rangle \tag{10.57}$$

のように表されます.

ここで, 真空期待値 v に関して,

$$v = \frac{1}{\sqrt{\sqrt{2}\,G_{\mathrm{F}}}} = 246\,\mathrm{GeV} \tag{10.58}$$

が成り立つとき, $\tilde{j}_\mu(x) = 2\tilde{j}_\mu^+(x)$ と $\tilde{j}_\mu^\dagger(x) = 2\tilde{j}_\mu^-(x)$ を用いると, (10.54) の散乱振幅と (10.57) の散乱振幅が一致し, 電弱理論が V $-$ A 理論に帰着することがわかります (Practice [10.3], [10.4] を参照).

電弱理論によって, 10.3 節で述べた V $-$ A 理論の問題は次のように解消されます. まず, 「ユニタリー性の問題」に関しては, ウィークボソンやヒッグス粒子が寄与することにより, ユニタリー性の崩壊は生じないことが示されます. また, 「発散の困難」に関しては, ヒッグス機構がはたらく場合を含めて, ゲージ理論はくりこみ可能であることから, この問題が解消されます.

ウィークボソンとヒッグス粒子の発見

ウィークボソンは, 1983 年に欧州原子核研究機構 (CERN) での陽子・反陽子の衝突実験において発見されました. 現在得られている観測値は,

$$M_W|_{\text{実験}} = 80.3692\,\mathrm{GeV}/c^2, \qquad M_Z|_{\text{実験}} = 91.1880\,\mathrm{GeV}/c^2 \tag{10.59}$$

で, 量子補正を加えて計算された理論値と一致します.

また, 2012 年には CERN での大型ハドロン衝突型加速器 (LHC) を用いた陽子・陽子の衝突実験において**ヒッグス粒子**が発見され, その質量は,

$$m_h|_{\text{実験}} = 125.20\,\mathrm{GeV}/c^2 \tag{10.60}$$

です[9]. このようにして, 電弱理論はほぼ検証されています!

---

9) 現時点で, ヒッグス粒子の自己相互作用に関する結合定数 λ の値が実験で測定されていないので, ヒッグス粒子の質量公式 $m_h = \sqrt{2\lambda}\,v$ を用いて, m_h を理論的に予測することはできません.

電弱相転移

電弱理論によると，高温状態から $v = 246\,\mathrm{GeV}$ に相当する温度になったとき，ウィグナー相（物質粒子やゲージ粒子が質量ゼロで存在する状態）から南部－ゴールドストーン相（弱い相互作用に関するゲージ対称性が隠れた状態）に相転移すると予測されます．このような相転移を**電弱相転移**といいます．そして，このような高温で起こる現象を記述する枠組みとして，**熱場の量子論**（有限温度の場の量子論）があります．

例えば，4 次元ユークリッド空間上でユークリッド化された時間 t_E ($\equiv -it$) が周期 $\hbar/k_\mathrm{B}T$ をもつ場の量子論として，熱場の量子論が定式化されます（添字の E は Euclidean の略）．ここで，$k_\mathrm{B} = 1.38 \times 10^{-23}\,\mathrm{J \cdot K}$ は**ボルツマン定数**で，T は温度です．この時間 t_E と温度 T の関係を用いると，ブラックホールの温度を求めることができます（12.2 節を参照）．

ちなみに，t_E に関する境界条件としては，ボソンに対しては周期的境界条件を，フェルミオンに対しては反周期的境界条件を課します．

☕ Coffee Break

光の誕生

光は身の回りに満ち溢れているため，宇宙誕生時から存在したのではないかと思うのは自然です．でも，本章で学んだように，電弱理論によると，光子は相転移により誕生した後天的なもので，さらに "混合物" です．

ヒッグス機構による電弱対称性の破れの理解を定着させるために，光子の生成過程を液体の混合にたとえてみましょう．

ここに，ブラックコーヒーが入った缶コーヒーが 3 本，牛乳が 1 本，角砂糖が 4 個あるとします．そして，これらはそれぞれ $\mathrm{SU}(2)_\mathrm{L}$ ゲージボソン $\widehat{W}^a_\mu(a = 1, 2, 3)$，$\mathrm{U}(1)_Y$ ゲージボソン $\widehat{B}_\mu$，ヒッグス 2 重項 $\widehat{\varPhi}$ に相当するとします（$\widehat{W}^a_\mu$ は $\mathrm{SU}(2)_\mathrm{L}$ の 3 重項を組み，$\widehat{\varPhi}$ は実スカラー粒子を 4 個含みます）．さらに，空のコーヒーカップを 4 個用意します．

2 個のコーヒーカップに 2 本のブラックコーヒーを等量ずつ入れ，さらにそれぞれに角砂糖を 1 個ずつ入れてかき混ぜます．これで，W ボソン（$\mathrm{W}^\pm$）のできあがり．次に，残った 2 個のコーヒーカップに，ブラックコーヒーと牛乳を注いでカフェオレを 2 杯つくります．コーヒーが多めに入っている方に角砂糖を 1 個入れ

ます. これが Z ボソン (Z) です. そして, コーヒーが少なめに入っている方が光子 (γ) で, 余った角砂糖がヒッグス粒子 (h⁰) に相当することになります.

📖 本章のPoint

▶ **弱い相互作用の特徴**：弱い相互作用の強さは, フェルミ結合定数 G_F により規定される. この相互作用によって, パリティの破れが起こる. ここで, パリティとは, 空間反転を引き起こす演算子, あるいはその固有値のことである.

▶ **V－A 相互作用に基づく有効理論**：相互作用に関与するのはカイラリティが -1 の状態のフェルミオンだけであるという仮説に基づく, 弱い相互作用に関する有効理論である. 例えば, 反応過程 $\phi_2 + \phi_4 \to \phi_1 + \phi_3$ を記述する相互作用ハミルトニアン密度は,

$$\widehat{\mathcal{H}}_{\text{V-A}} = \frac{G_F}{\sqrt{2}} \{ \bar{\hat{\phi}}_3(x) \gamma^\mu (1 - \gamma_5) \hat{\phi}_4(x) \bar{\hat{\phi}}_1(x) \gamma_\mu (1 - \gamma_5) \hat{\phi}_2(x)$$
$$+ \bar{\hat{\phi}}_4(x) \gamma^\mu (1 - \gamma_5) \hat{\phi}_3(x) \bar{\hat{\phi}}_2(x) \gamma_\mu (1 - \gamma_5) \hat{\phi}_1(x) \}$$

で与えられる.

▶ **電弱理論**：$SU(2)_L \times U_Y$ ゲージ群に基づく, 弱い相互作用に関するゲージ理論で, 電磁相互作用が必然的に含まれる. ヒッグス機構により, 電弱対称性が部分的に壊れる ($SU(2)_L \times U_Y$ ゲージ対称性が部分的に隠れる).

　ヒッグス機構により壊れた (隠れた) 部分に関するゲージ粒子は, ウィークボソン ($W^\pm, Z$) で, これらが弱い相互作用を媒介する. 壊れず (隠れず) に残った部分に関するゲージ粒子は光子で, 電磁相互作用を媒介する.

Practice

[10.1] $\hat{\mathcal{L}}_Y$ の $SU(2)_L \times U(1)_Y$ ゲージ対称性

Exercise 10.4 や Training 10.3 を踏まえて, $\hat{\mathcal{L}}_Y$ が $SU(2)_L \times U(1)_Y$ ゲージ変換のもとで不変であることを示しなさい.

[10.2] W ボソンと Z ボソンの質量

ヒッグス機構により, (10.31) のラグランジアン密度 $\hat{\mathcal{L}}_H$ の右辺の第 1 項 $(D_\mu \hat{\Phi})^\dagger D^\mu \hat{\Phi}$ から, ウィークボソンの質量公式 $M_W = \frac{1}{2} gv$, $M_Z = \frac{1}{2}\sqrt{g^2 + g'^2} v$ が導かれることを示しなさい.

[10.3] 物質粒子に関する $SU(2)_L$ カレント

$\hat{\mathcal{L}}_{V-A}$ に現れる荷電カレント (の拡張版) $\hat{j}_\mu(x)$, $\hat{j}_\mu^\dagger(x)$ と $SU(2)_L$ の 2 重項を組む物質粒子 $\hat{\psi}_{Lj}$ ((10.24) を参照) に関する $SU(2)_L$ カレント $\hat{j}_\mu^a(x) \equiv \sum_j \bar{\hat{\psi}}_{Lj} \gamma_\mu \frac{\tau^a}{2} \hat{\psi}_{Lj}$ の間に, $\hat{j}_\mu(x) = 2\hat{j}_\mu^+(x)$, $\hat{j}_\mu^\dagger(x) = 2\hat{j}_\mu^-(x)$ が成り立つことを示しなさい. ここで, $\hat{j}_\mu^+(x)$, $\hat{j}_\mu^-(x)$ は $\hat{j}_\mu^\pm(x) = \hat{j}_\mu^1(x) \pm i \hat{j}_\mu^2(x)$ です. また, $\hat{j}_\mu(x)$, $\hat{j}_\mu^\dagger(x)$ は, (10.17)〜(10.19) をもとにして, すべての物質粒子を含むように拡張された荷電カレントです.

[10.4] ヒッグス粒子の真空期待値

$v = \frac{1}{\sqrt{\sqrt{2} G_F}}$ が成り立つとき, (10.54) に現れる $-\frac{g^2}{2M_W^2} \hat{j}_\mu^+(x) \hat{j}^{-\mu}(x)$ が $\hat{\mathcal{L}}_{V-A} = -\frac{G_F}{\sqrt{2}} \hat{j}_\mu^\dagger(x) \hat{j}^\mu(x)$ と一致することを示しなさい. また, $G_F = 1.1663788 \times 10^{-5} \text{GeV}^{-2}$ を用いて, v の値が $246\,\text{GeV}$ であることを確かめなさい.

[10.5] ゲージ場の演算子の質量次元とゲージ結合定数の質量次元

ラグランジアン密度の質量次元が 4 であることを用いて, ゲージ場の演算子の質量次元とゲージ結合定数の質量次元を求めなさい.

素粒子の標準模型

 前章でウィークボソンとヒッグス粒子の質量について述べましたが，それでは，3世代の物質粒子の質量はどのように生成されるのでしょうか？ また，ニュートリノはどのような特徴をもっているのでしょうか？ そして，素粒子の標準模型はどのように定式化されるのでしょうか？ 本章では，標準模型の世界に入り込んでみましょう．

11.1　標準模型へ

 本章では，次のような内容を見ていきます．
 前章で述べた**ヒッグス機構**を通して，$SU(2)_L \times U(1)_Y$ 対称性が $U(1)_{EM}$ 対称性に壊れた（弱い相互作用に関するゲージ対称性が隠れた）とき，(10.32) の**湯川相互作用**に関するラグランジアン密度 $\mathscr{L}_Y$ を用いて，物質粒子が質量を獲得します（11.2.1項，11.3.3項を参照）．

 クリステンソン（J. H. Christenson），クローニン（J. W. Cronin），フィッチ（V. L. Fitch），ターレイ（R. Turlay）は，1964 年に中性の K 中間子（$K^0, \bar{K}^0$）に関する崩壊現象を通じて，**CP の破れ**を発見しました．その後，1973 年に提唱された**小林‐益川模型**により，クォークが 3 世代（すなわち，6 種類のクォークが）存在するならば，CP の破れを引き起こす複素位相がラグランジアン密度に現れることがわかりました（11.2.2項を参照）．

11.1 標準模型へ 225

　その当時（1973 年頃），クォークは u, d, s の 3 種類しか確認されていなかったので，クォークが 3 世代存在するという予言は大胆でしたが，第 1 章や第 9 章で述べたように，現在では 6 種類のクォークが確認されています．そして，中性 K 中間子に関する CP の破ればかりでなく，B 中間子に関する CP の破れも小林 - 益川模型を用いて理解することができます．

　1930 年に，パウリ（W. Pauli）は β 崩壊を説明するために，現在，反電子ニュートリノ（$\bar{\nu}_e$）とよばれる粒子を導入しました．この粒子は物質とほとんど相互作用しないため，$\bar{\nu}_e$ の存在を確認するのは至難の業でしたが，ライネス（F. Reines）とコーワン（C. L. Cowan）が 1953 年から 1959 年にかけて逆 β 崩壊（$\bar{\nu}_e + p \rightarrow e^+ + n$）を確認しました．具体的には，原子炉において β 崩壊を通じて発生した大量の $\bar{\nu}_e$ を CdCl$_2$ 水溶液に入射して，逆 β 崩壊が理論計算と同じ頻度で起こることを確認したことで，$\bar{\nu}_e$ の存在が検証されました．

　その後，様々な実験を通して，3 種類のニュートリノ ν_e（**電子ニュートリノ**），ν_μ（**ミューニュートリノ**），ν_τ（**タウニュートリノ**）とそれらの反粒子 $\bar{\nu}_e$（**反電子ニュートリノ**），$\bar{\nu}_\mu$（**反ミューニュートリノ**），$\bar{\nu}_\tau$（**反タウニュートリノ**）の存在が明らかになりました．

　さらに，ニュートリノに関する長期間の観測が行われた結果，2 つの謎が出てきました．それは，**太陽ニュートリノ問題**と**大気ニュートリノ異常**です（11.3.1 項を参照）．これらの謎は，ニュートリノがわずかな質量をもっていて，ニュートリノや反ニュートリノがそれぞれ別のニュートリノや反ニュートリノに変化する**ニュートリノ振動**とよばれる現象により解消されます（11.3.2 項を参照）．ちなみに，ニュートリノの混合にともなってニュートリノ振動が起こる可能性を最初に指摘したのは，牧（J. Maki），中川（M. Nakagawa），坂田で 1962 年頃のことです．

　このようにして，ニュートリノが質量をもつ証拠が見つかりましたが，その値が電子に比べて極めて小さいという謎が残っています．そこで，ニュートリノの質量の小ささを説明する，**シーソー機構**とよばれる機構が柳田（T. Yanagida）とゲルマン，ラモン（P. Ramond），スランスキー（S. Slansky）により独立に提案されています（11.3.4 項を参照）．シーソー機構によると，

226　11. 素粒子の標準模型

ニュートリノは**マヨラナ粒子**と考えられますが，ニュートリノがマヨラナ粒子なのか，ディラック粒子なのかは，いまのところ不明です．

　第9章で述べた「量子色力学」，第10章で述べた「電弱理論」および本章で学ぶ「小林 – 益川模型」や物質粒子の質量生成を総合すると，素粒子の**標準模型**（3世代のクォークとレプトンを物質粒子とする，ゲージ群 $SU(3)_C$ $\times SU(2)_L \times U(1)_Y$ に基づくゲージ理論）ができあがります（11.4節を参照）[1]．

🌱 11.2　小林 – 益川模型

11.2.1　クォークの質量生成

　10.4節で述べた3世代のクォーク（(10.33)～(10.35) を参照）

$$\hat{q}_{LA} = \begin{pmatrix} \hat{u}_{LA} \\ \hat{d}_{LA} \end{pmatrix}, \quad \hat{u}_{RA}, \quad \hat{d}_{RA} \qquad (A = 1, 2, 3) \tag{11.1}$$

に関する湯川相互作用を記述するラグランジアン密度（(10.32) を参照）

$$\widehat{\mathcal{L}}_Y^{(q)} = -\sum_{A,B=1}^{3} \{ y_{AB}^{(d)} \hat{\bar{q}}_{LA} \widehat{\Phi} \hat{d}_{RB} + y_{AB}^{(u)} \hat{\bar{q}}_{LA} \widehat{\tilde{\Phi}} \hat{u}_{RB} + \text{h.c.} \} \tag{11.2}$$

に対して（添字の Y, q はそれぞれ Yukawa, quark の略，A と B は世代を表す添字），ヒッグス2重項 $\widehat{\Phi}$ が真空期待値

$$\langle 0 | \widehat{\Phi} | 0 \rangle = \begin{pmatrix} 0 \\ \dfrac{v}{\sqrt{2}} \end{pmatrix}, \quad \langle 0 | \widehat{\tilde{\Phi}} | 0 \rangle = \begin{pmatrix} \dfrac{v}{\sqrt{2}} \\ 0 \end{pmatrix}, \quad v = \sqrt{\dfrac{\mu^2}{\lambda}} \tag{11.3}$$

をもつことにより（(10.41) を参照），(11.2) の右辺に

$$-\sum_{A,B=1}^{3} \left\{ y_{AB}^{(d)} \frac{v}{\sqrt{2}} \hat{\bar{d}}_{LA} \hat{d}_{RB} + y_{AB}^{(u)} \frac{v}{\sqrt{2}} \hat{\bar{u}}_{LA} \hat{u}_{RB} + \text{h.c.} \right\} \tag{11.4}$$

のような質量項（ディラック質量項）が生じます．

---

　1)　テキストによっては，ニュートリノが質量をもたない模型を標準模型とよび，ニュートリノが質量をもつ模型を標準模型を超える理論として扱うことがあります．本書では，ニュートリノが質量をもつ場合を含めて，標準模型と考えます．混乱しないように注意してください．

そして，適切な 3×3 ユニタリー行列 $V_\mathrm{L}^d, V_\mathrm{R}^d, V_\mathrm{L}^u, V_\mathrm{R}^u$ を用いると，これらの項の係数は

$$\sum_{C,D=1}^{3} (V_\mathrm{L}^d)_{AC} \, y_{CD}^{(d)} \, \frac{v}{\sqrt{2}} \, (V_\mathrm{R}^{d\dagger})_{DB} = y_{d_A} \frac{v}{\sqrt{2}} \, \delta_{AB} \tag{11.5}$$

$$\sum_{C,D=1}^{3} (V_\mathrm{L}^u)_{AC} \, y_{CD}^{(u)} \, \frac{v}{\sqrt{2}} \, (V_\mathrm{R}^{u\dagger})_{DB} = y_{u_A} \frac{v}{\sqrt{2}} \, \delta_{AB} \tag{11.6}$$

のように対角化され，その固有値

$$m_{d_A} \equiv y_{d_A} \frac{v}{\sqrt{2}} = (m_\mathrm{d}, m_\mathrm{s}, m_\mathrm{b}) \tag{11.7}$$

$$m_{u_A} \equiv y_{u_A} \frac{v}{\sqrt{2}} = (m_\mathrm{u}, m_\mathrm{c}, m_\mathrm{t}) \tag{11.8}$$

が**クォークの質量**になると考えられます.

現在，実験で得られているクォークの質量は，

$$m_\mathrm{u} = 2.16\,\mathrm{MeV}/c^2, \qquad m_\mathrm{c} = 1.27\,\mathrm{GeV}/c^2, \qquad m_\mathrm{t} = 172.57\,\mathrm{GeV}/c^2 \tag{11.9}$$

$$m_\mathrm{d} = 4.70\,\mathrm{MeV}/c^2, \qquad m_\mathrm{s} = 93.5\,\mathrm{MeV}/c^2, \qquad m_\mathrm{b} = 4.18\,\mathrm{GeV}/c^2 \tag{11.10}$$

です．これらの値および (11.7)，(11.8) と $v = 246\,\mathrm{GeV}$（(10.58) を参照）を用いて，**湯川結合定数** $y_{u_A} = (y_\mathrm{u}, y_\mathrm{c}, y_\mathrm{t})$ と $y_{d_A} = (y_\mathrm{d}, y_\mathrm{s}, y_\mathrm{b})$ の値を概算すると，

$$y_\mathrm{u} = 1.24 \times 10^{-5}, \qquad y_\mathrm{c} = 7.3 \times 10^{-3}, \qquad y_\mathrm{t} = 0.992 \tag{11.11}$$

$$y_\mathrm{d} = 2.70 \times 10^{-5}, \qquad y_\mathrm{s} = 5.37 \times 10^{-4}, \qquad y_\mathrm{b} = 2.4 \times 10^{-2} \tag{11.12}$$

となります.

$\mathrm{SU(2)_L}$ ゲージ対称性の固有状態（(11.1) で与えられた場の演算子）と質量の固有状態 $\hat{u}_{LA}^{(\mathrm{M})} = (\hat{u}_\mathrm{L}^{(\mathrm{M})}, \hat{c}_\mathrm{L}^{(\mathrm{M})}, \hat{t}_\mathrm{L}^{(\mathrm{M})})$, $\hat{d}_{LA}^{(\mathrm{M})} = (\hat{d}_\mathrm{L}^{(\mathrm{M})}, \hat{s}_\mathrm{L}^{(\mathrm{M})}, \hat{b}_\mathrm{L}^{(\mathrm{M})})$, $\hat{u}_{RA}^{(\mathrm{M})} = (\hat{u}_\mathrm{R}^{(\mathrm{M})}, \hat{c}_\mathrm{R}^{(\mathrm{M})}, \hat{t}_\mathrm{R}^{(\mathrm{M})})$, $\hat{d}_{RA}^{(\mathrm{M})} = (\hat{d}_\mathrm{R}^{(\mathrm{M})}, \hat{s}_\mathrm{R}^{(\mathrm{M})}, \hat{b}_\mathrm{R}^{(\mathrm{M})})$（添字の M は Mass の略）は，$3 \times 3$ ユニタリー行列 $V_\mathrm{L}^d, V_\mathrm{R}^d, V_\mathrm{L}^u, V_\mathrm{R}^u$ を用いたユニタリー変換

$$\begin{cases} \hat{d}_{LA}^{(\mathrm{M})} = \sum_{B=1}^{3} (V_\mathrm{L}^d)_{AB} \, \hat{d}_{LB}, \qquad \hat{d}_{RA}^{(\mathrm{M})} = \sum_{B=1}^{3} (V_\mathrm{R}^d)_{AB} \, \hat{d}_{RB} \\[2mm] \hat{u}_{LA}^{(\mathrm{M})} = \sum_{B=1}^{3} (V_\mathrm{L}^u)_{AB} \, \hat{u}_{LB}, \qquad \hat{u}_{RA}^{(\mathrm{M})} = \sum_{B=1}^{3} (V_\mathrm{R}^u)_{AB} \, \hat{u}_{RB} \end{cases} \tag{11.13}$$

により関係付けられます．このとき，クォークに関する荷電カレントは，

228   11. 素粒子の標準模型

$$\hat{j}_{(\mathrm{q})}^{+\mu} = \sum_{A=1}^{3} \hat{\bar{q}}_{\mathrm{LA}} \gamma^\mu \tau^+ \hat{q}_{\mathrm{LA}} = \sum_{A,B=1}^{3} \hat{\bar{u}}_{\mathrm{LA}}^{(\mathrm{M})} \gamma^\mu (V_{\mathrm{CKM}})_{AB} \hat{d}_{\mathrm{LB}}^{(\mathrm{M})} \tag{11.14}$$

のように書き換えられます（添字の q, CKM は，それぞれ quark, Cabibbo - Kobayashi - Maskawa の略）.

ここで，τ^+ はパウリ行列から構成された 2×2 行列

$$\tau^+ = \frac{\tau^1 + i\tau^2}{2} = \begin{pmatrix} 0 & 1 \\ 0 & 0 \end{pmatrix} \tag{11.15}$$

です．また，$V_{\mathrm{CKM}} \equiv V_{\mathrm{L}}^u V_{\mathrm{L}}^{d\dagger}$ は**小林 - 益川行列**，あるいは**カビボ - 小林 - 益川行列**とよばれるユニタリー行列です.

♋ Exercise 11.1

クォークに関する荷電カレント $\hat{j}_{(\mathrm{q})}^{+\mu}$ が (11.14) のように表されることを示しなさい.

Coaching   左巻きのクォーク

$$\hat{q}_{\mathrm{LA}} = \begin{pmatrix} \hat{u}_{\mathrm{LA}} \\ \hat{d}_{\mathrm{LA}} \end{pmatrix} \qquad (A = 1, 2, 3) \tag{11.16}$$

および (11.13) を用いると，

$$
\begin{aligned}
\hat{j}_{(\mathrm{q})}^{+\mu} &= \sum_{A=1}^{3} \hat{\bar{q}}_{\mathrm{LA}} \gamma^\mu \tau^+ \hat{q}_{\mathrm{LA}} = \sum_{A=1}^{3} (\hat{\bar{u}}_{\mathrm{LA}}, \hat{\bar{d}}_{\mathrm{LA}}) \gamma^\mu \begin{pmatrix} 0 & 1 \\ 0 & 0 \end{pmatrix} \begin{pmatrix} \hat{u}_{\mathrm{LA}} \\ \hat{d}_{\mathrm{LA}} \end{pmatrix} \\
&= \sum_{A=1}^{3} \hat{\bar{u}}_{\mathrm{LA}} \gamma^\mu \hat{d}_{\mathrm{LA}} = \sum_{A,B=1}^{3} \hat{\bar{u}}_{\mathrm{LA}}^{(\mathrm{M})} \gamma^\mu (V_{\mathrm{L}}^u V_{\mathrm{L}}^{d\dagger})_{AB} \hat{d}_{\mathrm{LB}}^{(\mathrm{M})} \\
&= \sum_{A,B=1}^{3} \hat{\bar{u}}_{\mathrm{LA}}^{(\mathrm{M})} \gamma^\mu (V_{\mathrm{CKM}})_{AB} \hat{d}_{\mathrm{LB}}^{(\mathrm{M})}
\end{aligned}
\tag{11.17}
$$

のようになり，$\hat{j}_{(\mathrm{q})}^{+\mu}$ は (11.14) のように表されます.   ▨

11.2.2 CP の破れ

まずは，相互作用ラグランジアン密度

$$\hat{\mathscr{L}}_{\mathrm{int}} = \sum_a (\alpha_a \hat{O}_a + \alpha_a^* \hat{O}_a^\dagger) \tag{11.18}$$

に基づいて，**CP の破れ**が起こるための条件を求めてみましょう．(11.18)

で，$\alpha_a\,(=|\alpha_a|e^{i\delta_a})$ は複素パラメータ，$\widehat{O}_a$ はエルミートではない演算子で，一般に CP 変換により，$\widehat{O}_a$ がそのエルミート共役 $\widehat{O}_a^{\dagger}$ に，$\widehat{O}_a^{\dagger}$ が $\widehat{O}_a$ に移ります．よって，CP 変換のもとで，$\widehat{\mathscr{L}}_{\mathrm{int}}$ は

$$\widehat{\mathscr{L}}'_{\mathrm{int}} = \sum_a (\alpha_a \widehat{O}_a^{\dagger} + \alpha_a^* \widehat{O}_a) = \sum_a (\alpha_a^* \widehat{O}_a + \alpha_a \widehat{O}_a^{\dagger}) \tag{11.19}$$

のように変換します．

したがって，α_a が物理的な複素位相 $\delta_a\,(\neq 0, \pi)$ を含むときは $\alpha_a^* \neq \alpha_a$ となり，$\widehat{\mathscr{L}}'_{\mathrm{int}} \neq \widehat{\mathscr{L}}_{\mathrm{int}}$ となるため，**CP 対称性が破れます**．ここで，物理的な位相とは，場の演算子の位相をいくら定義し直しても取り除くことのできない，観測にかかる位相のことです[2]．

クォークが絡む反応過程において，CP 対称性を破る可能性があるのは，荷電カレント $\hat{j}_{(\mathrm{q})}^{\pm\mu}$ と W ボソンの間の相互作用項 $\widehat{\mathscr{L}}_{\mathrm{CC}}^{(\mathrm{q})}$（添字の q, CC はそれぞれ quark, Charged Current の略）であることが知られており，質量の固有状態を用いて，

$$\widehat{\mathscr{L}}_{\mathrm{CC}}^{(\mathrm{q})} = -\frac{g}{\sqrt{2}} \{ \hat{j}_{(\mathrm{q})}^{+\mu}(x)\, \widehat{W}_{\mu}^{+}(x) + \hat{j}_{(\mathrm{q})}^{-\mu}(x)\, \widehat{W}_{\mu}^{-}(x) \}$$

$$= -\frac{g}{\sqrt{2}} \sum_{A,B=1}^{3} \{ \widehat{\overline{u}}_{LA}^{(\mathrm{M})}(x)\, \gamma^{\mu} (V_{\mathrm{CKM}})_{AB}\, \widehat{d}_{LB}^{(\mathrm{M})}(x)\, \widehat{W}_{\mu}^{+}(x)$$
$$+ \widehat{\overline{d}}_{LA}^{(\mathrm{M})}(x)\, \gamma^{\mu} (V_{\mathrm{CKM}}^{\dagger})_{AB}\, \widehat{u}_{LB}^{(\mathrm{M})}(x)\, \widehat{W}_{\mu}^{-}(x) \}$$

$$\tag{11.20}$$

のように表されます．

そして CP 変換のもとで，$\widehat{\mathscr{L}}_{\mathrm{CC}}^{(\mathrm{q})}$ は

$$\widehat{\mathscr{L}}_{\mathrm{CC}}^{\prime(\mathrm{q})} = -\frac{g}{\sqrt{2}} \sum_{A,B=1}^{3} \{ \widehat{\overline{u}}_{LA}^{(\mathrm{M})}(x)\gamma^{\mu} (V_{\mathrm{CKM}}^{*})_{AB}\, \widehat{d}_{LB}^{(\mathrm{M})}(x)\, \widehat{W}_{\mu}^{+}(x)$$
$$+ \widehat{\overline{d}}_{LA}^{(\mathrm{M})}(x)\, \gamma^{\mu} (V_{\mathrm{CKM}}^{\mathrm{T}})_{AB}\, \widehat{u}_{LB}^{(\mathrm{M})}(x)\, \widehat{W}_{\mu}^{-}(x) \}$$

$$\tag{11.21}$$

のように変換します（Practice [11.1] を参照）．ここで，$(V_{\mathrm{CKM}}^{\dagger})_{BA} = (V_{\mathrm{CKM}}^{*})_{AB}, (V_{\mathrm{CKM}})_{BA} = (V_{\mathrm{CKM}}^{\mathrm{T}})_{AB}$ を用いました（添字の T は Transpose（転

2）　例えば，量子力学において，波動関数そのものの位相は観測にかかりませんが，2つの波動関数の間の相対的な位相は物理的な位相で，観測にかかることを思い出しましょう．

置）の略）.

したがって，小林 − 益川行列 V_{CKM} が物理的な複素位相を含む場合，つまり，$(V_{\mathrm{CKM}}^*)_{AB} \neq (V_{\mathrm{CKM}})_{AB}$ のとき，CP 対称性が破れることがわかります.

実際，3 世代の小林 − 益川行列 V_{CKM} は，3 個の回転角 $\theta_{12}, \theta_{13}, \theta_{23}$ と 1 個の複素位相 δ を用いると，

$$
\begin{aligned}
V_{\mathrm{CKM}} &\equiv \begin{pmatrix} V_{ud} & V_{us} & V_{ub} \\ V_{cd} & V_{cs} & V_{cb} \\ V_{td} & V_{ts} & V_{tb} \end{pmatrix} \\
&= \begin{pmatrix} 1 & 0 & 0 \\ 0 & c_{23} & s_{23} \\ 0 & -s_{23} & c_{23} \end{pmatrix} \begin{pmatrix} c_{13} & 0 & s_{13}e^{-i\delta} \\ 0 & 1 & 0 \\ -s_{13}e^{i\delta} & 0 & c_{13} \end{pmatrix} \begin{pmatrix} c_{12} & s_{12} & 0 \\ -s_{12} & c_{12} & 0 \\ 0 & 0 & 1 \end{pmatrix} \\
&= \begin{pmatrix} c_{12}c_{13} & s_{12}c_{13} & s_{13}e^{-i\delta} \\ -s_{12}c_{23} - c_{12}s_{23}s_{13}e^{i\delta} & c_{12}c_{23} - s_{12}s_{23}s_{13}e^{i\delta} & s_{23}c_{13} \\ s_{12}s_{23} - c_{12}c_{23}s_{13}e^{i\delta} & -c_{12}s_{23} - s_{12}c_{23}s_{13}e^{i\delta} & c_{23}c_{13} \end{pmatrix}
\end{aligned}
$$

(11.22)

と表されます. ここで，$s_{ij} \equiv \sin\theta_{ij}$, $c_{ij} \equiv \cos\theta_{ij}$ $(i, j = 1, 2, 3)$ です. そして，$e^{i\delta} = \cos\delta + i\sin\delta$ より，CP の破れの大きさは $\sin\delta$ に比例することがわかります.

ちなみに，実験から得られている V_{CKM} の各成分の大きさは，

$$
|(V_{\mathrm{CKM}})_{AB}| = \begin{pmatrix} 0.97435 & 0.22501 & 0.003732 \\ 0.22487 & 0.97349 & 0.04183 \\ 0.00858 & 0.04111 & 0.999118 \end{pmatrix}
$$

(11.23)

です.

このような 3 世代のクォークのもとで，世代間の混合および複素位相による CP の破れを記述する模型は**小林 − 益川模型**とよばれています.

🌱 11.3 レプトン

11.3.1 ニュートリノの謎

ニュートリノに関する長期間の観測を通じて，次のような 2 つの謎が生じ

11.3 レプトン   231

ました．

- ▶ **太陽ニュートリノ問題**：デービス（R. Davis）の測定に基づいて提起された，「太陽から飛来する ν_e が予想値の 3 分の 1 ないし 4 分の 1 ほどしか観測されないのはなぜか？」という謎である．
- ▶ **大気ニュートリノ異常**：戸塚（Y. Totsuka），梶田（T. Kajita）らの実験グループによる，スーパーカミオカンデとよばれる検出装置を用いた観測により明らかになった，「大気ニュートリノの成分として ν_μ や $\bar{\nu}_\mu$ が予想値よりも少ないのはなぜか？」という謎である．

ここで，**大気ニュートリノ**とは，宇宙線と大気中の原子核の衝突により生成されるニュートリノや反ニュートリノのことで，それらの生成量に関して，次の Exercise 11.2 のような理論的予測があります．

 Exercise 11.2

大気ニュートリノに関する ν_e と $\bar{\nu}_e$ の総量（ν_e の数 $+ \bar{\nu}_e$ の数）と，ν_μ と $\bar{\nu}_\mu$ の総量（ν_μ の数 $+ \bar{\nu}_\mu$ の数）との比率を求めなさい．ただし，宇宙線のエネルギーは 3 GeV 以下とします．このとき，大気中の原子核と衝突して発生する $\pi^\pm$ は 2.6×10^{-8} s ほどで，主に $\pi^+ \to \mu^+ + \nu_\mu$，$\pi^- \to \mu^- + \bar{\nu}_\mu$ のように崩壊します．さらに，$\mu^\pm$ の寿命は 2.2×10^{-6} s ほどで，$\mu^+ \to \bar{\nu}_\mu + e^+ + \nu_e$，$\mu^- \to \nu_\mu + e^- + \bar{\nu}_e$ に従って崩壊することが知られています．

Coaching 上記の 4 種類の反応過程の右辺を見ると，ν_μ と $\bar{\nu}_\mu$ が計 2 個ずつ，ν_e と $\bar{\nu}_e$ が 1 個ずつ生じていることがわかります．そのため，$\mu^\pm$ の崩壊後に観測が行われているとすると，求める比率 $R^{(\nu)}$ は

$$R^{(\nu)}|_{理論} = \frac{\nu_\mu \text{の数} + \bar{\nu}_\mu \text{の数}}{\nu_e \text{の数} + \bar{\nu}_e \text{の数}} = 2 \tag{11.24}$$

のように予想されます．

ちなみに，実験で得られた観測値は $R^{(\nu)}|_{実験} \simeq 1.2$ で，$R^{(\nu)}|_{理論} > R^{(\nu)}|_{実験}$ という結論が得られました．また，この観測値 $R^{(\nu)}|_{実験}$ は地下（地球の裏側）から到来するものを含めて，全方向から飛来するニュートリノおよび反ニュートリノの数を計測したものです．

実際に観測された大気ニュートリノの，より詳細な特徴は次の通りです．

特徴 1：観測される $\nu_e, \bar{\nu}_e$ の数は，天頂角 $\theta_天$（真上を $\theta_天 = 0$ として測った角度）のすべての領域で，理論の予想値と一致している．

特徴 2：観測される $\nu_\mu, \bar{\nu}_\mu$ の数は，$\theta_天 = 0$（真上）付近では理論の予想値と一致している．

特徴 3：観測される $\nu_\mu, \bar{\nu}_\mu$ の数は，$\theta_天 = \pi/2$ 付近から減少し始め，$\theta_天 = \pi$（真下）付近では理論の予想値と比べて著しく減少している．

11.3.2 ニュートリノ振動

太陽ニュートリノ問題と大気ニュートリノ異常という2つの謎は，「ニュートリノや反ニュートリノがそれぞれ別のニュートリノや反ニュートリノに変化する」と仮定することにより解決します．以下では，このような変化がどのような条件のもとで，どのような仕組みに基づいて起こり得るのかについて考えてみましょう．

ニュートリノに関して，質量の固有状態（ν_1, ν_2, ν_3）と弱い相互作用の固有状態（ν_e, ν_μ, ν_τ）が異なっていて，なおかつ質量が縮退していない（互いに異なっている）としましょう．このとき，**ニュートリノ振動**とよばれる，ニュートリノや反ニュートリノの間での変化が起こります（図 11.1）．

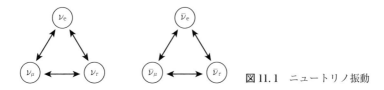

図 11.1　ニュートリノ振動

ここでは，簡単のために，ν_e が ν_μ に，ν_μ が ν_e に変化する可能性についてのみを考えてみましょう．質量の固有状態と弱い相互作用の固有状態の間には，

$$\begin{pmatrix} |\nu_1(t)\rangle \\ |\nu_2(t)\rangle \end{pmatrix} = \begin{pmatrix} \cos\theta & \sin\theta \\ -\sin\theta & \cos\theta \end{pmatrix} \begin{pmatrix} |\nu_e(t)\rangle \\ |\nu_\mu(t)\rangle \end{pmatrix} \quad (11.25)$$

が成り立つとします．ここで，θ は混合角です．また，ニュートリノの状態を場の演算子の代わりにケットベクトルを用いて表しました．

質量の固有状態が従う方程式は，

で与えられます. ここで, E_k $(k = 1, 2)$ は ν_k のエネルギーです.

4元運動量の関係式 $E^2 = p^2 c^2 + m^2 c^4$ (E:粒子のエネルギー, p:粒子の運動量の大きさ, m:粒子の質量) より, ニュートリノが真空中を飛行しているとき, ν_k の質量 m_{ν_k} と運動量の大きさ p_k の間に,

$$E_k = p_k c \sqrt{1 + \left(\frac{m_{\nu_k} c}{p_k}\right)^2} = p_k c + \frac{m_{\nu_k}^2 c^3}{2 p_k} + \cdots \tag{11.27}$$

が成り立ちます[3]. ここで, ニュートリノの質量は極めて小さいと考えられるので, 最右辺への変形の際に $p_k \gg m_{\nu_k} c$ として, $(1 + \varepsilon)^a = 1 + a\varepsilon + \cdots$ ($|\varepsilon| \ll 1$) を用いました. 以後, $p \equiv p_1 = p_2$ とします.

(11.26) の解は

$$|\nu_k(t)\rangle = e^{-\frac{i}{\hbar} E_k t} |\nu_k(0)\rangle \tag{11.28}$$

のように表すことができて, これと (11.25) を用いると, $|\nu_e(t)\rangle, |\nu_\mu(t)\rangle$ は, それぞれ

$$\begin{aligned}
|\nu_e(t)\rangle &= \cos\theta |\nu_1(t)\rangle - \sin\theta |\nu_2(t)\rangle \\
&= \cos\theta\, e^{-\frac{i}{\hbar} E_1 t} |\nu_1(0)\rangle - \sin\theta\, e^{-\frac{i}{\hbar} E_2 t} |\nu_2(0)\rangle \\
&= \left(\cos^2\theta\, e^{-\frac{i}{\hbar} E_1 t} + \sin^2\theta\, e^{-\frac{i}{\hbar} E_2 t}\right) |\nu_e(0)\rangle \\
&\quad + \sin\theta\cos\theta \left(e^{-\frac{i}{\hbar} E_1 t} - e^{-\frac{i}{\hbar} E_2 t}\right) |\nu_\mu(0)\rangle
\end{aligned} \tag{11.29}$$

$$\begin{aligned}
|\nu_\mu(t)\rangle &= \sin\theta |\nu_1(t)\rangle + \cos\theta |\nu_2(t)\rangle \\
&= \sin\theta\, e^{-\frac{i}{\hbar} E_1 t} |\nu_1(0)\rangle + \cos\theta\, e^{-\frac{i}{\hbar} E_2 t} |\nu_2(0)\rangle \\
&= \sin\theta\cos\theta \left(e^{-\frac{i}{\hbar} E_1 t} - e^{-\frac{i}{\hbar} E_2 t}\right) |\nu_e(0)\rangle \\
&\quad + \left(\cos^2\theta\, e^{-\frac{i}{\hbar} E_1 t} + \sin^2\theta\, e^{-\frac{i}{\hbar} E_2 t}\right) |\nu_\mu(0)\rangle
\end{aligned} \tag{11.30}$$

のように表されます.

(11.29) より, 時刻 0 で ν_e の状態 ($|\nu_e(0)\rangle$) にあり, 時刻 t で ν_μ の状態

---

3) ニュートリノは大気とほとんど相互作用しないので, ニュートリノが大気中を飛行しているときも真空中と同じように扱うことができます.

234　11. 素粒子の標準模型

$(|\nu_\mu(0)\rangle)$ で観測される確率 $P(\nu_e \to \nu_\mu\,;t)$ は,

$$P(\nu_e \to \nu_\mu\,;t) = |\langle \nu_e(t)|\nu_\mu(0)\rangle|^2$$

$$= \sin^2 2\theta \sin^2\left\{\frac{(m_{\nu_2}^2 - m_{\nu_1}^2)c^3}{4\hbar p}t\right\} \tag{11.31}$$

のように得られます. 同様に他の遷移確率も計算することができて,

$$\begin{cases} P(\nu_\mu \to \nu_e\,;t) = P(\nu_e \to \nu_\mu\,;t) \\ P(\nu_e \to \nu_e\,;t) = P(\nu_\mu \to \nu_\mu\,;t) = 1 - P(\nu_\mu \to \nu_e\,;t) \end{cases} \tag{11.32}$$

のようになります.

　したがって, (11.31) から, **ニュートリノ振動が起こるためには, 質量の固有状態と弱い相互作用の固有状態が異なり** $(\theta \neq n\pi/2,\ n:$ **整数)**, **質量の固有値が異なる** $(m_{\nu_1} \neq m_{\nu_2})$ **必要があります！**

　ニュートリノのエネルギーを $E_\nu = pc$, ニュートリノの飛行距離を $L = ct$, ニュートリノの質量の2乗の差を $\Delta m_{21}^2 \equiv m_{\nu_2}^2 - m_{\nu_1}^2$ とすると, (11.31) は,

$$P(\nu_e \to \nu_\mu\,;t) = \sin^2 2\theta \sin^2\left(\frac{\Delta m_{21}^2\,c^4 L}{4\hbar c E_\nu}\right) \tag{11.33}$$

のように書き換えられます. 飛行距離が十分に長い場合は, 長時間平均を考える必要があるので, 物理量 $F(t)$ に関する長時間平均 $\bar{F}(t)$ を

$$\bar{F}(t) \equiv \lim_{T\to\infty}\frac{1}{T}\int_0^T F(t)\,dt \tag{11.34}$$

のように定義し, (11.34) と $\displaystyle\lim_{T\to\infty}\frac{1}{T}\int_0^T \sin^2 \omega t\,dt = \frac{1}{2}$ $(\omega:$ 実数の定数) を用いると, $P(\nu_e \to \nu_\mu\,;t)$, $P(\nu_e \to \nu_e\,;t)$ に関する長時間平均として,

$$\bar{P}(\nu_e \to \nu_\mu\,;t) = \frac{1}{2}\sin^2 2\theta \leq \frac{1}{2} \tag{11.35}$$

$$\bar{P}(\nu_e \to \nu_e\,;t) = 1 - \frac{1}{2}\sin^2 2\theta \geq \frac{1}{2} \tag{11.36}$$

が得られます. ちなみに, ν_e が ν_τ に変化する場合も考慮に入れると, (11.36) の不等式は $\bar{P}(\nu_e \to \nu_e\,;t) \geq \dfrac{1}{3}$ に変わります.

謎の解明

最後に，太陽ニュートリノ問題と大気ニュートリノ異常に関する謎解きをしてみましょう．

太陽ニュートリノ問題の謎解き：太陽から飛来する ν_e が予想値の4分の1ほどだとすると，真空中のニュートリノ振動だけでは説明できません．仮に3分の1だとしても，不自然な微調整が必要になります．よって，真空中でのニュートリノ振動の他に別の変化の仕組みがはたらいているのではないかと予想されます．実際，太陽内部で，核反応により生成された ν_e が太陽表面に行き着くまでに，**MSW機構**とよばれる物質効果による共鳴的なニュートリノ振動が起こって，別のニュートリノに変化するという機構を取り入れると説明できます（MSW は Mikheyev‐Smirnov‐Wolfenstein の頭文字）．

大気ニュートリノ異常の謎解き：観測される $\nu_e, \bar{\nu}_e$ の数が天頂角に依存しないことから，3世代分を含めたニュートリノ振動の理論式を用いて，「大気ニュートリノの成分である，ν_μ や $\bar{\nu}_\mu$ が地球をすり抜ける間に，それぞれタウニュートリノ ν_τ や反タウニュートリノ $\bar{\nu}_\tau$ に $\pi/4$ ほどの混合角で変化している」という結論が得られます．

11.3.3 レプトンの質量生成

ニュートリノに関する観測結果を踏まえ，ニュートリノが質量をもつとして，3個の右巻きニュートリノ $\hat{\nu}_{RA}$（$A = 1, 2, 3$）を導入してみましょう．このとき，クォークの場合と同じように，3世代のレプトン（(10.36)，(10.37) を参照）

$$\hat{l}_{LA} = \begin{pmatrix} \hat{\nu}_{LA} \\ \hat{e}_{LA} \end{pmatrix}, \quad \hat{\nu}_{RA}, \quad \hat{e}_{RA} \qquad (A = 1, 2, 3) \tag{11.37}$$

に関する湯川相互作用を記述するラグランジアン密度（(10.32) を参照）

$$\mathscr{L}_Y^{(1)} = -\sum_{A,B=1}^{3} \{ y_{AB}^{(e)} \hat{\bar{l}}_{LA} \widehat{\Phi} \hat{e}_{RB} + y_{AB}^{(\nu)} \hat{\bar{l}}_{LA} \widehat{\widetilde{\Phi}} \hat{\nu}_{RB} + \text{h.c.} \} \tag{11.38}$$

に対して（添字の Y, l はそれぞれ Yukawa, lepton の略），ヒッグス2重項が (11.3) のような真空期待値をもつことにより，

236   11. 素粒子の標準模型

$$-\sum_{A,B=1}^{3}\left\{ y_{AB}^{(e)}\frac{v}{\sqrt{2}}\,\hat{\bar{e}}_{\mathrm{L}A}\,\hat{e}_{\mathrm{R}B} + y_{AB}^{(\nu)}\frac{v}{\sqrt{2}}\,\hat{\bar{\nu}}_{\mathrm{L}A}\,\hat{\nu}_{\mathrm{R}B} + \mathrm{h.c.}\right\} \tag{11.39}$$

のような質量項（ディラック質量項）が生じます.

そして，適切な 3×3 ユニタリー行列 $V_{\mathrm{L}}^{e}, V_{\mathrm{R}}^{e}, V_{\mathrm{L}}^{\nu}, V_{\mathrm{R}}^{\nu}$ を用いると，これらの項の係数は

$$\sum_{C,D=1}^{3}(V_{\mathrm{L}}^{e})_{AC}\,y_{CD}^{(e)}\frac{v}{\sqrt{2}}\,(V_{\mathrm{R}}^{e\dagger})_{DB} = y_{e_A}\frac{v}{\sqrt{2}}\,\delta_{AB} \tag{11.40}$$

$$\sum_{C,D=1}^{3}(V_{\mathrm{L}}^{\nu})_{AC}\,y_{CD}^{(\nu)}\frac{v}{\sqrt{2}}\,(V_{\mathrm{R}}^{\nu\dagger})_{DB} = y_{\nu_A}\frac{v}{\sqrt{2}}\,\delta_{AB} \tag{11.41}$$

のように対角化され，その固有値

$$m_{e_A}\equiv y_{e_A}\frac{v}{\sqrt{2}} = (m_{\mathrm{e}},\,m_{\mu},\,m_{\tau}) \tag{11.42}$$

$$m_{\nu_A}\equiv y_{\nu_A}\frac{v}{\sqrt{2}} = (m_{\nu_1},\,m_{\nu_2},\,m_{\nu_3}) \tag{11.43}$$

が**レプトンの質量**になると考えられます.

実験で得られている，電荷をもつレプトンの質量は，

$$m_{\mathrm{e}} = 0.511\,\mathrm{MeV}/c^2, \qquad m_{\mu} = 105.66\,\mathrm{MeV}/c^2, \qquad m_{\tau} = 1776.93\,\mathrm{MeV}/c^2 \tag{11.44}$$

です. これらの値および (11.42) と $v = 246\,\mathrm{GeV}$ を用いて，**湯川結合定数** $y_{e_A} = (y_{\mathrm{e}}, y_{\mu}, y_{\tau})$ の値を概算すると，

$$y_{\mathrm{e}} = 2.94\times10^{-6}, \qquad y_{\mu} = 6.07\times10^{-4}, \qquad y_{\tau} = 1.02\times10^{-2} \tag{11.45}$$

となります.

ニュートリノの質量はまだわかっていませんが，宇宙論・天文学の観測を含む様々な実験により，

$$\sum_{A} m_{\nu_A} \le O(10^{-1}) \sim O(1)\,\mathrm{eV} \tag{11.46}$$

という制限が得られています. いま仮に，あるニュートリノに対して質量を $m_{\nu} \le 0.5\,\mathrm{eV}$ とすると，湯川結合定数は $y_{\nu} \le 2.87\times10^{-12}$ となり，電子とニュートリノの間で，

$$\frac{m_\nu}{m_e} = \frac{y_\nu}{y_e} \le 0.976 \times 10^{-6} \tag{11.47}$$

のような質量の間の較差が生じます.

前節で述べたクォークに関する**荷電カレント** (11.14) を参考にして,レプトンに関する荷電カレントを質量の固有状態 $\hat{e}_{LA}^{(M)}, \hat{\nu}_{LA}^{(M)}$ (添字の M は Mass の略) を用いて表すと,

$$\hat{j}_{(l)}^{+\mu} = \sum_{A=1}^{3} \hat{\bar{l}}_{LA}\,\gamma^\mu \tau^+ \hat{l}_{LA} = \sum_{A,B=1}^{3} \hat{\bar{\nu}}_{LA}^{(M)}\,\gamma^\mu (V_L^\nu V_L^{e\dagger})_{AB}\,\hat{e}_{LB}^{(M)}$$

$$= \sum_{A,B=1}^{3} \hat{\bar{\nu}}_{LA}^{(M)}\,\gamma^\mu (V_{MNS})_{AB}\,\hat{e}_{LB}^{(M)} \tag{11.48}$$

のようになります (添字の l, MNS はそれぞれ lepton, Maki – Nakagawa – Sakata の略).ここで, $V_{MNS} \equiv V_L^\nu V_L^{e\dagger}$ は**牧 – 中川 – 坂田行列**,あるいは**ポンテコルボ – 牧 – 中川 – 坂田行列**とよばれるユニタリー行列で,**ニュートリノの質量に縮退がなくて,V_{MNS} が単位行列に比例しない場合,世代間の混合が起こります.**なお,V_{MNS} は物理的なパラメータとして,3 個の混合角 $\theta_{12}^{(\nu)}$, $\theta_{13}^{(\nu)}, \theta_{23}^{(\nu)}$ と 1 個の CP 不変性の破れを表す位相 $\delta^{(\nu)}$ を含みます.

🌿 Training 11.1

レプトンに関する荷電カレント $\hat{j}_{(l)}^{+\mu}$ が (11.48) のように表されることを確認しなさい.

11.3.4 ニュートリノの質量

前項での考察により,右巻きニュートリノ $\hat{\nu}_{RA}$ の導入によって,ニュートリノが質量 $m_{\nu_A} = y_{\nu_A}\dfrac{v}{\sqrt{2}}$ を獲得することがわかりました.ただし,ニュートリノに関する湯川結合定数が極めて小さな値をとるため,不自然に感じます ((11.47) を参照).

そこで,ニュートリノの質量が小さい原因を理解するために,ニュートリノの性質に着目してみましょう.ニュートリノの電荷はゼロであり,このような電荷をもたないフェルミオンは,**マヨラナ粒子 (マヨラナフェルミオン)**

238 11. 素粒子の標準模型

とよばれる，粒子と反粒子の区別がつかないフェルミオンになる可能性があります．

ここでマヨラナ粒子とは，**マヨラナ条件**とよばれる $\hat{\psi}^c = \hat{\psi}$
（$\hat{\psi}^c \equiv e^{i\theta_C} \gamma^2 \hat{\psi}^*$：$\hat{\psi}$ に荷電共役変換を施したもの，（10.10）を参照）を満たすフェルミオンのことで，カイラル表示において，

$$\hat{\psi}_{\mathrm{M}} = \begin{pmatrix} i\sigma^2 \hat{\eta}^* \\ \hat{\eta} \end{pmatrix} \quad \text{あるいは} \quad \begin{pmatrix} \hat{\xi} \\ -i\sigma^2 \hat{\xi}^* \end{pmatrix} \tag{11.49}$$

と表され（Practice [11.2] を参照），自由粒子の場合は，

$$i\sigma^\mu \partial_\mu \hat{\eta} - im_{\mathrm{M}} \sigma^2 \hat{\eta}^* = 0 \quad \text{あるいは} \quad i\bar{\sigma}^\mu \partial_\mu \hat{\xi} + im_{\mathrm{M}} \sigma^2 \hat{\xi}^* = 0$$

$$\tag{11.50}$$

に従います（添字の M は Majorana の略）．ここで，m_{M} は**マヨラナ質量**とよばれる質量，$\sigma^\mu, \bar{\sigma}^\mu$ はそれぞれ $\sigma^\mu = (I, \boldsymbol{\sigma})$，$\bar{\sigma}^\mu = (I, -\boldsymbol{\sigma})$（$I:2 \times 2$ 単位行列，$\boldsymbol{\sigma}$：パウリ行列）です．また，荷電共役変換にともなう位相因子を $e^{i\theta_C} = i$ と選びました（（10.10）を参照）．

ちなみに，（11.50）を導くラグランジアン密度は，

$$\mathscr{L}_{\mathrm{M}} = \frac{1}{2} \bar{\hat{\psi}}_{\mathrm{M}} i\gamma^\mu \partial_\mu \hat{\psi}_{\mathrm{M}} - \frac{1}{2} m_{\mathrm{M}} \bar{\hat{\psi}}_{\mathrm{M}} \hat{\psi}_{\mathrm{M}} \tag{11.51}$$

で与えられます．

右巻きニュートリノ $\hat{\nu}_{RA}$ は $\mathrm{SU}(3)_{\mathrm{C}}$ および $\mathrm{SU}(2)_{\mathrm{L}}$ の 1 重項で，弱ハイパーチャージ Y の値もゼロなので，標準模型のゲージ対称性を保持したまま，マヨラナ質量に関する質量項（マヨラナ質量項）

$$-\frac{1}{2} \sum_{A,B=1}^{3} M_{AB} \bar{\hat{\psi}}_{\mathrm{M}A}^{(\nu_{\mathrm{R}})} \hat{\psi}_{\mathrm{M}B}^{(\nu_{\mathrm{R}})} \tag{11.52}$$

をラグランジアン密度に付け加えることができます．ここで，M_{AB} は対称な 3×3 複素行列の成分で，$\hat{\psi}_{\mathrm{M}B}^{(\nu_{\mathrm{R}})}$ は

$$\hat{\psi}_{\mathrm{M}B}^{(\nu_{\mathrm{R}})} = \begin{pmatrix} i\sigma^2 \hat{\nu}_{RB}^* \\ \hat{\nu}_{RB} \end{pmatrix} \tag{11.53}$$

です．

そして，（11.38）と（11.52）を合わせることにより，ニュートリノに関する質量項は，

$$\widehat{\mathcal{L}}_{\mathrm{Mass}}^{(\nu)} = -\frac{1}{2} \sum_{A,B=1}^{3} (\widehat{\bar{\phi}}_{\mathrm{M}A}^{(\nu_{\mathrm{L}})}, \widehat{\bar{\phi}}_{\mathrm{M}A}^{(\nu_{\mathrm{R}})}) \begin{pmatrix} 0 & y_{AB}^{(\nu)} \dfrac{v}{\sqrt{2}} \\ y_{AB}^{(\nu)} \dfrac{v}{\sqrt{2}} & M_{AB} \end{pmatrix} \begin{pmatrix} \widehat{\phi}_{\mathrm{M}B}^{(\nu_{\mathrm{L}})} \\ \widehat{\phi}_{\mathrm{M}B}^{(\nu_{\mathrm{R}})} \end{pmatrix} \quad (11.54)$$

のように表されます. ここで, 左巻きニュートリノ $\widehat{\phi}_{\mathrm{M}B}^{(\nu_{\mathrm{L}})}$ に関しては,
(11.49) の 2 番目のマヨラナフェルミオンによる表記

$$\widehat{\phi}_{\mathrm{M}B}^{(\nu_{\mathrm{L}})} = \begin{pmatrix} \widehat{\nu}_{\mathrm{L}B} \\ -i\sigma^2 \widehat{\nu}_{\mathrm{L}B}^* \end{pmatrix} \quad (11.55)$$

を用いました.

シーソー機構

簡単のために, 1 世代の場合について考察します. このとき, (11.54) は,

$$\widehat{\mathcal{L}}_{\mathrm{Mass}}^{(\nu)} = -\frac{1}{2} (\widehat{\bar{\phi}}_{\mathrm{M}}^{(\nu_{\mathrm{L}})}, \widehat{\bar{\phi}}_{\mathrm{M}}^{(\nu_{\mathrm{R}})}) \begin{pmatrix} 0 & y_\nu \dfrac{v}{\sqrt{2}} \\ y_\nu \dfrac{v}{\sqrt{2}} & M \end{pmatrix} \begin{pmatrix} \widehat{\phi}_{\mathrm{M}}^{(\nu_{\mathrm{L}})} \\ \widehat{\phi}_{\mathrm{M}}^{(\nu_{\mathrm{R}})} \end{pmatrix} \quad (11.56)$$

のようになり, $v \ll M$ として対角化することにより,

$$\widehat{\mathcal{L}}_{\mathrm{Mass}}^{(\nu)} = -\frac{1}{2} (\widehat{\bar{\phi}}_{\mathrm{M,d}}^{(\nu_{\mathrm{L}})}, \widehat{\bar{\phi}}_{\mathrm{M,d}}^{(\nu_{\mathrm{R}})}) \begin{pmatrix} -\dfrac{y_\nu^2 v^2}{2M} & 0 \\ 0 & M \end{pmatrix} \begin{pmatrix} \widehat{\phi}_{\mathrm{M,d}}^{(\nu_{\mathrm{L}})} \\ \widehat{\phi}_{\mathrm{M,d}}^{(\nu_{\mathrm{R}})} \end{pmatrix} \quad (11.57)$$

が得られます (添字の d は diagonal の略). ここで, $\widehat{\phi}_{\mathrm{M,d}}^{(\nu_{\mathrm{L}})} \doteqdot \widehat{\phi}_{\mathrm{M}}^{(\nu_{\mathrm{L}})}$, $\widehat{\phi}_{\mathrm{M,d}}^{(\nu_{\mathrm{R}})} \doteqdot \widehat{\phi}_{\mathrm{M}}^{(\nu_{\mathrm{R}})}$ で, $\widehat{\phi}_{\mathrm{M,d}}^{(\nu_{\mathrm{L}})}$ は極めて小さなマヨラナ質量 $\dfrac{y_\nu^2 v^2}{2M} \left(\ll y_\nu \dfrac{v}{\sqrt{2}} \ll M \right)$ を, $\widehat{\phi}_{\mathrm{M,d}}^{(\nu_{\mathrm{R}})}$ は極めて大きなマヨラナ質量 M をもつことがわかります.

このような, 右巻きニュートリノに関する大きなマヨラナ質量の存在にともなって, 極端に大きな階層性をもつニュートリノ質量が生成される機構を, **シーソー機構** といいます.

🌱 Training 11.2

(11.56) に現れる行列 $\begin{pmatrix} 0 & y_\nu \dfrac{v}{\sqrt{2}} \\ y_\nu \dfrac{v}{\sqrt{2}} & M \end{pmatrix}$ を直交行列を用いて対角化したときの固有値を求めなさい.

左巻きニュートリノ $\hat{\psi}_{\mathrm{MA},\mathrm{d}}^{(\nu_\mathrm{L})}$ ($A=1,2,3$) がマヨラナ質量 m_{ν_A} をもつとき, m_{ν_A} の中に CP の破れを表す物理的な複素位相が 2 個現れます[4]. この新たな複素位相 $\delta_{\mathrm{M},1}^{(\nu)}, \delta_{\mathrm{M},2}^{(\nu)}$ を**マヨラナ位相**といいます.

ニュートリノがマヨラナ粒子の場合, 図 11.2 のような, ニュートリノの放出をともなわない**二重 β 崩壊**が予言されますが, まだ観測に至っておらず, ニュートリノがマヨラナ粒子なのか, ディラック粒子なのか, いまのところわかっていません.

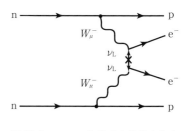

図 11.2 ニュートリノの放出をともなわない二重 β 崩壊

11.4 標準模型

標準模型とは, 量子色力学と電弱理論を総合した模型です. 標準模型の素粒子を改めて紹介します.

(1) **物質粒子**:物質を構成する素粒子とその仲間たちで, **クォーク**と**レプトン**とよばれるスピン 1/2 の素粒子が表 11.1 のようなゲージ量子数をもち, それぞれ 6 種類存在します. これらは表 11.2 のように 3 つの世代を形成しています. 表 11.1 で, A ($=1,2,3$) は世代を表す添字です. ゲージ量子数

表 11.1 物質粒子に関するゲージ量子数

物質粒子 $\hat{\psi}_k$	$\mathrm{SU}(3)_\mathrm{C}$	$\mathrm{SU}(2)_\mathrm{L}$	T_L^3	Y	Q
$\hat{q}_{\mathrm{L}A} = \begin{pmatrix} \hat{u}_{\mathrm{L}A} \\ \hat{d}_{\mathrm{L}A} \end{pmatrix}$	3	2	$\begin{pmatrix} 1/2 \\ -1/2 \end{pmatrix}$	1/6	$\begin{pmatrix} 2/3 \\ -1/3 \end{pmatrix}$
$\hat{u}_{\mathrm{R}A}$	3	1	0	2/3	2/3
$\hat{d}_{\mathrm{R}A}$	3	1	0	$-1/3$	$-1/3$
$\hat{l}_{\mathrm{L}A} = \begin{pmatrix} \hat{\nu}_{\mathrm{L}A} \\ \hat{e}_{\mathrm{L}A} \end{pmatrix}$	1	2	$\begin{pmatrix} 1/2 \\ -1/2 \end{pmatrix}$	$-1/2$	$\begin{pmatrix} 0 \\ -1 \end{pmatrix}$
$\hat{e}_{\mathrm{R}A}$	1	1	0	-1	-1
$\hat{\nu}_{\mathrm{R}A}$	1	1	0	0	0

---

[4] 大局的 U(1) 変換によって, m_{ν_A} のうち 1 個だけ実数値にできますが, 残りの 2 個に関しては, 一般に複素位相が残ります.

11.4 標準模型 241

表 11.2 3世代の物質粒子

	第1世代	第2世代	第3世代
クォーク	$\begin{pmatrix} \hat{u}_{\mathrm{L}} \\ \hat{d}_{\mathrm{L}} \end{pmatrix}$	$\begin{pmatrix} \hat{c}_{\mathrm{L}} \\ \hat{s}_{\mathrm{L}} \end{pmatrix}$	$\begin{pmatrix} \hat{t}_{\mathrm{L}} \\ \hat{b}_{\mathrm{L}} \end{pmatrix}$
	$\hat{u}_{\mathrm{R}}$	$\hat{c}_{\mathrm{R}}$	$\hat{t}_{\mathrm{R}}$
	$\hat{d}_{\mathrm{R}}$	$\hat{s}_{\mathrm{R}}$	$\hat{b}_{\mathrm{R}}$
レプトン	$\begin{pmatrix} \hat{\nu}_{\mathrm{eL}} \\ \hat{e}_{\mathrm{L}} \end{pmatrix}$	$\begin{pmatrix} \hat{\nu}_{\mu\mathrm{L}} \\ \hat{\mu}_{\mathrm{L}} \end{pmatrix}$	$\begin{pmatrix} \hat{\nu}_{\tau\mathrm{L}} \\ \hat{\tau}_{\mathrm{L}} \end{pmatrix}$
	$\hat{e}_{\mathrm{R}}$	$\hat{\mu}_{\mathrm{R}}$	$\hat{\tau}_{\mathrm{R}}$
	$\hat{\nu}_{\mathrm{eR}}$	$\hat{\nu}_{\mu\mathrm{R}}$	$\hat{\nu}_{\tau\mathrm{R}}$

の間には，$Q = T_{\mathrm{L}}^3 + Y$ という関係が成り立ちます．また，ニュートリノに関する観測結果を踏まえて，3個の右巻きニュートリノ $\hat{\nu}_{\mathrm{R}A}$ を導入しました．

（b）**ゲージ粒子**：ゲージ相互作用を媒介する素粒子で，付随する対称性が自発的に破れていないとき，その質量はゼロで，ヘリシティが1の状態と−1の状態が存在します．表11.3にゲージ量子数を示しました．ここで，$\widehat{W}_\mu^a$（$a = 1, 2, 3$）の代わりに，

$$\widehat{W}_\mu^\pm \equiv \frac{1}{\sqrt{2}}(\widehat{W}_\mu^1 \mp i\widehat{W}_\mu^2), \qquad \widehat{W}_\mu^0 \equiv \widehat{W}_\mu^3 \tag{11.58}$$

を用いました．

表 11.3 ゲージ粒子に関するゲージ量子数

ゲージ粒子	$\mathrm{SU(3)_C}$	$\mathrm{SU(2)_L}$	T_{L}^3	Y	Q
$\widehat{G}_\mu^a$	8	1	0	0	0
$\begin{pmatrix} \widehat{W}_\mu^+ \\ \widehat{W}_\mu^0 \\ \widehat{W}_\mu^- \end{pmatrix}$	1	3	$\begin{pmatrix} 1 \\ 0 \\ -1 \end{pmatrix}$	0	$\begin{pmatrix} 1 \\ 0 \\ -1 \end{pmatrix}$
$\widehat{B}_\mu$	1	1	0	0	0

（c）**ヒッグス粒子**：真空状態を規定し，素粒子に質量を与えるはたらきをする**ヒッグス2重項**とよばれる素粒子の一員です．ヒッグス2重項はスピン0の粒子で，表11.4のようなゲージ量子数をもっています．$\widehat{\widetilde{\Phi}}$（$= i\tau^2\widehat{\Phi}^*$）は，$\widehat{\Phi}$ の反粒子に相当する場の演算子です．

242　11. 素粒子の標準模型

表11.4　ヒッグス2重項に関するゲージ量子数

ヒッグス2重項	$SU(3)_C$	$SU(2)_L$	T_L^3	Y	Q
$\widehat{\varPhi} = \begin{pmatrix} \widehat{\phi}^+ \\ \widehat{\phi}^0 \end{pmatrix}$	$\mathbf{1}$	$\mathbf{2}$	$\begin{pmatrix} 1/2 \\ -1/2 \end{pmatrix}$	$1/2$	$\begin{pmatrix} 1 \\ 0 \end{pmatrix}$
$\widetilde{\widehat{\varPhi}} = \begin{pmatrix} \widehat{\phi}^{0*} \\ -\widehat{\phi}^- \end{pmatrix}$	$\mathbf{1}$	$\mathbf{2}$	$\begin{pmatrix} 1/2 \\ -1/2 \end{pmatrix}$	$-1/2$	$\begin{pmatrix} 0 \\ -1 \end{pmatrix}$

標準模型の基本数式は，一部で「神の数式」とよばれています．**これはゲージ不変でくりこみ可能なラグランジアン密度**で，

$$\widehat{\mathscr{L}}_{SM} = \widehat{\mathscr{L}}_M + \widehat{\mathscr{L}}_G + \widehat{\mathscr{L}}_Y + \widehat{\mathscr{L}}_H + \widehat{\mathscr{L}}_\theta \tag{11.59}$$

$$\widehat{\mathscr{L}}_M = \sum_k \overline{\widehat{\psi}}_k i\gamma^\mu D_\mu \widehat{\psi}_k \tag{11.60}$$

$$\widehat{\mathscr{L}}_G = -\frac{1}{4} \sum_{a=1}^{8} \widehat{G}_{\mu\nu}^a \widehat{G}^{a\mu\nu} - \frac{1}{4} \sum_{a=1}^{3} \widehat{W}_{\mu\nu}^a \widehat{W}^{a\mu\nu} - \frac{1}{4} \widehat{B}_{\mu\nu} \widehat{B}^{\mu\nu} \tag{11.61}$$

$$\widehat{\mathscr{L}}_Y = \sum_{A,B=1}^{3} (y_{AB}^{(d)} \overline{\widehat{q}}_{LA} \widehat{\varPhi} \widehat{d}_{RB} + y_{AB}^{(u)} \overline{\widehat{q}}_{LA} \widetilde{\widehat{\varPhi}} \widehat{u}_{RB} + y_{AB}^{(e)} \overline{\widehat{l}}_{LA} \widehat{\varPhi} \widehat{e}_{RB}$$

$$+ y_{AB}^{(\nu)} \overline{\widehat{l}}_{LA} \widetilde{\widehat{\varPhi}} \widehat{\nu}_{RB} + \text{h.c.}) \tag{11.62}$$

$$\widehat{\mathscr{L}}_H = (D_\mu \widehat{\varPhi})^\dagger D^\mu \widehat{\varPhi} + \mu^2 \widehat{\varPhi}^\dagger \widehat{\varPhi} - \lambda (\widehat{\varPhi}^\dagger \widehat{\varPhi})^2 \tag{11.63}$$

$$\widehat{\mathscr{L}}_\theta = \theta \frac{g_s^2}{32\pi^2} \sum_{a=1}^{8} \widehat{G}_{\mu\nu}^a \widehat{G}^{a\mu\nu} \tag{11.64}$$

と表されます．ここで，**共変微分**は

$$D_\mu \equiv \partial_\mu + ig_s \sum_{a=1}^{8} \widehat{G}_\mu^a(x) T_C^a + ig \sum_{a=1}^{3} \widehat{W}_\mu^a(x) T_L^a + ig' \widehat{B}_\mu(x) Y$$

$$\tag{11.65}$$

で定義されます．

表11.5　標準模型のゲージ群，ゲージ結合定数，ゲージ粒子，生成子

ゲージ群	$SU(3)_C$	$SU(2)_L$	$U(1)_Y$
ゲージ結合定数	g_s	g	g'
ゲージ粒子	$\widehat{G}_\mu^a(x)$	$\widehat{W}_\mu^a(x)$	$\widehat{B}_\mu(x)$
	$(a = 1 \sim 8)$	$(a = 1, 2, 3)$	
生成子	T_C^a	T_L^a	Y

11.4 標準模型 243

また，(11.65) の**ゲージ結合定数**および**生成子**（リー代数の元）は，表 11.5 の表記法に基づきます．そして，$SU(3)_C$ の **3** 表現には $T_C^a = \lambda^a/2$（λ^a：ゲルマン行列）が，$SU(2)_L$ の **2** 表現には $T_L^a = \tau^a/2$（τ^a：パウリ行列）があてがわれます．具体的には，$\hat{q}_{LA}$ に関する共変微分は，

$$
D_\mu \hat{q}_{LA} = \left\{ \partial_\mu + ig_s \sum_{a=1}^{8} \widehat{G}_\mu^a(x) \frac{\lambda^a}{2} + ig \sum_{a=1}^{3} \widehat{W}_\mu^a(x) \frac{\tau^a}{2} + i\frac{1}{6} g' \widehat{B}_\mu(x) \right\} \hat{q}_{LA}
$$

(11.66)

のように決まります．

改めて，(11.60) ～ (11.64) で与えられた各ラグランジアン密度の意味するところを簡単に紹介すると，

　　$\widehat{\mathcal{L}}_M$：物質粒子の運動項，物質粒子とゲージ粒子のゲージ相互作用項

　　$\widehat{\mathcal{L}}_G$：ゲージ粒子の運動項，自己相互作用項

　　$\widehat{\mathcal{L}}_Y$：湯川相互作用項

　　$\widehat{\mathcal{L}}_H$：ヒッグス 2 重項の運動項，自己相互作用項

　　$\widehat{\mathcal{L}}_\theta$：$\theta$ 項（この項が存在すると，C の破れや CP の破れが起こる）

となります．

量子色力学へ

ヒッグス機構により，物質粒子とウィークボソン（$\widehat{W}_\mu^\pm, \widehat{Z}_\mu$）とヒッグス粒子 $\hat{h}$ が質量を獲得した後，弱い相互作用と電磁相互作用のスイッチを切って，2 つの相互作用がはたらかなくなったとします．このとき，質量 m_f をもつクォーク $\hat{q}_f$（$f = u, d, s, c, b, t$）にはたらく強い相互作用に関するラグランジアン密度

$$
\widehat{\mathcal{L}}_{SU(3)_C} = \sum_{f=u}^{t} \hat{\bar{q}}_f(x) \left[i\gamma^\mu \left\{ \partial_\mu + ig_s \sum_{a=1}^{8} \widehat{G}_\mu^a(x) \frac{\lambda^a}{2} \right\} - m_f \right] \hat{q}_f(x)
$$

$$
- \frac{1}{4} \sum_{a=1}^{8} \widehat{G}_{\mu\nu}^a(x) \widehat{G}^{a\mu\nu}(x) + \theta \frac{g_s^2}{32\pi^2} \sum_{a=1}^{8} \widehat{G}_{\mu\nu}^a(x) \widetilde{\widehat{G}}^{a\mu\nu}(x)
$$

(11.67)

が得られます．ここで，ヒッグス機構により $\hat{u}_L^{(M)}$ と $\hat{u}_R^{(M)}$ が組になってディラック粒子 $\hat{q}_u (= \hat{u})$ を構成しています（他のクォークに関しても同様です）．この $\widehat{\mathcal{L}}_{SU(3)_C}$ が，**量子色力学のラグランジアン密度 $\widehat{\mathcal{L}}_{QCD}$ です！**

244　11. 素粒子の標準模型

標準模型とは

これまでに述べた標準模型とその特徴を要約すると，

> 標準模型とは，3世代のクォークとレプトンを物質粒子とする
> ゲージ群 $SU(3)_C \times SU(2)_L \times U(1)_Y$ に基づくゲージ場の量子
> 論である．$SU(3)_C$ 対称性に関する部分は強い相互作用を記述
> する．また $SU(2)_L \times U(1)_Y$ 対称性（電弱対称性）に関する部
> 分については，ヒッグス2重項の一部が真空期待値
>
> $$\langle 0 | \hat{\phi}^0 | 0 \rangle = \frac{v}{\sqrt{2}} \neq 0 \qquad (11.68)$$
>
> を得ることにより，電弱対称性の自発的破れ
>
> $$SU(2)_L \times U(1)_Y \quad \rightarrow \quad U(1)_{EM} \qquad (11.69)$$
>
> が発生し，物質粒子を含む様々な粒子に質量が付与される．そ
> して，対称性が壊れずに残る部分が電磁相互作用に，壊れた
> （ゲージ対称性が隠れた）部分が弱い相互作用に相当する．

となります．

また，標準模型の素粒子に関する質量公式を書き下すと，

$$\begin{cases} m_f = y_f \dfrac{v}{\sqrt{2}}, & M_W = \dfrac{1}{2} gv, \qquad M_Z = \dfrac{1}{2} \sqrt{g^2 + g'^2}\, v \\ m_h = \sqrt{2\lambda}\, v \end{cases}$$

$$(11.70)$$

のようになります．ここで，m_f, M_W, M_Z, m_h は，それぞれ物質粒子 $\hat{\psi}_f$（$f =$ u, d, c, s, t, b, e, μ, τ, ν_1, ν_2, ν_3），W ボソン $\hat{W}_\mu^\pm$，Z ボソン $\hat{Z}_\mu$，ヒッグス粒子 $\hat{h}$ の質量です．**これらがすべて，ヒッグス場の真空期待値 $v = 246\,\mathrm{GeV}$ に比例** していることに注目しましょう．

表 11.6 は，実験で得られたゲージ粒子とヒッグス粒子の質量を示したもので，$\hat{Z}_\mu$ と $\hat{A}_\mu$ は，$\hat{W}_\mu^3$ と $\hat{B}_\mu$ の線形結合

$$\hat{Z}_\mu = \frac{g}{\sqrt{g^2 + g'^2}} \hat{W}_\mu^3 - \frac{g'}{\sqrt{g^2 + g'^2}} \hat{B}_\mu \qquad (11.71)$$

11.4 標準模型　245

表 11.6　ゲージ粒子とヒッグス粒子の質量

ゲージ粒子	質量	ヒッグス粒子	質量
$\widehat{G}_\mu^a$（グルーオン，g）	0	$\widehat{h}$（h^0）	$125.20\,\mathrm{GeV}/c^2$
$\widehat{W}_\mu^\pm$（W ボソン，$\mathrm{W}^\pm$）	$80.3692\,\mathrm{GeV}/c^2$		
$\widehat{Z}_\mu$（Z ボソン，Z）	$91.1880\,\mathrm{GeV}/c^2$		
$\widehat{A}_\mu$（光子，γ）	0		

$$\widehat{A}_\mu = \frac{g'}{\sqrt{g^2 + g'^2}}\,\widehat{W}_\mu^3 + \frac{g}{\sqrt{g^2 + g'^2}}\,\widehat{B}_\mu \tag{11.72}$$

により構成されるゲージ粒子です（(10.48)，(10.49) を参照）.

☕ Coffee Break

標準模型の構成要素

　標準模型を構成する基本粒子は，3 世代の物質粒子（クォーク，レプトン），3 種類のゲージ粒子，ヒッグス 2 重項です．標準模型のラグランジアン密度 $\mathcal{L}_{\mathrm{SM}}$ に現れるパラメータは，ゲージ結合定数（g_{s}, g, g'），湯川結合定数（$y_{AB}^{(d)}, y_{AB}^{(u)}, y_{AB}^{(e)}, y_{AB}^{(\nu)}$），ヒッグス 2 重項の質量（$\mu$）と 4 点結合定数（$\lambda$），$\theta$ パラメータ（θ）です．ただし，独立なパラメータの数はフェルミオン場の演算子の位相を再定義することによって制限されて，ゲージ結合定数が 3 個，湯川結合定数から派生する物質粒子の質量 m_f（$f = \mathrm{u, d, c, s, t, b, e}, \mu, \tau, \nu_1, \nu_2, \nu_3$）が 12 個，小林 – 益川行列のパラメータ（$\theta_{12}, \theta_{13}, \theta_{23}, \delta$）が 4 個，牧 – 坂田 – 中川行列のパラメータ（$\theta_{12}^{(\nu)}, \theta_{13}^{(\nu)}, \theta_{23}^{(\nu)}, \delta^{(\nu)}$）が 4 個，それから μ, λ, θ の 3 個，さらに，ニュートリノがマヨラナ粒子の場合，マヨラナ位相が 2 個現れます．

　したがって，合計で 28 個の独立なパラメータが存在します．これらのパラメータの値は，標準模型の枠内では理論的に決まらず，標準模型を超える理論（BSM）が必要です（BSM は Beyond the Standard Model の略）.

　BSM を探究する方法は，ボトムアップ型とトップダウン型の 2 種類に大別されます．ボトムアップ型とは，標準模型の実験データの不整合や標準模型に潜む謎に着目して，それらを解消する理論を電弱スケールから高エネルギースケール（例えば，プランクスケール）へと攻めていく方法です．一方，トップダウン型とは，逆に高エネルギーの基礎理論（最終理論，究極の理論）の構築を目指し，それを起点にして，標準模型や BSM を探究する方法です．両者は相補的な役割を果たします．

246   11. 素粒子の標準模型

📔 本章のPoint

▶ **CPの破れ**：小林－益川模型において，3世代のクォークが存在すると，
小林－益川行列に潜む複素位相を通じて CP の破れが起こる．

▶ **ニュートリノ振動**：ニュートリノや反ニュートリノがそれぞれ別のニュー
トリノや反ニュートリノに変化する現象で，このような現象により「太
陽ニュートリノ問題」と「大気ニュートリノ異常」という2つの謎が解け
る．

▶ **ヒッグス機構**：ヒッグス機構により，物質粒子（クォーク，レプトン）の質
量が生成される．

▶ **標準模型の素粒子**：標準模型の素粒子は，物質粒子（クォークとレプトン）
とゲージ粒子とヒッグス粒子で，各々特有のゲージ量子数をもっている．

▶ **標準模型の基本数式**：ゲージ原理に基づいて，標準模型の根幹を成す数式
（神の数式）を書き下すことができる．簡略化した形のものは，

$$\mathcal{L}_{\mathrm{SM}} = \bar{\phi} i \partial\!\!\!/ \phi$$

$$- g_1 \bar{\phi} B\!\!\!\!/ \phi - \frac{1}{4} B^{\mu\nu} B_{\mu\nu}$$

$$- g_2 \bar{\phi} W\!\!\!\!/ \phi - \frac{1}{4} W^{\mu\nu} W_{\mu\nu}$$

$$- g_3 \bar{\phi} G\!\!\!\!/ \phi - \frac{1}{4} G^{\mu\nu} G_{\mu\nu}$$

$$+ \bar{\phi}_i y_{ij} \phi_j \phi + \text{h.c.}$$

$$+ |D_\mu \phi|^2 - V(\phi)$$

である．ここで，(11.59)〜(11.64) をもとにして，和の記号，物質粒子
の種類を表す添字 k，ゲージ粒子の多重項を表す添字 a および場の演算
子を表すハットを省略し，物質粒子の世代を表す添字を A, B から i, j に，
ヒッグス2重項に関する場の演算子を $\hat{\Phi}$ から ϕ に変えている．また，
ヒッグス2重項に関するポテンシャルを $V(\phi)$ と記し，θ パラメータの
値をゼロとしている．

こうして，$\mathcal{L}_{\mathrm{SM}}$ の右辺の1行目から4行目までが $\mathcal{L}_{\mathrm{M}}$ と $\mathcal{L}_{\mathrm{G}}$ を足した
ものに，5行目が $\mathcal{L}_{\mathrm{Y}}$ に，6行目が $\mathcal{L}_{\mathrm{H}}$ に対応する．

Practice

[11.1] $\hat{\mathcal{L}}_{\text{CC}}^{(q)}$ の CP 変換

CP 変換のもとで,(11.20)で与えられたラグランジアン密度 $\hat{\mathcal{L}}_{\text{CC}}^{(q)}$ が (11.21) に変換されることを示しなさい.

[11.2] マヨラナフェルミオン

(11.49) の $\hat{\psi}_{\text{M}}$ がマヨラナ条件 $\hat{\psi}^c = \hat{\psi}$ を満たすことを示しなさい.

[11.3] 物質粒子に関する共変微分

$D_\mu \hat{u}_{\text{RA}}$, $D_\mu \hat{d}_{\text{RA}}$, $D_\mu \hat{l}_{\text{LA}}$, $D_\mu \hat{e}_{\text{RA}}$, $D_\mu \hat{\nu}_{\text{RA}}$ を (11.66) のように具体的に書き下しなさい.

素粒子と宇宙

　素粒子物理学は，初期宇宙の様子を理解することや，宇宙に関する謎の解明にも役立ちます．本書の最終章では，素粒子と宇宙の神秘に思いを馳せてみましょう．
　なお，本章では，研究が進行中の内容を含んでいるところもありますが，その部分については，研究の紹介として，お読みいただければと思います．

12.1 初期宇宙

12.1.1 ビッグバン

まずは，次の観測事実から始めましょう．

▶ **ハッブル-ルメートルの法則**：銀河は，距離に比例する速さで互いに遠ざかっている．数式で表すと，

$$v = H_0 d_\mathrm{L} \tag{12.1}$$

である．ここで，v は銀河の速さ，d_L は観測点から銀河までの**光度距離**（天体の絶対等級と見かけの等級の関係から定まる距離で，添字の L は Luminosity の頭文字），H_0 ($\simeq 100h\,\mathrm{km/(s\cdot Mpc)}$, $h \fallingdotseq 0.674$) は**ハッブル定数**である．また，$1\,\mathrm{Mpc}$（メガパーセク）$= 3.09 \times 10^{22}\,\mathrm{m}$ $= 3.26 \times 10^6$ 光年である．

この法則は宇宙が一様に膨張していることを意味し，過去にさかのぼると，

宇宙に始まりがあり，かつて高温・高密度の状態が存在したことを示唆しています（理科の実験で学んだように，シリンダーに入った気体を断熱状態で圧縮すると，温度が上昇することをイメージするとわかりやすいかもしれません）．このような**初期宇宙**における高温・高密度の火の玉状態は，**ビッグバン**とよばれています．「宇宙の始まりとビッグバンの起源は何か？」という謎は残りますが，まずはビッグバンがあったと仮定してみましょう．

高温・高密度の状態では，物体は大きな運動エネルギーをもち，互いに頻繁に衝突するので，現在のような身の回りの物体の状態ではなくて，粉々に壊れた素粒子の状態になります．よって，初期宇宙においては素粒子が単体でうごめいていた時期が存在していたと考えられるので，素粒子物理学の出番がやってきます．

実際，宇宙の始まりの時刻をゼロとすれば，表 12.1 のようなことが初期宇宙において起こっていたのではないかと考えられています．

表 12.1 初期宇宙の出来事

時 刻	温 度	物理学	出来事
10^{-43} s	10^{19} GeV	量子重力理論？	重力の離脱？
10^{-38} s	10^{16} GeV	大統一理論？	3 つの力の分岐？
10^{-11} s	10^2 GeV	電弱理論	電弱相転移
10^{-5} s	0.25 GeV	量子色力学	クォーク－ハドロン相転移
$10^{-2} \sim 10^2$ s	$10 \sim 0.1$ MeV	原子核物理学	ビッグバン元素合成
38 万年	10 eV	原子物理学	宇宙の晴れ上がり

表 12.1 における時刻や温度は概算値です．温度は，$1\,\mathrm{GeV} = 1.16 \times 10^{13}$ K を用いると，ケルビン（K）に換算できます（以下では，K を用います）．また，**量子重力理論**とは，重力相互作用を量子化した形で矛盾なく記述できる理論のことで，未完成の理論です．そして重力の離脱とは，素粒子にはたらく重力相互作用の効果が無視できるようになることです．

大統一理論とは，重力を除く 3 つの相互作用（強い相互作用，電磁相互作用，弱い相互作用）を統一的に記述するゲージ理論のことで，これも未完成の理論です（巻末の付録の A.3 節を参照）．そして 3 つの力の分岐とは，大統一されたゲージ相互作用から $\mathrm{SU(3)_C \times SU(2)_L \times U(1)_Y}$ に基づくゲージ

相互作用に壊れることです.

電弱相転移とは,$SU(2)_L \times U(1)_Y$ 対称性をもつ状態(物質粒子やゲージ粒子が質量ゼロで存在する状態)から $U(1)_{EM}$ 対称性をもつ状態(弱い相互作用に関するゲージ対称性が隠れた状態)への相転移のことです(10.4.2 項を参照).

そして,**クォーク−ハドロン相転移**とは,クォークからハドロンへの相転移のことです(9.4.3 項を参照).

表 12.1 において 10^{-11}s 以降は標準模型の世界なので,信頼性が高く,「クォーク,レプトン」→「陽子,中性子」→「イオン状態の軽元素」→「原子」→「分子」→ …… →「**宇宙の大規模構造**(宇宙における銀河の分布が織り成す巨大な泡のような構造)」のように物質の進化が起こったと考えられています.よって,**この進化の過程の痕跡がビッグバンの状況証拠となります.**

実際,次のような痕跡が存在しています.

(1) 宇宙の温度が 10^{10}K ほどになった頃,**ビッグバン元素合成**とよばれるイオン状態の軽元素($H, {}^4He, D, {}^3He, {}^7Li$ など)の合成が起こりました.ここで,D は重水素です.それらの生成比は,理論によると $\eta \equiv$ バリオンの数/光子の数 の値に依存しますが,$\eta = 6.14 \times 10^{-10}$ のとき,軽元素の存在量に関する観測データ

$$H : {}^4He : D : {}^7Li = 1 : 0.245 : 2.547 \times 10^{-5} : 1.6 \times 10^{-10} \quad (12.2)$$

と整合します[1].これがビッグバン元素合成の痕跡です.

また,物質と反物質の対消滅により,光子が生成されることを思い起こすと,

$$\eta = \frac{バリオンの数}{光子の数} \simeq \frac{物質の数 - 反物質の数}{物質の数 + 反物質の数} \quad (12.3)$$

が成り立ち,物質と反物質の間に 10 億分の 1 ほど(10^{-9} ほど)の非対称性が生じたことになります.これから,「このような物質と反物質の非対称性の起源は何か?」という新たな謎が生まれます.

---

1) ただし,重水素の観測データを用いて ${}^7Li$ の存在比を理論的に割り出すと,${}^7Li/H = 4.72 \times 10^{-10}$ となり,観測データの 3 倍ほどの値を予測します.「このずれの原因は何か?」という問題(**リチウム問題**)が謎として残っています.

（2）　宇宙誕生から約 38 万年後，つまり，宇宙の温度が 3000 K ほどになった頃，イオン状態の軽元素が電子を取り込み，中性の状態（電荷がゼロの状態）に変わりました．それにともなって，光子が自由に動き回れるようになったと考えられます．この現象は，**宇宙の晴れ上がり**とよばれ，このときから，光子が宇宙に満ち満ちた状態になりました．宇宙の膨張にともなって，徐々に光子の温度が下がったことで，現在の宇宙には 3 K ほどの光子が満ち溢れていると考えられます．

このような光子の状態を**宇宙マイクロ波背景放射**（CMB：Cosmic Microwave Background radiation）といい，実際に観測されています．CMB はビッグバンの残り火のようなものです．観測データによると，CMB の温度は 2.7255 K で，その温度ゆらぎは 10 万分の 1 ほどです．これが宇宙の晴れ上がりの痕跡です．

こうした事実から，「CMB の温度ゆらぎの起源は何か？」と共に，

▶ **地平線問題**：因果関係のないはずの領域で，CMB が極めて一様・等方なのはなぜか？

という新たな謎が生まれます．

12.1.2　フリードマン方程式
アインシュタイン方程式
この宇宙の時空構造を記述する方程式は，**アインシュタイン方程式**とよばれるもので，

$$R_{\mu\nu} - \frac{1}{2} g_{\mu\nu} R + \Lambda g_{\mu\nu} = \frac{8\pi G_{\mathrm{N}}}{c^4} T_{\mu\nu} \tag{12.4}$$

で与えられます．ここで，$g_{\mu\nu}$ は**計量テンソル**，$R_{\mu\nu}$ は**リッチテンソル**，$R = g_{\mu\nu} R^{\mu\nu}$ は**スカラー曲率**とよばれる時空の歪みを表す量です．また，Λ は**宇宙定数**，G_{N} は**重力定数**，c は光の速さ，$T_{\mu\nu}$ は物体に関する**エネルギー‐運動量テンソル**です．

（12.4）は，物体の存在により，その周りの時空が歪んで，それが重力として観測されることを意味しています．

ちなみに，作用積分

$$S = S_{EH} + S_{物体} \tag{12.5}$$

$$S_{EH} = \frac{1}{c} \int \left(\frac{c^4}{16\pi G_N} \sqrt{-g}\, R + \frac{c^4 \Lambda}{8\pi G_N} \sqrt{-g} \right) d^4 x \tag{12.6}$$

に対して最小作用の原理を用いると，(12.4) のアインシュタイン方程式を導くことができます（添字の EH は Einstein‑Hilbert の頭文字）．ここで，S_{EH} は**アインシュタイン‑ヒルベルト作用**とよばれる作用積分で，右辺の第2項は**宇宙項**とよばれています．また，$\sqrt{-g} = \sqrt{-\det g_{\mu\nu}}$ です．さらに，(12.5) の $S_{物体}$ は物体に関する作用積分で，$g^{\mu\nu}$ に関する変分により，$\sqrt{-g}\, T_{\mu\nu}/2c$ を得ることができます．

ロバートソン‑ウォーカー計量

CMB は極めて一様・等方なので，宇宙の晴れ上がりの頃，宇宙は熱平衡状態にあったと考えられ，原子もほぼ一様・等方に分布していたと考えられます．よって，アインシュタイン方程式に従って，空間そのものも，ほぼ一様・等方であったと予想されています．この予想は，

> ▶ **宇宙原理**：宇宙は巨視的なスケールで，空間が一様・等方であるとみなすことができる．

とよばれ，作業仮説（暫定的に有効とみなされる仮説）として採用されています．

この原理に従うと，宇宙は，**ロバートソン‑ウォーカー計量**とよばれる計量で記述される，一様・等方な空間をもつ時空となり，この時空上で世界間隔の2乗は

$$ds^2 = -c^2\, dt^2 + a(t)^2 \left(\frac{dr^2}{1 - kr^2} + r^2\, d\theta^2 + r^2 \sin^2 \theta\, d\phi^2 \right) \tag{12.7}$$

と表されます[2]．ここで，k は宇宙の曲率を表すパラメータで，$k = -1$ は負の曲率をもつ開いた空間（**開いた宇宙**），$k = 0$ は平坦な空間（**平坦な宇宙**），$k = 1$ は正の曲率をもつ閉じた空間（**閉じた宇宙**）を表します．また，$a(t)$ は**スケール因子**とよばれるもので，宇宙の大きさを表します．

---

2) 多くの相対性理論のテキストに従って，$g_{00} = -1$ としました．

（12.7）で $d\theta = d\phi = 0$ とすると，距離の 2 乗は $dl^2 = a(t)^2 \dfrac{dr^2}{1-kr^2}$ となり，例えば銀河までの距離 l は

$$l = a(t) \int_0^{r_{\text{銀}}} \frac{dr}{\sqrt{1-kr^2}} \tag{12.8}$$

で与えられます．そして，銀河が $d\theta = d\phi = 0$ の方向に遠ざかっているとすると，（12.8）を用いて，銀河の速さに関する式

$$v = \dot{l} = \frac{\dot{a}}{a} l = Hl \tag{12.9}$$

が導かれます．ここで，ドット（˙）は時間微分を表します．また，$H \equiv \dot{a}/a$ は**ハッブルパラメータ**とよばれる宇宙の膨張率を表す量で，l が光度距離 d_{L} と等しいとすると，現在の値 H_0（**ハッブル定数**）を選ぶことにより，ハッブル–ルメートルの法則を表す数式（12.1）が得られます．

次に，物体は一様・等方に分布していて，**完全流体**とよばれる粘性のない流体のように振る舞っているとしましょう．すると，エネルギー–運動量テンソルは，

$$\begin{cases} T^0{}_0 = -\rho c^2, \qquad T^i{}_i = P \qquad (i = 1, 2, 3) \\ T^\mu{}_\nu = 0 \qquad\qquad\qquad\quad (\mu \neq \nu) \end{cases} \tag{12.10}$$

で与えられます．ここで，ρc^2 は物体のエネルギー密度，P は圧力です．

スケール因子に関する方程式

（12.7）と（12.10）を（12.4）のアインシュタイン方程式に代入すると，

$$\left(\frac{\dot{a}}{a} \right)^2 = \frac{8\pi G_{\text{N}}}{3} \rho - \frac{kc^2}{a^2} + \frac{\Lambda c^2}{3} \tag{12.11}$$

$$2\frac{\ddot{a}}{a} + \left(\frac{\dot{a}}{a} \right)^2 = -\frac{8\pi G_{\text{N}}}{c^2} P - \frac{kc^2}{a^2} + \Lambda c^2 \tag{12.12}$$

が得られます[3]．さらに，（12.11）と（12.12）を連立させると，

---

3) （12.11）と（12.12）を用いて，k を含む項を消去することにより，宇宙の膨張率の変化を読み取りやすい方程式 $\dfrac{\ddot{a}}{a} = -\dfrac{4\pi G_{\text{N}}}{c^2}(\rho c^2 + 3P) + \dfrac{\Lambda c^2}{3}$ を得ることができます．

$$\frac{d}{dt}(\rho c^2 a^3) = -P\frac{da^3}{dt} \tag{12.13}$$

が導かれます.

この式を熱力学の第1法則 $dU = -P\,dV + T\,dS$ (U：内部エネルギー，P：圧力，V：体積，T：温度，S：エントロピー) と比較してみると，宇宙の膨張はエントロピーが変化しない ($dS = 0$) 断熱過程であることがわかります.

また，状態方程式 $P = w\rho c^2$ (w：実数の定数) を用いると，(12.13) は

$$\frac{d(\rho c^2)}{dt}a^3 + \rho c^2\frac{da^3}{dt} = -w\rho c^2\frac{da^3}{dt} \tag{12.14}$$

のように表され，左辺の第2項を右辺に移項して，両辺に $dt/\rho c^2 a^3$ を掛けることにより，$\dfrac{d(\rho c^2)}{\rho c^2} = -(1+w)\dfrac{da^3}{a^3}$ が得られます. そして，この両辺を積分することにより，$\ln\rho c^2 = \ln a^{-3(1+w)} + C$ (C：積分定数) が得られ，これより，

$$\rho c^2 \propto a^{-3(1+w)} \tag{12.15}$$

が導かれます.

密度パラメータ

密度パラメータとは，

$$\Omega \equiv \frac{\rho_{\mathrm{tot}}}{\rho_{\mathrm{c}}} \tag{12.16}$$

で定義される無次元の量のことです. ここで，ρ_{tot}, ρ_{c} はそれぞれ

$$\rho_{\mathrm{tot}} \equiv \rho + \frac{\Lambda c^2}{8\pi G_{\mathrm{N}}}, \qquad \rho_{\mathrm{c}} \equiv \frac{3H^2}{8\pi G_{\mathrm{N}}} \tag{12.17}$$

で定義される密度です (添字の tot は total の略，c は critical の頭文字). ここで，ρ_{tot} は重力波 (重力子) を除く<u>宇宙に実在するもの</u>の密度の総和に相当します. また，ρ_{c} は**臨界密度**とよばれています.

ちなみに，H_0 と G_{N} の観測値を ρ_{c} の式に代入すると，現在の臨界密度の値として，$\rho_{\mathrm{c0}} \equiv \dfrac{3H_0{}^2}{8\pi G_{\mathrm{N}}} \simeq 1.878 \times 10^{-26}h^2\,\mathrm{kg/m^3}$ が得られます.

ハッブルパラメータ $H = \dot{a}/a$ と密度パラメータを用いると，（12.11）は，

$$(\Omega - 1)H^2 = \frac{kc^2}{a^2} \tag{12.18}$$

のように表され，この式を**フリードマン方程式**といいます．そして，フリードマン方程式（12.18）から，密度パラメータ Ω と宇宙の曲率を表すパラメータ k の間には，

$$\Omega < 1 \quad \leftrightarrow \quad k = -1, \quad \Omega = 1 \quad \leftrightarrow \quad k = 0, \quad \Omega > 1 \quad \leftrightarrow \quad k = 1 \tag{12.19}$$

のような関係があることがわかります．

つまり，観測により Ω の値が正確にわかると，私たちの宇宙が開いた宇宙なのか，平坦な宇宙なのか，それとも閉じた宇宙なのかが判明します．

宇宙に実在するもの

宇宙論において，宇宙に実在するものは物体と**真空**と**重力波（重力子）**に分類され，さらに物体は，**非相対論的物体**と**相対論的物体**に分類されます．ここで，非相対論的物体，相対論的物体，真空は次のように定義されます．

- 非相対論的物体：静止エネルギーが支配的な物体のことで，物質と総称される．物質のエネルギー密度は $\rho c^2 \propto 1/a^3$（つまり，（12.15）の $w = 0$）に従って変化する．圧力は $P = 0$ である．
- 相対論的物体：運動エネルギーが支配的な物体のことで，**放射**とよばれている．例えば，光子のエネルギーが $E = h\nu = hc/\lambda \propto 1/a$ のように振る舞うため，放射のエネルギー密度は $\rho c^2 \propto 1/a^4$（つまり，（12.15）の $w = 1/3$）に従って変化する．圧力は $P = \rho c^2/3$ である．現在の宇宙では，電磁波（光子），ニュートリノは放射と考えられる[4]．
- 真空：ρc^2 が一定の状態で，$\rho c^2 = -P$（つまり，（12.15）の $w = -1$）に従い，負の圧力をもっている．

物質のエネルギー密度と放射のエネルギー密度の変化の様子を見比べると，初期宇宙のある時期までは，放射のエネルギー密度が優勢で，その後は物質のエネルギー密度が優勢になったと予測できます．実際，原子核物理学を用

---

4) 重力波も放射として振る舞います．

いると，宇宙が始まってから $t_{\mathrm{eq}} \simeq 10^{12}\,\mathrm{s}$ 後に放射優勢から物質優勢に変わったことがわかります（添字の eq は equality の略）．

そして，(12.11) と $P = w\rho c^2$ を連立させて解くことにより，宇宙の膨張を記述する解が得られます．例えば，放射優勢な時期には，スケール因子は $\left(\dfrac{\dot{a}}{a}\right)^2 = \dfrac{C_{\mathrm{r}}}{a^4}$（$C_{\mathrm{r}}$：実数の定数）に従って，$a(t) \propto t^{1/2}$ のように変化し，物質優勢な時期には，$\left(\dfrac{\dot{a}}{a}\right)^2 = \dfrac{C_{\mathrm{m}}}{a^3}$（$C_{\mathrm{m}}$：実数の定数）に従って，$a(t) \propto t^{2/3}$ のように変化することがわかります（添字の r, m はそれぞれ radiation, matter の頭文字）．

現在の密度パラメータ

CMB を含む様々な観測データから，現在の密度パラメータの値 Ω_0 はほぼ 1 で，その内訳は，

$$\begin{cases} \Omega_{\mathrm{B0}} \fallingdotseq 0.0493, & \Omega_{\mathrm{R0}} \fallingdotseq 5.38 \times 10^{-5} \\ \Omega_{\mathrm{DM0}} \fallingdotseq 0.265, & \Omega_{\mathrm{DE0}} \fallingdotseq 0.685 \end{cases} \tag{12.20}$$

であることが知られています．ここで，$\Omega_{\mathrm{B0}}, \Omega_{\mathrm{R0}}, \Omega_{\mathrm{DM0}}, \Omega_{\mathrm{DE0}}$ はそれぞれ，通常の物質（バリオンなど），放射，**暗黒物質**，**暗黒エネルギー**からの寄与を表しています．

暗黒物質とは，銀河に付随して存在している，光を出さない未知の物質のことです．暗黒物質に関する状況証拠としては，**銀河の回転曲線**，**重力レンズ**，**弾丸銀河団**の観測などがあります．また，暗黒物質の候補として，最も軽い**超対称性粒子**（LSP：Lightest Supersymmetric Particle，超対称性については巻末の付録 A を参照）や**アクシオン**の他に，**原始ブラックホール**（初期宇宙において形成されたとされる仮説上のブラックホール）などがあります．

また，暗黒エネルギーとは，宇宙の加速膨張を引き起こす斥力の源となるエネルギーのことで[5]，Ia 型超新星の観測データから，現在の宇宙は加速膨張していると考えられています．

---

5) (12.20) は，暗黒エネルギーが真空（$w = -1$）のエネルギーであると仮定して得られたものです．実際は，約 99.7% の確からしさで，(12.15) の w は $-1.2 < w < -0.9$ が許されます．そこで，**クインテッセンス**という名のもとで，宇宙を加速膨張させるはたらきをする粒子の導入による暗黒エネルギーの模型が提案されています．

12.1 初期宇宙　257

宇宙定数問題

宇宙定数問題とよばれる，次のような深刻な問題が存在します．

▶ **宇宙定数問題**：宇宙項のエネルギー密度 $\left.\dfrac{c^4 \Lambda}{8\pi G_\mathrm{N}}\right|_{\text{実験}} = 3.30\,\mathrm{GeV/m^3}$ が

真空のエネルギー密度に関する典型的な値 $\dfrac{E_\mathrm{Pl}^4}{\hbar^3 c^3} = 2.96 \times 10^{124}$

$\mathrm{GeV/m^3}$ よりも 124 桁も小さい値なのはなぜか？

ここで，現在の宇宙の加速膨張が宇宙項によるとして，暗黒エネルギーの観測データから得られた**宇宙定数**の値 $\Lambda|_{\text{実験}} = 1.088 \times 10^{-56}\,\mathrm{cm^{-2}}$ を用いました．また，E_Pl は**プランクエネルギー** $E_\mathrm{Pl} \equiv \sqrt{\dfrac{\hbar c^5}{G_\mathrm{N}}} = 1.22 \times 10^{19}\,\mathrm{GeV}$ です．

実際には，上記の真空のエネルギー密度 $\rho_\mathrm{Pl} c^2\,(= E_\mathrm{Pl}^4/(\hbar c)^3)$ のみならず，電弱相転移にともなうエネルギー密度 $\rho_\mathrm{EW} c^2 = O(v^4/(\hbar c)^3)$ やクォーク-ハドロン相転移にともなうエネルギー密度 $\rho_\mathrm{QCD} c^2 = O(\Lambda_\mathrm{QCD}^4/(\hbar c)^3)$ なども存在するため，宇宙定数問題は「様々な真空のエネルギー密度について，

$$\rho_\mathrm{Pl} c^2 + \rho_\mathrm{EW} c^2 + \rho_\mathrm{QCD} c^2 + \cdots = \left.\frac{c^4 \Lambda}{8\pi G_\mathrm{N}}\right|_{\text{実験}} = O((1\,\mathrm{meV})^4/(\hbar c)^3)$$

(12.21)

が自然に成り立つことを示しなさい」という微調整問題として捉えることができます．

参考までに，前述の真空のエネルギー密度の値は，例えば，素粒子の零点エネルギーから

$$\rho_\mathrm{Pl} c^2 = \int_{-\infty}^{\infty} \hbar\omega_k \, d^3k \simeq \int_0^{\frac{\Lambda}{\hbar c}} \hbar ck \, d^3k \simeq \int_0^{\frac{\Lambda}{\hbar c}} \hbar ck^3 \, dk \, d\Omega_k \simeq \frac{\Lambda^4}{\hbar^3 c^3}$$

(12.22)

のように得られます．ここで，簡単のため，素粒子の質量を無視して，$\omega_k = ck$（ω_k：角振動数，k：波数）とし，切断パラメータ Λ として，プランクエネルギー E_Pl を用いました．さらに，Ω_k は波数ベクトルの空間における立体角です．

暗黒物質も暗黒エネルギーも，いまのところ，その正体は不明です．

平坦性問題

さらに、フリードマン方程式 (12.18) と $H = \dot{a}/a$ を用いると、

$$\Omega_k \equiv \frac{kc^2}{a^2 H^2} = \frac{kc^2}{\dot{a}^2} \tag{12.23}$$

のように、曲率に関する密度パラメータが定義されます。そして、スケール因子が $a(t) = \tilde{a} t^p$ ($\tilde{a}, p$:実数の定数) のように変化するとき、$\dot{a} = p \tilde{a} t^{p-1}$ を (12.23) に代入することにより、

$$\Omega_k = \frac{kc^2}{\tilde{a}^2 p^2} t^{2(1-p)} \tag{12.24}$$

が得られます。

放射優勢の時期は $p = 1/2$ に相当し、$\Omega_k = \dfrac{4kc^2}{\tilde{a}^2} t$ のように変化し、物質優勢の時期は $p = 2/3$ に相当し、$\Omega_k = \dfrac{9kc^2}{4\tilde{a}^2} t^{2/3}$ のように変化します。よって、現在起こっている宇宙の加速膨張の効果を無視すると、

$$\Omega_{k0} = \frac{\Omega_{k0}}{\Omega_k|_{t_{eq}}} \frac{\Omega_k|_{t_{eq}}}{\Omega_k|_t} \Omega_k|_t = \left(\frac{t_0}{t_{eq}}\right)^{2/3} \left(\frac{t_{eq}}{t}\right) \Omega_k|_t \tag{12.25}$$

が得られます。ここで Ω_{k0} は、現在 ($t_0 = 138$ 億年 $= 4.35 \times 10^{17}$ s) の曲率に関する密度パラメータの値で、観測により $|\Omega_{k0}| < 0.003$ という制限が付いています。また、$\Omega_k|_{t_{eq}}, \Omega_k|_t$ はそれぞれ時刻 $t_{eq} \simeq 10^{12}$ s (放射優勢から物質優勢に変わった時刻)、$t \, (< t_{eq})$ s での曲率に関する密度パラメータです。

いま仮に $t = 10^{-36}$ s とすると、

$$|\Omega_k|_{t = 10^{-36} s} = \left(\frac{t_{eq}}{t_0}\right)^{2/3} \left(\frac{10^{-36}\,\mathrm{s}}{t_{eq}}\right) |\Omega_{k0}|$$

$$\simeq 10^{-52} |\Omega_{k0}| \simeq e^{-120} |\Omega_{k0}| \lesssim e^{-126} \tag{12.26}$$

が導かれます。ここで、

▶ **平坦性問題**:初期宇宙が極めて平坦に近いのはなぜか？

という新たな問題 (謎) が生まれます。

これまでに出てきた宇宙に関する謎を列挙してみましょう。

謎1：宇宙はどのようにして始まったのか？

謎2：ビッグバンの起源は何か？

謎3：物質と反物質の非対称性の起源は何か？

謎4：CMB の温度ゆらぎの起源は何か？

謎5：CMB が極めて一様・等方なのはなぜか？（地平線問題）

謎6：暗黒物質の正体は何か？

謎7：暗黒エネルギーの正体は何か？

謎8：初期宇宙が極めて平坦に近いのはなぜか？（平坦性問題）

12.1.3 インフレーション

ビッグバンの前に空間が急激に膨張したとすると，空間の歪みが是正されて十分平坦に近くなり，平坦性問題が解消すると予想されます．

具体的に，初期宇宙に**インフレーション**とよばれる指数関数的な空間の膨張が起こったとしましょう．実際に，(12.11) の右辺が定数 H_ϕ^2（$H_\phi > 0$，インフラトンとよばれる粒子 ϕ の寄与を想定して添字 ϕ を付けています）のとき，$\left(\dfrac{\dot{a}}{a}\right)^2 = H_\phi^2$ を解くと，

$$a(t) = a(t_i)\,e^{H_\phi(t-t_i)} \tag{12.27}$$

のような解が得られます．ここで，t_i はインフレーションが始まった時刻です（添字の i は initial の頭文字）．

そして，インフレーションが $\Delta t = t - t_i > \dfrac{1}{H_\phi}\ln e^{63} = \dfrac{63}{H_\phi}\,\mathrm{s}$ ほど持続した後，ビッグバンの状態になる前に終了したとすると，$\Omega_k|_{t=10^{-36}\mathrm{s}} \lesssim e^{-126}$ が導かれ，前項で述べた平坦性問題が解消します．ちなみに，(12.27) の右辺の指数

$$N_e \equiv H_\phi(t - t_i) = \ln \frac{a(t)}{a(t_i)} \tag{12.28}$$

は **e-fold 数**とよばれ，膨張の度合いを表します．

さらに，宇宙が一様・等方に広がった結果，4 次元ミンコフスキー時空に極めて近い宇宙が形成されたとすると，エネルギー，運動量，角運動量の保存

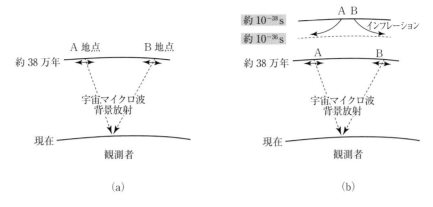

図 12.1 地平線問題（a）とインフレーションによる解消（b）（模式図）

則の成立は「偶然」ではなく，当然の帰結と考えることができます．

また，現在，一見すると因果関係のないはずの領域（例えば，図 12.1 (a) の A 地点と B 地点）がインフレーション以前には因果関係をもち得たとすると，地平線問題も解消します．図 12.1 (b) は，$1/H_\phi \simeq 10^{-38}$ s と仮定して，インフレーションが時刻 10^{-38} s に始まり，時刻 10^{-36} s に終了した様子を描いています．

ここで，「H_ϕ は何ものか？　つまり，インフレーションの起源は何か？」という新たな謎が生まれます．

インフレーションは，適切な時期に始まりと終わりを迎える必要があります．ここでは，(12.11) の右辺の第 1 項が，ある限られた時期に支配的になり，ほぼ定数に近い値 $\dfrac{8\pi G_N}{3}\rho_\phi$ をとると仮定してみましょう．そのような密度 ρ_ϕ をもつ粒子は**インフラトン**とよばれ，インフラトンが起こすインフレーションの機構では，**スローロールインフレーション**とよばれる，次のようなシナリオを描くことができます（図 12.2）．

（1）インフラトン ϕ がポテンシャル $V(\phi)$ のほぼ平坦なところをゆっくり移動する間にインフレーションが起こり，宇宙が急激に膨張する．

（2）やがて，インフラトンのもつ位置エネルギーが振動のエネルギーに変わる．その後，振動も減衰して，インフラトンがもつエネルギーがゼロと

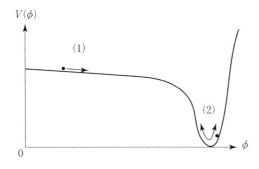

図 12.2 インフレーション（理論的予想に基づく模式図）

なり，インフレーションが終了する．

(3) その間に，インフラトンが崩壊して，高エネルギー状態の標準模型の素粒子が大量に発生する．この状態は高温・高密度で，まさにビッグバンの状態である．こうして，ビッグバンの起源も明らかになる．

原始密度ゆらぎ

さらに，インフラトンが他の素粒子と同様に量子であるとして，その量子ゆらぎによる効果を素朴に見積もってみましょう．

インフラトンの量子ゆらぎ $\delta\phi$ の存在により，空間の各点でインフレーションの始まりが微妙に異なるとすると，終了時刻にもわずかなずれ $\delta t \simeq \delta\phi/\dot\phi$ ($\dot\phi \equiv d\phi/dt$) が生じます．そして，そのずれが時空の曲率ゆらぎ $\delta a/a$ を誘発し，さらには物体の密度ゆらぎ $\delta\rho/\rho$ を発生させます．

この一連の現象を式で表すと，

$$\frac{\delta\rho}{\rho} = -3(1+\omega)\frac{\delta a}{a} \simeq -3(1+\omega)\frac{\dot a}{a}\delta t \simeq -3(1+\omega)H_*\frac{\delta\phi}{\dot\phi} \tag{12.29}$$

のようになります[6]．ここで，(12.15) の $\rho c^2 \propto a^{-3(1+w)}$ と $\delta a/\delta t \simeq \dot a$ を用いました．また，$H = \dot a/a$ の値は $a/k = c/H$ (a/k：波数 k をもつインフラトンの物理的な波長，c/H：ハッブル半径とよばれる，粒子的地平線の長さ) となるような時刻 t_* での値 $H_* = H|_{t_*}$ としました．これは，波数 k をもつインフラトンのゆらぎが，ハッブル半径を超えた時刻で固定されると考えら

---

[6] 式変形は左辺から右辺へと行われていますが，「インフラトンの量子ゆらぎ $\delta\phi$ → 時空の曲率ゆらぎ $\delta a/a$ → 物体の密度ゆらぎ $\delta\rho/\rho$」は右辺から左辺へと読み解いてください．

262　12. 素粒子と宇宙

れるためです．なお，インフレーション中では H_ϕ と $\dot{\phi}$ はほぼ一定なので，スケール不変に近い**原始密度ゆらぎ**が予測されます．

　より詳細な解析を行うことにより，インフレーションの模型（インフラトンのポテンシャルの形など）を選別・制限することが可能になります．CMBの温度ゆらぎの観測データから得られた，曲率ゆらぎの**スペクトル指数** $n_{\rm s}$ と**テンソル–スカラー比** r の値はそれぞれ，95% の確からしさで，

$$n_{\rm s}|_{観測} = 0.9649 \pm 0.0042, \qquad r|_{観測} \equiv \frac{\mathcal{P}_{h_{ij}}(\boldsymbol{k}, t)}{\mathcal{P}_{\mathcal{R}}(\boldsymbol{k}, t)} < 0.036 \qquad (12.30)$$

です（添字の s は scalar の頭文字）．ここで，曲率ゆらぎのスペクトル指数 $n_{\rm s}$ とは，曲率ゆらぎのパワースペクトル $\mathcal{P}_{\mathcal{R}}(\boldsymbol{k}, t) \equiv \dfrac{k^3}{2\pi^2} P_{\mathcal{R}}(\boldsymbol{k}, t)$（$\boldsymbol{k}$：波数ベクトル）を $\mathcal{P}_{\mathcal{R}}(\boldsymbol{k}, t) \propto k^{n_{\rm s}-1}$（$k$：波数）のように表示したときの指数のことで，$n_{\rm s} = 1$ がスケール不変に相当します．

　また，$P_{\mathcal{R}}(\boldsymbol{k}, t)$ は

$$\langle 0| \widetilde{\mathcal{R}}_{k}(t) \widetilde{\mathcal{R}}_{k'}(t) |0\rangle = (2\pi)^3 \delta^3(\boldsymbol{k} + \boldsymbol{k}') P_{\mathcal{R}}(\boldsymbol{k}, t) \qquad (12.31)$$

に現れる $\mathcal{R}(\boldsymbol{x}, t) = \displaystyle\int \frac{d^3k}{(2\pi)^3} \widetilde{\mathcal{R}}_{k}(t) e^{ik \cdot x}$（$\mathcal{R}(\boldsymbol{x}, t)$：スケール因子に関するゲージ不変なゆらぎ）のパワースペクトルです（(12.31) では，$\widetilde{\mathcal{R}}_{k}(t)$ を演算子とみなしました）．

　さらに，$\mathcal{P}_{h_{ij}}(\boldsymbol{k}, t) \equiv \dfrac{k^3}{2\pi^2} P_{h_{ij}}(\boldsymbol{k}, t)$ は原始重力波のパワースペクトルで，$P_{h_{ij}}(\boldsymbol{k}, t)$ は

$$\langle 0| \widetilde{h}_{ijk}(t) \widetilde{h}_{ijk'}(t) |0\rangle = (2\pi)^3 \delta^3(\boldsymbol{k} + \boldsymbol{k}') P_{h_{ij}}(\boldsymbol{k}, t) \qquad (12.32)$$

に現れる $h_{ij}(\boldsymbol{x}, t) = \displaystyle\int \frac{d^3k}{(2\pi)^3} \widetilde{h}_{ijk}(t) e^{ik \cdot x}$（$h_{ij}(\boldsymbol{x}, t)$：重力波に関するゆらぎ）のパワースペクトルです（(12.32) では，$\widetilde{h}_{ijk}(t)$ を演算子とみなしました）．

　ちなみに，**スローロール近似**とよばれる近似を行えば，曲率ゆらぎのスペクトル指数 $n_{\rm s}$ とテンソル・スカラー比 r は，

$$n_{\rm s} = 1 - 6\varepsilon_* + 2\eta_*, \qquad r = 16\varepsilon_* \qquad (12.33)$$

のように表されます．ここで，ε_* と η_* は**スローロールパラメータ**とよばれる，

$$\varepsilon \equiv \frac{M^2}{2}\left(\frac{\partial V/\partial \phi}{V}\right)^2, \qquad \eta \equiv M^2 \frac{\partial^2 V/\partial \phi^2}{V} \qquad (12.34)$$

で定義されるパラメータの時刻 t_*（波数 k をもつインフラトンの物理的な波長が粒子的地平線の長さと一致する時刻）での値です（簡単のため，$\hbar = 1$，$c = 1$ としました）.

（12.34）において，$M \equiv \dfrac{M_{\mathrm{Pl}}}{\sqrt{8\pi}} = 2.44 \times 10^{18}\,\mathrm{GeV}/c^2$ は**換算プランク質量**で，$V\,(= V(\phi))$ はインフラトン ϕ のポテンシャルです.

原始密度ゆらぎが CMB の 10 万分の 1 のゆらぎの素になり，CMB と熱平衡状態にあった物体のゆらぎが重力の助けを借りて成長したことで，最終的に**宇宙の大規模構造**が形成されたと考えられています. ただし実際には，現在のような宇宙の大規模構造をつくり出すには，暗黒物質のような余分な重力源が必要となります. つまり，暗黒物質が黒幕のようなはたらきをしたのではないかと考えられています.

前項の最後で列挙した謎のうち，インフレーションによって，謎 2, 4, 5, 8 が解決します. 最後に，残りの謎について触れておきます.

謎 1 については，次項で 1 つのシナリオを紹介します. 謎 3 については，巻末の付録の C.4 節で紹介します. 謎 6 の暗黒物質の候補として，最も軽い超対称粒子（LSP）とアクシオンをそれぞれ巻末の付録の A.4 節と C.3 節で取り上げます. 謎 7 に関連する宇宙定数問題については，本章の Coffee Break でコメントします.

12.1.4 宇宙創成

「宇宙はどのようにして始まったのか？ つまり，宇宙はどのようにして生まれたのか？」という謎を解くためには，量子重力理論が必要となります. 量子重力理論は未完成の理論ですが，量子力学を応用すると，宇宙創成のシナリオとして，次のようなものを描くことができます（図 12.3）.

（1） ごく初期の宇宙は，波動方程式

$$\left\{-\hbar^2 \frac{d^2}{da^2} + U(a)\right\}\Psi(a) = 0 \qquad (12.35)$$

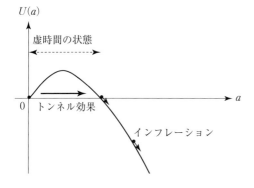

図 12.3 宇宙創成（理論的予想に基づく模式図）

で記述されます．そして，宇宙創成時には宇宙そのものが量子的にゆらいでいて，**プランク長さ** $l_{\text{Pl}} \equiv \sqrt{\dfrac{G_{\text{N}}\hbar}{c^3}} = 1.62 \times 10^{-35}$ m くらいの宇宙が無から生成したり消滅したりしていました．ここで，$\Psi(a)$ は宇宙の波動関数で，$U(a)$ はスケール因子 a に関するポテンシャルです．(12.35) のような時空の変化の様子を表す波動方程式は一般に，**ホイーラー–ドウィット方程式**とよばれています．

(2) 宇宙には空虚な空間だけが存在していました．このような宇宙では，時間が存在しないため，宇宙に始まりがないことを意味します．このような仮説を**ハートル–ホーキングの境界条件**（あるいは，ハートル–ホーキングの無境界仮説）といいます．

(3) **トンネル効果**により，空間が時空に転移しました．この現象は，空間の 1 次元分（**虚時間**とみなすことができるとします）が時間に変わった結果として，時間発展する宇宙が生まれることを意味していて，**無からの創成**とよばれています．

(4) インフレーションが起こり，それが終了してビッグバン（高温・高密度の状態）が生まれました．

12.1.5 クォーク–グルーオンプラズマ

クォーク–ハドロン相転移（表 12.1 を参照）が起こる前には，**クォーク–グルーオンプラズマ**（QGP：Quark–Gluon Plasma）とよばれる，クォークや

グルーオンが単体で存在していた状態があったと考えられています．実際，**相対論的重イオン衝突型加速器**（RHIC：Relativistic Heavy Ion Collider）を用いて，QGPの再現がなされ，その実験データから，

▶ **QGPは完全流体に近い性質をもつ．すなわち，強く相互作用し合っていて，小さな粘性率をもつ強相関のプラズマ状態となっている．**

という特徴が得られました．

具体的には，QGPの**ずれ粘性率** η をQGPの**エントロピー密度** s で割った量の観測値は $\left.\frac{\eta}{s}\right|_{\text{実験}} \simeq 0.1 \times \frac{\hbar}{k_B}$ で，巻末の付録のB.3.2項で紹介する**AdS/CFT対応**を用いて得られる値に近いことがわかります（次節を参照）．ここで，ずれ粘性率とは，単位面積当たりの**粘性力**と**速度勾配**の間の比例係数で，$k_B\,(= 1.38 \times 10^{-23}\,\text{J}\cdot\text{K})$ は**ボルツマン定数**です．

ちなみに，量子色力学において，次の3つの相の存在が理論的に予想されています（図12.4）．

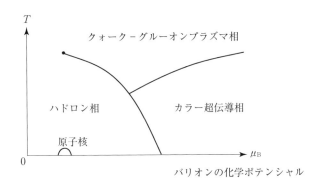

図 12.4 量子色力学の相図（理論的予想に基づく模式図）

- **ハドロン相**：低温・低密度におけるクォークの閉じ込め相で，色の閉じ込めやカイラル対称性の自発的破れが起こっている．
- **クォーク－グルーオンプラズマ相**：高温・高密度におけるクォークの非閉じ込め相で，クォークやグルーオンが単体で存在し，カイラル対称性が回復している．

266   12. 素粒子と宇宙

- **カラー超伝導相**：低温・高密度におけるクォークの色電荷に関する超伝導相で，色の異なるクォーク対が凝縮している．

🌱 12.2　ブラックホール

　ブラックホールとは，極めて高密度で強い重力をもつため，吸い込まれたら光さえも脱出できない天体のことで，天の川銀河を含む，多くの銀河中心に存在する可能性があります．ブラックホールそのものを見ることはできませんが，ブラックホール同士の合体の際に生み出された**重力波**の観測や**ブラックホールシャドウ**（超大質量をもつブラックホールがつくる影）の撮像もなされています．

　以下では，簡単のため，**シュワルツシルト・ブラックホール**とよばれる，静的で球対称なブラックホールについて考えてみましょう．

　このブラックホールは，原点 $r = 0$ に位置する質量 M の物体が源となり，この周りの時空は，

$$ds^2 = -c^2\Big(1 - \frac{r_{\mathrm{S}}}{r}\Big) dt^2 + \frac{dr^2}{1 - \dfrac{r_{\mathrm{S}}}{r}} + r^2\,d\theta^2 + r^2 \sin^2\theta\,d\phi^2$$

(12.36)

で記述されます．ここで，$r_{\mathrm{S}} \equiv \dfrac{2G_{\mathrm{N}}M}{c^2}$ は**シュワルツシルト半径**（添字の S は Schwarzschild の頭文字）です．$r = r_{\mathrm{S}}$ の球面は**事象の地平面**とよばれ，その内部の領域を見ることはできません．また，事象の地平面の面積は $A \equiv 4\pi r_{\mathrm{S}}^2 = \dfrac{16\pi G_{\mathrm{N}}^2 M^2}{c^4}$ で与えられ，**ブラックホールの面積**とよばれたりしています．

ブラックホールの温度

　ブラックホールに場の量子論を適用してみましょう．事象の地平面近傍の曲がった時空上で定義された真空と，十分遠方にいる観測者（O さん）の周りの真空は異なった状態で，**ボゴリューボフ変換**とよばれる変換で結ばれているとします．このとき O さんから見て，事象の地平面近傍の状態は，温度が

$$T_{\mathrm{H}} = \frac{\hbar c^3}{8\pi k_{\mathrm{B}} G_{\mathrm{N}} M} \tag{12.37}$$

であるような**プランクの放射公式** $u(\nu, T)\, d\nu = \dfrac{8\pi\nu^2}{c^3} \dfrac{h\nu}{e^{h\nu/k_{\mathrm{B}}T} - 1}\, d\nu$ に従う

粒子系として観測されます．ここで，$u(\nu, T)\, d\nu$ は振動数が ν と $\nu + d\nu$ の

間にある電磁波のエネルギー密度です．

(12.37) の T_{H} は**ホーキング温度**とよばれ，ブラックホールが温度をもっ

ていることを意味します（添字の H は Hawking の頭文字）．

ここでは，「事象の地平面近傍（$r \simeq r_{\mathrm{S}}$）で時空はなめらかである（尖った

点をもたない）」という仮定と「温度 T をもつ物理系は，ユークリッド化さ

れた時間 $t_{\mathrm{E}}\,(= -it)$ が周期 $\hbar/k_{\mathrm{B}}T$ をもつような場の量子論（**熱場の量子**

論）を用いて記述されること（10.4.2 項を参照）」を用いて，(12.37) を導出

してみましょう．$r \simeq r_{\mathrm{S}},\ d\theta = d\phi = 0$ で，変数 t_{E} と $R \equiv 2\sqrt{r_{\mathrm{S}}}\sqrt{r - r_{\mathrm{S}}}$ を

用いると，(12.36) は，

$$ds^2 = \frac{c^2 R^2}{4 r_{\mathrm{S}}^2} dt_{\mathrm{E}}^2 + dR^2 = dR^2 + R^2\, d\Theta^2 \tag{12.38}$$

で近似されます．ここで，$\Theta \equiv ct_{\mathrm{E}}/2r_{\mathrm{S}}$ です．時空がなめらかであるために

は，Θ が角度とみなされ，2π の周期をもつこと，つまり，t_{E} が $\dfrac{4\pi r_{\mathrm{S}}}{c} =$

$\dfrac{8\pi G_{\mathrm{N}} M}{c^3}$ の周期をもつことが必要です．よって，熱場の量子論に従って，

$\dfrac{\hbar}{k_{\mathrm{B}} T_{\mathrm{H}}} = \dfrac{8\pi G_{\mathrm{N}} M}{c^3}$ とおくことにより，(12.37) の $T_{\mathrm{H}} = \dfrac{\hbar c^3}{8\pi k_{\mathrm{B}} G_{\mathrm{N}} M}$ が導かれ

ます．

ブラックホールの熱力学

ブラックホールに熱力学を適用してみると，ブラックホールがエントロピー

$$S_{\mathrm{BH}} = \frac{4\pi k_{\mathrm{B}} G_{\mathrm{N}}}{\hbar c} M^2 = \frac{k_{\mathrm{B}} c^3}{4 G_{\mathrm{N}} \hbar} A = \frac{k_{\mathrm{B}}}{4} \frac{A}{l_{\mathrm{Pl}}^2} \tag{12.39}$$

をもつことがわかります．ここで，S_{BH} は**ベッケンシュタイン - ホーキング**

エントロピーとよばれています（添字の BH は Bekenstein - Hawking の頭

文字）．

実際，(12.39) は以下のようにして導くことができます．$\varDelta V = 0$（V：体積）における熱力学の第1法則の式 $\varDelta E = T\,\varDelta S$ に $E = Mc^2$，$T = T_{\mathrm{H}} = \dfrac{\hbar c^3}{8\pi k_{\mathrm{B}} G_{\mathrm{N}} M}$，$S = S_{\mathrm{BH}}$ を代入すると，$\varDelta(Mc^2) = \dfrac{\hbar c^3}{8\pi k_{\mathrm{B}} G_{\mathrm{N}} M} \varDelta S_{\mathrm{BH}}$ が得られます．これは M を変数とすると，$\varDelta\left(\dfrac{4\pi k_{\mathrm{B}} G_{\mathrm{N}}}{\hbar c} M^2\right) = \varDelta S_{\mathrm{BH}}$ のように書き換えられ，$S_{\mathrm{BH}} = \dfrac{4\pi k_{\mathrm{B}} G_{\mathrm{N}}}{\hbar c} M^2$ が導かれます．

また，ブラックホールの面積 $A = \dfrac{16\pi G_{\mathrm{N}}^2 M^2}{c^4}$ を用いると，$S_{\mathrm{BH}} = \dfrac{k_{\mathrm{B}} c^3}{4 G_{\mathrm{N}} \hbar} A$ のように書き換えられ，プランク長さの2乗 $l_{\mathrm{Pl}}^2 = \dfrac{G_{\mathrm{N}} \hbar}{c^3}$ を用いると，$S_{\mathrm{BH}} = \dfrac{k_{\mathrm{B}}}{4} \dfrac{A}{l_{\mathrm{Pl}}^2}$ と表されます．

(12.37) および (12.39) は，$k_{\mathrm{B}}, \hbar, c, G_{\mathrm{N}}$ という，それぞれ，統計力学，量子力学，特殊相対性理論，一般相対性理論における基本的な定数を含んでいて，実に味わい深い数式です！

シュワルツシルト・ブラックホールは，熱力学の法則（以下で，「　」にて提示）と対応した形で，次のような特徴をもっています．

- 第0法則：「十分に時間が経過すると熱平衡に達し，系全体の温度 T が一定になる」に対応して，十分に時間が経過するとブラックホールの形が球対称になり，**表面重力 κ が一定になる**．ここで，表面重力とは，シュワルツシルト半径 r_{S} での重力加速度の大きさ $\kappa \equiv \dfrac{G_{\mathrm{N}} M}{r_{\mathrm{S}}^2} = \dfrac{c^4}{4 G_{\mathrm{N}} M}$ のことで，$k_{\mathrm{B}} T_{\mathrm{H}} = \dfrac{\hbar \kappa}{2\pi c}$ が成り立つ．

- 第1法則：「孤立系のエネルギーは保存する（$\varDelta E = T\,\varDelta S - P\,\varDelta V$，$\varDelta V = 0$）」に対応して，$\varDelta M = \dfrac{\kappa}{8\pi G_{\mathrm{N}}} \varDelta A$ が成り立つ．

- 第2法則：「孤立系のエントロピーは減少しない（$\varDelta S \geq 0$）」に対応して，古典的な過程では，ブラックホールの面積は減少しない（$\varDelta A \geq 0$）．

- 第3法則：「有限回の操作で，$T = 0$ に到達できない」に対応して，有限回の操作で，$\kappa = 0$ に到達できない.

ただし，ブラックホールが温度をもっているとすると熱放射が起こり，第2法則が修正されます．ブラックホールが行う黒体放射は**ホーキング放射**とよばれ，これはブラックホールの蒸発を意味します．この放射は，「事象の地平面の近傍で，正エネルギーをもつ粒子と負エネルギーをもつ反粒子が対生成され，反粒子がブラックホールに吸い込まれると同時に粒子が飛び出すことによって起こる」として定性的に理解することができます.

また，ホーキング放射の存在により，

▶ **情報パラドックス（情報喪失問題）**：**純粋状態**から生成されたブラックホールが蒸発して，黒体放射という**混合状態**に変わったとすると，このような過程は量子力学におけるユニタリーな時間発展に反する．ここで，量子力学の密度行列 ρ が $\rho = |\phi_n\rangle\langle\phi_n|$ のように，ある特定の $|\phi_n\rangle$ で指定される状態を純粋状態といい，$\rho = \sum_i w_i |\phi_i\rangle\langle\phi_i| (\sum_i w_i = 1, \ 0 \leq w_i < 1)$ のように，和の形で与えられる状態を混合状態という.

という深刻な問題が発生します.

ブラックホールのエントロピー

ここで，ブラックホールのエントロピーの特徴について解説します.

(12.39) は熱力学を用いて導かれたものなので，統計力学における**ボルツマンの原理** $S = k_B \ln \Omega$（S：エントロピー，Ω：系の状態数）により，ブラックホールが e^{S_{BH}/k_B} 個の微視的な状態を含んでいることを意味します．そうすると，ここで，「ブラックホールに関する微視的な状態の数え上げにより，$\Omega = e^{S_{BH}/k_B}$ が導かれるのか？」という問いが生まれます．この問いに対して，巻末の付録 B で解説する D ブレイン（開弦の端がくっつくような，空間的に広がりをもつ物体）を用いて構成された，ある種のブラックホールにおいては，**BPS 状態**とよばれる状態の数え上げにより得られるエントロピーが熱力学から導かれたものと一致するという回答が知られています.

270   12. 素粒子と宇宙

通常の物理系では，エントロピーは**示量変数**として扱われ，体積に比例します．しかし，ブラックホールのエントロピー S_{BH} は表面積に比例するため，ブラックホールの自由度が1次元分だけ減少して，S_{BH} は事象の地平面上に存在する自由度だけで記述されると推測されています．重力を含む物理系には，このような性質が内在していると考えられており，**ホログラフィー原理**（重力の自由度はホログラムのように空間のある境界上に暗号化されている）が提唱されました．この原理を適用すると，**AdS/CFT 対応**とよばれる理論の等価性が示唆されます（巻末の付録の B.3.2 項を参照）．ここで，AdS，CFT はそれぞれ Anti-de Sitter space（反ドジッター空間），Conformal Field Theory（共形場理論）の略です．

AdS/CFT 対応を用いて，QGP（クォーク–グルーオンプラズマ）の粘性率に関する考察もなされています．具体的には，**散逸過程**（力学的エネルギーが熱エネルギーなどに不可逆的に変化する過程）をキーワードにすると，ブラックホールを用いて，ずれ粘性率 η を計算することができます．ブラックホールが物体を吸収する現象は散逸過程とみなすことができるので，その反応の大きさはブラックホールの面積 A に比例します．よって，η は A に比例すると予想されます．

実際，$N=4$ **超対称ヤン–ミルズ理論**を用いた重力子からゲージ場への崩壊率（場の振動数がゼロの極限で η に比例する）と，ブラックホールの**吸収断面積**（吸収の効率を表す物理量）が等しいとし，$s=S_{BH}/V$（V：ブラックホールの体積）とすると，

$$\frac{\eta}{s} = \frac{\hbar}{4\pi k_B} = 0.0796 \times \frac{\hbar}{k_B} = 6.1 \times 10^{-13}\,\mathrm{K \cdot s} \tag{12.40}$$

が得られます．この値は QGP の観測データに近い値です（12.1.5 項を参照）．

この他に情報パラドックスに関しても，AdS/CFT 対応を用いた考察がなされています．具体的には，ユニタリー性が保証された**共形場理論**（共形変換に対して不変な場の理論）を用いて，AdS 時空上のブラックホールを解析することにより，ホーキング放射によるエントロピー（外側に飛び出す粒子と内側に吸い込まれる反粒子との間の**エンタングルメント・エントロピー**）が**アイランド公式**とよばれる公式で記述され，ユニタリー性と矛盾しない形

で時間発展することが示されています．

　ここで，エンタングルメント・エントロピーとは，**量子もつれ**とよばれる，量子論に特有な相関現象を測る物理量の一種です．量子もつれの例としては，**ベル状態（EPR状態）**とよばれる，2量子ビット系で最大となる量子もつれ状態があります．

　このように「量子もつれ」や「時空の創発」というキーワードのもとで，ホログラフィー原理や量子情報理論などを用いて，量子重力理論および「時空とは何か？」について盛んに探究されています．

12.3　おさらい

　最後に，宇宙の進化の様子をおさらいします（図 12.5）．

　本章では，量子ゆらぎの状態からトンネル効果によって時空が生まれ，インフレーションにより空間が指数関数的に膨張した後，ビッグバンが生まれたという説を紹介しました．その後，138 億年の間，宇宙は比較的ゆるやかに膨張を続け，現在，加速膨張しています．

　初期宇宙で起こったいくつかの出来事は，素粒子物理学によってうまく理解できますが，様々な謎が残されたままです．その解明に際し，重力が鍵を握ると予想されています．具体的には，**宇宙の始まりを解く鍵は量子重力で**

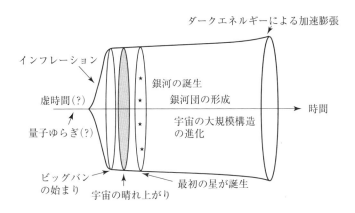

図 12.5　宇宙の進化（模式図）

あり，また万有引力が宇宙の大規模構造の形成に深く係わっていると考えられます．

図 12.6 において，へびが自らのしっぽを嚙んでいる様子は，極微の世界と広大な宇宙が関連していて，重力が重要であることを物語っています．ちなみに，図 12.6 は，グラショーが「**ウロボロス**」とよばれる古代ギリシアの図案をモチーフにして，自然界の階層構造および宇宙と素粒子の関係を表したものを一部改変したものです．

図 12.6　ウロボロスの図

図のへびの側面に描かれたものは，頭の方から順に，銀河，星，太陽系，月，富士山，人，細胞，DNA，原子，原子核，ウィークボソン（$W^{\pm}, Z^0$）で，残りの Ⓧ, Ⓨ, 〜 および輪ゴムのような物体は，巻末の付録 A や B で紹介する未確認の粒子や実体です．

☕ Coffee Break

マルチバース

いまや非常に多くの 4 次元弦模型が構築されています（巻末の付録の B.3 節を参照）．これらはすべて，**超弦理論**から導かれたものです．超弦理論の方程式の解はポテンシャルの極小値に対応し，そのポテンシャルの様子は**ランドスケープ**とよばれています．

これらの各模型は（量子論のもとで）異なる素粒子を含む独自の物理法則が支配する世界を記述していて，その数は諸説ありますが，10^{500} を超えています．素朴に考えると，標準模型を用いて記述される我々の世界が存在する確率は $P < \dfrac{1}{10^{500}}$ で，我々の宇宙の存在は，もはや単なる偶然であったかのようです．

「偶然」などということはあり得ないとしたら，どんなことが考えられるでしょうか？ここで，「我々は宇宙の中心ではない」というコペルニクス的転回を行って，

　　我々の宇宙の外に，4 次元弦模型の数を凌駕（りょうが）する非常に多くの別の
　　宇宙が存在する．

という予測を立ててみます．そして，標準模型で記述される宇宙の模型が 4 次元弦模型の中に少なくとも 1 個は存在するとして，我々の世界のような宇宙の数 N_{SM} を，かなり素朴に見積もってみると，

$$N_{\mathrm{SM}} \simeq \frac{\text{存在する宇宙の数}}{4 \text{ 次元弦模型の数}} \gg 1$$

のようになり，我々の世界の存在は「必然」に変わる可能性があります！

　このような非常にたくさん存在する宇宙をまとめて，**マルチバース**とよんでいます．また，マルチバースを生成する機構として，**永久インフレーション**とよばれる，宇宙の多重自己形成の仕組みが提唱されています．さらに，マルチバースが実在するならば，

> ▶ **人間原理**：人間（知的生命体）が存在するという事実から，自然法則を定めることができる．

に基づいて，素粒子および宇宙に関する謎の一部が，明確な答えをもたない問いに変わる可能性があります．実際，人間原理による**宇宙定数問題**の解消が提案されています．具体的には，現在のような銀河を含む宇宙の大規模構造が形成されるという条件を課すことにより，宇宙定数の値が理論的に大幅に制限されます．

　素粒子の標準模型は数多くの実験により高い精度で検証がなされ，電弱スケールあたりの有効場の理論として確立していますが，標準模型では答えられない様々な謎が存在します（巻末の付録 A を参照）．特に，「場の量子論として様々な模型が理論上許されるにもかかわらず，私たちの宇宙が標準模型で記述されるのはなぜか？」という謎に興味がそそられます．

　この謎を解明する理論的な試みとして，**沼地予想**とよばれる予想に基づく素粒子模型の選別や改良があります．ここで，沼地予想とは，超弦理論やブラックホールの性質をヒントにして得られる，量子重力を含む場の量子論が有すると期待される特徴，より正確には，低エネルギーの有効場の理論が量子重力を無矛盾に含むための必要条件のことです．具体的には，大局的対称性の非存在予想，弱い重力予想，距離予想，超対称性をもたない AdS 予想などがあります．ちなみに，沼地予想と両立する理論はランドスケープに属し，両立しないものは**沼地**（スワンプランド）に属するといわれています．

　テグマーク（M. Tegmark）は，ランドスケープに現れるような異なる物理法則をもつ宇宙の他に，量子力学の多世界解釈における世界や数学の公理系（計算可能な数学的構造）から構成された世界も存在する可能性があると考え，マルチバースの概念を拡張しています．もはや検証可能性も反証可能性も期待できそうにありませんが，究極の理論を探究する合間になぜだか気になり，妄想したくなります．

付録 A 〜 標準模型を超えて 〜

この付録 A では，これまでの内容だけでは物足りなくて，もっと素粒子の探究の最前線に近づきたいという方や，大学院で素粒子の現象論を研究したいという方のために，その入口になりそうなトピックスについて紹介します．素粒子の標準模型は多くの謎に満ちています．ここでは，その謎を手がかりにして，標準模型を超えた世界に思いを馳せてみましょう．

A.1 標準模型の謎

標準模型は高い精度で検証がなされていて，**電弱スケール M_{EW} あたりまでの有効場の理論**として確立しています．ここで，電弱スケールとは，電弱対称性の破れを特徴付ける $100\,\mathrm{GeV}$ のオーダーのエネルギースケールで，状況に応じて，ヒッグス粒子の真空期待値 $v = 246\,\mathrm{GeV}$，あるいは Z ボソンの質量 $M_Z = 91.19\,\mathrm{GeV}$ やヒッグス粒子の質量 $m_h = 125.20\,\mathrm{GeV}$ を指します．また，有効場の理論とは，ある特定のエネルギースケールの物理現象を記述するために，より高いエネルギースケールの自由度を除外したり積分したりして定式化した，近似的な場の理論のことです．

しかしながら，標準模型にはいくつかの謎が存在するため，素粒子の基礎理論として完全なものとはいえません．ここで，その主な謎を解説します．

謎 1：模型の枠組みの存在理由が不明である．

「なぜ，ゲージ群が $SU(3)_C \times SU(2)_L \times U(1)_Y$ なのか？」，「なぜ，物質粒子に関するゲージ量子数はこんなに複雑なのか？（表 11.1 を参照）」，「なぜ，3 世代の物質粒子が存在するのか？」[1]，「なぜ，**量子異常**が鮮やかに相殺しているのか？」，「なぜ，3 種類の素粒子（物質粒子，ゲージ粒子，ヒッグス粒子）が存在するのか？」などの疑問に対して，標準模型は明確な回答をもち合わせていません．ここで，量子異常とは，量子化に伴い，対称性が壊れる現象のことです（付録 C を参照）．

謎 2：非常にたくさんの素粒子およびパラメータを含んでいる．

標準模型は 28 個のパラメータ（質量，結合定数，それらから派生する物理量）

---

1) ミューオン（μ^-）が発見された当初，その存在は予想外だったため，ラビ（I.Rabi）は，「だれが，μ^- を注文したんだ？」といったそうです．この謎はその逸話を思い起こさせます．

$$\begin{cases} g_\text{s}, & g, & g', & \lambda, & \mu, & m_\text{u}, & m_\text{d}, & m_\text{c}, & m_\text{s}, & m_\text{t}, & m_\text{b}, \\ m_\text{e}, & m_\mu, & m_\tau, & m_{\nu_1}, & m_{\nu_2}, & m_{\nu_3}, & \theta_{12}, & \theta_{13}, & \theta_{23}, & \delta, \\ \theta_{12}^{(\nu)}, & \theta_{13}^{(\nu)}, & \theta_{23}^{(\nu)}, & \delta^{(\nu)}, & \delta_{\text{M},1}^{(\nu)}, & \delta_{\text{M},2}^{(\nu)}, & \theta \end{cases} \tag{A.1}$$

を含んでいて，これらの値を実験により決めることはできますが，理論的には決定できません．ここで，$\delta_{\text{M},1}^{(\nu)}$ と $\delta_{\text{M},2}^{(\nu)}$ については，ニュートリノがマヨラナ粒子のときに現れる複素位相です（11.3.4 項を参照）．

謎 3：ヒッグス粒子に関する**自然さの問題**が存在する．

自然さの問題とは，「なぜ，電弱スケール M_{EW} が**プランクエネルギー**（$E_{\text{Pl}} \equiv 1/\sqrt{G_\text{N}} = 1.22 \times 10^{19}\,\text{GeV}$）に比べて，はるかに小さいのか？」ということと，「電弱スケールは，量子補正のもとで安定に保たれるのか？」という問題のことです．ここで，G_N は**重力定数**（万有引力定数）です．

謎 4：**強い CP 問題**が存在する．

強い CP 問題とは，量子色力学の枠内で θ パラメータの値は定まらないものの，中性子の双極子モーメントの実験により，$|\theta|_{\text{実験}} \leq O(10^{-10})$ という制限が得られていて，「なぜ，θ の値がこんなにも小さいのか？」という問題のことです（9.4 節，付録の C.3 節を参照）．

謎 5：なぜ，湯川結合定数に階層性・較差が存在するのか？（11.2.1 項，11.3.3 項を参照）

謎 6：重力を含んだ理論体系ではない．

これは，「重力は標準模型の相互作用のように理解されるのか？ また，標準模型の相互作用と統一されるのか？」という疑問で[2]，この答えを得るためには，**量子重力理論**（量子重力を記述する矛盾のない重力理論）を構築する必要があります．

謎 7：宇宙に潜んでいる未知の実体を説明できない．

未知の実体とは，「暗黒物質」，「暗黒エネルギー」，「インフラトン」のことで，これらの正体は不明です（12.1.2 項，12.1.3 項を参照）．さらに，我々の世界には反物質がほとんど存在していないことから，「物質と反物質の非対称性はどのようにして生じたのか？」という謎も存在します（12.1.1 項，付録の C.4 節を参照）．

2）　ポアンカレ変換にゲージ原理を適用することにより，重力相互作用をゲージ相互作用として定式化できます．しかしながら，得られるゲージ理論は，一般相対性理論におけるアインシュタイン–ヒルベルト作用（(12.6) を参照）に相当する項（曲率テンソルに相当する，スピン接続とよばれるゲージ場から構成されるテンソルの 1 次式から成る項）を含むため，重力に関する結合定数 G_N（重力定数）の質量次元が -2 となり，物体を含むとき，摂動的にくりこみ可能ではないことが知られています．

A.2 解明の鍵

標準模型の謎を解明し，標準模型を超える理論を構築する際に鍵となるのは，やはり，

- **物理法則は整理整頓される**．すなわち，原理や法則は，より基本的なものに置き換わり，さらに統一される．
- **物理法則は美しい**．すなわち，物理法則は対称性を好む．

ではないでしょうか．例えば，謎2の解明を想定し，素粒子の整理整頓を行う方法として，次の2通りの方法が経験的に知られています．

方法1：素粒子の一部は，より基本的な素粒子から構成された複合粒子として理解される．実際，ハドロンはクォークから構成された複合粒子である（9.3節を参照）．

方法2：似通った性質をもつ素粒子は，高い対称性のもとで多重項の一員として統合される．実際，陽子と中性子はアイソスピンの2重項として，さらに，SU(3) の8重項の一員として統合される（9.2節を参照）．

方法1に関しては，標準模型の謎3と絡めて，ヒッグス2重項があるフェルミオンから構成された複合粒子であるとする模型が提案されています．その代表的なものは，**テクニカラー模型**（ヒッグス2重項がテクニカラーとよばれる量子数をもつ未知のフェルミオンから構成された複合粒子であるとする模型）です．

方法2に関しては，1つのゲージ群に基づいて，重力を除く3つの相互作用（強い相互作用，電磁相互作用，弱い相互作用）を統一的に記述する**大統一理論**（GUT：Grand Unified Theory）とよばれる理論が提案されています．

また，新たな対称性の導入により，前節の謎のいくつかが解明される可能性があります．盛んに研究されているのは，超対称性の導入による標準模型の拡張です．ここで，**超対称性**（SUSY：Supersymmetry の略）とは，フェルミオンをボソンに，ボソンをフェルミオンに変える変換のもとでの対称性のことです．

さらに，時空構造の拡張による標準模型を超える理論の探索も盛んに行われています．具体的には，**余剰次元**とよばれる未知の空間次元の存在を仮定した，高次元時空上の理論構築です．

以下の3節で，大統一理論，超対称性，余剰次元について，ごく簡単に紹介します．

A.3 大統一理論

なぜ，ゲージ群が $SU(3)_C \times SU(2)_L \times U(1)_Y$ なのか？

この問いに対する答えとして，「標準模型が適用されるスケールを超えて，より極微な世界（高エネルギー状態）では，標準模型における3種類のゲージ相互作用が1つのゲージ群 G_U のもとで統一される」という説が提案されています（添字の U は Unification の頭文字）．この提案が支持されてきた理由は，**電気現象と磁気現象**

が電磁気学のもとで電磁現象として統一的に理解され，電磁現象と弱い相互作用の現象が電弱理論として統一的に理解されたという成功体験が存在し，さらに初期宇宙は高エネルギー状態で対称性が高かったにちがいないという予想との相性がよいからです．

以下では，SU(5) ゲージ群に基づく**大統一理論**について考えてみましょう．この大統一理論において，標準模型のゲージ粒子（$\widehat{G}_\mu^a, \widehat{W}_\mu^a, \widehat{B}_\mu$）が

$$\sum_{\alpha=1}^{24} \widehat{A}_\mu^\alpha T^\alpha = \begin{pmatrix} \sum_{a=1}^{8} \widehat{G}_\mu^a \frac{\lambda^a}{2} - \frac{2}{\sqrt{60}} \widehat{B}_\mu & \left(\frac{1}{\sqrt{2}} \widehat{\overline{X}}_\mu, \frac{1}{\sqrt{2}} \widehat{\overline{Y}}_\mu \right) \\ \left(\frac{1}{\sqrt{2}} \widehat{X}_\mu, \frac{1}{\sqrt{2}} \widehat{Y}_\mu \right)^{\mathrm{T}} & \sum_{a=1}^{3} \widehat{W}_\mu^a \frac{\tau^a}{2} + \frac{3}{\sqrt{60}} \widehat{B}_\mu \end{pmatrix} \tag{A.2}$$

のように SU(5) の **24 次元表現**に従う多重項に収まります（$\widehat{G}_\mu^a$ と $\widehat{B}_\mu$ を含む 3×3 行列，$\widehat{\overline{X}}_\mu$ と $\widehat{\overline{Y}}_\mu$ を含む 3×2 行列，$\widehat{X}_\mu$ と $\widehat{Y}_\mu$ を含む 2×3 行列，$\widehat{W}_\mu^a$ と $\widehat{B}_\mu$ を含む 2×2 行列という 4 つの部分行列から構成されています）．ここで，$(\widehat{X}_\mu, \widehat{Y}_\mu)$ は色荷と弱荷（弱アイソスピン，弱ハイパーチャージ）を併せもつ新種のゲージ粒子で，**X, Y ゲージボソン**とよばれていて，図 12.6 のウロボロスの Ⓧ, Ⓨ に相当します．そして，これらの粒子はクォークをレプトンに変える相互作用を行うため，**陽子崩壊**を引き起こします．

なぜ，物質粒子に関するゲージ量子数がこんなに複雑なのか？

この問いに対しては，「物質粒子はゲージ群 G_U の多重項に収まっていて，複雑に見えるのは，その部分群で見ているからである」という回答が考えられます．G_U の多重項のもとで物質粒子の統合を実現するためには，ゲージ量子数以外の属性が揃っている必要があります．具体的には，荷電共役変換 $\phi \to \phi^c$ を施して，物質粒子を左巻き状態（カイラリティ -1 の状態）に揃えることにより，表 11.1 は表 A.1 のように変更されます．なお，荷電共役変換にともない，r 表現はそれに複素共役な $\bar{r}$ 表現に変わり，U(1) チャージの値はその符号が変わることに注意しましょう．

表 A.1　左巻き状態に揃えた物質粒子に関するゲージ量子数

物質粒子	SU(3)$_\mathrm{C}$	SU(2)$_\mathrm{L}$	T_L^3	Y	Q
$\hat{q}_{\mathrm{L}A} = \begin{pmatrix} \hat{u}_{\mathrm{L}A} \\ \hat{d}_{\mathrm{L}A} \end{pmatrix}$	**3**	**2**	$\begin{pmatrix} 1/2 \\ -1/2 \end{pmatrix}$	$1/6$	$\begin{pmatrix} 2/3 \\ -1/3 \end{pmatrix}$
$(\hat{u}_\mathrm{R})_A^c$	$\bar{\mathbf{3}}$	**1**	0	$-2/3$	$-2/3$
$(\hat{d}_\mathrm{R})_A^c$	$\bar{\mathbf{3}}$	**1**	0	$1/3$	$1/3$
$\hat{l}_{\mathrm{L}A} = \begin{pmatrix} \hat{\nu}_{\mathrm{e}\mathrm{L}A} \\ \hat{e}_{\mathrm{L}A} \end{pmatrix}$	**1**	**2**	$\begin{pmatrix} 1/2 \\ -1/2 \end{pmatrix}$	$-1/2$	$\begin{pmatrix} 0 \\ -1 \end{pmatrix}$
$(\hat{e}_\mathrm{R})_A^c$	**1**	**1**	0	1	1
$(\hat{\nu}_{\mathrm{e}\mathrm{R}})_A^c$	**1**	**1**	0	0	0

278   付録 A 〜 標準模型を超えて 〜

　次に，$\bar{5}$ 表現と **10** 表現に従う多重項を 3 組用意することにより，物質粒子の統合が実現されることを見ます．$\bar{5}$ 表現と **10** 表現を SU(5) の部分群 SU(3) × SU(2) × U(1) のもとで**既約分解**すると，

$$\bar{5} = (\bar{3}, 1)_{\frac{1}{3}\sqrt{\frac{3}{5}}} + (1, 2)_{-\frac{1}{2}\sqrt{\frac{3}{5}}} \tag{A.3}$$

$$10 = (3, 2)_{\frac{1}{6}\sqrt{\frac{3}{5}}} + (\bar{3}, 1)_{-\frac{2}{3}\sqrt{\frac{3}{5}}} + (1, 1)_{\sqrt{\frac{3}{5}}} \tag{A.4}$$

のようになります．ここで，下付きの数字は U(1) チャージを表しています．この U(1) チャージの値を $\sqrt{\frac{5}{3}}$ 倍したものと表 A.1 の弱ハイパーチャージ Y の値を見比べることにより，

$$\bar{5} \;\Leftrightarrow\; (\bar{d}_{\mathrm{R}})_A^c + \hat{l}_{\mathrm{LA}}, \qquad 10 \;\Leftrightarrow\; \hat{q}_{\mathrm{LA}} + (\hat{u}_{\mathrm{R}})_A^c + (\hat{e}_{\mathrm{R}})_A^c \tag{A.5}$$

のように，物質粒子と鮮やかに対応がつきます．

　このようにして，**物質粒子が $\bar{5}$ 表現をもつワイル粒子 ψ_{5A} と 10 表現をもつワイル粒子 ψ_{10A} （$A = 1, 2, 3$）のもとで部分的に統合される**ことがわかります．

　SU(5) の部分群に現れた U(1) チャージは，カルタン部分代数の元 T^{24} で，

$$T^{24} = \sqrt{\frac{3}{5}} \begin{pmatrix} -1/3 & 0 & 0 & 0 & 0 \\ 0 & -1/3 & 0 & 0 & 0 \\ 0 & 0 & -1/3 & 0 & 0 \\ 0 & 0 & 0 & 1/2 & 0 \\ 0 & 0 & 0 & 0 & 1/2 \end{pmatrix} \tag{A.6}$$

のように与えられます．よって，T^{24} は，標準模型の弱ハイパーチャージ Y と $Y = \sqrt{\frac{5}{3}}\, T^{24}$ のような関係にあることがわかります．

　次に，SU(5) に関するゲージ結合定数を g_{U} とすると，大統一理論の共変微分は，

$$D_\mu \equiv \partial_\mu + i g_{\mathrm{U}} \sum_{\alpha=1}^{24} \widehat{A}_\mu^\alpha(x)\, T^\alpha \tag{A.7}$$

のように定義されます．（A.7）と標準模型の共変微分

$$D_\mu = \partial_\mu + i g_{\mathrm{s}} \sum_{a=1}^{8} \widehat{G}_\mu^a(x)\, T_{\mathrm{C}}^a + i g \sum_{a=1}^{3} \widehat{W}_\mu^a(x)\, T_{\mathrm{L}}^a + i g' \widehat{B}_\mu(x)\, Y \tag{A.8}$$

が整合するという条件から，**大統一スケール**（力が大統一されるエネルギースケール）M_{U} で，

$$g_{\mathrm{s}} = g = \sqrt{\frac{5}{3}}\, g' \Big|_{M_{\mathrm{U}}} = g_{\mathrm{U}} \tag{A.9}$$

が導かれ，独立なパラメータの数が削減されます．ここで，$\widehat{A}_\mu^a(x) = \widehat{G}_\mu^a(x)$ $(a = 1, \cdots, 8)$，$\widehat{A}_\mu^{20+a}(x) = \widehat{W}_\mu^a(x)$ $(a = 1, 2, 3)$，$\widehat{A}_\mu^{24}(x) = \widehat{B}_\mu(x)$ とし，$Y = \sqrt{\frac{5}{3}}\, T^{24}$ を用いました．

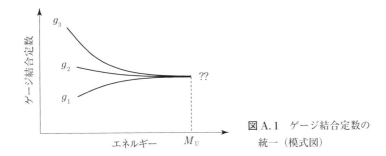

図A.1 ゲージ結合定数の統一（模式図）

このように，力の大統一にともない，大統一スケール M_U で3つのゲージ結合定数の値が図A.1のように一致すると予想されます[3]．図A.1において，$g_3 = g_s$，$g_2 = g$，$g_1 = \sqrt{\frac{5}{3}} g'$ です．ここで，ゲージ結合定数は量子補正を受けて，エネルギースケールと共に変化することを思い出しましょう（9.4.1項を参照）．ちなみに，標準模型が大統一スケールまで有効であるとすると，3つのゲージ結合定数の一致が起こらないことがわかっています．

さらに，他のゲージ群に基づく理論も構築されていて，例えば，SO(10) に基づく大統一理論では1世代が丸ごと **16** 表現に収まり，世代ごとに物質粒子であるクォークとレプトンの完全な統合が成し遂げられます．実際，**16** 表現を SO(10) の SU(5) × U(1) 部分群のもとで既約分解すると，

$$\mathbf{16} = \mathbf{\bar{5}}_{\frac{3}{2\sqrt{10}}} + \mathbf{10}_{-\frac{1}{2\sqrt{10}}} + \mathbf{1}_{-\frac{5}{2\sqrt{10}}} \tag{A.10}$$

のようになります．ここで，下付きの数字は SO(10) の部分群の U(1) チャージを表します．また，右辺の3番目の項に対応する粒子は，SU(5) のもとで1重項の粒子で，$(\bar{\nu}_R)^c_A$ に相当します．

例外リー群 E_6 に基づく大統一理論では，世代ごとにクォークとレプトンが，**27** 表現の中に 16 個の成分として収まります．そして，SO(10) や E_6 に基づくゲージ理論は，ワイル粒子（ワイルフェルミオン，カイラルフェルミオン）が存在しても量子異常が現れない理論であることが知られています．

このようにして，**標準模型において謎めいていた「ゲージ量子数の複雑さ」や「量子異常の相殺」という特徴が，大統一理論の枠内でごく自然に理解されます**．

そして，物質粒子の統合にともない，独立な湯川結合定数の数が制限されるため，物質粒子の質量の間に関係式が存在します．しかし，質量の関係式が単純すぎるため，実験値と整合しないという問題が発生します．

---

[3] 大統一理論の立場から見ると，M_U はゲージ群 G_U のもとで統一されたゲージ対称性の一部が壊れるエネルギースケールと考えられます．

280 付録 A 〜 標準模型を超えて 〜

　また，大統一理論において，大統一されたゲージ対称性の一部を壊すための機構が必要となります．例えば，新たなスカラー粒子を導入して，ヒッグス機構を用いる方法が考えられますが，理論の構造が複雑になります．

　さらに，大統一理論は次のような問題を抱えています．

▶ **ゲージ階層性の問題**：大統一理論におけるゲージ対称性の破れのスケール M_U と電弱スケール M_{EW} との間には大きな較差が存在するが，その起源は何か？　また，この較差は量子補正のもとで安定に保たれるのか？

▶ **陽子崩壊の問題**：クォークとレプトンが同一の多重項の中に収まるので，クォークがレプトンに変わるような相互作用を通して，陽子が崩壊する可能性があるが，観測において陽子崩壊が確認されていないのはなぜなのか？

　大統一理論は，重力を除く3つのゲージ相互作用の統一や物質粒子の統合という興味深い特徴をもっていますが，確たる証拠が見つかっておらず，いまなお，未確認・未完成のままです．

A.4 超対称性

電弱スケール M_{EW} は，量子補正のもとで安定に保たれるのか？

　電弱スケール M_{EW} として，ヒッグス粒子の質量 $m_h = \sqrt{2\lambda}\,v$ を用いることにすると，上の問いは，「量子補正を受けたヒッグス粒子は，パラメータの間の微調整なしに $m_h = 125.20\,\text{GeV}$ をもち得るのか？」という問いに変わります．

　標準模型において，ヒッグス粒子の質量の2乗は，

$$m_h^2 = m_h^{(0)2} + \delta m_h^2 = m_h^{(0)2} + O\left(\frac{1}{100}\right)\Lambda^2 \tag{A.11}$$

のように量子補正を受けます．ここで，$m_h^{(0)}$ は裸の質量，δm_h^2 は量子補正を表します．また，Λ は切断パラメータで，標準模型の適用限界を表すエネルギースケールです．もし，標準模型がプランクエネルギー $E_{Pl}\,(= 1.22 \times 10^{19}\,\text{GeV})$ まで有効であるとすると，$m_h = 125.20\,\text{GeV}$ を導くために，$m_h^{(0)2}$ と δm_h^2 の間で，34桁ほどにもおよぶ微調整が必要となり不自然です．逆に，このような微調整がないとすると，

$$\delta m_h^2 = O\left(\frac{1}{100}\right)\Lambda^2 \le m_h^2 = (125.20\,\text{GeV})^2 \tag{A.12}$$

という条件から，$\Lambda \le O(10^3)\,\text{GeV} = O(1)\,\text{TeV}$ が導かれます．

　このような考察から，「**自然界が微調整を好まないならば，テラスケール（TeV 領域）までに標準模型を超える新しい物理が存在するにちがいない**」と予想できます．

　この新しい物理の候補として，**超対称性（SUSY）**が有望視されています．超対称性とは，先ほども述べたようにフェルミオンをボソンに，ボソンをフェルミオンに

変える，**超変換**とよばれる変換のもとでの対称性のことで，超変換で移る相棒の粒子を**超対称粒子**（**スーパーパートナー**）といいます．

超対称性を導入すれば，ヒッグス粒子の質量の量子補正には，標準模型の粒子ばかりではなく超対称粒子も関与します．そして，ボソンの寄与とフェルミオンの寄与が逆符号で効くことにより，**2次発散**とよばれる Λ^2（切断パラメータの2乗）に比例する量子補正が鮮やかに相殺されます．ただし，超対称性が厳密に成り立つならば，粒子とその超対称粒子は同一の質量をもちますが，これまでに超対称粒子が1つも見つかっていないことから，超対称性が存在したとしても，何らかの機構により超対称性が破れていると考えられています．

2次発散を生じない形での超対称性の破れは，**ソフトな超対称性の破れ**とよばれ，このような破れをもつ超対称理論においては，ヒッグス粒子の質量の2乗は，

$$m_h^2 = m_h^{(0)2} + \delta m_h^2 = m_h^{(0)2} + O\left(\frac{m_{\mathrm{SUSY}}^2}{100}\right) \ln \frac{\Lambda}{m_{\mathrm{SUSY}}} \tag{A.13}$$

のように量子補正を受けます．ここで，m_{SUSY} は超対称粒子の典型的な質量です．パラメータの間に微調整がないとすると，

$$\delta m_h^2 = O\left(\frac{m_{\mathrm{SUSY}}^2}{100}\right) \leq m_h^2 = (125.20\,\mathrm{GeV})^2 \tag{A.14}$$

という条件から，$m_{\mathrm{SUSY}} \leq O(10^3)\,\mathrm{GeV} = O(1)\,\mathrm{TeV}$ が導かれます．ここで，簡単のため，$\ln(\Lambda/m_{\mathrm{SUSY}}) = O(1)$ としました．

このような考察から，**「自然界が微調整を好まないならば，テラスケール**（TeV**領域）までに超対称粒子が存在するにちがいない」**と予想できます．

最小超対称標準模型

新たに導入される粒子の数が最も少ない形で，標準模型に超対称性を盛り込んだ模型は，**最小超対称標準模型**（MSSM：Minimal Supersymmetric Standard Model）とよばれています．ゲージ対称性の固有状態における MSSM の基本粒子を表 A.2 に示します．ここで，煩雑になるので，場の演算子を表すハット（$\hat{}$）は省略しまし

表 A.2 最小超対称標準模型の粒子

スピン 0	スピン 1/2	スピン 1
スクォーク $(\tilde{u}_{\mathrm{L}}, \cdots, \tilde{b}_{\mathrm{R}})$	クォーク $(u_{\mathrm{L}}, \cdots, b_{\mathrm{R}})$	
スレプトン $(\tilde{\nu}_{e\mathrm{L}}, \cdots, \tilde{\tau}_{\mathrm{R}})$	クォーク $(\nu_{e\mathrm{L}}, \cdots, \tau_{\mathrm{R}})$	
	「ゲージーノ」	「ゲージ粒子」
	グルイーノ $\tilde{G}^a$	G_μ^a $(a = 1, \cdots, 8)$
	ウィーノ $\widetilde{W}^a$	W_μ^a $(a = 1, 2, 3)$
	ビーノ $\tilde{B}$	B_μ
ヒッグス2重項 (H_1, H_2)	**ヒッグシーノ** $(\tilde{H}_1, \tilde{H}_2)$	

た（これ以降も省略します）．また慣習に従い，超対称粒子には相棒の粒子と同じ文字を用い，その上にチルダ（˜）を付けました．さらに，超対称粒子の名称を太字にしました．粒子とその超対称粒子のゲージ量子数は同じです．

ヒッグス2重項とヒッグシーノが2種類必要になる理由は，ワイル粒子であるヒッグシーノの量子異常を相殺させるためと，すべての物質粒子に湯川相互作用項を通して質量を与えるためです．

ここで，MSSMがもっている対称性を3つだけ紹介します．

対称性1：$SU(3)_C \times SU(2)_L \times U(1)_Y$ ゲージ対称性

超対称粒子が $O(1)$ TeVの質量をもつならば，大統一スケール $M_U \simeq 2.1 \times 10^{16}$ GeVでゲージ結合定数が（A.9）の関係式を満たします．つまり，M_U で力が大統一されるという可能性が現実味を帯びてきます．また，量子補正にトップクォークが関与することにより，$SU(2)_L \times U(1)_Y$ 対称性の破れが起こる可能性があります．さらに，電弱スケール M_{EW} が m_{SUSY} と関係付くことにより，「なぜ，M_{EW} がプランクエネルギー E_{Pl}（$= M_{Pl}c^2$）に比べて，はるかに小さいのか？」という問いが，「なぜ，m_{SUSY} はプランク質量 M_{Pl} に比べて，はるかに小さいのか？」という問いに置き換わります．

対称性2：ソフトに破れた超対称性

ソフトに超対称性を破る項として，ゲージ対称性やカイラル対称性と抵触せずに，ゲージーノ（グルイーノ，ウィーノ，ビーノ）に関する質量項や，スカラー粒子（スクォーク，スレプトン，ヒッグス2重項）に関する質量項を導入することができます．さらに，μ **項**とよばれる，超対称性を保つような，ヒッグス2重項とヒッグシーノに関する質量項が存在します．これら3種類の質量項の質量の値がある程度大きいとき，超対称粒子および（h^0 以外の）ヒッグス粒子の質量（これらの粒子の質量の典型的な値を m_{SUSY} とする）が大きくなり，これらの粒子が現時点で未発見であるということの根拠になります．ただし，m_{SUSY} が大きくなりすぎると，$m_h^{(0)2}$ と m_{SUSY}^2 の間に微調整問題が発生します（（A.13）を参照）．

対称性3：Rパリティ

陽子崩壊を起こしかねないバリオン数 B やレプトン数 L の保存則を破るような，くりこみ可能な相互作用（その典型的な過程：$u + d \to \bar{d}$, $\bar{d} \to \bar{\nu}_e + \bar{d}$）を禁止するために，Rパリティとよばれる離散的な量子数

$$R \equiv (-1)^{2S+3B+L} \tag{A.15}$$

を導入し，その保存を仮定します．ここで，S はスピンです．（A.15）のもとで，ヒッグス2重項を含む標準模型の粒子はすべて $R = 1$ で，超対称粒子はすべて $R = -1$ です．Rパリティが保存するとき，超対称粒子は対で生成したり消滅したりします．また，最も軽い超対称粒子（LSP）は安定で，暗黒物質の候補

となります.

超対称大統一理論

大統一理論に超対称性を導入した理論は，**超対称大統一理論**（SUSY GUT）とよばれます．この理論では，ゲージ階層性の問題における「M_U と M_{EW} の較差は量子補正のもとで安定に保たれるのか？」という問題が，超対称性のおかげで解消します．ただし，**2 重項 3 重項の分離問題**とよばれる，「ヒッグス 2 重項と色荷をもつヒッグス 3 重項の間の質量差を導くために，パラメータの間で 13 桁ほどの微調整が要求されて不自然である」という問題が残ります．さらに，色荷をもつヒッグシーノが関与する陽子崩壊の過程が現れ，陽子崩壊の問題がより深刻になります．

超重力理論

超対称性にゲージ原理を採用することにより，自然に重力を含む理論に到達することができます．それは，超変換を 2 度行うことにより時空上の並進が引き起こされるという性質と，局所的並進は一般座標変換であること，および一般座標変換のもとで不変な理論として，重力を記述する一般相対性理論が存在するということに起因します.

このような超対称性をもつ重力理論は，**超重力理論**（SUGRA：supergravity theory の略）とよばれています．ちなみに，**重力子**はスピン 2 をもち，重力相互作用を媒介します．そして，重力子の超対称粒子は**重力微子**（グラビティーノ）とよばれるスピン 3/2 をもつ粒子で，**局所的超変換**のもとでの不変性を保持するために導入されるゲージ場の役割を果たします.

超対称性を導入して拡張した様々な模型や理論に基づき，高エネルギーの加速器実験による実験データと照合しながら詳細な解析がなされていますが，超対称粒子は未発見で，超対称性に基づく標準模型を超える理論も未確認・未完成のままです.

A.5 余剰次元

重力は標準模型の相互作用と統一されるのか？

この問いに答えるために，重力と電磁力の統一に限定して考えてみましょう．まずは，古典物理学の範囲内で，これらの力の特徴について復習します.

一般相対性理論を用いると，重力は極めてよく記述できます．一般相対性理論の舞台は 4 次元擬リーマン空間で，その時空上で世界間隔の 2 乗は，

$$ds^2 \equiv g_{\mu\nu}(x)\, dx^\mu\, dx^\nu \tag{A.16}$$

で定義されます．ここで，$g_{\mu\nu}(x)$ は**計量テンソル**で，**重力ポテンシャル**の役割を果たします．$g_{\mu\nu}(x)$ が従う方程式は**アインシュタイン方程式**で，自然単位系を用いると，

$$R_{\mu\nu} - \frac{1}{2} g_{\mu\nu} R = 8\pi G_{\mathrm{N}} T_{\mu\nu} \tag{A.17}$$

のように表されます[4]．ここで，$R_{\mu\nu}$ は**リッチテンソル**，$R = g_{\mu\nu} R^{\mu\nu}$ は**スカラー曲率**とよばれる時空の歪みを表す量です．また，$T_{\mu\nu}$ は物体に関する**エネルギー‐運動量テンソル**です．

ちなみに，重力が弱くて静的なとき，$g_{00}(\boldsymbol{x}) = -1 - 2\phi_{\mathrm{N}}(\boldsymbol{x})$（$\phi_{\mathrm{N}}(\boldsymbol{x})$：ニュートンの重力ポテンシャル，添字の N は Newton の頭文字）という関係のもとで，ニュートンの重力理論に帰着します．このようにして，重力は幾何学的に理解されます．

電磁力を記述する方程式は，マクスウェル方程式

$$\partial_\mu F^{\mu\nu} = j^\nu, \qquad F^{\mu\nu} = \partial^\mu A^\nu - \partial^\nu A^\mu \tag{A.18}$$

です（6.2 節を参照）．ここで，$\mu_0 = 1$ としました．(A.18) を用いて，電気現象と磁気現象が電磁現象として統一的に理解されます．具体的には，同じ現象が慣性系の違いによって，電気現象（磁気現象）に見えたり，電気現象と磁気現象が混じったものに見えたりしますが，それは $F^{\mu\nu}$ の成分である電場と磁束密度がローレンツ変換のもとで混じり合うことにより起こります．

このように，時間と 3 次元空間を 4 次元ミンコフスキー時空として扱うことと連動して，電気力と磁気力の統一が必然的に起こります．

上記の考察より，「時空構造の拡張により，重力現象と電磁現象を幾何学的に統一して記述することができる．具体的には，高次元の一般相対性理論におけるアインシュタイン方程式から，4 次元時空上のアインシュタイン方程式やマクスウェル方程式が導かれる．」という予想を立ててみましょう．

以下では，5 次元時空上の一般相対性理論について考えてみましょう．まずは，5 次元時空上の座標を $x^M = (x^0, x^1, x^2, x^3, x^5)$（$x^5$：余剰空間の座標）とし，場の引数として，$x = x^\mu$，$y = x^5$ と記すことにします．そして 5 次元時空上の世界間隔の 2 乗を

$$ds^2 \equiv \mathcal{G}_{MN}\, dx^M dx^N = g_{\mu\nu}\, dx^\mu dx^\nu + \phi\, (dx^5 + e\ell A_\mu\, dx^\mu)^2 \tag{A.19}$$

のように定義します．ここで，$\mathcal{G}_{MN} = \mathcal{G}_{MN}(x, y)$ は 5 次元時空上の計量テンソル（5 次元時空上の重力ポテンシャル），$\phi = \phi(x, y)$ は 5 次元時空上の実スカラー場，e は電気素量，ℓ は余剰空間のサイズです．ds^2 は，4 次元の一般座標変換のもとでの不変性の他に，

$$x'^\mu = x^\mu, \qquad y' = y - \ell\lambda(x) \tag{A.20}$$

$$g'_{\mu\nu} = g_{\mu\nu}, \qquad \phi' = \phi, \qquad A'_\mu = A_\mu + \frac{1}{e}\partial_\mu\lambda(x) \tag{A.21}$$

のもとでの不変性をもっています．A_μ を電磁ポテンシャルとすると，(A.21) から，

---

4) 簡単のため，宇宙定数 Λ はゼロとしました．

この不変性は**ゲージ対称性**と考えられます.

余剰空間を半径 ℓ の円周上の点の集合 S^1 とします.このように空間を有限のサイズの空間に置き換える操作を**コンパクト化**といいます.ここで,ϕ が周期的境界条件 $\phi(x, y + 2\pi\ell) = \phi(x, y)$ を満たすとすると,ϕ は

$$\phi(x, y) = \frac{1}{\sqrt{2\pi\ell}} \sum_{n \in \mathbb{Z}} \phi^{(n)}(x)\, e^{i\frac{n}{\ell}y} \qquad (\mathbb{Z}:整数の集合) \tag{A.22}$$

のようにフーリエ級数で展開され,5次元時空上の場は無限個の4次元時空上の場 $\phi^{(n)}(x)$ の集まりと考えられます.

$\phi(x, y)$ は実スカラー場なので,$\phi^{(n)} = \phi^{(-n)}$ が成り立ちます.また,$\phi(x, y)$ は5次元時空上の質量ゼロのクライン-ゴルドン方程式 $(\Box - \partial_y^2)\phi(x, y) = 0$ に従います.よって,(A.22) を用いると,$\phi^{(n)}(x)$ が

$$\left\{\Box + \left(\frac{n}{\ell}\right)^2\right\}\phi^{(n)}(x) = 0 \tag{A.23}$$

に従うこと,つまり,$\phi^{(n)}(x)$ が質量 $m_n = |n|/\ell$ をもつ4次元時空上のスカラー場であることがわかります.ここで,質量がゼロの場は**ゼロモード**,質量をもつ場 $\phi^{(n)}(x)$ $(n \neq 0)$ は**カルーツァ-クラインモード**とよばれています.

このように,高次元時空上の場の理論から低次元時空上の場の理論に移行することを**次元還元**といいます.

同様にして,$g_{\mu\nu}$ や A_μ も無限個の4次元時空上の場 $g_{\mu\nu}^{(n)}(x)$ や $A_\mu^{(n)}(x)$ の集まりと考えられ,そのゼロモード $g_{\mu\nu}^{(0)}(x)$,$A_\mu^{(0)}(x)$ がそれぞれ4次元時空上の重力ポテンシャル,電磁ポテンシャルに相当します.実際,次元還元により,5次元時空上の重力ポテンシャル $\mathcal{G}_{MN}(x, y)$ が満たす5次元時空上のアインシュタイン方程式から,$g_{\mu\nu}^{(0)}(x)$ に関するアインシュタイン方程式 (A.17) と $A_\mu^{(0)}(x)$ に関するマクスウェル方程式 (A.18) を導くことができます.

より正確には,(A.17) の右辺に存在する重力定数 G_N と (A.18) の右辺に潜む電気素量 e の間に,

$$\ell = \frac{\sqrt{16\pi G_N}}{e} = O(10)\, l_{Pl} = O(10^{-34})\,\mathrm{m} \tag{A.24}$$

が成り立つ必要があります.ここで,$l_{Pl} \equiv \sqrt{G_N} = 1.62 \times 10^{-35}\,\mathrm{m}$ は**プランク長さ**です.(A.24) より,余剰空間は極めて小さいことと,それにともないカルーツァ-クラインモードが非常に重くなることがわかります.そして,このような状況では,余剰次元の存在を直接観測することが困難であると考えられます.

次に,電子の存在を想定し,量子論に基づいて考えてみましょう.5次元時空上の荷電粒子場 $\phi(x, y)$ が,

$$\phi(x, y + 2\pi\ell) = e^{2\pi\beta i}\phi(x, y) \qquad (\beta:実数の定数) \tag{A.25}$$

のような境界条件を満たしているとします.このとき,$\phi(x, y)$ は

$$\phi(x, y) = \frac{1}{\sqrt{2\pi\ell}} \sum_{n \in \mathbb{Z}} \phi^{(n)}(x) e^{i\frac{n+\beta}{\ell}y} \qquad (\mathbb{Z}：整数の集合) \qquad \text{(A.26)}$$

のようにフーリエ級数を用いて展開されます.

ここで4次元場 $\phi^{(n)}$ の特徴を調べてみましょう. (A.20) のもとで, $\phi'(x', y') = \phi(x, y)$ のように振る舞うとき, $\phi^{(n)}$ は

$$\phi'^{(n)}(x) = e^{i(n+\beta)\lambda(x)} \phi^{(n)}(x) \qquad \text{(A.27)}$$

のように変換します. この変換は U(1) ゲージ変換に相当し, $\phi^{(n)}$ が電荷 $q = e(n + \beta)$ をもっていることを意味します. また, $\phi(x, y)$ が質量ゼロの5次元ディラック方程式に従うとき, $\phi^{(n)}$ は質量 $m_n = \dfrac{|n+\beta|}{\ell} = \dfrac{|q|}{e\ell}$ をもちます. $q = -e$ をもつ $\phi^{(-1-\beta)}$ が電子であるとすると, その質量は $\dfrac{1}{\ell} = O(10^{18})\,\mathrm{GeV}$ となり, 実験値と全く合わないという問題が発生します.

このような5次元時空に基づいて重力と電磁力の統一をはかる理論は, **カルーツァ−クライン理論**とよばれています. さらに, 弱い相互作用や強い相互作用も高次元時空上の重力理論として統一しようとする試みがなされています. その中で興味深いものとして, **11次元超重力理論**とよばれる, 11次元時空上で定義される超対称性をもった重力理論があります[5].

ブレインワールド

余剰次元に基づく標準模型の拡張において,「4次元時空はどのようにして生じるのか?」という問いが生まれます. これは宇宙論的な観点に立てば,「なぜ, 3次元空間のみが大きく広がったのか?」という問いになります. 余剰次元が観測されていないことから, コンパクト化された余剰空間というアイデアに加えて, 次のような仮説も提案されています.

▶ **ブレインワールド仮説**：我々が住んでいる4次元時空の世界は, 高次元時空上に埋め込まれたブレインとよばれる膜のような世界で, 重力場は高次元時空上に移動できるが, 標準模型の素粒子はブレインの外側に移動できない.

特定の粒子がブレイン上に束縛されるという性質は, 超弦理論により理由付けされます（付録の B.3.1 項を参照）.

---

5) 標準模型のゲージ相互作用を余剰次元に埋め込むためには, 最低でも7次元分の余剰次元が必要であることが知られています. また, 12次元以上の時空上で超対称性をもつ理論を構築しようとするとき, スピンが2を超える粒子が必ず現れることと, そのような粒子を有限個含むような相互作用を記述する場の量子論を構成できないことが知られています. このようなことから, 超対称性をもつ場の量子論の時空次元に関して, 11 が魔法の数になります.

4次元時空上でワイル粒子が発生するのか？

例えば，オービフォルドとよばれる余剰空間上で場に関する適切な境界条件を設定することにより，高次元のフェルミオンから4次元のワイル粒子（カイラルフェルミオン）を導出することができます．ここで，オービフォルドとは，多様体を離散群で割って得られる空間のことです．例えば，S^1 を離散群 $\mathbb{Z}_2$ で割る（y と $-y$ を同一視する）ことにより，$S^1/\mathbb{Z}_2$ と記される1次元オービフォルドが構成されます．

$S^1/\mathbb{Z}_2$ を余剰次元として含む5次元時空上に，フェルミオン $\phi(x,y)$ が存在したとしましょう．$\phi(x,y)$ に対して，

$$\phi(x, y + 2\pi\ell) = \phi(x,y), \qquad \phi(x, -y) = -\gamma_5\phi(x,y) \tag{A.28}$$

のような境界条件を課してみると，$\phi(x,y)$ は

$$\phi_{\mathrm{R}}(x,y) \equiv \frac{1+\gamma_5}{2}\phi(x,y) = \frac{1}{\sqrt{2\pi\ell}}\sum_{n=1}^{\infty} \phi_{\mathrm{R}}^{(n)}(x)\sin\frac{n}{\ell}y \tag{A.29}$$

$$\phi_{\mathrm{L}}(x,y) \equiv \frac{1-\gamma_5}{2}\phi(x,y) = \frac{1}{\sqrt{2\pi\ell}}\sum_{n=0}^{\infty} \phi_{\mathrm{L}}^{(n)}(x)\cos\frac{n}{\ell}y \tag{A.30}$$

のように，フーリエ級数を用いて展開されます．ここで，$\gamma_5 = i\gamma^0\gamma^1\gamma^2\gamma^3$，$n$ は整数です．また，$\phi(x,y)$ が質量ゼロの5次元ディラック方程式に従うとき，$\phi_{\mathrm{R}}^{(n)}$ と $\phi_{\mathrm{L}}^{(n)}$ は質量 $m_n = n/\ell$ をもちます．

（A.29）と（A.30）より，カルーツァ–クラインモード $\phi_{\mathrm{R}}^{(n)}(x)$ と $\phi_{\mathrm{L}}^{(n)}(x)$（$n \neq 0$）は対を組んで，4次元時空上でディラック粒子として振る舞い，ゼロモードは $\phi_{\mathrm{L}}^{(0)}(x)$ が単独で存在し，4次元時空上でワイル粒子として振る舞うことがわかります．

ゲージ–ヒッグス統合

高次元時空上の重力場とは独立した形で，高次元時空上のゲージ場を導入してみましょう．このとき，重力と電磁力の統一は叶いませんが，「カルーツァ–クライン理論で発生した，電子の質量が $\frac{1}{\ell} = O(10^{18})\,\mathrm{GeV}$ となって，実験値と全く合わない」という問題は生じません．

ここでは，5次元ゲージ場 $A_M^a(x,y) = (A_\mu^a(x,y), A_5^a(x,y))$ を例にとって，別の利点を紹介します．それは，4次元時空から見ると，余剰次元成分 $A_5^a(x,y)$ がスカラー場として振る舞うため，$A_5^a(x,y)$ の中にヒッグス2重項の候補が存在し，**ゲージ–ヒッグス統合**が起こる可能性があることです．ちなみに，5次元時空に関するゲージ対称性により，作用積分のレベルでは，$A_5^a(x,y)$ の質量はゼロで，量子補正にともなって質量を得ることが知られています[6]．このとき，$A_5^a(x,y)$ の質量は余

---

6) 高次元時空上のゲージ場の余剰次元成分から構成される**アハラノフ–ボーム位相**が量子補正を受けることにより，対称性の破れなどが起こる現象を**細谷機構**といいます．

剰空間のサイズに依存し，自然さの問題が解消される可能性があります．

　高次元時空上の様々な模型や理論に基づいて詳細な解析がなされていますが，カルーツァ-クラインモードなどの余剰次元の痕跡は未発見で，余剰次元に基づく標準模型を超える理論も未確認・未完成のままです．

付録 B 〜 超弦理論 〜

この付録 B では，これまでの内容だけでは物足りなくて素粒子の究極の理論に興味のある方や，大学院で超弦理論やそれと関連深いことを研究したいという方のために，その入口となりそうなトピックスについて紹介します．付録 A では，標準模型の謎の一部に着目して，電弱スケールから攻めていく方法，いわば，ボトムアップ型のアプローチに基づいて，標準模型を超える物理の入口を紹介しました．付録 B では，トップダウン型のアプローチ（高エネルギーの基礎理論の構築を目指し，それを起点にして，標準模型や標準模型を超える理論を探究する方法）を念頭に置いて，素粒子の究極の理論として期待されている超弦理論について紹介することにしましょう．

B.1 双対模型

素粒子の究極の理論として，**超弦理論**（超対称性をもつ弦理論）が有望視されていますが，その理論の紹介は後回しにして，まずは，弦理論（弦：1 次元的に広がりをもつ物体）の誕生にまつわる話から始めることにします．

ハドロンの**共鳴状態**に関して，次のような 2 つの経験則が見つかりました．

▶ **共鳴状態に関する経験則**

(1) スピン J をもつハドロンの中で，最も小さい質量 m_J をもつ共鳴状態に関して，

$$J = \alpha' m_J^2 + \alpha_0 \tag{B.1}$$

が成り立つ（図 B.1）．ここで，α' は**レッジェスロープ**とよばれる定数で，

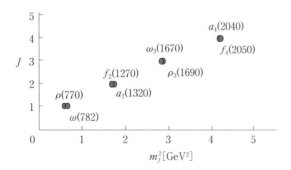

図 B.1 ρ 共鳴に関するレッジェ軌跡

$\alpha' \simeq 1\text{GeV}^{-2}$ であり, α_0 はハドロン群ごとに異なる定数である. 図 B.1 において, 括弧の中の数値は質量の概算値 [MeV] を表す. ρ, a_2, ρ_3, a_4 のアイソスピンは 1 で, $\omega, f_2, \omega_3, f_4$ のアイソスピンは 0 である. 質量は**レッジェ極**(散乱振幅の極)として現れ, そのスペクトルを**レッジェ軌跡**という.

(2) 散乱振幅の**双対性**:ハドロンの散乱過程 $A + B \to C + D$ に関して, sチャネルにおける共鳴状態の寄与の和(図 B.2 の左辺)と t チャネルにおけるレッジェ極の寄与の和(図 B.2 の右辺)が近似的に等しく, その散乱振幅 $A(s,t)$ は,

$$A(s,t) \simeq \sum_J \frac{c_J(t)}{s - m_J^2} \simeq \sum_J \frac{c_J(s)}{t - m_J^2} \tag{B.2}$$

のように表される[1]. すなわち, $A(s,t) \simeq A(t,s)$ が成り立つ. ここで, s, t は**マンデルスタム変数**とよばれる変数で, 4 元運動量 p_a, p_b, p_c, p_d を用いて, それぞれ, $s \equiv (p_a + p_b)^2 = (p_c + p_d)^2$, $t \equiv (p_a - p_c)^2 = (p_b - p_d)^2$ と定義される.

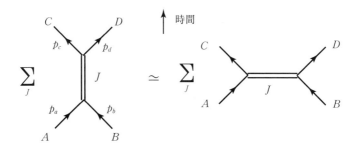

図 B.2 散乱振幅の双対性

これらの法則は, **双対模型**(**双対共鳴模型**)とよばれる模型を導入すると, うまく説明できます. 例えば, メソンが伸縮自在なゴムひものような物体であるとすると, 経験則 (2) はひもとひもの散乱過程に関する図 B.3 を用いて定性的に理解されます. ちなみに, 散乱振幅の双対性が厳密に成り立つ振幅 ($A(s,t) = A(t,s)$ を満たす振幅) として, **ベネチアノ振幅**とよばれる振幅

$$A_V(s,t) = \frac{\Gamma(-\alpha(s))\Gamma(-\alpha(t))}{\Gamma(-\alpha(s) - \alpha(t))} \tag{B.3}$$

---

[1] 素粒子に基づく通常の場の量子論では, s チャネルの寄与と t チャネルの寄与は独立とみなされ, 散乱振幅は両者の和(必要に応じて, u **チャネル**の寄与も加わる)で与えられます. 経験則 (2) は, 両者の和をとると二重計算になることを意味します.

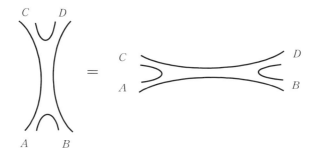

図 B.3　ひもの散乱と双対性（模式図）

が知られています（添字の V は Veneziano の頭文字）．ここで，$\Gamma(x)$ は **Γ 関数** です．また，$\alpha(s) \equiv \alpha' s + \alpha_0$, $\alpha(t) \equiv \alpha' t + \alpha_0$ です．

(B.3) の表式から，$A_V(s,t) = A_V(t,s)$ は自明に成り立ちます．

さらに，Γ 関数の性質を用いると，$A_V(s,t)$ を

$$A_V(s,t) = -\sum_{n=0}^{\infty} \frac{\{\alpha(s)+1\}\{\alpha(s)+2\}\cdots\{\alpha(s)+n\}}{n!} \frac{1}{\alpha(t)-n} \quad (B.4)$$

のような無限和の形に書き表すことができます．(B.4) における n 次の項がスピン n の粒子の交換による寄与であるとすると，(B.2) の最右辺と (B.4) の右辺を見比べることにより，スピン J の粒子の質量の2乗が

$$m_J^2 = \frac{J - \alpha_0}{\alpha'} \quad (B.5)$$

で与えられること，つまり，経験則 (1) の公式 (B.1) に従うことがわかります．

B.2　弦理論

弦とは

1次元的に広がった，太さゼロで一定の張力をもつ物体を（ひもの代わりに）**弦**とよぶことにし，この弦を量子力学の対象として扱いましょう．弦には，**開弦**とよばれる開いた弦と，**閉弦**とよばれる閉じた弦があります（図 B.4）．ちなみに，図 12.6 のウロボロスの～は開弦を表していて，輪ゴムのような物体は閉弦を表しています．

図 B.5 は，開弦と閉弦の運動の様子を表しています．弦が移動する軌道は，**世界面**とよばれる2次元面を描きます．世界面の座標を $\sigma_a = (\tau, \sigma)$ $(a = 0,1)$ とする

開弦　　　閉弦　　　図 B.4　開弦と閉弦

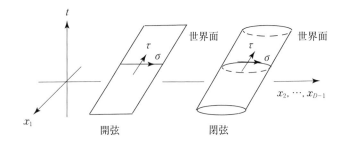

図 B.5　開弦と閉弦の運動と世界面

と,弦の位置は,$X^\mu = X^\mu(\tau,\sigma)$ ($\mu = 0,1,\cdots,D-1$) のように指定されます.ここで,τ は時間発展を指定する変数で,固有時と混同しないようにしてください.また,σ は弦の広がりを表す変数で,$0 \leq \sigma \leq \pi$ と選ぶことにします.

さらに,時空は D 次元ミンコフスキー時空とし,多くの相対性理論のテキストに従い,計量テンソル $\eta_{\mu\nu}$ を,
$$\eta_{00} = -1, \quad \eta_{ii} = 1 \ (i = 1,\cdots,D-1), \quad \eta_{\mu\nu} = 0 \ (\mu \neq \nu) \quad \text{(B.6)}$$
で定義します[2].弦は**張力** T_0 をもち,調和振動子のように振動します.そして,その物理的な振動が横波として伝播するとします.

閉弦に関しては,振動が伝わる向きが2つあります.そこで,σ による向き付けと同じ向きに伝わるもの $X^\mu(\tau-\sigma)$ を右向きの波,反対向きに伝わるもの $X^\mu(\tau+\sigma)$ を左向きの波とよぶことにします.図 B.6 の矢印付きの点線は振動が伝わる向きを表し,実線上の矢印は σ による向き付けを表しています.開弦に関しては,振動が端点で折り返した後に逆向きに伝わるので,右向きの波と左向きの波の区別はありません.

弦がある種の調和振動子として記述されるとすると,「**弦の取り得る状態は,振動状態を励起する上昇演算子で指定され,各状態は特定の性質をもつ素粒子として同定される**」という予想が浮かびます.

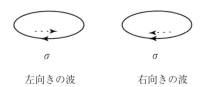

図 B.6　左向きの波と右向きの波

弦の状態は,どんな質量とスピンをもつ素粒子に対応するのか?

弦の運動に関する法則から,弦の状態が満たすべき拘束条件 $\hat{p}_\mu \hat{p}^\mu + \widehat{\mathcal{M}} = 0$ を導

---

2) 第12章と A.5 節を除いて,多くの素粒子物理学や場の量子論のテキストに従い,計量テンソル $\eta_{\mu\nu}$ に関する表記として,$\eta_{00} = 1$, $\eta_{ii} = -1$, $\eta_{\mu\nu} = 0$ ($\mu \neq \nu$) を用いてきました((2.23) を参照).(B.6) の表記にも慣れてください.

き，さらに固有値方程式

$$\mathcal{M} | 弦の状態 \rangle = m^2 | 弦の状態 \rangle \tag{B.7}$$

を解けば，弦の状態と質量 m を求めることができます．ここで，$\bar{p}^\mu$ は弦の重心の運動量演算子で，$-\bar{p}_\mu \bar{p}^\mu | 弦の状態 \rangle = m^2 | 弦の状態 \rangle$ が成り立ちます．$\mathcal{M}$ は弦の振動のエネルギーに関する演算子です．この付録でも，以後，煩雑になるので，演算子を表すハット（＾）は省略することにします．

　弦の運動に関する法則も，作用積分に集約されます．相対論的な点粒子に関する作用積分が世界線の長さに比例することから，弦に関する作用積分は，

$$S_{\mathrm{NG}} = -T_0 \int \sqrt{-\det(\partial_a X^\mu \partial_b X_\mu)}\, d\tau\, d\sigma \tag{B.8}$$

のように，世界面の面積に比例する形で表されます（添字の NG は Nambu‐Goto の頭文字）．S_{NG} は**南部‐後藤の作用**とよばれています．ただし，S_{NG} を用いると計算が煩雑になるので，S_{NG} と古典論的に等価な**ポリャコフの作用**とよばれる作用積分

$$S_{\mathrm{P}} = -\frac{T_0}{2} \int \sqrt{-h}\, h^{ab} \partial_a X^\mu \partial_b X_\mu\, d\tau\, d\sigma \tag{B.9}$$

を用いることにします（添字の P は Polyakov の頭文字）．ここで，$h = \det h_{ab}$（h_{ab}：世界面上の計量テンソル），h^{ab} は h_{ab} の逆（$\sum_{b=1,2} h^{ab} h_{bc} = \delta^a{}_c$）です．

　S_{P} は世界面上の一般座標変換および**ワイル変換**（h_{ab} に関する局所的スケール変換）のもとで不変です．h_{ab} に関する共変ゲージ（$h_{00} = -1$，$h_{11} = 1$，$h_{01} = h_{10} = 0$）のもとで，最小作用の原理を用いると，

$$\left(\frac{\partial^2}{\partial \tau^2} - \frac{\partial^2}{\partial \sigma^2} \right) X^\mu = 0 \tag{B.10}$$

$$\left[\frac{\partial X^\mu}{\partial \sigma} \delta X_\mu \right]_{\sigma=0}^{\sigma=\pi} = 0 \tag{B.11}$$

$$\left(\frac{\partial X^\mu}{\partial \tau} \pm \frac{\partial X^\mu}{\partial \sigma} \right)\left(\frac{\partial X_\mu}{\partial \tau} \pm \frac{\partial X_\mu}{\partial \sigma} \right) = 0 \tag{B.12}$$

が導かれます．

開弦の状態

　（B.11）は境界条件で，開弦に対しては自由端境界条件

$$\left. \frac{\partial X^\mu}{\partial \sigma} \right|_{\sigma=0} = \left. \frac{\partial X^\mu}{\partial \sigma} \right|_{\sigma=\pi} = 0 \tag{B.13}$$

を選ぶことにします．また，弦の座標に関して，**光円錐ゲージ**とよばれるゲージ固定条件 $X^+(\tau, \sigma) = x^+ + p^+ \tau$（$x^+$：重心の座標の成分，$p^+$：重心の運動量の成分）を課すことにより，弦の自由度を物理的な自由度である横波成分 $X^i(\tau, \sigma)$（$i = 2,$ $\cdots, 25$）に限定しましょう．ここで，$X^+ \equiv \dfrac{1}{\sqrt{2}}(X^0 + X^1)$ です．

294 付録 B 〜 超弦理論 〜

このとき，開弦を量子化することにより，(B.12) から，拘束条件

$$-\sum_{\mu=0}^{25} p^{\mu} p_{\mu} = 2\pi T_0 \left(\sum_{i=2}^{25} \sum_{n=1}^{\infty} \alpha_{-n}^i \alpha_n^i - 1 \right) \tag{B.14}$$

が導かれます．ここで，n は自然数，α_{-n}^i は上昇演算子，α_n^i は下降演算子で，

$$[\alpha_m^i, \alpha_{m'}^i] = m \delta_{m,-m'} \delta^{ij} \qquad (m, m' : 整数, \ i, j = 2, \cdots, 25) \tag{B.15}$$

を満たします．また，ローレンツ対称性が保たれる（ローレンツ代数が閉じている）という条件から，時空の次元 D が 26 に制限されるので，$D = 26$ としました．

開弦の基底状態 $|p\rangle$ はスピン 0 で，質量の 2 乗が負の値をもつ，**タキオン**とよばれる粒子に対応します．しかし，タキオンは光速を超えて伝播するため，**因果律**（原因から生じる影響は光の速さより速く伝わることはない）の崩壊を招き，理論が破綻するおそれがあります．

また基底状態 $|p\rangle$ に上昇演算子を作用させることにより，励起状態が生成されます（表 B.1）.

表 B.1　開弦の状態，質量，スピン

開弦の状態	（質量）^{2}	スピン
$\lvert p \rangle$	$-2\pi T_0$	0
$\alpha_{-1}^i \lvert p \rangle$	0	1
$\alpha_{-1}^i \alpha_{-1}^j \lvert p \rangle$	$2\pi T_0$	2
$\vdots$	$\vdots$	$\vdots$

励起状態は高いスピンをもつ粒子を含んでいて，例えば，スピン J の状態 $\alpha_{-1}^{i_1} \cdots \alpha_{-1}^{i_J} |p\rangle$ の質量を m_J とすると，(B.14) より，$m_J^2 = 2\pi T_0 (J - 1)$ が得られ，仮に $T_0 = 1/2\pi\alpha'$ とすると，

$$J = \alpha' m_J^2 + 1 \tag{B.16}$$

が導かれます．よって，$\alpha_{-1}^{i_1} \cdots \alpha_{-1}^{i_J} |p\rangle$ に対応する粒子は，$\alpha_0 = 1$ として，経験則 (1) の公式 (B.1) に従います．以後，T_0 の代わりに，$\alpha' (= 1/2\pi T_0)$ を用いることにします．経験則 (2) については，弦理論を用いて，ベネチアノ振幅が得られることが知られています．

このようにして，前節で紹介したハドロンの経験則が理解されます．しかしながら，ハドロンに関する理論として量子色力学が確立しているので，弦理論をハドロンに適用するときは，弦理論はあくまで有効理論であるとしましょう．

閉弦の状態

同様にして，閉弦に関して，境界条件 $X^{\mu}(\tau, \sigma + \pi) = X^{\mu}(\tau, \sigma)$ のもとで，拘束条件

$$-\sum_{\mu=0}^{25} p^\mu p_\mu = \frac{2}{\alpha'} \left\{ \sum_{i=2}^{25} \sum_{n=1}^{\infty} (\alpha_{-n}^i \alpha_n^i + \tilde{\alpha}_{-n}^i \tilde{\alpha}_n^i) - 2 \right\} \tag{B.17}$$

$$\sum_{i=2}^{25} \sum_{n=1}^{\infty} \alpha_{-n}^i \alpha_n^i = \sum_{i=2}^{25} \sum_{n=1}^{\infty} \tilde{\alpha}_{-n}^i \tilde{\alpha}_n^i \tag{B.18}$$

が導かれます．ここでも，光円錐ゲージを採用し，さらにローレンツ対称性が保たれるように $D = 26$ を選びました．

閉弦の基底状態 $|p\rangle$ もタキオンです．基底状態に右向きの波や左向きの波に関する上昇演算子 α_{-n}^i や $\tilde{\alpha}_{-n}^i$ を作用させることにより，励起状態が生成されます（表 B.2）．

表 B.2　閉弦の状態, 質量, スピン

閉弦の状態	（質量）^{2}	スピン
$\lvert p \rangle$	$-4/\alpha'$	0
$\alpha_{-1}^i \tilde{\alpha}_{-1}^j \lvert p \rangle$	0	2
$\vdots$	$\vdots$	$\vdots$

光子と重力子

ここで，開弦に $\alpha_{-1}^i |p\rangle$ が存在し，この状態に対応する粒子は質量ゼロ，スピン 1 をもっていること，閉弦に $\alpha_{-1}^i \tilde{\alpha}_{-1}^j |p\rangle$ が存在し，この状態に対応する粒子は，質量ゼロ，スピン 2 をもっていることに注目しましょう．すると，「$\alpha_{-1}^i |p\rangle$ に対応する**粒子は光子，$\alpha_{-1}^i \tilde{\alpha}_{-1}^j |p\rangle$ の 2 階対称テンソルの状態に対応する粒子は重力子である**」という予想が浮かびます．この予想のもとで，**弦理論は量子重力を含む万物の理論の候補**となります．

重力を記述する場合，$\alpha' = O(M_{\mathrm{Pl}}^{-2})$ となります．ここで，$M_{\mathrm{Pl}} (= E_{\mathrm{Pl}}/c^2 = 1.22 \times 10^{19}\,\mathrm{GeV}/c^2)$ は**プランク質量**です．というわけで，ハドロンとは（一端）決別して，張力 $T_0 = O(M_{\mathrm{Pl}}^2) = O(l_{\mathrm{Pl}}^{-2})$ をもつ弦を出発点にとり，素粒子の究極の理論を探索してみましょう．

ボソン弦理論の問題

ボソン弦 $X^\mu(\tau, \sigma)$ のみに基づく弦理論は，**ボソン弦理論**とよばれています．この理論には，次のような問題が存在します．

▶ **フェルミオンが存在しない**．

▶ **タキオンが存在する**．

これらの問題は，次節で扱う超弦理論（超対称性をもつ弦理論）によって解消します．

▶ **26 次元時空上で定式化される**．

この問題の本質は、**余剰次元**, つまり, 余剰空間が存在することで, この次元 (空間) をいかに扱うかです.

ここでは, 余剰空間は有限の大きさをもつ空間であるとして[3], 弦がこのような余剰空間上でどのように振る舞うかを見てみましょう.

簡単のため, 25次元目の空間が半径 R の円周 S^1 にコンパクト化されたとして, $M^{25} \times S^1$ 上の弦理論を考えてみましょう (M^{25}: 25次元ミンコフスキー時空). 具体的には, 25次元目の空間座標 x^{25} に関して, $x^{25} \sim x^{25} + 2\pi R$ という同一視 (x^{25} と $x^{25} + 2\pi R$ を同一の点とみなすこと) を通して, S^1 が得られます ($\sim$ は同一視を表す記号). そうすると S^1 上で, 閉弦の境界条件が $X^{25}(\tau, \sigma + \pi) = X^{25}(\tau, \sigma)$ から,

$$X^{25}(\tau, \sigma + \pi) = X^{25}(\tau, \sigma) + 2\pi R w \tag{B.19}$$

に変わります. ここで, w は**巻き付き数**とよばれる整数で, 閉弦が S^1 を何回巻き付いているかを表すもので, 弦の状態を指定する新たな量子数になります (図 B.7). 例えば, S^1 の向き付けと反対向きに $|w|$ 回巻き付いたものは, $w (<0)$ です.

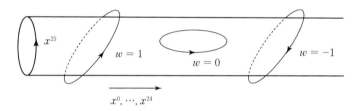

図 B.7　$M^{25} \times S^1$ 上の閉弦

また, 弦の S^1 に関する重心運動量 p^{25} が $p^{25} = \dfrac{k}{R}$ ($k \in \mathbb{Z}$) のように量子化され, k も弦の状態を指定する新たな量子数になります. この k を**カルーツァ–クライン数**とよぶことにします. このような p^{25} の量子化は, 波動関数 $e^{ip^{25}x^{25}}$ が S^1 上で一価関数になるという条件

$$e^{ip^{25}(x^{25} + 2\pi R)} = e^{ip^{25}x^{25}} \tag{B.20}$$

から得られます.

このようにして, 状態は $|p, k, w\rangle$ (k: カルーツァ–クライン数, w: 巻き付き数) に上昇演算子が掛かったものになります. このとき, (B.17) と (B.18) はそれぞれ

$$-\sum_{\mu=0}^{24} p^\mu p_\mu = \frac{2}{\alpha'}\left\{\sum_{i=2}^{25}\sum_{n=1}^{\infty}(\alpha^i_{-n}\alpha^i_n + \tilde{\alpha}^i_{-n}\tilde{\alpha}^i_n) - 2\right\} + \frac{k^2}{R^2} + \frac{w^2 R^2}{\alpha'^2} \tag{B.21}$$

---

3) 物理学において, 無限の広がりをもつ時間や空間を有限の時間や空間に置き換える操作を**コンパクト化**といいます.

$$\sum_{i=2}^{25} \sum_{n=1}^{\infty} \alpha_{-n}^i \alpha_n^i = \sum_{i=2}^{25} \sum_{n=1}^{\infty} \tilde{\alpha}_{-n}^i \tilde{\alpha}_n^i + kw \qquad (\text{B.22})$$

のように変更されます．(B.21) において，$p^{25} p_{25}$ が左辺から右辺に移項されて，k^2/R^2 として現れていることに注意しましょう．この項は，**カルーツァ-クライン理論**における**カルーツァ-クラインモード**に関する質量に相当します（(A.23) を参照）．

さらに，質量ゼロの状態に注目すると，カルーツァ-クライン理論におけるゲージ粒子の出現と似たような現象，つまり，「**26 次元時空上の重力子から，25 次元時空上の重力子，U(1) × U(1) ゲージ粒子，実スカラー粒子が現れる**」が起こります．実際，U(1) × U(1) ゲージ粒子に対応する状態として，

$$(\alpha_{-1}^i \tilde{\alpha}_{-1}^{25} + \alpha_{-1}^{25} \tilde{\alpha}_{-1}^i)|p, 0, 0\rangle \qquad (i = 2, \cdots, 24) \qquad (\text{B.23})$$

$$(\alpha_{-1}^i \tilde{\alpha}_{-1}^{25} - \alpha_{-1}^{25} \tilde{\alpha}_{-1}^i)|p, 0, 0\rangle \qquad (i = 2, \cdots, 24) \qquad (\text{B.24})$$

が存在し，実スカラー粒子に対応する状態として，$\alpha_{-1}^{25} \tilde{\alpha}_{-1}^{25}|p, 0, 0\rangle$ が存在します．

ここで，S^1 上の弦理論の特質を紹介します．

特質 1：半径 R の S^1 上の弦理論と半径 $\widetilde{R} = \alpha'/R$ の S^1 上の弦理論は等価である．実際，変換

$$R \to \frac{\alpha'}{R}, \quad k \to w, \quad w \to k, \quad \alpha_n^i \to -\alpha_n^i, \quad \tilde{\alpha}_n^i \to \tilde{\alpha}_n^i \qquad (\text{B.25})$$

のもとで，(B.21) と (B.22) は不変に保たれる．このようなコンパクト化された空間の大きさの変換に関する理論の不変性や理論の間の等価性は，**T 双対性**とよばれている．ここで，T は外部空間を意味する Target space の略である．

特質 2：$R = \sqrt{\alpha'}$ のとき，質量ゼロの状態として，新たに，$\alpha_{-1}^i|p, \pm 1, \pm 1\rangle$ および $\tilde{\alpha}_{-1}^i|p, \pm 1, \mp 1\rangle$ $(i = 2, \cdots, 24)$ が現れることにより，ゲージ対称性が SU(2) × SU(2) に増大する．

B.3 超弦理論

標準模型から積み残した謎として，「なぜ，3 世代の物質粒子が存在するのか？」「なぜ，3 種類の基本粒子（物質粒子，ゲージ粒子，ヒッグス粒子）が存在するのか？」などがあります．ここまで来ると，すべての基本粒子を統合したくなりますよね．

物質粒子はフェルミオンで，ゲージ粒子やヒッグス粒子はボソンなので，これらの統合のためには，超対称性が有効であると考えられます．さらに，重力子も統合しようとするならば，弦が候補になります．

このような推論により，重力子を含むすべての基本粒子の統合を実現する最も有望な理論として，**超弦理論**（SST：Superstring Theory の略）とよばれる超対称性をもつ弦理論が浮上します．超弦理論が万物の理論ならば，「**我々が異なる素粒子**

として観測しているものは，超弦（という実体）の異なる状態に過ぎない」という予想が生まれます．

B.3.1 超弦理論，Dブレイン

超弦理論

ボソン弦理論と似たような方法を用いて，超弦理論を定式化することができます．その詳細は省いて，ここでは超弦理論の主な特徴を列挙します．

特徴1：10次元時空上で定式化される．

特徴2：超弦の物理的な状態は $m^2 = n/\alpha'$ を満たす質量 m をもつ粒子に対応し，超対称性のもとで多重項を組む．ここで，n はゼロまたは特定の自然数である．

特徴3：弦の張力 $T_0 = O(M_{\mathrm{Pl}}^2) = O(l_{\mathrm{Pl}}^{-2})$ が切断パラメータのはたらきをすること，ループを含む遷移振幅に現れる積分領域が制限されること，および超対称性により，重力が寄与する場合も含めて，あらゆる高次の量子補正において，紫外発散が生じない（と信じられている）．

特徴4：10次元時空上で，5種類の超弦理論が存在する（表B.3）．

表 B.3　10次元超弦の略称，特徴，基底状態

略　称	弦	特　徴	基底状態
I 型	開弦，閉弦	向き付けなし	SO(32), SG
IIA 型	閉弦	非カイラル	SG
IIB 型	閉弦	カイラル	SG
SO(32)$\vert_{\mathrm{HET}}$ 型	閉弦	ヘテロ	SO(32), SG
$E_8 \times E_8'\vert_{\mathrm{HET}}$ 型	閉弦	ヘテロ	$E_8 \times E_8'$, SG

特徴1は，ボソン弦理論のときと同じように，超弦が相対論的かつ量子論的に無矛盾に定式化されるための条件から導かれます．また特徴2から，フェルミオンが存在することとタキオンが存在していないことがわかります．ここで，表B.3に関する説明を箇条書きで記します．

- 「基底状態」に対応する粒子の質量はゼロで，各超弦理論の基底状態は10次元超重力理論として記述される．量子異常の相殺により，SO(32) ゲージ対称性や例外リー群に基づく $E_8 \times E_8'$ ゲージ対称性が許される．

- 「I型」とは，I型超弦理論のことで，1種類の超対称性をもっている．「向き付けなし」とは，向き付けの変更 $\sigma \to \pi - \sigma$ に対して，不変な性質のことである．

- 「SO(32)」とは，SO(32) ゲージ群に関するゲージ粒子とゲージーノを含む**ゲージ超多重項**のことで，「SG」とは，重力子と重力微子（グラビティーノ）

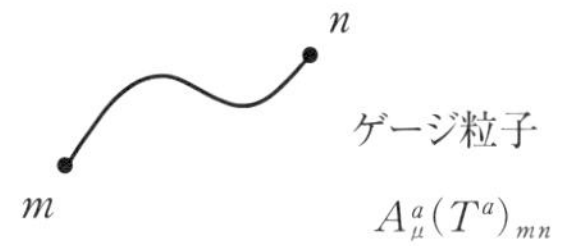

n

ゲージ粒子

$A_\mu^a (T^a)_{mn}$

図 B.8 チャン－パトン因子と
ゲージ粒子

m

を含む**重力超多重項**のことである．I 型の SO(32) ゲージ対称性は，開弦の両端に**チャン－パトン因子** $(T^a)_{mn}$ とよばれる自由度が付与されることにより生まれる（図 B.8）．

- 「IIA 型」および「IIB 型」とは，IIA 型超弦理論および IIB 型超弦理論のことで，いずれも 2 種類の超対称性をもっている．「非カイラル」とは，右向きの波から生じるスピノルのカイラリティと左向きの波から生じるスピノルのカイラリティが異なる状態のことで，「カイラル」は揃った状態のことである．

- 「SO(32)$|_\text{HET}$ 型」および「$E_8 \times E_8'|_\text{HET}$ 型」とは，SO(32) **ヘテロ型超弦理論**および $E_8 \times E_8'$ ヘテロ型超弦理論のことで，いずれも 1 種類の超対称性をもっている（添字の HET は heterotic の略）．「ヘテロ」とは，左向きの波をもつボソン弦と右向きの波をもつ超弦から成る混成的な弦を意味する．また「$E_8 \times E_8'$」とは，$E_8 \times E_8'$ ゲージ群に関するゲージ粒子とゲージーノを含むゲージ超多重項のことである．

ヘテロ型超弦理論において，ボソン弦のみが飛び回る余分な 16 次元部分がコンパクト化されて，SO(32) や $E_8 \times E_8'$ ゲージ対称性が生まれる．

4 次元弦模型

さて，いま仮に超弦理論が究極の理論だとすると，6 次元の余剰空間を有効利用して（例えば，コンパクト化して），4 次元弦模型とよばれる 4 次元時空上の弦模型を構築し，標準模型の謎を解くことが課題となります．4 次元弦模型においても，特徴 2 が成り立つとすると，「$1/\alpha' = O(M_\text{Pl}^2)$ のとき，**標準模型の粒子はすべて弦の** $n = 0$ **の状態に属する**」という予想が生まれます．このような予想を念頭に置いて，数多くの 4 次元弦模型が構築されています．

例えば，$E_8 \times E_8'$ ヘテロ型超弦理論を出発点として，6 次元時空を**カラビ－ヤウ多様体**とよばれる空間上にコンパクト化して得られる 4 次元弦模型の中に，E_6 ゲージ群をもつ超対称大統一理論の候補が存在します．また，6 次元時空を**オービフォルド**とよばれる空間上にコンパクト化した 4 次元弦模型の中にも，超対称大統一理論や超対称標準模型の候補が存在します．

D ブレイン

さらに，D ブレインに基づく弦模型も構築可能です．ここで，D ブレインとは，開弦の端がくっつくような，p 次元的に広がりをもつ物体のことで（図 B.9），空間次元を明記して，**Dp ブレイン**と記されます．ちなみに，Dp ブレインは超重力理論

のブラックブレインとよばれるソリトン解（時空上に，ある種の場が局在化した状態を表す解）として現れます．

前節で，開弦の境界条件として自由端境界条件を採用しましたが，固定端境界条件（ディリクレ境界条件）を選ぶことも可能です．そこで，余剰空間に対して，固定端境界条件を選ぶことにより，$p+1$ 次元時空上に開弦を束縛することができます[4]．開弦とは対照的に，閉弦は Dp ブレインの外側にも自由に伝播できます．

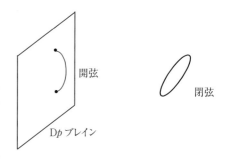

図 B.9　Dp ブレインと開弦と閉弦

さらに，重なった N 枚の Dp ブレインを用意することにより，U(N) ゲージ理論が構成されます（図 B.10）．実際，複数の D ブレインを用いて，「標準模型の粒子が開弦の状態に属することにより，4 次元時空に束縛される」という形で，**ブレインワールド**を実現する 4 次元弦模型が構成されています．

上記のような様々な方法を用いて，非常に多くの 4 次元弦模型が構築されていて（天文学的な数の 4 次元弦模型の存在が示唆されていて），「超弦理論は，本当に素粒子の究極の

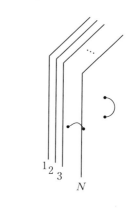

図 B.10　N 枚の Dp ブレインと開弦

理論なのか？」という問いが生まれると共に，超弦理論がマルチバースに誘（いざな）っているかのようにも思えます（第 12 章の Coffee Break を参照）．

B.3.2　M 理論と AdS/CFT 対応
M 理 論

5 種類の超弦理論を統一的に理解する枠組みとして，**M 理論**とよばれる 11 次元時空上の母なる理論の存在が示唆されています[5]．実際，M 理論を母体として，

---

4)　D ブレインの D はディリクレ（Dirichlet）の頭文字に由来します．

5)　M 理論は 11 次元超重力理論を基底状態として含む無矛盾な理論と考えられ，**膜**（2 次元的に広がりをもった物体）や行列を用いた定式化が試みられています．ちなみに，M 理論の M が何を表すかは明確ではなく，Membrane, Matrix, Mysterious, Magic, Miracle, Mother, Witten の W を逆さまにしたものなど，様々な説があります．

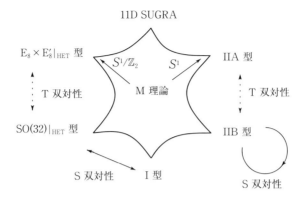

図 B.11　M 理論と超弦理論

5 種類の超弦理論が T 双対性や S 双対性により関係付けられます（図 B.11）．ここで，図 B.11 に関する説明を（予想を含めて）箇条書きで記します．

- **S 双対性**とは，弦の結合定数 g_{st} に関する変換 $g_{st} \to \dfrac{1}{g_{st}}$ のもとでの理論の不変性や，g_{st} をもつ弦理論と $\tilde{g}_{st} = \dfrac{1}{g_{st}}$ をもつ弦理論の間の等価性のことである（添字の st は string の略）．ちなみに，S は Strong‐weak の略である．また，g_{st} は，ディラトンとよばれるスカラー場 Φ を用いて，$g_{st} = e^{\Phi}$ と表される．IIB 型超弦理論は変換 $g_{st} \to \dfrac{1}{g_{st}}$ のもとで不変である．つまり，IIB 型超弦理論は S 双対性を内蔵している．SO(32) ヘテロ型超弦理論と I 型超弦理論は，S 双対性で結ばれていて両者は等価である．
- 11D SUGRA は 11 次元超重力理論のことで，M 理論の基底状態を記述する理論と考えられている．
- 「S^1」は S^1 上にコンパクト化することを意味し，このようなコンパクト化を通して，M 理論から IIA 型超弦理論が導かれる．より詳しく述べると，M 理論を S^1 上にコンパクト化した理論は，S 双対性により，IIA 型超弦理論と関係付けられる．
- 「$S^1/\mathbb{Z}_2$」は $S^1/\mathbb{Z}_2$（S^1 を離散群 $\mathbb{Z}_2$ で割って得られる空間）上にコンパクト化することを意味し，M 理論を $S^1/\mathbb{Z}_2$ 上にコンパクト化した理論は，S 双対性により，$E_8 \times E_8'$ ヘテロ型超弦理論と関係付けられる．
- IIA 型超弦理論を S^1 上にコンパクト化した理論と IIB 型超弦理論を S^1 上にコンパクト化した理論は，T 双対性で結ばれていて両者は等価である．

- $E_8 \times E_8'$ ヘテロ型超弦理論を S^1 上にコンパクト化した理論と SO(32) ヘテロ型超弦理論を S^1 上にコンパクト化した理論は，T 双対性で結ばれていて両者は等価である．

このようにして，11 次元超重力理論を含めた様々な理論が，M 理論の異なるパラメータ領域を記述する理論という形で，統一的に理解することができます．

AdS/CFT 対応

最後に，AdS/CFT 対応（ゲージ／重力双対性）とよばれる，量子重力を理解する上で極めて重要な双対性について紹介します．

図 B.12 のように，ブレインの間で，弦が描く世界面は 2 通りに解釈されます．左側の過程は閉弦の伝播を表し，閉弦に含まれる重力子のやりとりによる重力相互作用の発現を意味します．一方，右側の過程は開弦の伝播による 1 ループの量子補正を表し，開弦に含まれるゲージ粒子によるゲージ相互作用の存在を意味します．

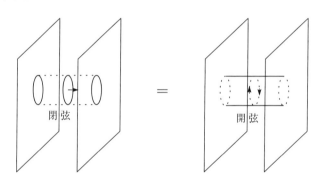

図 B.12　閉弦の伝播と開弦の伝播

これらが同じ物理を記述すると仮定すると，「**ある種の重力理論と，ある種のゲージ理論が等価である**」という予想に行き着きます．

さらに，ブラックホールの特質をヒントにして発案された，

▶ **ホログラフィー原理**：重力の自由度は，ホログラムのように空間のある境界上に暗号化されている．

を採用して，Dp ブレインが張力に起因するエネルギーをもち，その周りの時空が歪むことを考慮することにより，超弦理論に基づいて，「AdS$_5 \times S^5$ 上の閉弦の理論から導かれる 5 次元の反ドジッター時空（AdS$_5$）上の超重力理論」と「D3 ブレインに基づく開弦の理論から導かれる 4 次元の $N=4$ 超対称ヤン－ミルズ理論」の等価性が示唆されています．

B.3 超弦理論　　303

　ここで，4次元の $N = 4$ 超対称ヤン - ミルズ理論は，**共形場理論**（CFT：Conformal Field Theory）とよばれる場の量子論の一種です．このような理論の等価性を AdS/CFT 対応（ゲージ / 重力双対性）といいます．

　これまで見てきたように，超弦の基底状態として，「物質粒子，ゲージ粒子，ヒッグス粒子，重力子」が統合され，超弦理論により，「物質，力，真空，時空」が統一的に理解される可能性があります．さらに，超弦理論は，超対称性，大統一理論，余剰次元，様々な双対性をもっており，究極の理論の要素を兼ね備えています．しかしながら，現時点で未確認・未完成です．

付録 C ～ 量子異常とその周辺 ～

7.1 節で,「近似的に成り立っている保存則が数多く存在していて,これらに関する対称性も宝の山です.なぜなら,**保存則の破れは対称性の破れを意味し,対称性の破れの起源を探究することにより,基本的な法則やその法則を記述する理論に行き着く可能性があるからです.**」ということと,「素粒子の標準模型を理解する上で,さらに標準模型を超える理論を探究する上で,対称性の自発的破れと量子異常による対称性の破れを理解することは極めて重要です.」ということを述べました[1].**量子異常**とよばれる現象は,素粒子物理学と深く関わります.量子異常が織り成す素粒子のディープな世界に入り込みましょう.

C.1 量子異常

量子異常とは,量子化にともなって対称性の一部が崩壊する現象のことで,様々な量子系に現れます.量子異常を表す項(量子異常項)の導出には,場の量子論の摂動論や経路積分の知識が必要なので,初学者にはハードルが高いと思われますが,量子異常項の形そのものはそれほど複雑なものではなく,群論に基づいて代数的に扱うことができます.以下では,具体的な導出は省き,馴染み深い物理系(量子電磁力学,標準模型)に基づいて,量子異常について紹介します.ここで,量子異常に関する次の特質を念頭に置いておきましょう.

▶ 量子異常の特質

(1) 大局的で連続的対称性に関する量子異常は,粒子の崩壊現象のような物理現象に関与する.

(2) ゲージ対称性のような局所的対称性に関する量子異常は,存在すると理論の無矛盾性が損なわれるため,(相殺したりして)存在しない.

軸性 U(1) 量子異常

まずは,量子電磁力学を例にとりましょう.量子電磁力学のラグランジアン密度は

$$\widehat{\mathcal{L}}_{\mathrm{QED}} = \bar{\widehat{\psi}}\{i\gamma^\mu(\partial_\mu + ieQ\widehat{A}_\mu) - m\}\widehat{\psi}$$

$$-\frac{1}{4}(\partial_\mu\widehat{A}_\nu - \partial_\nu\widehat{A}_\mu)(\partial^\mu\widehat{A}^\nu - \partial^\nu\widehat{A}^\mu) \tag{C.1}$$

で与えられます((6.26) を参照).**大局的 U(1) 変換**

---

1) 実際,1984 年にグリーン(M. B. Green)とシュワルツ(J. H. Schwarz)が**グリーン－シュワルツ機構**とよばれる,超弦理論における量子異常の相殺機構を発見したことが,超弦理論の大流行につながりました.

$$\hat{\psi}'(x) = e^{-i\alpha}\hat{\psi}(x) \quad (\alpha:実数の定数), \quad \widehat{A}'^{\mu}(x) = \widehat{A}^{\mu}(x) \tag{C.2}$$

のもとで $\mathscr{L}_{\mathrm{QED}}$ は不変で，ネーターの定理に基づいて，保存則

$$\partial^{\mu}\hat{J}_{\mu} = 0 \tag{C.3}$$

が導かれます．ここで，$\hat{J}_{\mu}$ は U(1) ベクトルカレントで，$\hat{J}_{\mu} = \hat{\bar{\psi}}\gamma_{\mu}\hat{\psi}$ で与えられます．

また，**大局的軸性 U(1) 変換**

$$\begin{cases} \hat{\psi}'(x) = e^{-i\beta\gamma_5}\hat{\psi}(x), \quad \hat{\bar{\psi}}'(x) = \hat{\bar{\psi}}(x)e^{-i\beta\gamma_5} & (\beta:実数の定数) \\ \widehat{A}'^{\mu}(x) = \widehat{A}^{\mu}(x) \end{cases} \tag{C.4}$$

のもとで，荷電粒子の質量項を除いて $\mathscr{L}_{\mathrm{QED}}$ は不変です．ここで，$\gamma_5 = i\gamma^0\gamma^1\gamma^2\gamma^3$ です．よって，ネーターの定理に基づいて，次の近似的な保存則が得られます．

$$\partial^{\mu}\hat{J}_{5\mu} = 2im\hat{\bar{\psi}}\gamma_5\hat{\psi} \tag{C.5}$$

ここで，$\hat{J}_{5\mu}$ は軸性 U(1) ベクトルカレントで，$\hat{J}_{5\mu} = \hat{\bar{\psi}}\gamma_{\mu}\gamma_5\hat{\psi}$ で与えられます．

さらに，**三角ダイアグラム**とよばれる，図 C.1 のようなファインマン・ダイアグラムで表される量子補正を通して，(C.5) が

$$\langle\partial^{\mu}\hat{J}_{5\mu}\rangle = 2im\langle\hat{\bar{\psi}}\gamma_5\hat{\psi}\rangle + \frac{e^2Q^2}{16\pi^2}\varepsilon^{\mu\nu\rho\sigma}\widehat{F}_{\mu\nu}\widehat{F}_{\rho\sigma} \tag{C.6}$$

のように変更されます．ここで，三角ダイアグラムの内線を回るのは，電荷をもつフェルミオンです．また，(C.6) で $\langle\ \rangle$ は真空期待値を表します．以後も同様です．

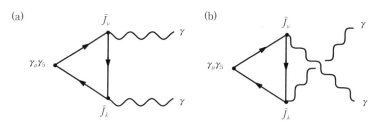

図 C.1 軸性 U(1) 量子異常

このような量子化にともなう軸性 U(1) 対称性の破れを，**軸性 U(1) 量子異常**といいます[2]．ここで，大局的 U(1) 対称性は保持される，つまり，$\langle\partial^{\mu}\hat{J}_{\mu}\rangle = 0$ としま

---

[2] 藤川 (K. Fujikawa) による経路積分に基づく量子異常項の導出では，経路積分のフェルミオンに関する積分測度が軸性 U(1) 変換のもとで不変に保たれないことに起因して，積分測度の変換性から軸性 U(1) 量子異常が発生することが知られています．また，経路積分に基づく量子異常項の導出はファインマン・ダイアグラムに基づく摂動計算に比べて，簡潔であるという利点があります．さらに，量子異常と**アティア-シンガーの指数定理**との関係が明確に表示されるという利点もあります．ここで，アティア-シンガーの指数定理とは，ある種の微分演算子に関する解析的指数と位相的指数 (位相不変量) が等しくなるという定理です．

した．また，図 C.1 や (C.6) の右辺の第 2 項から軸性 U(1) 量子異常の出現によって，光子が 2 個生成されると予測できます．

中性 π 中間子の崩壊

大局的変換に関する量子異常が素粒子の崩壊に関与することを，中性 π 中間子（π^0）の崩壊過程を例にとって紹介します．π^0 は最も軽いハドロンで，強い相互作用を通して崩壊しませんが，安定な粒子ではなく，8.43×10^{-17} s ほどで 2 個の光子に崩壊することが知られています．この過程は $\pi^0 \to 2\gamma$ と記されます．

この過程を電磁相互作用を含むアップクォーク（u）とダウンクォーク（d）に関するラグランジアン密度

$$\hat{\mathcal{L}}_{\mathrm{q}} = \sum_{f=1}^{2} \hat{\bar{q}}_f(x)\{i\gamma^\mu(\partial_\mu + ieQ_f\widehat{A}_\mu(x)) - m_f\}\hat{q}_f(x)$$

$$- \frac{1}{4}\{\partial_\mu\widehat{A}_\nu(x) - \partial_\nu\widehat{A}_\mu(x)\}\{\partial^\mu\widehat{A}^\nu(x) - \partial^\nu\widehat{A}^\mu(x)\} \quad (\text{C.7})$$

に基づいて考えてみましょう（添字の q は quark の頭文字）．ここで，$\hat{q}_1 = \hat{u}$，$\hat{q}_2 = \hat{d}$ とし，$Q_1 = 2/3$，$Q_2 = -1/3$ です．

大局的 SU(2)$_\mathrm{A}$ 変換

$$\begin{cases} \hat{q}'_f(x) = \sum_{f'=1}^{2}\left\{\exp\left(-i\sum_{a=1}^{3}\beta^a\frac{\tau^a}{2}\gamma_5\right)\right\}_{ff'}\hat{q}_{f'}(x) \\ \hat{\bar{q}}'_f(x) = \sum_{f'=1}^{2}\hat{\bar{q}}_{f'}(x)\left\{\exp\left(-i\sum_{a=1}^{3}\beta^a\frac{\tau^a}{2}\gamma_5\right)\right\}_{f'f} \\ \widehat{A}'^\mu(x) = \widehat{A}^\mu(x) \end{cases} \quad (\text{C.8})$$

のもとで，荷電粒子の質量項を除いて $\hat{\mathcal{L}}_{\mathrm{q}}$ は不変です．ここで，β^a は実数の定数，τ^a $(a = 1, 2, 3)$ はパウリ行列です．また，ネーターの定理に基づいて，近似的な保存則

$$\partial^\mu\hat{J}_{5\mu}^a = 2i\sum_{f=1}^{2} m_f\hat{\bar{q}}_f\frac{\tau^a}{2}\gamma_5\hat{q}_f \quad (\text{C.9})$$

が得られます．ここで，$\hat{J}_{5\mu}^a$ は軸性 SU(2) ベクトルカレントとよばれるカレントで，$\hat{J}_{5\mu}^a = \sum_{f=1}^{2}\hat{\bar{q}}_f\frac{\tau^a}{2}\gamma_\mu\gamma_5\hat{q}_f$ で与えられます．

さらに，量子補正を通して，量子異常を含む近似的な保存則

$$\langle\partial^\mu\hat{J}_{5\mu}^3\rangle = 2i\sum_{f=1}^{2} m_f\langle\hat{\bar{q}}_f\frac{\tau^3}{2}\gamma_5\hat{q}_f\rangle$$

$$+ N_\mathrm{C}\,\mathrm{tr}\left(Q^2\frac{\tau^3}{2}\right)\frac{e^2}{16\pi^2}\varepsilon^{\mu\nu\rho\sigma}\widehat{F}_{\mu\nu}\widehat{F}_{\rho\sigma} \quad (\text{C.10})$$

が導かれます．ここで，N_C は色の数です．

(C.10) の右辺の第 2 項が $\pi^0 \to 2\gamma$ と関連することは，π 中間子に関する有効場の

理論において，この量子異常が

$$\widehat{\mathscr{L}}_{\pi^0 \to 2\gamma} = N_{\mathrm{C}} \, \mathrm{tr}\Big(Q^2 \frac{\tau^3}{2}\Big) \frac{e^2}{16\pi^2 f_\pi} \, \widehat{\pi}^3 \varepsilon^{\mu\nu\rho\sigma} \widehat{F}_{\mu\nu} \widehat{F}_{\rho\sigma} \tag{C.11}$$

のようなラグランジアン密度で記述されることからわかります．ここで，f_π は π 中間子の**崩壊定数**，$\widehat{\pi}^3$ は π^0 に関する場の演算子です．

　実際，大局的 $\mathrm{SU}(2)_{\mathrm{A}}$ 変換のもとで，$\widehat{\pi}^3$ は $\widehat{\pi}'^3 = \widehat{\pi}^3 + \beta^3 f_\pi$ のように変換することが知られています（この変換は (7.48) において，$\varepsilon_{\mathrm{A}}^3$ を β^3 に，$\widehat{\sigma}$ を $\langle 0|\widehat{\sigma}(x)|0\rangle = f_\pi$ に置き換えたものに相当します）．そして，このとき，(C.11) の $\widehat{\mathscr{L}}_{\pi^0 \to 2\gamma}$ は

$$\widehat{\mathscr{L}}'_{\pi^0 \to 2\gamma} = \widehat{\mathscr{L}}_{\pi^0 \to 2\gamma} + \beta^3 N_{\mathrm{C}} \, \mathrm{tr}\Big(Q^2 \frac{\tau^3}{2}\Big) \frac{e^2}{16\pi^2} \, \varepsilon^{\mu\nu\rho\sigma} \widehat{F}_{\mu\nu} \widehat{F}_{\rho\sigma} \tag{C.12}$$

のように変換し，右辺の第 2 項が量子異常に相当します．

　また，この項に基づいて，π^0 の寿命を理論的に計算してみると，$N_{\mathrm{C}} = 3$ のとき，観測値と一致することがわかります．

　$\widehat{q}_f = \begin{pmatrix} \widehat{u} \\ \widehat{d} \end{pmatrix}$ に対して，Q と τ^3 は，

$$Q = \begin{pmatrix} 2/3 & 0 \\ 0 & -1/3 \end{pmatrix}, \qquad \tau^3 = \begin{pmatrix} 1 & 0 \\ 0 & -1 \end{pmatrix} \tag{C.13}$$

で与えられるので，

$$N_{\mathrm{C}} \, \mathrm{tr}\Big(Q^2 \frac{\tau^3}{2}\Big) = \frac{N_{\mathrm{C}}}{6} = \frac{1}{2}$$

が導かれます．

　参考までに，クォークの代わりにハドロンを用いて解析してみましょう．具体的には，u と d をそれぞれ陽子（p）と中性子（n）に置き換えることにより，(C.11) において，$N_{\mathrm{C}} \, \mathrm{tr}\Big(Q^2 \frac{\tau^3}{2}\Big)$ が $\mathrm{tr}\Big(Q^2 \frac{\tau^3}{2}\Big)$ に置き換わったラグランジアン密度を得ることができます．そこで，Q と τ^3 は

$$Q = \begin{pmatrix} 1 & 0 \\ 0 & 0 \end{pmatrix}, \qquad \tau^3 = \begin{pmatrix} 1 & 0 \\ 0 & -1 \end{pmatrix} \tag{C.14}$$

で与えられるので，$\mathrm{tr}\Big(Q^2 \frac{\tau^3}{2}\Big) = \frac{1}{2}$ が導かれ，クォークを用いて得られたものと一致した値を得ることができます[3]．

---

3)　「複合粒子（例：核子）を用いて得られる量子異常と，基本粒子（例：クォーク）を用いて得られる量子異常は一致するべし」という条件は，**量子異常の一致条件**とよばれ，標準模型を超える複合粒子の模型を構築する際に必要条件となります．

ゲージ量子異常の相殺

ゲージ変換に関して量子異常が現れた場合を考えてみましょう．このとき，ゲージ対称性の破れが起こり，くりこみ可能性やユニタリー性が成り立たなくなるため，理論の無矛盾性が損なわれます．つまり，理論の整合性を保証するために，**ゲージ量子異常**（ゲージ対称性に関する量子異常）が存在しないことを要求する必要があります．

ゲージ量子異常が発生する可能性のある理論は，ゲージ群 U(1) や SU(N) のもとでカイラルフェルミオンを含むような理論です[4]．理論の整合性を保つために，すべてのカイラルフェルミオンの寄与を加えることにより，あらゆる種類のゲージ量子異常が相殺する必要があります．このような相殺が起こっていることを**量子異常の相殺**といいます．

具体的には，ゲージ群 $G_1 \times \cdots \times G_n$ に基づくゲージ理論に対して，ゲージ群 G_A ($A = 1, \cdots, n$) に関する左巻きのカイラルフェルミオン ϕ_{Lk} ($k = 1, \cdots, n_L$) の表現行列を $T^{a_A}_{Lk}$ とし，右巻きのカイラルフェルミオン ϕ_{Rl} ($l = 1, \cdots, n_R$) の表現行列を $T^{a_A}_{Rl}$ とすると，G_A のゲージ場と G_B ($B = 1, \cdots, n$) のゲージ場と G_C ($C = 1, \cdots, n$) のゲージ場が関与して生じる，ゲージ量子異常が相殺するための条件は，

$$\sum_{k=1}^{n_L} \mathrm{tr}(T^{a_A}_{Lk}\{T^{b_B}_{Lk}, T^{c_C}_{Lk}\}) - \sum_{l=1}^{n_R} \mathrm{tr}(T^{a_A}_{Rl}\{T^{b_B}_{Rl}, T^{c_C}_{Rl}\}) = 0 \tag{C.15}$$

のように表されます．ここで，ゲージ群が U(1) のときは，表現行列は U(1) チャージとなります．

例えば，図 C.2 のような三角ダイアグラムがゲージ量子異常に寄与します．$T^{a_A}_{Lk}$ ($T^{a_A}_{Rl}$)，$T^{b_B}_{Lk}$ ($T^{b_B}_{Rl}$)，$T^{c_C}_{Lk}$ ($T^{c_C}_{Rl}$) で示された各頂点からそれぞれ G_A のゲージ場，G_B のゲージ場，G_C のゲージ場が放出されます．また，内線を回るのは，$T^{a_A}_{Lk}$ ($T^{a_A}_{Rl}$)，$T^{b_B}_{Lk}$ ($T^{b_B}_{Rl}$)，$T^{c_C}_{Lk}$ ($T^{c_C}_{Rl}$) が非自明な表現行列であるような左巻き（右巻き）のフェルミオンです．

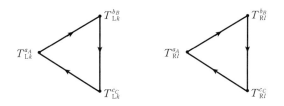

図 C.2 量子異常に寄与する三角ダイアグラム

---

4) 本書では扱いませんが，高次元時空上の理論における量子異常も視野に入れて，ワイル粒子の代わりに，カイラルフェルミオンという名称を使うことにしました．

C.1 量子異常　309

ここでゲージ量子異常が存在しない場合を2つ紹介します.

場合1：非カイラル（ベクトル的）な表現に従うカイラルフェルミオンが存在する場合，ゲージ量子異常は存在しない．ここで，非カイラルな表現に従うカイラルフェルミオンとは，表現行列 $T_{Lk}^{a_A}$ をもつ ψ_{Lk} と表現行列 $T_{Rk}^{a_A} = U T_{Lk}^{a_A} U^\dagger$（$U$：ユニタリー行列）をもつ ψ_{Rk} の（対の）ことである．実際，このとき，

$$\mathrm{tr}(T_{Lk}^{a_A}\{T_{Lk}^{b_B}, T_{Lk}^{c_C}\}) - \mathrm{tr}(T_{Rk}^{a_A}\{T_{Rk}^{b_B}, T_{Rk}^{c_C}\})$$
$$= \mathrm{tr}(T_{Lk}^{a_A}\{T_{Lk}^{b_B}, T_{Lk}^{c_C}\}) - \mathrm{tr}(U T_{Lk}^{a_A} U^\dagger \{U T_{Lk}^{b_B} U^\dagger, U T_{Lk}^{c_C} U^\dagger\})$$
$$= \mathrm{tr}(T_{Lk}^{a_A}\{T_{Lk}^{b_B}, T_{Lk}^{c_C}\}) - \mathrm{tr}(T_{Lk}^{a_A}\{T_{Lk}^{b_B}, T_{Lk}^{c_C}\}) = 0 \tag{C.16}$$

となり，ゲージ量子異常は相殺する.

場合2：実表現に従うカイラルフェルミオンが存在する場合，ゲージ量子異常は存在しない．ここで，実表現とは，ある表現がその複素共役表現と相似変換で結ばれているような表現のことである（(7.11) を参照）．リー代数の言葉では，表現行列 T^a が $T^a = S^{-1}(-(T^a)^*)S$（S：正則行列）を満たすような表現のことである．実際，このとき，$\mathrm{tr}(T^a\{T^b, T^c\})$ は

$$\mathrm{tr}(T^a\{T^b, T^c\})$$
$$= -\mathrm{tr}(S^{-1}T^{a*}S\{S^{-1}T^{b*}S, S^{-1}T^{c*}S\})$$
$$= -\mathrm{tr}(T^{a*}\{T^{b*}, T^{c*}\}) = -\mathrm{tr}(\{T^{c\dagger}, T^{b\dagger}\}T^{a\dagger})$$
$$= -\mathrm{tr}(T^{a\dagger}\{T^{b\dagger}, T^{c\dagger}\}) = -\mathrm{tr}(T^a\{T^b, T^c\}) \tag{C.17}$$

のように変形される．3番目の式変形では，転置をしてもトレースは変わらないという性質を用いて転置を行った．また，最後の変形は，T^a がエルミート行列（$T^{a\dagger} = T^a$）であることを用いて，T^a を $T^{a\dagger}$ に変えている.

(C.17) から $\mathrm{tr}(T^a\{T^b, T^c\}) = 0$ が導かれ，ゲージ量子異常が存在しないことがわかる.

標準模型において，あらゆるゲージ量子異常が鮮やかに相殺していることが知られています．実際，標準模型において，ゲージ量子異常の相殺が起こっていることを表11.1を参考にしながら見てみましょう.

標準模型のゲージ群は $\mathrm{SU}(3)_\mathrm{C} \times \mathrm{SU}(2)_\mathrm{L} \times \mathrm{U}(1)_Y$，ゲージ粒子はそれぞれ $\hat{G}_\mu^a(x), \hat{W}_\mu^a(x), \hat{B}_\mu(x)$，生成子はそれぞれ $T_\mathrm{C}^a, T_\mathrm{L}^a, Y$ です（表11.5を参照）．ゲージ量子異常については，$\hat{G}_\mu^a(x)$ のみが放出されるもの（以下で $\hat{G}_\mu \hat{G}_\nu \hat{G}_\lambda$ と記す）から $\hat{B}_\mu(x)$ のみが放出されるもの（以下で $\hat{B}_\mu \hat{B}_\nu \hat{B}_\lambda$ と記す）まで，9種類（$\hat{G}_\mu \hat{G}_\nu \hat{G}_\lambda$, $\hat{W}_\mu \hat{G}_\nu \hat{G}_\lambda$, $\hat{G}_\mu \hat{W}_\nu \hat{W}_\lambda$, $\hat{B}_\mu \hat{G}_\nu \hat{G}_\lambda$, $\hat{G}_\mu \hat{B}_\nu \hat{B}_\lambda$, $\hat{W}_\mu \hat{W}_\nu \hat{W}_\lambda$, $\hat{B}_\mu \hat{W}_\nu \hat{W}_\lambda$, $\hat{W}_\mu \hat{B}_\nu \hat{B}_\lambda$, $\hat{B}_\mu \hat{B}_\nu \hat{B}_\lambda$）が考えられます.

以下で，順番にゲージ量子異常の相殺を調べてみましょう.

- $\hat{G}_\mu \hat{G}_\nu \hat{G}_\lambda$：クォークが $\mathrm{SU}(3)_\mathrm{C}$ の非カイラルな3表現（左巻きクォークの表現行列も右巻きクォークの表現行列も $\lambda^a/2$）に従っているので，上記の場合

310　付録 C ～量子異常とその周辺～

1 に該当し，ゲージ量子異常は存在しない．

- $\widehat{W}_\mu \widehat{G}_\nu \widehat{G}_\lambda$：このゲージ量子異常は，

$$\sum_k \operatorname{tr}\left(\frac{\tau_k^a}{2}\left\{\frac{\lambda_k^b}{2}, \frac{\lambda_k^c}{2}\right\}\right) = \sum_k \operatorname{tr}\left(\frac{\tau_k^a}{2}\right)\operatorname{tr}\left(\left\{\frac{\lambda_k^b}{2}, \frac{\lambda_k^c}{2}\right\}\right)$$

$$= \frac{1}{2}\delta^{bc}\sum_k \operatorname{tr}\left(\frac{\tau_k^a}{2}\right) = 0 \tag{C.18}$$

のように相殺する．ここで，$\mathrm{SU}(3)_\mathrm{C}$ と $\mathrm{SU}(2)_\mathrm{L}$ の表現行列が作用する内部空間が異なるので，トレースを独立にとることができること，$\operatorname{tr}\left(\frac{\tau_k^a}{2}\right) = 0$，$\operatorname{tr}\left(\left\{\frac{\lambda_k^b}{2}, \frac{\lambda_k^c}{2}\right\}\right) = \frac{1}{2}\delta^{bc}$ を用いた．

- $\widehat{G}_\mu \widehat{W}_\nu \widehat{W}_\lambda$：このゲージ量子異常も，

$$\sum_k \operatorname{tr}\left(\frac{\lambda_k^a}{2}\left\{\frac{\tau_k^b}{2}, \frac{\tau_k^c}{2}\right\}\right) = \frac{1}{2}\delta^{bc}\sum_k \operatorname{tr}\left(\frac{\lambda_k^a}{2}\right) = 0 \tag{C.19}$$

のように相殺する．ここで，$\mathrm{SU}(3)_\mathrm{C}$ と $\mathrm{SU}(2)_\mathrm{L}$ の表現行列が作用する内部空間が異なるので，トレースを独立にとることができること，$\operatorname{tr}\left(\frac{\lambda_k^a}{2}\right) = 0$，$\operatorname{tr}\left(\left\{\frac{\tau_k^b}{2}, \frac{\tau_k^c}{2}\right\}\right) = \frac{1}{2}\delta^{bc}$ を用いた．

- $\widehat{B}_\mu \widehat{G}_\nu \widehat{G}_\lambda$：このゲージ量子異常は，

$$\sum_k \operatorname{tr}\left(Y_k \left\{\frac{\lambda_k^b}{2}, \frac{\lambda_k^c}{2}\right\}\right) - \sum_l \operatorname{tr}\left(Y_l \left\{\frac{\lambda_l^b}{2}, \frac{\lambda_l^c}{2}\right\}\right)$$

$$= \frac{1}{2}\delta^{bc}\left\{\sum_k \operatorname{tr}(Y_k) - \sum_l Y(\psi_{\mathrm{R}l})\right\}$$

$$= \frac{1}{2}\delta^{bc}N_\mathrm{g}N_\mathrm{C}\left\{\frac{1}{6} \times 2 - \frac{2}{3} - \left(-\frac{1}{3}\right)\right\} = 0 \tag{C.20}$$

のように相殺する．ここで，和はクォークに限定されている．また，$\mathrm{q_L}$ に関しては $Y = \begin{pmatrix} 1/6 & 0 \\ 0 & 1/6 \end{pmatrix}$ で，$\mathrm{u_R}, \mathrm{d_R}$ に関してはそれぞれ $Y(\mathrm{u_R}) = 2/3$，$Y(\mathrm{d_R}) = -1/3$ である．さらに，$N_\mathrm{g}, N_\mathrm{C}$ はそれぞれ物質粒子の世代数，色の数である（添字の g, C はそれぞれ generation, Color の頭文字）．

- $\widehat{G}_\mu \widehat{B}_\nu \widehat{B}_\lambda$：このゲージ量子異常は，

$$\sum_k \operatorname{tr}\left((Y_k)^2 \frac{\lambda_k^a}{2}\right) - \sum_l \operatorname{tr}\left((Y_l)^2 \frac{\lambda_l^a}{2}\right)$$

$$= \sum_k \operatorname{tr}\left((Y_k)^2\right)\operatorname{tr}\left(\frac{\lambda_k^a}{2}\right) - \sum_l Y(\psi_{\mathrm{R}l})^2 \operatorname{tr}\left(\frac{\lambda_l^a}{2}\right) \tag{C.21}$$

と表され，$\mathrm{tr}\!\left(\dfrac{\lambda_k^a}{2}\right)=0,\ \mathrm{tr}\!\left(\dfrac{\lambda_l^a}{2}\right)=0$ が成り立つので相殺する．

- $\widehat{W}_\mu \widehat{W}_\nu \widehat{W}_\lambda$：$\mathrm{SU}(2)_\mathrm{L}$ の **2** 表現は実表現なので，上記の場合 2 に該当し，

$$\mathrm{tr}\!\left(\frac{\tau_k^a}{2}\left\{\frac{\tau_k^b}{2},\frac{\tau_k^c}{2}\right\}\right)=-\mathrm{tr}\!\left(\frac{\tau_k^a}{2}\left\{\frac{\tau_k^b}{2},\frac{\tau_k^c}{2}\right\}\right)=0 \tag{C.22}$$

が得られて，ゲージ量子異常は存在しない．

- $\widehat{B}_\mu \widehat{W}_\nu \widehat{W}_\lambda$：このゲージ量子異常は，

$$\sum_k \mathrm{tr}\!\left(Y_k\left\{\frac{\tau_k^a}{2},\frac{\tau_k^b}{2}\right\}\right)=\sum_k \mathrm{tr}\,(Y_k)\,\mathrm{tr}\!\left(\left\{\frac{\tau_k^a}{2},\frac{\tau_k^b}{2}\right\}\right)$$

$$=\frac{1}{2}\delta_{ab}\sum_k \mathrm{tr}\,(Q_k) \tag{C.23}$$

のように変形できる．最後の変形で，$Y=Q-\dfrac{\tau^3}{2}$ と $\mathrm{tr}\!\left(\dfrac{\tau^3}{2}\right)=0$ を用いた．

$\psi_{\mathrm{L}k}$ に関する電荷の総和 $\displaystyle\sum_k \mathrm{tr}\,(Q_k)$ は，

$$\sum_k \mathrm{tr}\,(Q_k)=N_\mathrm{g}\{Q(\nu)+Q(\mathrm{e}^-)+N_\mathrm{C}(Q(\mathrm{u})+Q(\mathrm{d}))\}$$

$$=N_\mathrm{g}\!\left(-1+\frac{N_\mathrm{C}}{3}\right) \tag{C.24}$$

のように，色の数 N_C に依存する．実際，$N_\mathrm{C}=3$ のとき，$\displaystyle\sum_k \mathrm{tr}\,(Q_k)=0$ となって，ゲージ量子異常が相殺する．クォークの世代数とレプトンの世代数が等しいことも重要である．

- $\widehat{W}_\mu \widehat{B}_\nu \widehat{B}_\lambda$：このゲージ量子異常は，

$$\sum_k \mathrm{tr}\!\left((Y_k)^2\,\frac{\tau_k^a}{2}\right)=\sum_k \mathrm{tr}\,((Y_k)^2)\,\mathrm{tr}\!\left(\frac{\tau_k^a}{2}\right) \tag{C.25}$$

のように変形され，$\mathrm{tr}\!\left(\dfrac{\tau_k^a}{2}\right)=0$ が成り立つので相殺する．

- $\widehat{B}_\mu \widehat{B}_\nu \widehat{B}_\lambda$：このゲージ量子異常は，

$$\sum_k \mathrm{tr}\,((Y_k)^3)-\sum_l \mathrm{tr}\,((Y_l)^3)=\sum_k \mathrm{tr}\!\left(Q_k-\frac{\tau_k^3}{2}\right)^3-\sum_l \{Q(\psi_{\mathrm{R}l})\}^3$$

$$=\sum_k \mathrm{tr}\,((Q_k)^3)-\sum_l \{Q(\psi_{\mathrm{R}l})\}^3-3\sum_k \mathrm{tr}\!\left((Q_k)^2\,\frac{\tau_k^3}{2}\right)$$

$$+3\sum_k \mathrm{tr}\!\left(Q_k\!\left(\frac{\tau_k^3}{2}\right)^2\right)-\mathrm{tr}\!\left(\frac{\tau_k^3}{2}\right)^3$$

$$=-3\sum_k \mathrm{tr}\!\left((Q_k)^2\,\frac{\tau_k^3}{2}\right)+\frac{3}{4}\sum_k \mathrm{tr}\,(Q_k)=0 \tag{C.26}$$

のように相殺する．ここで，$\displaystyle\sum_k \mathrm{tr}\,((Q_k)^3)=\sum_l \{Q(\psi_{\mathrm{R}l})\}^3$（標準模型の物質粒

312　付録 C 〜 量子異常とその周辺 〜

子の左巻きフェルミオンの電荷が，対応する右巻きフェルミオンの電荷と等

しいことによる），$\left(\dfrac{\tau_k^3}{2}\right)^2 = \dfrac{1}{4}$, $\mathrm{tr}\left(\left(\dfrac{\tau_k^3}{2}\right)^3\right) = 0$, $\sum_k \mathrm{tr}(Q_k) = 0$（(C.24) を

参照）および

$$\sum_k \mathrm{tr}\left((Q_k)^2 \frac{\tau_k^3}{2}\right) = N_{\mathrm{g}}\Big[Q(\nu)^2 \times \frac{1}{2} + Q(\mathrm{e}^-)^2 \times \left(-\frac{1}{2}\right)$$

$$+ N_{\mathrm{C}}\Big\{Q(\mathrm{u})^2 \times \frac{1}{2} + Q(\mathrm{d})^2 \times \left(-\frac{1}{2}\right)\Big\}\Big]$$

$$= N_{\mathrm{g}}\left(-\frac{1}{2} + \frac{N_{\mathrm{C}}}{6}\right) = 0 \qquad (N_{\mathrm{C}} = 3) \tag{C.27}$$

を用いた.

　このようにして，素粒子の標準模型にはゲージ量子異常が存在しないことがわか

りました[5),6)].

　ちなみに，ゲージ群 SU(5) に基づくゲージ理論において，$\bar{5}$ 表現と **10** 表現に従

う左巻きのフェルミオンが存在するとき，これらの粒子が寄与するゲージ量子異常

は，

$$\mathrm{tr}(T_{\bar{5}}^{\alpha}\{T_{\bar{5}}^{\beta}, T_{\bar{5}}^{\gamma}\}) + \mathrm{tr}(T_{10}^{\alpha}\{T_{10}^{\beta}, T_{10}^{\gamma}\})$$

$$= -\mathrm{tr}(T_5^{\alpha}\{T_5^{\beta}, T_5^{\gamma}\}) + \mathrm{tr}(T_{10}^{\alpha}\{T_{10}^{\beta}, T_{10}^{\gamma}\}) = 0 \tag{C.28}$$

のように相殺しています. ここで，$\alpha, \beta, \gamma = 1, \cdots, 24$，$T_{\bar{5}}^{\alpha}(= -i(T_5^{\alpha})^*)$，$T_{10}^{\alpha}$，$T_5^{\alpha}$

はそれぞれ $\bar{5}$ 表現，**10** 表現，**5** 表現の表現行列です.

---

5)　ここでは，丁寧な説明を心がけて9種類の過程について1つ1つ調べましたが，簡
潔さやエレガントさを優先するならば，「$\widehat{W}_\mu$ あるいは $\widehat{G}_\mu$ を単独で含む過程（$\widehat{W}_\mu\widehat{G}_\nu\widehat{G}_\lambda$,
$\widehat{G}_\mu\widehat{W}_\nu\widehat{W}_\lambda$, $\widehat{G}_\mu\widehat{B}_\nu\widehat{B}_\lambda$, $\widehat{W}_\mu\widehat{B}_\nu\widehat{B}_\lambda$）については，$\mathrm{tr}(T_{\mathrm{L}}^a) (= 0)$ あるいは $\mathrm{tr}(T_{\mathrm{C}}^a) (= 0)$ を因子と
して含むため，量子異常は存在しない」という説明が考えられます.

6)　より詳しく述べると，SU(2) ゲージ群の2重項であるワイル粒子に対して，巻き付
き数を1だけ変える（ホモトピー類を変える）ゲージ変換（$\widehat{W}_\mu^a \to \widehat{W}_\mu'^a$）に対して，ワイル
粒子に関する行列式が符号を変える（$(\det i\mathcal{D}(\widehat{W}_\mu'^a))^{1/2} = -(\det i\mathcal{D}(\widehat{W}_\mu^a))^{1/2}$）ため，理論
をうまく定義することができないことが知られています（巻き付き数やホモトピー類につ
いては，次節を参照）. このような量子異常は，**大局的 SU(2) 量子異常**とよばれています
（巻き付き数を変えるような変換とはいえ，ゲージ変換に関する量子異常なので，「大局的」
という名称は誤解を招きかねないので注意してください）.
　つまり，SU(2) ゲージ群をもつ理論が無矛盾であるためには，**SU(2) に関する2重項で**
あるワイル粒子の数は偶数である必要があります. 標準模型は $\mathrm{SU(2)_L}$ に関する2重項で
あるワイル粒子を含んでいますが，その個数は $N_{\mathrm{g}}(N_{\mathrm{C}} + 1) = 4N_{\mathrm{g}} = 12$ であるため，大局
的 SU(2) 量子異常は存在しません. **これで，標準模型の無矛盾性が完全に確保されました**.

C.2 インスタントン

量子色力学の世界の真空状態は，どのようなものか？

クォークが真空期待値をもたないとすると，グルーオンに関するラグランジアン密度 $\mathcal{L}_{G_\mu} = -\frac{1}{4}\sum_{a=1}^{8} G_{\mu\nu}^a G^{a\mu\nu}$ が出発点となります．ここで，煩雑になるので，場の演算子を表すハット（＾）は省略しました（これ以降も省略します）．

$G_0^a = 0$ というゲージ固定条件を採用して，ハミルトニアン密度を求めてみると，

$$\mathcal{H}_{G_\mu} = \frac{1}{4}\sum_{a=1}^{8}\left\{\left(\frac{\partial G_i^a}{\partial t}\right)^2 + (G_{ij}^a)^2\right\} \geq 0 \qquad (i,j = 1,2,3) \tag{C.29}$$

となります．よって，真空状態は $\mathcal{H}_{G_\mu} = 0$ の状態で，$\frac{\partial G_i^a}{\partial t} = 0$，$G_{ij}^a = 0$ のような場の方程式を満たします．そして，このとき，グルーオンの配位（場の方程式の解）は

$$G_i(\boldsymbol{x}) = \sum_{a=1}^{8} G_i^a(\boldsymbol{x})\frac{\lambda^a}{2} = \frac{i}{g_s} U(\boldsymbol{x})\partial_i U^{-1}(\boldsymbol{x}) \tag{C.30}$$

で与えられます．ここで，λ^a はゲルマン行列です．

（C.30）より，時間に依存しないゲージ変換を行うことによって，無限遠点におけるゲージ場の値をゼロ（つまり，$G_i(|\boldsymbol{x}| = \infty) = 0$）にすることができます．このとき，無限遠点 $|\boldsymbol{x}| = \infty$ を同一点とみなすことにより，U を用いた写像は，3次元球面 S^3 から SU(3) への写像となります．SU(3) は多様体として S^3 と同相な部分群 SU(2) を含んでいるため，この写像は3次元**ホモトピー類**（位相空間内の3ループ（例：S^3）の同値類）により分類されます．

具体的には，S^3 から S^3（～ SU(2)）への**巻き付き数**とよばれる整数値をとる**位相不変量**

$$w(U) \equiv \frac{1}{24\pi^2}\int \sum_{i,j,k=1}^{3} \varepsilon^{ijk}\,\mathrm{tr}(U\partial_i U^{-1}U\partial_j U^{-1}U\partial_k U^{-1})\,d^3x \tag{C.31}$$

により分類されます．ここで，ε^{ijk} は3つの添字の入れ替えに関して完全反対称な量です．例えば，ゼロでないものは $\varepsilon^{123} = \varepsilon^{231} = \varepsilon^{312} = 1$ と $\varepsilon^{321} = \varepsilon^{213} = \varepsilon^{132} = -1$ です．

このようにして，**量子色力学の真空は巻き付き数で特徴付けられ，無限に縮退している**ことがわかります．以後，巻き付き数が n の真空を $|n\rangle$ と表記します．

θ 真 空

巻き付き数が異なる真空状態をつなぐようなゲージ変換が存在するため，$|n\rangle$ はゲージ不変ではありません．巻き付き数を1だけ増やすゲージ変換の元を $\mathcal{G}_1$ とすると，$\mathcal{G}_1$ が $|n\rangle$ に作用することにより，$\mathcal{G}_1|n\rangle = |n+1\rangle$ となります．

このような変換性により，ゲージ変換の固有状態として，θ **真空**とよばれる真空

314　付録 C ～ 量子異常とその周辺 ～

状態

$$|\theta\rangle \equiv \sum_{n\in\mathbb{Z}} e^{-in\theta}|n\rangle \tag{C.32}$$

を定義することができます．ここで，$\mathbb{Z}$ は整数の集合を表します．

　実際，この状態に $\mathcal{G}_1$ を作用させると，

$$\mathcal{G}_1|\theta\rangle = \sum_{n\in\mathbb{Z}} e^{-in\theta}\mathcal{G}_1|n\rangle = \sum_{n\in\mathbb{Z}} e^{-in\theta}|n+1\rangle$$

$$= \sum_{n\in\mathbb{Z}} e^{-i(n-1)\theta}|n\rangle = e^{i\theta}\sum_{n\in\mathbb{Z}} e^{-in\theta}|n\rangle = e^{i\theta}|\theta\rangle \tag{C.33}$$

が導かれ，$|\theta\rangle$ が $\mathcal{G}_1$ に関する固有値 $e^{i\theta}$ の固有状態であることがわかります．さらに，$\mathcal{G}_1$ はハミルトン演算子と交換するため，$|\theta\rangle$ はエネルギーの固有状態でもあります．

　時刻 $t = -\infty$ で真空 $|n\rangle$ にある物理系が時間発展し，時刻 $t = +\infty$ で別の真空 $|n+1\rangle$ になったとします．このようなゲージ場の配位は，**インスタントン**とよばれ，巻き付き数に相当する，**トポロジカルチャージ**とよばれる位相不変量

$$q \equiv \frac{g_{\mathrm{s}}^2}{64\pi^2}\int \sum_{a=1}^{3} \varepsilon^{\mu\nu\lambda\rho} G_{\mu\nu}^a G_{\lambda\rho}^a\, d^4x$$

$$= \frac{g_{\mathrm{s}}^2}{32\pi^2}\int \sum_{a} G_{\mu\nu}^a \widetilde{G}^{a\mu\nu}\, d^4x \tag{C.34}$$

が 1 という値をとるソリトン解です．ここで，$\widetilde{G}^{a\mu\nu} \equiv \frac{1}{2}\varepsilon^{\mu\nu\lambda\rho} G_{\lambda\rho}^a$ です．

θ 項

　経路積分の表式を用いて，θ 真空 $|\theta\rangle$ から $|\theta'\rangle$ への遷移振幅は，

$$\langle\theta'|e^{-iHt}|\theta\rangle \equiv \sum_{m,n\in\mathbb{Z}} e^{im\theta'} e^{-in\theta}\langle m|e^{-iHt}|n\rangle$$

$$= \sum_{m\in\mathbb{Z}}\sum_{n-m\in\mathbb{Z}} e^{-i(n-m)\theta} e^{im(\theta'-\theta)}\int (\mathcal{D}G)_{n-m} e^{-i\int\mathcal{L}\,d^4x}$$

$$= \delta(\theta'-\theta)\sum_{q(=n-m)\in\mathbb{Z}} e^{-iq\theta}\int (\mathcal{D}G)_q\, e^{-i\int\mathcal{L}\,d^4x}$$

$$= \delta(\theta'-\theta)\sum_{q\in\mathbb{Z}}\int (\mathcal{D}G)_q\, e^{-i\int(\mathcal{L}+\mathcal{L}_\theta)\,d^4x} \tag{C.35}$$

のように表されます．ここで，$(\mathcal{D}G)_q$ はトポロジカルチャージが $q\,(=n-m)$ であるグルーオン場の配位に関する積分測度です．また，$\mathcal{L}_\theta$ は

$$\mathcal{L}_\theta = \theta\frac{g_{\mathrm{s}}^2}{64\pi^2}\sum_{a=1}^{8} \varepsilon^{\mu\nu\lambda\rho} G_{\mu\nu}^a G_{\lambda\rho}^a = \theta\frac{g_{\mathrm{s}}^2}{32\pi^2}\sum_{a=1}^{8} G_{\mu\nu}^a \widetilde{G}^{a\mu\nu}$$

$$= \theta \frac{g_s^2}{16\pi^2} \operatorname{tr}(G_{\mu\nu} \tilde{G}^{\mu\nu}) \tag{C.36}$$

と表されるラグランジアン密度で，θ項とよばれています．ここで，(C.34) を用いて，$e^{-iq\theta}$ を $e^{-i\int \mathcal{L}_\theta d^4x}$ の形に表しました．また，$G_{\mu\nu}$ と $\tilde{G}^{\mu\nu}$ はそれぞれ $G_{\mu\nu} = \sum\limits_{a=1}^{8} G_{\mu\nu}^a \frac{\lambda^a}{2}$ と $\tilde{G}^{\mu\nu} = \sum\limits_{a=1}^{8} \tilde{G}^{a\mu\nu} \frac{\lambda^a}{2}$ で与えられます．そして，$\mathcal{L} + \mathcal{L}_\theta$ が量子色力学のラグランジアン密度となります．

このようにして，**巻き付き数で特徴付けられた無限に縮退した真空から構成される** θ **真空の存在**が，θ項の出現に関わっていることがわかりました．

ここで，θ項の特徴を紹介します．

特徴 1：P の破れと CP の破れが起こる．

空間反転 $\boldsymbol{x}' = -\boldsymbol{x}$ のもとで，グルーオンは

$$G'^{a0}(x') = G^{a0}(x), \qquad G'^{ai}(x') = -G^{ai}(x) \qquad (i = 1, 2, 3) \tag{C.37}$$

のように変換する．ここで，x' は $x'^\mu = (t, -\boldsymbol{x})$，$x$ は $x^\mu = (t, \boldsymbol{x})$ である．よって，グルーオン場テンソル

$$G_{\mu\nu}^a(x) \equiv \partial_\mu G_\nu^a(x) - \partial_\nu G_\mu^a(x) - g_s \sum_{b,c=1}^{8} f^{abc} G_\mu^b(x) G_\nu^c(x) \tag{C.38}$$

は空間反転のもとで，

$$G_{0i}'^a(x') = -G_{0i}^a(x), \qquad G_{ij}'^a(x') = G_{ij}^a(x) \qquad (i, j = 1, 2, 3) \tag{C.39}$$

のように変換する．ここで，f^{abc} は SU(3)$_C$ の構造定数である．

したがって，$\varepsilon^{\mu\nu\lambda\rho} G_{\mu\nu}^a G_{\lambda\rho}^a = 4! G_{01}^a G_{23}^a$ より

$$\sum_{a=1}^{8} \varepsilon^{\mu\nu\lambda\rho} G_{\mu\nu}'^a(x') G_{\lambda\rho}'^a(x') = -\sum_{a=1}^{8} \varepsilon^{\mu\nu\lambda\rho} G_{\mu\nu}^a(x) G_{\lambda\rho}^a(x) \tag{C.40}$$

となり，θ項は空間反転のもとで符号を変えるため不変ではない．また，グルーオンは荷電共役変換のもとで $\sum\limits_{a=1}^{8} G_\mu^a(x) \frac{\lambda^a}{2} \to -\sum\limits_{a=1}^{8} G_\mu^a(x) \left(\frac{\lambda^a}{2}\right)^{\mathrm{T}}$ のように変換するので，θ項は CP 変換のもとで符号を変えるため，CP の破れも起こる．

特徴 2：全微分の形に書き換えられる．

$\mathcal{L}_\theta$ は

$$\mathcal{L}_\theta = \theta \frac{g_s^2}{16\pi^2} \operatorname{tr}(G_{\mu\nu} \tilde{G}^{\mu\nu}) = \partial_\mu K^\mu \tag{C.41}$$

のように書き換えられ，θ項に関する作用積分は

$$\int \mathcal{L}_\theta \, d^4x = \int \partial_\mu K^\mu \, d^4x = \int_{R=\infty} K_\mu \, dS^\mu \tag{C.42}$$

のように表面項になり，波動方程式には寄与しない．ここで，時空は 4 次元ユー

クリッド空間として，R は 4 次元球面の半径で，dS^μ は面素である．
(C.41) の K^μ は

$$K^\mu = \theta \frac{g_{\mathrm{s}}^2}{8\pi^2} \varepsilon^{\mu\nu\lambda\rho} \mathrm{tr}\left(G_\nu \partial_\lambda G_\rho + \frac{2}{3} ig_{\mathrm{s}} G_\nu G_\lambda G_\rho\right) \tag{C.43}$$

のように表される．ここで，$G_\nu = \sum\limits_{a=1}^{8} G_\nu^a \dfrac{\lambda^a}{2}$ である．

C.3　強い CP 問題

　まずは，量子色力学の θ 項（$\mathscr{L}_\theta$）に現れる θ パラメータを θ_{QCD} と表すことにします．この θ 項は，量子色力学に関する近似的軸性 U(1) 対称性と関係します．
　具体的には，**大局的軸性 U(1) 変換**

$$\begin{cases} q_f'(x) = e^{-i\beta_f \gamma_5} q_f(x), \quad \bar{q}_f'(x) = \bar{q}_f(x) e^{-i\beta_f \gamma_5} \quad (\beta_f : \text{実数の定数}) \\ G'^\mu(x) = G^\mu(x) \end{cases}$$
$$\tag{C.44}$$

のもとで，量子色力学のラグランジアン密度は，クォークの質量項を除いて不変で，ネーターの定理に基づいて，近似的な保存則

$$\partial^\mu J_{5\mu}^f = 2im_f \bar{q}_f \gamma_5 q_f \tag{C.45}$$

が得られます．ここで，$J_{5\mu}^f$ は軸性 U(1) ベクトルカレントで，

$$J_{5\mu}^f = \bar{q}_f \gamma_\mu \gamma_5 q_f \tag{C.46}$$

で与えられます．さらに，量子補正を通して，量子異常を含む近似的な保存則

$$\langle \partial^\mu J_{5\mu}^f \rangle = 2im_f \langle \bar{q}_f \gamma_5 q_f \rangle + \frac{g_{\mathrm{s}}^2}{16\pi^2} \sum\limits_{a=1}^{8} G_{\mu\nu}^a \tilde{G}^{a\mu\nu} \tag{C.47}$$

が導かれます．
　よって，量子異常を考慮すると，大局的軸性 U(1) 変換のもとで θ 項は，

$$\mathscr{L}_\theta = (\theta_{\mathrm{QCD}} + 2\beta_f) \frac{g_{\mathrm{s}}^2}{32\pi^2} \sum\limits_{a=1}^{8} G_{\mu\nu}^a \tilde{G}^{a\mu\nu} \tag{C.48}$$

のように変換し，β_f をうまく選ぶことにより，θ_{QCD} を相殺することができます．ただし，大局的軸性 U(1) 変換にともなって，一般に，クォークの質量 m_f に複素位相が現れ，CP 対称性が破れます．もし，質量ゼロのクォークが存在したならば，複素位相を残さずに θ_{QCD} をゼロに移すことができますが，現実には質量ゼロのクォークが存在しないため，クォークに関する大局的軸性 U(1) 変換を用いて，CP 対称性を破らずに $\mathscr{L}_\theta$ をゼロにすることはできません．
　第 11 章で見たように，電弱対称性の破れにともない，クォークが質量を獲得します．クォークの質量行列 $m_{AB}^{(u)} \equiv y_{AB}^{(u)} \dfrac{v}{\sqrt{2}}$，$m_{AB}^{(d)} \equiv y_{AB}^{(d)} \dfrac{v}{\sqrt{2}}$ は 3 × 3 複素行列で，これらを対角化して実数の固有値を得る際に，大局的軸性 U(1) 変換を施しますが，

そのときに量子異常が発生して，θ 項が

$$\mathscr{L}_\theta = (\theta_{\text{QCD}} + \theta_{\text{EW}}) \frac{g_s^2}{32\pi^2} \sum_{a=1}^{8} G_{\mu\nu}^a \widetilde{G}^{a\mu\nu} \tag{C.49}$$

のように修正されます．ここで，$\theta_{\text{EW}} \equiv \arg\det\left(\sum_{B=1}^{3} m_{AB}^{(u)} m_{BC}^{(d)}\right)$ です．

　一方，中性子の双極子モーメントの実験により，$|\theta|_{\text{実験}} \leq O(10^{-10})$ という制限が与えられていて，**強い CP 問題**とよばれる，「なぜ，θ の値はこんなにも小さいのか？」という謎が生まれます．ここで，$\theta = \theta_{\text{QCD}} + \theta_{\text{EW}}$ とすると，強い CP 問題は「$|\theta_{\text{QCD}} + \theta_{\text{EW}}| \leq O(10^{-10})$ が自然に成り立つことを示しなさい」という微調整問題として捉えることができます．

　この強い CP 問題に対して，**ペッチャイ－クイン対称性**とよばれる，近似的な大局的対称性の導入による解決法が提案されています．具体的には，ペッチャイ－クイン対称性の自発的な破れにともなって，**アクシオン**とよばれる擬南部－ゴールドストーンボソン $a(x)$ が現れて，量子異常を通じてグルーオンと結合することにより，（θ_{EW} も含まれた）θ 項が

$$\mathscr{L}_{\text{PQ}} = \left\{\theta + \frac{a(x)}{f_a}\right\} \frac{g_s^2}{32\pi^2} \sum_{a=1}^{8} G_{\mu\nu}^a \widetilde{G}^{a\mu\nu} \tag{C.50}$$

のように変更されます（添字の PQ は Peccei－Quinn の略）．ここで，f_a はアクシオンの崩壊定数で，宇宙論や天文学の観測から，$O(10^{10})\,\text{GeV} \leq f_a \leq O(10^{12})\,\text{GeV}$ という制限が与えられています．

　そして，アクシオンのポテンシャルが $\theta + \dfrac{a(x)}{f_a} = 0$ において最小値をとったならば，$\mathscr{L}_{\text{PQ}}$ がゼロとなり，強い相互作用において CP 対称性が保持されます．

　アクシオンは暗黒物質の候補でもあり，その探索が盛んに行われています．

C.4　物質と反物質の非対称性

　現在，宇宙において，我々が観測する物質の大部分は，陽子や中性子のようなバリオンおよび電子から構成されていて，これらの反物質はごくわずかしか存在しないことがわかっています．実際，観測により，

$$\eta \equiv \left.\frac{\Delta n_{\text{B}}}{n_\gamma}\right|_{\text{観測}} \simeq 6.14 \times 10^{-10} \tag{C.51}$$

が得られています．ここで，Δn_{B} はバリオンの数密度 n_{B} と反バリオンの数密度 $n_{\bar{\text{B}}}$ の差です．また，n_γ は光子の数密度です．

　また，クォークと反クォークが対消滅することにより，光子が生成されます．初期宇宙は高温・高密度で，クォークや反クォークが単独で存在する時期があったと考えられます．よって，(C.51) は，クォークの数密度 n_{q} と反クォークの数密度 $n_{\bar{\text{q}}}$

を用いて，次式のように表されます．

$$\frac{n_q - n_{\bar{q}}}{n_q + n_{\bar{q}}} \simeq 10^{-9} \tag{C.52}$$

したがって，「物質と反物質の非対称性の起源は何か？」という問いは，「初期宇宙のクォークと反クォークの非対称性の起源は何か？」という問いに変わります．インフレーションの前に非対称性が生じたとしても，インフレーションにより薄まってしまって有意な非対称性は残らないので，インフレーションが終了した後から，ビッグバン元素合成が始まる前までに，物質と反物質の非対称性が生じたと考えられます（インフレーションとビッグバン元素合成については，第12章を参照）．

サハロフの3条件

バリオンと反バリオンの非対称性 $\Delta n_B \neq 0$（**バリオン数生成**）が起こるための必要条件として，次のような3つの条件が知られています．

▶ **サハロフの3条件**
(1) バリオン数 B の保存を破るような機構が存在する．
(2) C の破れと CP 対称性の破れが存在する．
(3) 非平衡状態が存在する．

実際，バリオン数生成が起こるためには，上記の3つの条件が必要であることを見てみましょう．

条件 (1) については，バリオン数が保存するならば，$\Delta n_B = 0$ の状態から $\Delta n_B \neq 0$ の状態に変わることはありません．よって，バリオン数生成が起こるためには，バリオン数の保存を破るような機構が必要です．

条件 (2) については，バリオン数 B をもつ粒子に対して，荷電共役変換（C 変換）や CP 変換した粒子（C 共役な粒子や CP 共役な粒子）のバリオン数は $-B$ です．C 対称性や CP 対称性が存在すると，バリオン数 B をもつ粒子を生成する過程と，それに C 共役や CP 共役な粒子を生成する過程が同時に存在し，$\Delta n_B = 0$ の状態から $\Delta n_B \neq 0$ の状態に変わることはありません．よって，バリオン数生成が起こるためには，C および CP の破れが必要です．

条件 (3) については，熱平衡状態にある場合，バリオン数 B をもつ粒子を生成する反応とその逆反応がつり合っているため，$\Delta n_B = 0$ の状態から $\Delta n_B \neq 0$ の状態に変わることはありません．よって，バリオン数生成が起こるためには，非平衡状態の存在が必要です．

電弱バリオン数生成

電弱理論において，上記のサハロフの3条件が満たされるかどうか考えてみましょう．

条件 (1) に関してですが，電弱理論のラグランジアン密度は，大局的 $\mathrm{U}(1)_B \times$

U(1)$_L$ 変換のもとで不変です. ここで, U(1)$_B$ 変換や U(1)$_L$ 変換に付随するネーターチャージはそれぞれバリオン数 B, レプトン数 L です. これらの変換に関する対称性は, 量子補正による量子異常により,

$$\langle \partial^\mu j_{B\mu} \rangle = N_g \left(\frac{g^2}{16\pi^2} \sum_{a=1}^3 W_{\mu\nu}^a \widetilde{W}^{a\mu\nu} - \frac{g'^2}{16\pi^2} B_{\mu\nu} \widetilde{B}^{\mu\nu} \right) \tag{C.53}$$

$$\langle \partial^\mu j_{L\mu} \rangle = N_g \left(\frac{g^2}{16\pi^2} \sum_{a=1}^3 W_{\mu\nu}^a \widetilde{W}^{a\mu\nu} - \frac{g'^2}{16\pi^2} B_{\mu\nu} \widetilde{B}^{\mu\nu} \right) \tag{C.54}$$

のように壊れます (添字の B, L はそれぞれ Baryon, Lepton の頭文字). ここで, $j_{B\mu}$, $j_{L\mu}$ はそれぞれ U(1)$_B$, U(1)$_L$ 対称性に関するネーターカレントです. また, N_g は世代数で, $\widetilde{W}^{a\mu\nu}, \widetilde{B}^{\mu\nu}$ はそれぞれ $\widetilde{W}^{a\mu\nu} = \frac{1}{2} \varepsilon^{\mu\nu\lambda\rho} W_{\lambda\rho}^a$, $\widetilde{B}^{\mu\nu} = \frac{1}{2} \varepsilon^{\mu\nu\lambda\rho} B_{\lambda\rho}$ です.

(C.53) と (C.54) を足したり, 引いたりすることにより, $B + L$ は保存しない ($\langle \partial^\mu (j_{B\mu} + j_{L\mu}) \rangle \neq 0$) けれども, $B - L$ は保存する ($\langle \partial^\mu (j_{B\mu} - j_{L\mu}) \rangle = 0$) ことがわかります.

ちなみに, U(1)$_B$ 変換により, SU(2)$_L$ に関する θ 項 $\frac{\theta_L}{32\pi^2} \sum_{a=1}^3 W_{\mu\nu}^a \widetilde{W}^{a\mu\nu}$ を消すことができるため, 量子色力学の SU(3)$_C$ に関する θ 項の場合とは異なって, θ_L は観測量ではありません. さらに, $\Delta B = N_g q$ (q：W_μ^a によるトポロジカルチャージ) が成り立ちます.

つまり, SU(2)$_L$ に関するインスタントンを通じて, B をもつ状態と $B + N_g$ をもつ状態がつながります. ただし, インスタントンによる遷移確率は $e^{-16\pi^2/g^2} \simeq e^{-164}$ となり, トンネル効果による B あるいは L の破れは極めて小さいため, 物質と反物質の非対称性の起源にはなりません.

ヒッグス 2 重項を考慮したとき, **スファレロン**とよばれる不安定な (鞍点に対応する) 古典解が存在し, そのエネルギーは 10 TeV 程度と考えられます. よって, 高温状態で, スファレロンを介して, ポテンシャルの山を越えるような遷移が重要となります. つまり, 初期宇宙においては, 高温状態でスファレロンを介して, バリオン数の異なる状態間の遷移が起こり, 熱平衡状態へと至ります.

条件 (2) に関しては, 電弱相互作用はカイラルなゲージ相互作用であるため, C 対称性が破れています. また, 小林－益川模型により, CP 対称性も破れています.

条件 (3) に関しては, 電弱対称性の破れが**1 次相転移** (自由エネルギーの温度による 1 階微分が不連続点を含むような相転移) のとき, 非平衡状態が実現しますが, 質量が 125.20 GeV のヒッグス粒子だけをともなうヒッグス機構においては, 1 次相転移にはなりません. ヒッグス 2 重項を増やすなどの拡張をすることにより, **電弱バリオン数生成**とよばれる, 1 次相転移を示す電弱対称性の破れにともなうバリオン数生成について探究されています.

320 付録 C 〜 量子異常とその周辺 〜

レプトン数生成

$B - L$ が量子論の枠内でも保存することに着目します。高エネルギー状態で，仮に何らかの機構により $\varDelta n_\mathrm{B} = \varDelta n_\mathrm{L} \neq 0$ の状態が生じたとしても，$\varDelta n_\mathrm{B-L} \equiv \varDelta n_\mathrm{B} - \varDelta n_\mathrm{L} = 0$ を保ったまま，スファレロンを介する遷移を通して，せっかく生成された非対称性が洗い流されて，$\varDelta n_\mathrm{B} = \varDelta n_\mathrm{L} = 0$ の状態に落ち着いてしまいます。つまり，電弱対称性の破れの後に物質と反物質の非対称性を残すためには，高エネルギー状態で，$\varDelta n_\mathrm{B-L} \neq 0$ の状態をつくる必要があります。

実際，**レプトン数生成**とよばれる機構が提案されています。具体的には，標準模型のゲージ群のもとで 1 重項であるニュートリノがマヨラナ質量 M_ν をもつとき，$U(1)_\mathrm{B-L}$ 対称性が壊れます。M_ν が十分大きいとき，ニュートリノの崩壊過程は，M_ν よりも低い温度で逆反応が抑制されて非平衡状態になり，レプトン数生成 $\varDelta n_\mathrm{L} \neq 0$ が起こります。その後，$\varDelta n_\mathrm{B-L} \equiv \varDelta n_\mathrm{B} - \varDelta n_\mathrm{L} \neq 0$ を保ったまま，スファレロンを介して生じる熱平衡状態において $\varDelta n_\mathrm{B} \neq 0$，$\varDelta n_\mathrm{L} \neq 0$ の状態に至り，物質と反物質の非対称性が実現するという機構です。

Training と Practice の略解

（詳細解答は，本書の Web ページを参照してください.）

Training

1.1 $1\,\text{GeV}^{-1} = 6.56 \times 10^{-25}\,\text{s}$

1.2 $1\,\text{GeV} = 1.16 \times 10^{13}\,\text{K}$

2.1 (2.10) のもとで，$(c\,dt')^2 - dx'^2 = (c\,dt)^2 - dx^2$ が導かれます.

2.2 $(1-\varepsilon)^a \simeq 1 - a\varepsilon\ (|\varepsilon| \ll 1)$ を用いると，$p^0 c = mc^2 + \dfrac{1}{2} mv^2 + \cdots$ が導かれます.

2.3 $\square' = \partial'^\mu \partial'_\mu = \Lambda^\mu{}_\alpha \partial^\alpha \Lambda_\mu{}^\beta \partial_\beta = \delta^\beta{}_\alpha \partial^\alpha \partial_\beta = \partial^\alpha \partial_\alpha = \square$

3.1 ハミルトニアンを用いて，作用積分を変分すると，

$$\delta S = \int_{t_1}^{t_2} \sum_{a=1}^n \left\{ \delta p_a \left(\dot{q}_a - \frac{\partial H}{\partial p_a} \right) - \left(\dot{p}_a + \frac{\partial H}{\partial q_a} \right) \delta q_a \right\} dt + \sum_{a=1}^n \left[p_a\,\delta q_a \right]_{t_1}^{t_2}$$

となり，$\delta q_a(t_1) = 0,\ \delta q_a(t_2) = 0$ として，$\delta S = 0$ を要請すると，ハミルトンの正準方程式 (3.6) が導かれます.

3.2 $[\hat{a}^\dagger \hat{a}, \hat{a}] = \hat{a}^\dagger [\hat{a}, \hat{a}] + [\hat{a}^\dagger, \hat{a}]\hat{a} = -[\hat{a}, \hat{a}^\dagger]\hat{a} = -\hat{a}$

$[\hat{a}^\dagger \hat{a}, \hat{a}^\dagger] = \hat{a}^\dagger [\hat{a}, \hat{a}^\dagger] + [\hat{a}^\dagger, \hat{a}^\dagger]\hat{a} = \hat{a}^\dagger$

4.1 $\widehat{\mathcal{L}}_\phi = \hbar c \left\{ \partial_\mu \hat{\phi}^\dagger(x)\, \partial^\mu \hat{\phi}(x) - \left(\frac{mc}{\hbar} \right)^2 \hat{\phi}^\dagger(x)\, \hat{\phi}(x) \right\}$

4.2 省略

4.3 (4.26) の両辺に β/c を掛けて，$\gamma^0 \equiv \beta,\ \gamma^i \equiv \beta\alpha^i,\ x^0 = ct,\ \beta^2 = 1$ を用いると，

$i\hbar\gamma^0 \dfrac{\partial}{\partial x^0} \hat{\psi}(x) = (-i\hbar\gamma \cdot \nabla + mc)\hat{\psi}(x)$ が得られます. 右辺の項を左辺に移項すると，(4.30) が導かれます.

4.4 カイラル表示を用いると，

$$\gamma_5 = i \begin{pmatrix} 0 & I \\ I & 0 \end{pmatrix} \begin{pmatrix} 0 & \sigma^1 \\ -\sigma^1 & 0 \end{pmatrix} \begin{pmatrix} 0 & \sigma^2 \\ -\sigma^2 & 0 \end{pmatrix} \begin{pmatrix} 0 & \sigma^3 \\ -\sigma^3 & 0 \end{pmatrix}$$

$$= \begin{pmatrix} i\sigma^1\sigma^2\sigma^3 & 0 \\ 0 & -i\sigma^1\sigma^2\sigma^3 \end{pmatrix} = \begin{pmatrix} -I & 0 \\ 0 & I \end{pmatrix}$$

が得られます.

322 Training と Practice の略解

5.1 $r \neq 0$ において，(5.17) の右辺はゼロです．左辺については，

$$\left(\frac{d^2}{dr^2} + \frac{2}{r}\frac{d}{dr} - \mu^2\right)\frac{1}{r}e^{-\mu r} = \left(\frac{2}{r^3} + \frac{2\mu}{r^2} + \frac{\mu^2}{r}\right)e^{-\mu r} + \frac{2}{r}\left\{-\left(\frac{1}{r^2} + \frac{\mu}{r}\right)e^{-\mu r}\right\}$$
$$- \frac{\mu^2}{r}e^{-\mu r}$$
$$= 0$$

より，$r \neq 0$ において，(5.18) の $\phi(r)$ が (5.17) を満たします．

5.2 $(\Box + m_\pi^2)\bar{\pi}^a(x) = -f\widehat{\overline{N}}(x)\,i\gamma_5\tau^a\widehat{N}(x)$

6.1 (6.2) に (6.3) を代入すると，$\partial^1 F^{23} + \partial^2 F^{31} + \partial^3 F^{12} = \nabla\cdot\boldsymbol{B} = 0$ および $\partial^0 F^{23} + \partial^2 F^{30} + \partial^3 F^{02} = -\dfrac{1}{c}\left(\dfrac{\partial\boldsymbol{B}}{\partial t} + \nabla\times\boldsymbol{E}\right)_x = 0$ などが導かれます．

6.2 $\ln(1-\varepsilon) \simeq -\varepsilon$ $(|\varepsilon| \ll 1)$, $-k^2 = |\boldsymbol{k}|^2$, $\displaystyle\int_0^1 dz\,(1-z)^2 z^2 = \frac{1}{30}$ より，

$$-\frac{e^2}{2\pi^2}\int_0^1 dz(1-z)z\ln\left\{1 - \frac{k^2(1-z)z}{m_{\rm e}^2}\right\}$$
$$= -\frac{e^2}{2\pi^2}\frac{|\boldsymbol{k}|^2}{m_{\rm e}^2}\int_0^1 dz\,(1-z)^2 z^2 = -\frac{e^2}{60\pi^2}\frac{|\boldsymbol{k}|^2}{m_{\rm e}^2}$$

が導かれます．

7.1 ヤコビの恒等式は $\displaystyle\sum_{d=1}^n (f^{ade}f^{bcd} + f^{bde}f^{cad} + f^{cde}f^{abd}) = 0$ と表され，この式を変形すると，$[T^a, T^b] = i\displaystyle\sum_{c=1}^n f^{abc}T^c$ に $(T^a)_{bc} = -if^{abc}$ を代入した式が導かれます．

7.2 (7.34) の大局的 U(1) 変換 $\widehat{\phi}'(x) = e^{-i\alpha}\widehat{\phi}(x)$ より，

$$\frac{1}{\sqrt{2}}\{v + \bar{\rho}'(x)\}e^{-i\frac{\bar{\xi}'(x)}{v}} = e^{-i\alpha}\frac{1}{\sqrt{2}}\{v + \bar{\rho}(x)\}e^{-i\frac{\bar{\xi}(x)}{v}}$$

が成り立ち，$\bar{\rho}'(x) = \bar{\rho}(x)$, $\bar{\xi}'(x) = \bar{\xi}(x) + \alpha v$ が導かれます．

8.1 省略

8.2 ゲージ変換のもとで，$[D_\mu', D_\nu'] = U[D_\mu, D_\nu]U^{-1}$ のように変換します．$[D_\mu', D_\nu'] = ig\displaystyle\sum_{a=1}^3 \widehat{F}_{\mu\nu}'^a(x)\frac{\tau^a}{2}$ と $[D_\mu, D_\nu] = ig\displaystyle\sum_{a=1}^3 \widehat{F}_{\mu\nu}^a(x)\frac{\tau^a}{2}$ を用いると，$\displaystyle\sum_{a=1}^3 \widehat{F}_{\mu\nu}'^a(x)\frac{\tau^a}{2} = U\displaystyle\sum_{a=1}^3 \widehat{F}_{\mu\nu}^a(x)\frac{\tau^a}{2}U^{-1}$ が得られます．

8.3 省略

9.1 5.62×10^{-24} s

9.2 4.63×10^{-25} s

10.1 省略

10.2 $\bar{\hat{u}}\gamma^\mu(1-\gamma_5)\hat{d}' = \bar{\hat{u}}\gamma^\mu(1-\gamma_5)(\hat{d}\cos\theta_{\rm C} + \hat{s}\sin\theta_{\rm C}) = \bar{\hat{u}}\gamma^\mu(1-\gamma_5)(a\hat{d} + b\hat{s})$
$$= a\bar{\hat{u}}\gamma^\mu(1-\gamma_5)\hat{d} + b\bar{\hat{u}}\gamma^\mu(1-\gamma_5)\hat{s}$$

10.3 $\hat{l}'_{\rm L}(x) = \exp\left\{-i\sum_{a=1}^{3}\theta^a(x)\frac{\tau^a}{2}\right\}e^{\frac{i}{2}\theta(x)}\hat{l}_{\rm L}(x), \qquad \hat{e}'_{\rm R}(x) = e^{i\theta(x)}\hat{e}_{\rm R}(x)$

$\hat{\Phi}'(x) = \exp\left\{-i\sum_{a=1}^{3}\theta^a(x)\frac{\tau^a}{2}\right\}e^{-\frac{i}{2}\theta(x)}\hat{\Phi}(x)$

11.1 $\hat{e}^{\rm (M)}_{\rm LA} = \sum_{B=1}^{3}(V^e_{\rm L})_{AB}\hat{e}_{\rm LB}$ と $\hat{\nu}^{\rm (M)}_{\rm LA} = \sum_{B=1}^{3}(V^\nu_{\rm L})_{AB}\hat{\nu}_{\rm LB}$ を用いると，次式が得られます．

$$\hat{j}^{+\mu}_{(l)} = \sum_{A=1}^{3}\bar{\hat{l}}_{\rm LA}\gamma^\mu\tau^+\hat{l}_{\rm LA} = \sum_{A=1}^{3}\bar{\hat{\nu}}_{\rm LA}\gamma^\mu\hat{e}_{\rm LA}$$
$$= \sum_{A,B=1}^{3}\bar{\hat{\nu}}^{\rm (M)}_{\rm LA}\gamma^\mu(V^\nu_{\rm L}V^{e\dagger}_{\rm L})_{AB}\hat{e}^{\rm (M)}_{\rm LB} = \sum_{A,B=1}^{3}\bar{\hat{\nu}}^{\rm (M)}_{\rm LA}\gamma^\mu(V_{\rm MNS})_{AB}\hat{e}^{\rm (M)}_{\rm LB}$$

11.2 $-\dfrac{y_\nu^2 v^2}{2M}$, M

Practice

[1.1] $m_{\rm e} = 0.511\,{\rm MeV}, \qquad m_{\rm p} = 938\,{\rm MeV}$

[1.2] $\hbar = 6.58\times 10^{-22}\,{\rm MeV\cdot s}$

[1.3] ${\rm eV}^2/(\hbar c)$ （$\hbar, c$ を省略すると，${\rm eV}^2$）

[1.4] $e = \sqrt{4\pi\alpha} = 0.302$

[2.1] $F_{\rm G} = 1.86\times 10^{-34}\,{\rm N}, \qquad F_{\rm C} = 2.30\times 10^{2}\,{\rm N}$

[2.2] $4.8\times 10^{3}\,{\rm m}$

[2.3] $E = \dfrac{mc^2}{\sqrt{1-(v/c)^2}}$ と $\beta \equiv \dfrac{v}{c}$ より，$\dfrac{E}{mc^2} = \dfrac{1}{\sqrt{1-\beta^2}} = \gamma$ が得られます．また，

$\boldsymbol{p} = \dfrac{m\boldsymbol{v}}{\sqrt{1-(v/c)^2}}$ と $\beta \equiv \dfrac{v}{c}$ より，$|\boldsymbol{p}| = \gamma mv$ が得られ，この式と $E = \gamma mc^2$ を用いると，

$\dfrac{|\boldsymbol{p}|c}{E} = \dfrac{v}{c} = \beta$ が導かれます．

[2.4] $\eta_{\alpha\beta}$ に，$\eta^{\lambda\alpha}$ と $(\Lambda^{-1})^\beta_{\ \rho}$ を掛けると，
$$\eta^{\lambda\alpha}(\Lambda^{-1})^\beta_{\ \rho}\eta_{\alpha\beta} = \eta^{\lambda\alpha}\eta_{\alpha\beta}(\Lambda^{-1})^\beta_{\ \rho} = \delta^\lambda_{\ \beta}(\Lambda^{-1})^\beta_{\ \rho} = (\Lambda^{-1})^\lambda_{\ \rho}$$
が得られ，$\eta_{\mu\nu}\Lambda^\mu_{\ \alpha}\Lambda^\nu_{\ \beta}$ に，$\eta^{\lambda\alpha}$ と $(\Lambda^{-1})^\beta_{\ \rho}$ を掛けると，
$$\eta^{\lambda\alpha}(\Lambda^{-1})^\beta_{\ \rho}\eta_{\mu\nu}\Lambda^\mu_{\ \alpha}\Lambda^\nu_{\ \beta} = \eta_{\mu\nu}\Lambda^\mu_{\ \alpha}\eta^{\lambda\alpha}\delta^\nu_{\ \rho} = \eta_{\mu\rho}\Lambda^\mu_{\ \alpha}\eta^{\lambda\alpha}$$
が得られます．さらに，$\eta_{\mu\rho}$ と $\eta^{\lambda\alpha}$ を用いて，添字の上げ下げを遂行すると，$\eta_{\mu\rho}\Lambda^\mu_{\ \alpha}\eta^{\lambda\alpha} = \Lambda_\rho^{\ \lambda}$ が得られます．

324 Training と Practice の略解

[2.5] $\eta_{\alpha\beta} = \eta_{\mu\nu}\Lambda^{\mu}{}_{\alpha}\Lambda^{\nu}{}_{\beta}$ の両辺に $\eta^{\mu\nu}\eta^{\alpha\beta}$ を掛けると，$\eta^{\mu\nu} = \Lambda^{\mu}{}_{\alpha}\Lambda^{\nu}{}_{\beta}\eta^{\alpha\beta}$ が得られ，$\eta_{\alpha\beta} = \eta_{\mu\nu}\Lambda^{\mu}{}_{\alpha}\Lambda^{\nu}{}_{\beta}$ の両辺に $(\Lambda^{-1})^{\alpha}{}_{\rho}(\Lambda^{-1})^{\beta}{}_{\sigma}$ を掛けると，$(\Lambda^{-1})^{\alpha}{}_{\rho}(\Lambda^{-1})^{\beta}{}_{\sigma}\eta_{\alpha\beta} = \eta_{\rho\sigma}$，つまり，$\eta_{\mu\nu} = \Lambda_{\mu}{}^{\alpha}\Lambda_{\nu}{}^{\beta}\eta_{\alpha\beta}$ が得られます．$\eta_{\mu\nu} = \Lambda_{\mu}{}^{\alpha}\Lambda_{\nu}{}^{\beta}\eta_{\alpha\beta}$ の両辺に η^{μ} を掛けると，添字の変更により $\delta^{\mu}{}_{\nu} = \Lambda^{\mu}{}_{\alpha}\Lambda_{\nu}{}^{\beta}\delta^{\alpha}{}_{\beta}$ が得られます．

[3.1] $\dfrac{E_{\gamma}\lambda_{\gamma}}{2\pi} = \dfrac{1}{2\pi} \times h\nu \times \dfrac{c}{\nu} = \dfrac{hc}{2\pi} = \hbar c$

[3.2] 省略

[3.3] $\hat{a}^{\dagger}\hat{a} = \dfrac{m\omega}{2\hbar}\left(x - \dfrac{\hbar}{m\omega}\dfrac{d}{dx}\right)\left(x + \dfrac{\hbar}{m\omega}\dfrac{d}{dx}\right) = \dfrac{\widehat{H}}{\hbar\omega} - \dfrac{1}{2}$ を変形して示されます．

[3.4] 省略

[3.5] $F(\alpha) = \displaystyle\int_{-\infty}^{\infty} e^{i\alpha f(t)}\,dt \doteqdot \sqrt{\dfrac{2\pi i}{\alpha f''(t_0)}}\, e^{i\alpha f(t_0)}$

[4.1] 省略

[4.2] ルジャンドル変換を用いると，ハミルトン演算子

$$\widehat{H}_{\phi} = \frac{1}{i\hbar}\int \hat{\pi}_{\phi}(-i\hbar c\boldsymbol{\alpha}\cdot\nabla + \beta mc^2)\hat{\psi}\,d^3x$$

が得られ，ハイゼンベルクの運動方程式に代入すると，

$$i\hbar\frac{\partial \hat{\psi}(\boldsymbol{x},t)}{\partial t} = [\hat{\psi}(\boldsymbol{x},t),\widehat{H}_{\phi}] = (-i\hbar c\boldsymbol{\alpha}\cdot\nabla + \beta mc^2)\hat{\psi}(\boldsymbol{x},t)$$

のようにディラック方程式が導かれます．

[4.3] 省略

[4.4] ディラック表示を用いると，

$$\frac{1}{8}[\gamma^i,\gamma^j] = \begin{pmatrix} -\dfrac{i}{4}\displaystyle\sum_{k=1}^{3}\varepsilon^{ijk}\sigma^k & 0 \\ 0 & -\dfrac{i}{4}\displaystyle\sum_{k=1}^{3}\varepsilon^{ijk}\sigma^k \end{pmatrix}$$

と表され，これを $S(\Lambda) = \exp\left(\dfrac{1}{8}\displaystyle\sum_{i,j=1}^{3}\omega_{ij}[\gamma^i,\gamma^j]\right)$ に代入すると，次式が得られます．

$$S(\Lambda) = e^{-\frac{i}{\hbar}\omega\cdot S} = \begin{pmatrix} e^{-\frac{i}{2}\omega\cdot\sigma} & 0 \\ 0 & e^{-\frac{i}{2}\omega\cdot\sigma} \end{pmatrix}$$

[5.1] 省略

[5.2] 不確定性原理より，Δt の間に $\Delta E = \hbar/\Delta t$ 程度のエネルギー保存則の破れが起こり得るため，ディラック粒子 ψ が $\Delta E = \mu c^2$ をもつスカラー粒子 ϕ を放出して，$l = c\Delta t = c\dfrac{\hbar}{\Delta E} = c\dfrac{\hbar}{\mu c^2} = \dfrac{\hbar}{\mu c}$ 程度の距離を移動できます．これが力の到達距離と考えられます．

[5.3] 形式解：$|\psi_I(t)\rangle = \mathrm{T}\exp\left[-\dfrac{i}{\hbar}\displaystyle\int_0^t \widehat{V}_I(t')\,dt'\right]|\psi_I(0)\rangle$

遷移振幅：$S_{fi} = \langle\psi_f|\mathrm{T}\exp\left[-\dfrac{i}{\hbar}\displaystyle\int_{-\infty}^{\infty} \widehat{V}_I(t)\,dt\right]|\psi_i\rangle$

[6.1] $A^\mu = (\phi_E/c, \boldsymbol{A})$ と $\boldsymbol{E} = -\dfrac{\partial\boldsymbol{A}}{\partial t} - \nabla\phi_E$, $\boldsymbol{B} = \nabla\times\boldsymbol{A}$ を用いると，

$$\begin{cases} F^{0i} = \partial^0 A^i - \partial^i A^0 = \dfrac{1}{c}\left(\dfrac{\partial A^i}{\partial t} + \dfrac{\partial\phi_E}{\partial x^i}\right) = -\dfrac{E^i}{c} \\[2mm] F^{ij} = \partial^i A^j - \partial^j A^i = -(\partial_i A^j - \partial_j A^i) = -\displaystyle\sum_{k=1}^{3}\varepsilon^{ijk}B^k \end{cases}$$

が得られます.

[6.2] ラグランジアン密度 (6.19) を用いると，

$$\frac{\partial\mathscr{L}_{EM}}{\partial(\partial_\mu A_\nu)} = -\frac{1}{\mu_0}(\partial^\mu A^\nu - \partial^\nu A^\mu), \qquad \frac{\partial\mathscr{L}_{EM}}{\partial A_\nu} = -j^\nu$$

が得られ，これらをオイラー－ラグランジュの方程式に代入すると，マクスウェル方程式 (6.13) が導かれます.

[6.3] 自由なディラック方程式 $(i\slashed{\partial} - m_e)\tilde{\psi}_e(x) = 0$ を用いると，

$$(i\slashed{\partial} - m_e)u_e(\boldsymbol{k}, s)e^{-ikx} = (\slashed{k} - m_e)u_e(\boldsymbol{k}, s)e^{-ikx} = 0$$

が得られ，$(\slashed{k} - m_e)u_e(\boldsymbol{k}, s) = 0$ が導かれます. 同様にして，$(\slashed{k} + m_e)v_e(\boldsymbol{k}, s) = 0$ が導かれます.

[6.4] 省略

[7.1] $S = e^{i\theta}$（θ：実数の定数）による相似変換により，$\exp\left\{-i\displaystyle\sum_{a=1}^{3}\theta^a\dfrac{(\tau^a)^*}{2}\right\} = S^{-1}\exp\left(-i\displaystyle\sum_{a=1}^{3}\theta^a\dfrac{\tau^a}{2}\right)S$ となり，2 表現とその複素共役表現は同値です.

[7.2] 省略

[7.3] $\mathrm{U}(1)_V : \tilde{J}_\mu(x) = \bar{\tilde{\psi}}(x)\gamma_\mu\tilde{\psi}(x)$, $\qquad \mathrm{U}(1)_A : \tilde{J}_{5\mu}(x) = \bar{\tilde{\psi}}(x)\gamma_\mu\gamma_5\tilde{\psi}(x)$

[7.4] 大局的 $\mathrm{U}(1)_A$ 変換に関する保存カレント $\tilde{J}_{5\mu}(x)$ について，

$$\langle 0|\int [\tilde{J}_{50}(y), \bar{\tilde{\psi}}(x)\gamma_5\tilde{\psi}(x)]\,d^3y|0\rangle = -2\langle 0|\bar{\tilde{\psi}}(x)\tilde{\psi}(x)|0\rangle$$

が導かれ，$\langle 0|\bar{\tilde{\psi}}(x)\tilde{\psi}(x)|0\rangle \neq 0$ のとき，大局的 $\mathrm{U}(1)_A$ 対称性が自発的に破れることがわかります. このとき，$\tilde{\psi}(x)$ に関する質量項 $-2G_{NJ}\langle 0|\bar{\tilde{\psi}}(x)\tilde{\psi}(x)|0\rangle\bar{\tilde{\psi}}(x)\tilde{\psi}(x)$ が生成されます.

[8.1] $D_\mu \equiv \partial_\mu + ieQ\widehat{A}_\mu(x)$ を用いると $[D_\mu, D_\nu] = ieQ\widehat{F}_{\mu\nu}(x)$ が得られ，

$$[D_\mu, [D_\nu, D_\lambda]] + [D_\nu, [D_\lambda, D_\mu]] + [D_\lambda, [D_\mu, D_\nu]] = ieQ(\partial_\mu\widehat{F}_{\nu\lambda} + \partial_\nu\widehat{F}_{\lambda\mu} + \partial_\lambda\widehat{F}_{\mu\nu})$$

が導かれ，$[D_\mu, [D_\nu, D_\lambda]] + [D_\nu, [D_\lambda, D_\mu]] + [D_\lambda, [D_\mu, D_\nu]] = 0$ から，$\partial_\mu\widehat{F}_{\nu\lambda} + \partial_\nu\widehat{F}_{\lambda\mu} + \partial_\lambda\widehat{F}_{\mu\nu} = 0$ が成り立つことがわかります.

[8.2] $\delta\widehat{\Psi}(x) = -i\sum_{a=1}^{3}\varepsilon^{a}(x)\dfrac{\tau^{a}}{2}\widehat{\Psi}(x),\ \delta\widehat{A}_{\mu}^{a}(x) = \sum_{b,c=1}^{3}\varepsilon^{abc}\varepsilon^{b}(x)\widehat{A}_{\mu}^{c}(x) + \dfrac{1}{g}\partial_{\mu}\varepsilon^{a}(x)$

[8.3] $\hat{J}^{a\mu}(x) = \overline{\widehat{\Psi}}(x)\gamma^{\mu}\dfrac{\tau^{a}}{2}\widehat{\Psi}(x) + \sum_{b,c=1}^{3}\varepsilon^{abc}\widehat{A}_{\nu}^{b}(x)\widehat{F}^{c\nu\mu}(x)$

[8.4] 省略

[9.1] $\tau = \dfrac{\hbar^{7}c^{6}}{G_{\mathrm{F}}^{2}E^{5}}\bigg|_{E=m_{\pi}c^{2}} = 8.5\times10^{-11}\mathrm{s}$

[9.2] エネルギー保存則により粒子が崩壊するとき，より軽い粒子に崩壊します．電子は電荷をもつ最も軽い粒子であるため，エネルギー保存則と電荷の保存則が厳密に成り立つならば，単独の状態では崩壊せずに安定に存在します．

[9.3] メソンの波動関数：$i\bar{q}_{f\bar{r}}\gamma_{5}q_{fr} + i\bar{q}_{f\bar{g}}\gamma_{5}q_{fg} + i\bar{q}_{f\bar{b}}\gamma_{5}q_{fb}$

バリオンの波動関数：$\displaystyle\sum_{c,c',c''=1}^{3}\varepsilon^{cc'c''}q_{fc}q_{f'c'}q_{f''c''}$

[9.4] $\Lambda_{\mathrm{QCD}} = 247\,\mathrm{MeV}$

[9.5] 省略

[10.1] $\mathscr{L}_{\mathrm{Y}}$ の最初の項（負符号を除いたもの）は，

$$\sum_{A,B=1}^{3}y_{AB}^{(d)}\overline{\hat{q}}_{LA}'\widehat{\varPhi}'\hat{d}_{RB}' = \sum_{A,B=1}^{3}y_{AB}^{(d)}\overline{\hat{q}}_{LA}\exp\left\{i\sum_{a=1}^{3}\theta^{a}(x)\dfrac{\tau^{a}}{2}\right\}e^{\frac{i}{6}\theta(x)}$$
$$\times\exp\left\{-i\sum_{a=1}^{3}\theta^{a}(x)\dfrac{\tau^{a}}{2}\right\}e^{-\frac{i}{2}\theta(x)}\widehat{\varPhi}e^{\frac{i}{3}\theta(x)}\hat{d}_{RB}$$
$$= \sum_{A,B=1}^{3}y_{AB}^{(d)}\overline{\hat{q}}_{LA}\widehat{\varPhi}\hat{d}_{RB}$$

のように，$\mathrm{SU}(2)_{\mathrm{L}}\times\mathrm{U}(1)_{Y}$ ゲージ変換のもとで不変です．同様にして，他の項も $\mathrm{SU}(2)_{\mathrm{L}}\times\mathrm{U}(1)_{Y}$ ゲージ変換のもとで不変です．

[10.2] 省略

[10.3] $\hat{j}_{\mu}^{-}(x) \equiv \hat{j}_{\mu}^{1}(x) - i\hat{j}_{\mu}^{2}(x) = \dfrac{1}{2}\hat{J}_{\mu}^{\dagger}(x),\ \hat{j}_{\mu}^{+}(x) \equiv \hat{j}_{\mu}^{1}(x) + i\hat{j}_{\mu}^{2}(x) = \dfrac{1}{2}\hat{J}_{\mu}(x)$

[10.4] $-\dfrac{g^{2}}{2M_{W}^{2}}\hat{j}_{\mu}^{+}(x)\hat{j}^{-\mu}(x) = -\dfrac{1}{2v^{2}}\hat{J}_{\mu}^{\dagger}(x)\hat{J}^{\mu}(x) = -\dfrac{G_{\mathrm{F}}}{\sqrt{2}}\hat{J}_{\mu}^{\dagger}(x)\hat{J}^{\mu}(x)$

$v = \dfrac{1}{\sqrt{\sqrt{2}\,G_{\mathrm{F}}}} = \dfrac{1}{\sqrt{\sqrt{2}\times1.1663788\times10^{-5}\mathrm{GeV}^{-2}}} = 246.2\,\mathrm{GeV}$

[10.5] ゲージ場の演算子の質量次元は1で，ゲージ結合定数の質量次元はゼロです．

[11.1] 省略

[11.2] (11.49) のカイラル表示において，$e^{i\theta_{\mathrm{C}}} = i$ として，

$$\begin{cases} \hat{\psi}_{\mathrm{M}}^{\mathrm{c}} = i \begin{pmatrix} 0 & \sigma^2 \\ -\sigma^2 & 0 \end{pmatrix} \begin{pmatrix} i\sigma^2\hat{\eta} \\ \hat{\eta}^* \end{pmatrix} = \begin{pmatrix} i\sigma^2\hat{\eta}^* \\ \hat{\eta} \end{pmatrix} = \hat{\psi}_{\mathrm{M}} \\ \hat{\psi}_{\mathrm{M}}^{\mathrm{c}} = i \begin{pmatrix} 0 & \sigma^2 \\ -\sigma^2 & 0 \end{pmatrix} \begin{pmatrix} \hat{\xi}^* \\ -i\sigma^2\hat{\xi} \end{pmatrix} = \begin{pmatrix} \hat{\xi} \\ -i\sigma^2\hat{\xi}^* \end{pmatrix} = \hat{\psi}_{\mathrm{M}} \end{cases}$$

となり，マヨラナ条件を満たすことがわかります.

[11.3] $\quad D_\mu \hat{u}_{\mathrm{RA}} = \left\{ \partial_\mu + ig_{\mathrm{s}} \sum_{a=1}^{8} \widehat{G}_\mu^a(x) \frac{\lambda^a}{2} + i\frac{2}{3} g' \widehat{B}_\mu(x) \right\} \hat{u}_{\mathrm{RA}}$

$\quad D_\mu \hat{d}_{\mathrm{RA}} = \left\{ \partial_\mu + ig_{\mathrm{s}} \sum_{a=1}^{8} \widehat{G}_\mu^a(x) \frac{\lambda^a}{2} - i\frac{1}{3} g' \widehat{B}_\mu(x) \right\} \hat{d}_{\mathrm{RA}}$

$\quad D_\mu \hat{l}_{\mathrm{LA}} = \left\{ \partial_\mu + ig \sum_{a=1}^{3} \widehat{W}_\mu^a(x) \frac{\tau^a}{2} - i\frac{1}{2} g' \widehat{B}_\mu(x) \right\} \hat{l}_{\mathrm{LA}}$

$\quad D_\mu \hat{e}_{\mathrm{RA}} = \{ \partial_\mu - ig' \widehat{B}_\mu(x) \} \hat{e}_{\mathrm{RA}}$

$\quad D_\mu \hat{\nu}_{\mathrm{RA}} = \partial_\mu \hat{\nu}_{\mathrm{RA}}$

さらに勉強するために

　本書で記載した素粒子の性質および実験データは，Particle Date Group（PDG）が作成した内容をもとにしました．http://pdg.lbl.gov/ で閲覧することができます．また，素粒子物理学に関する最新の研究論文の多くは，https://arxiv.org/ に収められていて，無料でアップロードしたりダウンロードしたりできます．

　素粒子物理学は，「理論」と「実験」が車の両輪の如く，うまく機能して発展してきました．本書は理論に偏った内容になっていることを遅ればせながらお伝えいたします．素粒子実験に関する話題や，理論に関するより詳しい内容を知りたい方は，適切な文献で学習してください．ここで，素粒子物理学に関する書籍（入門的なものや専門的なものを含む）をいくつか列挙します．

- 長島順清 著：『素粒子物理学の基礎Ⅰ（朝倉物理学大系）』，『素粒子物理学の基礎Ⅱ（朝倉物理学大系）』（朝倉書店）
- 長島順清 著：『素粒子標準理論と実験的基礎（朝倉物理学大系）』（朝倉書店）
- 長島順清 著：『高エネルギー物理学の発展（朝倉物理学大系）』（朝倉書店）
- 原 康夫，稲見武夫，青木健一郎 共著：『素粒子物理学』（朝倉書店）
- 川村嘉春 著：『例題形式で学ぶ 現代素粒子物理学（SGC ライブラリ）』（サイエンス社）
- 山田作衛 他，編集：『素粒子物理学ハンドブック』（朝倉書店）
- 井上研三 著：『素粒子物理学』（共立出版）
- 堺井義秀，山田憲和，野尻美保子 共著：『素粒子物理学（KEK 物理学シリーズ）』（共立出版）
- 川村嘉春 著：『基礎物理から理解する ゲージ理論 —"素粒子の標準数式"を読み解く—（SGC ライブラリ）』（サイエンス社）
- グリフィス 著，花垣和則，波場直之 共訳：『グリフィス 素粒子物理学』（丸善出版）
- ペスキン 著，丸 信人 訳：『ペスキン 素粒子物理学』（森北出版）
- 山田作衛 著：『素粒子物理学講義』（朝倉書店）
- 原 康夫 著：『素粒子物理学（裳華房テキストシリーズ–物理学)』（裳華房）
- 陣内 修，渡邊靖志 共著：『素粒子物理入門 改訂版（新物理学シリーズ)』（培風館）
- 林 青司 著：『素粒子の標準模型を超えて（現代理論物理学シリーズ)』（丸善出版）

さらに勉強するために　329

- 太田信義 著：『超弦理論・ブレイン・M 理論 (現代理論物理学シリーズ)』(丸善出版)
- 藤川和男 著：『経路積分と対称性の量子的破れ (新物理学選書)』(岩波書店)

この他にも入門書やテキストがいくつも出版されています．図書館などで実物を手に取って，各自の好みに合わせて選ぶのがよいかと思います．

群論と場の量子論に関する書籍も列挙します．

- 佐藤　光 著：『群と物理』(丸善出版)
- 窪田高弘 著：『物理のための リー群とリー代数 (SGC ライブラリ)』(サイエンス社)
- H. ジョージァイ 著，九後汰一郎 訳：『物理学における リー代数』(吉岡書店)
- 九後汰一郎 著：『ゲージ場の量子論 I (新物理学シリーズ)』，『ゲージ場の量子論 II (新物理学シリーズ)』(培風館)
- 坂本眞人 著：『場の量子論 (量子力学選書)』，『場の量子論 (II) (量子力学選書)』(裳華房)

第 12 章で，「素粒子」と「宇宙」が深く関係していることを紹介しました．さらに，「素粒子物理学」は「物性物理学」や「数学」とも深い関わりをもちながら，学際的な研究がなされています．つまり，素粒子物理学は，他の分野の学習や研究にも有用です．本書で学んだことが，陰に陽に様々な謎の解明や課題の遂行に役立つことを願ってやみません．

索　引

ア

r 重項　r - plet　129

R パリティ　R parity　282

r 表現（r 次元表現）　r representation
（r - dimensional representation）　129

アイソスピン（荷電スピン）
isospin, isotropic spin　82, 178
——2 重項　isospin doublet　82

アイランド公式　island formula　270

アインシュタイン - ド・ブロイの関係式
Einstein - de Broglie formula　45

アインシュタインの和の規約　Einstein
summation convention　28

アインシュタイン - ヒルベルト作用　Ein-
stein - Hilbert action　252

アインシュタイン方程式　Einstein equa-
tion　251, 283

アクシオン　axion　256, 317

アップクォーク　up quark　2, 3, 180

アティア - シンガーの指数定理　Atiyah -
Singer index theorem　305

アハラノフ - ボーム位相　Aharonov -
Bohm phase　287

アボガドロ定数　Avogadro constant　2

暗黒エネルギー　dark energy　256

暗黒物質　dark matter　256

鞍点法　saddle point method　55

イ

e - fold 数　e - foldings number　259

EPR 状態（ベル状態）　EPR state　271

位相不変量　topological invariant　313

位相変換　phase transformation　154

1 次相転移

1 次相転移　first - order phase transition
319

一様性　uniformity　17

一般（化）運動量　generalized momen-
tum　41

一般（化）座標　generalized coordinates
38

一般相対性理論　general theory of relativ-
ity　20, 283

色（カラー）　color　175, 183

色の閉じ込め（クォークの閉じ込め）　col-
or confinement　190

因果律　causality　294

インスタントン　instanton　314

インフラトン　inflaton　260

インフレーション　inflation　259

ウ

ウィグナー相　Wigner phase　139, 142

ウィークボソン　weak boson　200, 216

ウィーノ　wino　281

ウィルソンループ　Wilson loop　191

ウェイト　weight　130
——図　—— diagram　133, 179

ウォード - 高橋の恒等式　Ward - Taka-
hashi identity　120

宇宙原理　cosmological principle　252

宇宙項　cosmological term　252

宇宙線　cosmic ray　89, 96

宇宙定数　cosmological constant　251, 257
——問題　—— problem　257, 273

宇宙の大規模構造　large - scale structure
of the cosmos　250, 263

宇宙の晴れ上がり　clear up of the Uni-

索　引　*331*

verse　251

宇宙マイクロ波背景放射（CMB）　cosmic microwave background radiation　251

ウプシロン粒子　Υ particle　181

ウロボロス　ouroboros　272

運動の法則　law of motion　20

エ

AdS/CFT 対応（ゲージ／重力双対性）　AdS/CFT correspondence（gauge/gravity duality）　265, 270, 302

M 理論　M theory　300

MSW 機構　MSW mechanism　235

NNG 則（中野 – 西島 – ゲルマンの規則）　NNG rule　175, 179

S 行列　S‑matrix　96

S 双対性　S duality　301

s チャネル　s channel　290

X ゲージボソン　X gauge boson　277

永久インフレーション　eternal inflation　273

エネルギー – 運動量テンソル　energy‑momentum tensor　251, 284

エルミート演算子　Hermitian operator　38, 46, 48

エルミート共役　Hermitian conjugate　205

―― 演算子　―― operator　48

エルミート行列　Hermitian matrix　131

演算子形式　operator formalism　38, 48

エンタングルメント・エントロピー　entanglement entropy　270

エントロピー密度　entropy density　265

オ

オイラー‑ラグランジュの方程式　Euler‑Lagrange equation　39, 58

オービフォルド　orbifold　287, 299

カ

Γ 関数　Γ function　291

開弦　open string　291

解析力学　analytical mechanics　36

外線　external line　110

回転　rotation　23

―― 対称性　rotational symmetry　9

カイラリティ　chirality　72

カイラル対称性（カイラル不変性）　chiral symmetry（chiral invariance）　144, 193

カイラル表示　chiral representation　69

カイラルフェルミオン（ワイル粒子，ワイルフェルミオン）　chiral fermion　70

カイラル変換　chiral transformation　193

ガウスの法則　Gauss' law　78, 103

香り（フレーバー）　flavor　181

可換群　Abelian group　127

核子　nucleon　81

―― 場　nucleon field　82

確率密度　probability density　46

核力　nuclear force　77, 81

―― のポテンシャル　nuclear potential　81

下降演算子　lowering operator　50

可視光　visible light　18

カシミール演算子　Casimir operator　130

仮想粒子　virtual particle　110

加速器　accelerator　96

荷電カレント　charged current　205, 237

荷電共役対称性　charge conjugation symmetry　155

荷電共役変換　charge conjugation　83, 155, 203

荷電空間　isospace　82

荷電スピン（アイソスピン）　isospin, isotropic spin　82

332　索　　引

荷電独立性　charge independence　81

カビボ角　Cabibbo's angle　206

カビボ行列　Cabibbo matrix　207

カビボ‐小林‐益川行列　Cabibbo‐Kobayashi‐Maskawa matrix　228

カラー（色）　color　175, 183

―― 超伝導相　color superconductivity phase　266

カラビ‐ヤウ多様体　Calabi‐Yau manifold　299

ガリレイの相対性原理　Galilean principle of relativity　18, 20

ガリレイ変換　Galilean transformation　18, 21

カルタン部分代数　Cartan subalgebra　130

カルーツァ‐クライン数　Kaluza‐Klein number　296

カルーツァ‐クラインモード　Kaluza‐Klein mode　285, 297

カルーツァ‐クライン理論　Kaluza‐Klein theory　286, 297

カレントクォーク質量　current quark mass　195

換算プランク質量　reduced Planck mass　263

換算プランク定数　reduced Planck constant　11

慣性系　inertial system　18, 20

慣性の法則　law of inertia　18, 20

完全流体　perfect fluid　253

γ 行列　γ matrix　66

キ

QCD（量子色力学）　quantum chromodynamics　175, 187

―― スケール　QCD scale　190

QED（量子電磁力学）　quantum electro-

dynamics　101, 107

擬スカラー場　pseudoscalar field　65

擬スカラー粒子　pseudoscalar particle　65, 82

期待値　expectation value　46

擬南部‐ゴールドストーンボソン　pseudo Nambu‐Goldstone boson　194

擬南部‐ゴールドストーン粒子　pseudo Nambu‐Goldstone particle　147, 193

擬ベクトルカレント　axial vector current　206

基本表現　fundamental representation　131

奇妙さ　strangeness　174, 178

逆元　inverse　127

既約分解　irreducible decomposition　278

逆 β 崩壊　inverse β decay　225

吸収断面積　absorption cross section　270

鏡映　reflection　124

共形場理論（CFT）　conformal field theory　270, 303

共形不変性　conformal invariance　155

共形変換　conformal transformation　155

強磁性体　ferromagnet　125

共変微分　covariant derivative　159, 242

共変ベクトル場　covariant vector field　33

共鳴状態　resonance state　173, 289

行列力学　matrix mechanics　37

局所相互作用　local interaction　92

局所的超変換　local supertransformation　283

局所的変換　local transformation　157

局所的 U(1) 対称性（ゲージ対称性）　local U(1) symmetry　154

局所的 U(1) 変換（ゲージ変換）　local U(1) transformation　154

極性ベクトル　polar vector　200

索　引　**333**

曲率　curvature　17
虚時間　imaginary time　264
銀河の回転曲線　galactic rotation curves　256
近似的対称性　approximate symmetry　155

ク

クインテッセンス　Quintessence　256
空間　space　17
空間反転　space inversion　23, 71, 154, 200
—— 対称性　space inversion symmetry　71, 154
空間並進対称性　spatial translational symmetry　9
クォーク　quark　3, 180, 240
—— 凝縮　—— condensate　194
—— の質量　—— mass　227
—— の閉じ込め　—— confinement　190, 191
—— 模型　—— model　175, 183
クォーク – グルーオンプラズマ（QGP）quark – gluon plasma　264
—— 相　quark – gluon plasma phase　265
クォーク – ハドロン相転移　quark – hadron phase transition　192, 250
クライン – ゴルドン方程式　Klein – Gordon equation　58, 64
グラビティーノ（重力微子）　gravitino　283
グラビトン（重力子）　graviton　97, 255, 283
くりこまれた電荷　renormalized electric charge　119
くりこみ　renormalization　101, 119
—— 可能性　renormalizability　101
—— 可能な理論　renormalizable theo-

ry　101, 121
—— 群方程式　—— group equation　187
—— 点　—— point　187
—— 理論　—— theory　101, 119
グリーン – シュワルツ機構　Green – Schwarz mechanism　304
グルイーノ　gluino　281
グルーオン　gluon　186
—— 場　—— field　186
クロネッカーの δ　Kronecker's δ　30, 42
クーロンポテンシャル　Coulomb potential　79, 115
クーロン力　Coulomb force　80
群　group　10, 126, 127
群論　group theory　10, 126

ケ

計量テンソル　metric tensor　28, 251, 283
経路順序積　path – ordered product　191
経路積分　path integral　52
—— 形式　—— formalism　38, 52
—— 量子化　—— quantization　52
ゲージ階層性の問題　gauge hierarchy problem　280
ゲージ共変性　gauge covariance　159
ゲージ群　gauge group　152
ゲージ結合定数　gauge coupling constant　159, 162, 243
ゲージ原理　gauge principle　10, 152, 158
ゲージ固定　gauge fixing　106
ゲージ相互作用　gauge interaction　3, 152
ゲージ対称性（ゲージ不変性）　gauge symmetry（gauge invariance）　10, 105, 152, 154, 157, 199, 285
ゲージ超多重項　gauge supermultiplet　298
ゲージーノ　gaugino　281

334　索　引

ゲージ場　gauge field　152

ゲージ - ヒッグス結合　gauge - Higgs unification　287

ゲージ変換　gauge transformation　10, 105, 152, 154

ゲージ粒子　gauge particle, gauge boson　3, 152, 241

ゲージ量子異常　gauge anomaly　308

ゲージ量子数　gauge quantum number　7, 165, 210

ゲージ理論（ゲージ場の量子論）　gauge theory　10, 152

結合則　associativity　127

結合定数　coupling constant　85, 90

ゲルマン行列　Gell - Mann matrix　133, 186

元（要素）　element　126

弦　string　291

原子　atom　2

—— 核　nucleus　2

原始ブラックホール　primordial blackhole　256

原始密度ゆらぎ　primordial density fluctuation　262

検出器　detector　96

コ

光円錐ゲージ　light cone gauge　293

光学定理　optical theorem　208

交換子　commutator　38, 47

交差対称性　crossing symmetry　91

光子　photon　3, 37

格子間隔　lattice spacing　191

格子ゲージ理論　lattice gauge theory　191

格子理論　lattice theory　96

構成子クォーク質量　constituent quark mass　195

構造定数　structure constant　129

光速度不変の原理　principle of invariant light speed　19, 22

恒等変換　identity transformation　25, 126

光度距離　luminosity distance　248

光量子仮説　light quantum hypothesis　37, 45

黒体放射　black body radiation　37

古典場　classical field　58

小林 - 益川行列　Kobayashi - Maskawa matrix　228

小林 - 益川模型　Kobayashi - Maskawa model　204, 224, 230

固有時　proper time　26

固有パリティ　intrinsic parity　154

ゴールドストーン模型　Goldstone model　126, 141

混合状態　mixed state　269

コンパクト化　compactification　285, 296

サ

最小作用の原理　principle of least action　8, 38

最小超対称標準模型（MSSM）　the minimal supersymmetric standard model　281

坂田模型　Sakata model　175

サハロフの3条件　Sakharov 3 conditions　318

座標系　coordinate system　18

作用積分　action integral　8, 38

作用・反作用の法則　law of action and reaction　20

散逸過程　dissipation process　270

三角ダイアグラム　triangle diagram　305

3次元ユークリッド空間　three - dimensional Euclidean space　17, 20

散乱断面積　scattering cross section　77,

索　引　**335**

92, 94

シ

θ 項　θ term　186, 315

θ 真空　θ vacuum　313

θ - τ パズル　θ - τ puzzle　199

θ パラメータ　θ parameter　186

σ 模型　σ model　126, 144

CMB（宇宙マイクロ波背景放射）　cosmic microwave background radiation　251

CP の破れ　CP violation　204, 224, 228

CP 変換　CP transformation　204

CPT 定理　CPT theorem　204

CPT 変換　CPT transformation　204

ジェイプサイ粒子　J/ψ particle　181

ジェット　jet　184

磁化　magnetization　125

紫外発散　ultraviolet divergence　100, 118

時間　time　17

—— 順序積　—— - ordered product　97

時間反転　time reversal　23, 155, 204

—— 対称性　—— symmetry　155

時間並進対称性　time translational symmetry　9

磁気単極子　magnetic monopole　103

時空　space - time　17

軸性ベクトル　axial vector　71, 201

—— カレント　—— current　147

軸性 U(1) 量子異常　axial U(1) anomaly　305

次元　dimension　127

—— 還元　dimensional reduction　285

自己エネルギー　self - energy　120

自己相互作用　self - interaction　141, 165

事象の地平面　event horizon　266

磁性体　magnetic material　125

自然さの問題　naturalness problem　275

自然単位系　natural unit　12

シーソー機構　see - saw mechanism　225, 239

実験室系　laboratory system　94

実スカラー粒子　real scalar particle　65

実表現　real representation　130

質量　mass　5, 20

—— 次元　—— dimension　208

自発的対称性の破れ（対称性の自発的破れ）　spontaneous symmetry breaking　140

射影演算子　projection operator　203

弱アイソスピン　weak isospin　210

弱混合角（ワインバーグ角）　weak mixing angle　216

弱ハイパーチャージ　weak hypercharge　210

11 次元超重力理論　eleven - dimensional supergravity theory　286

シュウィンガー – ダイソン方程式　Schwinger - Dyson equation　195

自由場　free field　49

重力子（グラビトン）　graviton　97, 255, 283

重力超多重項　gravity supermultiplet　299

重力定数（万有引力定数）　gravitational constant　14, 251, 275

重力波　gravitational wave　255, 266

重力微子（グラビティーノ）　gravitino　283

重力ポテンシャル　gravitational potential　283

重力レンズ　gravitational lens　256

縮退　degeneracy　49

縮約　contraction　29

寿命（平均寿命）　lifetime　7, 93

シュレーディンガー表示　Schrödinger representation　46

336 索 引

シュレーディンガー方程式 Schrödinger equation 46
シュワルツシルト半径 Schwarzschild radius 266
シュワルツシルト・ブラックホール Schwarzschild black hole 266
純粋状態 pure state 269
昇降演算子 ladder operator 50
常磁性体 paramagnetic substance 125
上昇演算子 raising operator 50
状態ベクトル state vector 46
常伝導 normal conduction 125
情報パラドックス（情報喪失問題） information paradox 269
消滅演算子 annihilation operator 50, 63
初期宇宙 early universe 14, 249
示量変数 extensive variable 270
真空 vacuum 94, 255
―― 期待値 ―― expectation value 139
―― 状態 ―― state 63, 94, 138
―― の透磁率 permeability of ―― 14
―― の誘電率 permittivity of ―― 14
―― 偏極 ―― polarization 102, 117, 189

ス

SUSY（超対称性） supersymmetry 280
―― GUT（超対称大統一理論） super-symmetric grand unified theory 283
随伴表現 adjoint representation 130
スカラー曲率 scalar curvature 251, 284
スカラー中間子 scalar meson 144
スカラー場 scalar field 32, 64
スカラー粒子 scalar particle 64
スクォーク squark 281
スケール因子 scale factor 252

スケール不変性 scale invariance 155
スケール変換 scale transformation 155
ストレンジクォーク strange quark 3, 180
スーパーパートナー（超対称粒子） superpartner 281
スピノル spinor 63, 68
スピン spin 3, 5, 68
―― と統計の関係 spin‐statistics connection 62
スファレロン sphaleron 319
スペクトル指数 spectral index 262
ずれ粘性率 shear viscosity 265
スレプトン slepton 281
スローロールインフレーション slow‐roll inflation 260
スローロール近似 slow‐roll approximation 262
スローロールパラメータ slow‐roll parameter 262

セ

Zボソン（Z粒子） Z‐boson（Z particle） 216
静止エネルギー rest energy 27
正準交換関係 canonical commutation relation 62
正準反交換関係 canonical anti‐commutation relation 62, 68
正準変換 canonical transformation 43
正準変数 canonical variable 41
正準量子化 canonical quantization 38, 48, 62, 94
生成演算子 creation operator 50, 63
生成子 generator 43, 128, 243
生成・消滅演算子 creation and annihilation operators 50, 73
正則化 regularization 118

索　　引　　**337**

静電場　electrostatic field　78
静電ポテンシャル　electrostatic potential　78
世界間隔（線素）　world distance　19, 21
世界線　world line　23
世界面　world sheet　291
世代　generation　3
積　product　127
積分測度　measure　52
絶対空間　absolute space　17
絶対時間　absolute time　17, 20
切断パラメータ　cut‐off parameter　118
ゼロモード　zero mode　285
遷移確率　transition probability　96
遷移振幅　transition amplitude　52, 95
漸近的自由性　asymptotic freedom　189

ソ

相　phase　125
　── 構造　── structure　138
相互作用　interaction　3, 9
相互作用ハミルトニアン　interaction Hamiltonian　90
　── 密度　── density　57, 77, 85
相互作用表示　interaction representation　95
相互作用ラグランジアン密度　interaction Lagrangian density　9, 57, 85
相対論の共変性（ローレンツ共変性）　relativistic covariance　33, 101
相対論の重イオン衝突型加速器（RHIC）　Relativistic Heavy Ion Collider　265
相対論の波動方程式　relativistic wave equation　8, 56
相対論的な場の量子論　relativistic quantum field theory　10, 57
相対論的表記法　notation in relativity　28
相対論的物体　relativistic matter　255

双対性　duality　290
双対マイスナー効果　dual Meissner effect　192
双対模型（双対共鳴模型）　dual model (dual resonance model)　290
相転移　phase transition　125
速度勾配　velocity gradient　265
素電荷（電気素量）　elementary electric charge　5
ソフトな超対称性の破れ　soft supersymmetry breaking　281
素粒子　elementary particle　1
　── 物理学　── physics　1

タ

Wボソン（W粒子）　W‐boson（W particle）　216
対角和（トレース）　trace　131
大気ニュートリノ　atmospheric neutrino　231
　── 異常　── anomaly　225, 231
大局的SU(2)量子異常　global SU(2) anomaly　312
大局的軸性U(1)対称性　global axial U(1) symmetry　155
大局的軸性U(1)変換　global axial U(1) transformation　155, 305, 316
大局的対称性　global symmetry　9, 60
大局的な連続的対称性　global continuous symmetry　9, 136
大局的U(1)対称性　global U(1) symmetry　154
大局的U(1)変換（位相変換）　global U(1) transformation　154, 304
対称性　symmetry　9, 19, 124
　── の自発的破れ（自発的対称性の破れ）　spontaneous breakdown of ──　125, 140

338　索　　引

大統一スケール　grand unification scale 278

大統一理論（GUT）　grand unified theory 249, 276, 277

太陽ニュートリノ問題　solar neutrino problem 225, 231

タウオン（タウ粒子）　tauon 3

タウニュートリノ　tauon neutrino 3, 225

ダウンクォーク　down quark 2, 3, 180

タキオン　tachyon 294

ダランベルシアン　d'Alembertian 31

単位　unit 12

―― 系 ―― system 12

―― 元 identity 127

弾丸銀河団　Bullet Cluster 256

単振動の方程式　equation of simple harmonic motion 51

チ

力　force 3, 20

地平線問題　horizon problem 251

チャームクォーク　charm quark 3, 180

チャン‐パトン因子　Chan‐Paton factor 299

中間子　meson 82

―― 論 ―― theory 76, 82

中性子　neutron 2, 76, 81

―― 場 ―― field 82

超弦理論（SST）　superstring theory 272, 289, 297

超重力理論（SUGRA）　supergravity theory 283

超対称性（SUSY）　supersymmetry 138, 276, 280

超対称大統一理論（SUSY GUT）　supersymmetric grand unified theory 283

超対称ヤン‐ミルズ理論　supersymmetric Yang‐Mills theory 270

超対称粒子（スーパーパートナー）　supersymmetric particle 256, 281

超多時間理論　super‐many‐time theory 101

頂点（バーテックス）　vertex 84, 108

超伝導　superconductivity 125

超変換　supertransformation 281

張力　tension 292

調和振動子　harmonic oscillator 49

直交座標系　Cartesian coordinate system 18

ツ

強いCP問題　strong CP problem 186, 275, 317

強い相互作用　strong interaction 4, 87, 175

テ

δ関数　δ function 51, 59

Dブレイン　D‐brane 269, 299

Dpブレイン　Dp‐brane 299

T双対性　T duality 297

tチャネル　t channel 290

ディラック共役　Dirac conjugation 68

ディラック場　Dirac field 66

ディラック表示　Dirac representation 75

ディラック方程式　Dirac equation 56, 58, 65, 66

ディラック粒子（ディラックフェルミオン）　Dirac particle (Dirac fermion) 66

テクニカラー模型　technicolor model 276

電荷（電気量）　electric charge 5, 178

電気素量（素電荷）　elementary electric charge 5

電子　electron 2, 3

—— スピン —— spin 125

電磁相互作用 electromagnetic interaction 3

電子ニュートリノ electron neutrino 3, 225

電磁波 electromagnetic wave 2, 18

電磁場テンソル electromagnetic field tensor 102, 159

電磁ポテンシャル electromagnetic potential 104

電子ボルト electron volt (eV) 12

電弱スケール electroweak scale 3, 274

電弱相転移 electroweak phase transition 221, 250

電弱対称性 electroweak symmetry 212

電弱バリオン数生成 electroweak baryogenesis 319

電弱理論（ワインバーグ–サラム理論） electroweak theory 200, 217

テンソル–スカラー比 tensor–to–scalar ratio 262

テンソル場 tensor field 33

伝播関数（伝搬関数） propagator 111

ト

等方性 isotropy 17

特殊共形不変性 special conformal invariance 155

特殊共形変換 special conformal transformation 155

特殊相対性原理 principle of special relativity 19, 22

特殊相対性理論 special theory of relativity 8, 10, 19, 22

特殊ユニタリー行列 special unitary matrix 131

特殊ユニタリー群 special unitary group 131

閉じた宇宙 closed universe 252

トップクォーク top quark 3, 180

トポロジカルチャージ topological charge 314

トレース（対角和） trace 131

ドレル比 Drell ratio 114, 184

トンネル効果 tunnel effect 264

ナ

内線 internal line 110

内部対称性 internal symmetry 156

中野–西島–ゲルマンの規則（NNG 則） Nakano–Nishijima–Gell–Mann rule 175, 179

ナブラ nabla 31

南部–後藤の作用 Nambu–Goto action 293

南部–ゴールドストーン相 Nambu–Goldstone phase 139, 143

南部–ゴールドストーンの定理 Nambu–Goldstone theorem 140

南部–ゴールドストーンフェルミオン Nambu–Goldstone fermion 141

南部–ゴールドストーンボソン Nambu–Goldstone boson 141, 144, 147

南部–ゴールドストーン粒子 Nambu–Goldstone particle 140

南部–Jona Lasinio 模型 Nambu–Jona Lasinio model 150

ニ

2 次発散 quadratic divergence 281

2 重項 3 重項の分離問題 doublet–triplet splitting problem 283

二重 β 崩壊 double–β decay 240

ニュートリノ振動 neutrino oscillation 6, 225, 232

ニュートンの運動の 3 法則 Newton's

340 索　引

laws of motion 20
ニュートンの運動方程式 Newton's equation of motion 20
ニュートン力学 Newtonian mechanics 20
人間原理 anthropic principle 273

ヌ

沼地（スワンプランド） swampland 273
―― 予想 ―― conjecture 273

ネ

ネーターカレント Noether current 60
ネーターチャージ Noether charge 9, 61
ネーターの定理 Noether's theorem 40, 60, 136
熱場の量子論（有限温度の場の量子論） thermal quantum field theory (thermo field dynamics) 221, 267
粘性力 viscous force 265

ハ

π 中間子 π meson 82
場 field 32
ハイゼンベルクの運動方程式 Heisenberg's equation of motion 47, 62
ハイゼンベルク表示 Heisenberg representation 46
ハイパーチャージ hypercharge 175, 178
パウリ行列 Pauli matrix 66, 88, 132
パウリの排他律 Pauli's exclusion principle 7
発散の困難 divergence difficulty 101, 208
ハッブル定数 Hubble constant 248, 253
ハッブルパラメータ Hubble parameter 253

ハッブル - ルメートルの法則 Hubble - Lemaitre law 248
バーテックス（頂点） vertex 84, 108
波動関数 wave function 45
波動力学 wave mechanics 37
ハートル - ホーキングの境界条件（ハートル - ホーキングの無境界仮説） Hartle - Hawking boundary condition (Hartle - Hawking no boundary hypothesis) 264
ハドロン hadron 173
―― 相 ―― phase 265
場の演算子 field operator 57
場の解析力学 analytical mechanics of fields 36, 38, 58
場の量子化 field quantization 56
場の量子論 quantum field theory 10, 57
ハミルトニアン Hamiltonian 41, 58
ハミルトン演算子 Hamiltonian operator 46, 62
ハミルトンの正準方程式 Hamilton's canonical equations of motion 41, 59
ハミルトン力学 Hamilton mechanics 36, 41
バリオン（重粒子） baryon 173
バリオン数 baryon number 174, 178
―― 生成 baryogenesis 318
パリティ parity 154
―― の破れ parity violation 198, 201
バーン barn 94
汎関数 functional 59
―― 微分 ―― derivative 59
反クォーク antiquark 7
反交換子 anti - commutator 62
反タウニュートリノ anti - tauon neutrino 225
反中性子 antineutron 7
反電子ニュートリノ anti - electron neutrino 4, 77, 225

反応断面積　reaction cross - section　184

反変ベクトル場　contravariant vector field　32

反ミューニュートリノ　anti - muon neutrino　225

反陽子　antiproton　7

反粒子　antiparticle　7

反レプトン　antilepton　7

ヒ

BPS 状態　BPS state　269

BRS 量子化　BRS quantization　190

PCAC　147

ビアンキの恒等式　Bianchi identity　104

非カイラル　non - chiral　309

非可換群　non - Abelian group　127

非可換ゲージ場（ヤン‐ミルズ場）　non - Abelian gauge field　162

非可換ゲージ理論（ヤン‐ミルズ理論）　non - Abelian gauge theory　164

非可換性　non - commutativity　47

光の速さ　light velocity　11

非相対論的物体　non - relativistic matter　255

左巻きフェルミオン　left - handed fermion　71

ヒッグシーノ　Higgsino　281

ヒッグス機構　Higgs mechanism　152, 169, 214, 224

ヒッグス 2 重項　Higgs doublet　4, 213, 241

ヒッグス模型　Higgs model　167

ヒッグス粒子　Higgs particle, Higgs boson　4, 216, 220, 241

ビッグバン　big bang　249

—— 元素合成　—— nucleosynthesis　250

ビーノ　bino　281

標準模型　standard model　3, 10, 226

表面重力　surface gravity　268

開いた宇宙　open universe　252

フ

V－A 相互作用　V－A interaction　199, 206

V－A 理論　V－A theory　199, 206

ファインマン則　Feynman rule　95, 101, 110, 111

ファインマン・ダイアグラム　Feynman diagram　84

ファインマンの経路積分　Feynman path integral　96

ファラデーの電磁誘導の法則　Faraday's law of induction　103

フェルミオン（フェルミ粒子）　fermion　6

フェルミ結合定数　Fermi coupling constant　198

フェルミ相互作用　Fermi interaction　92, 198, 202

フェルミ‐ディラック統計　Fermi - Dirac statistics　6

フェルミの黄金律　Fermi's golden rule　94

フェルミ理論　Fermi theory　77, 91, 198

複合粒子　composite particle　2, 175

複素共役表現　complex conjugate representation　129

複素スカラー粒子　complex scalar particle　65

物質波仮説　matter wave hypothesis　37, 45

物質粒子　matter particle, matter fermion　3, 240

物理状態　physical state　138

物理量　physical quantity　19

342 索　引

不変性　invariance　9

ブライト‐ウィグナーの公式　Breit‐Wigner formula　177

ブラックブレイン　black brane　300

ブラックホール　black hole　266

　── シャドウ　── shadow　266

　──の面積　area of ──　266

プランクエネルギー　Planck energy　257, 275

プランク質量　Planck mass　295

プランク長さ　Planck length　264, 285

プランクの放射公式　Planck's formula of radiation　37, 267

フリードマン方程式　Friedmann equation　255

ブレインワールド　brane world　286, 300

　── 仮説　brane world hypothesis　286

フレーバー（香り）　flavor　181

へ

β関数　β function　187

β線　β rays　77

β崩壊　β decay　4, 77, 198, 201

平均寿命（寿命）　mean lifetime　93

閉弦　closed string　291

並進　translation　23, 154

　── 対称性　translational symmetry　154

平坦性　flatness　17

　── 問題　── problem　258

平坦な宇宙　flat universe　252

ベーカー‐キャンベル‐ハウスドルフの公式　Baker‐Campbell‐Hausdorff formula　128

ベクトルカレント　vector current　206

ベッケンシュタイン‐ホーキングエントロピー　Bekenstein‐Hawking entropy 267

ペッチャイ‐クィン対称性　Peccei‐Quinn symmetry　317

ヘテロ型超弦理論　heterotic superstring theory　299

ベネチアノ振幅　Veneziano amplitude 290

ヘリシティ　helicity　70

ベル状態（EPR 状態）　Bell state　271

変換群　transformation group　23, 127

偏極　polarization　109

変分　variation　39

ホ

ポアソン括弧　Poisson bracket　38, 42, 59

ポアンカレ群　Poincaré group　23

ポアンカレ変換　Poincaré transformation　19, 23, 29

ホイヘンスの原理　Huygens' principle 51

ホイーラー‐ドウィット方程式　Wheeler‐DeWitt equation　264

崩壊定数（崩壊率）　decay constant（decay rate）　77, 92, 147, 376

崩壊幅　decay width　92, 176

崩壊モード　decay mode　93

放射　radiation　255

　── 補正　radiative correction　102

母関数　generating function　43

ホーキング温度　Hawking temperature 267

ホーキング放射　Hawking radiation　269

ボゴリューボフ変換　Bogoliubov transformation　266

ボース‐アインシュタイン統計　Bose‐Einstein statistics　6

細谷機構　Hosotani mechanism　287

索 引 343

ボソン（ボース粒子） boson 6
保存カレント conserved quantity 60, 136, 137
ボソン弦 bosonic string 295
―― 理論 ―― theory 295
保存則 conservation law 60
保存チャージ conserved charge 61, 136, 137
保存量 conserved quantity 9, 60
保存力 conservative force 41
ポテンシャル potential 41
ボトムクォーク bottom quark 3, 180
ホモトピー類 homotopy class 313
ポリャコフの作用 Polyakov action 293
ボルツマン定数 Boltzmann constant 14, 221, 265
ボルツマンの原理 Bolzmann's principle 269
ボルン近似 Born approximation 115
ホログラフィー原理 holographic principle 270, 302
本義ローレンツ対称性 proper orthochronous Lorentz symmetry 154
本義ローレンツ変換 proper orthochronous Lorentz transformation 23, 30, 154
ポンテコルボ – 牧 – 中川 – 坂田行列（牧 – 中川 – 坂田行列） Pontecorvo – Maki – Nakagawa – Sakata matrix 237

マ

マイケルソン – モーリーの実験 Michelson – Morley experiment 18, 22
マイスナー効果 Meissner effect 192
巻き付き数 winding number 296, 313
牧 – 中川 – 坂田行列（ポンテコルボ – 牧 – 中川 – 坂田行列） Maki – Nakagawa – Sakata matrix 237
膜 membrane 300

マクスウェル – アンペールの法則 Maxwell – Ampère law 103
マクスウェル方程式 Maxwell's equations 18, 102
マヨラナ位相 Majorana phase 240
マヨラナ質量 Majorana mass 238
マヨラナ条件 Majorana condition 238
マヨラナ粒子（マヨラナフェルミオン） Majorana particle（Majorana fermion） 226, 237
マルチバース multiverse 273
マンデルスタム変数 Mandelstam variable 114, 290

ミ

μ 項 μ term 282
μ 崩壊 μ decay 4, 198
右巻きフェルミオン right – handed fermion 71
密度パラメータ density parameter 254
ミューオン（ミュー粒子） muon 3
ミューニュートリノ muon neutrino 3, 225

ム

無からの創成 creation from nothing 264
無限小変換 infinitesimal transformation 25

メ

メソン（中間子） meson 173
面積則 area law 191
面素 area element 61

ヤ

ヤコビの恒等式 Jacobi's identity 130
ヤン – ミルズ場（非可換ゲージ場） Yang –

344 索 引

Mills field 162, 164

ヤン - ミルズ場テンソル Yang - Mills field tensor 163

ヤン - ミルズ方程式 Yang - Mills equation 165

ヤン - ミルズ理論（非可換ゲージ理論） Yang - Mills theory 152, 164

ユ

u チャネル u channel 290

U(1) ゲージ変換 U(1) gauge transformation 157

有効場の理論 effective field theory 274

湯川結合定数 Yukawa coupling constants 213, 227, 236

湯川相互作用 Yukawa interaction 85, 89, 224

湯川ポテンシャル Yukawa potential 86

ユニタリー演算子 unitary operator 48

ユニタリー性 unitarity 199, 207

ユニタリー変換 unitary transformation 48

ヨ

陽子 proton 2, 76, 81

―― 場 ―― field 82

陽子崩壊 proton decay 277, 280

―― の問題 ―― problem 280

要素（元） element 126

陽電子 positron 7

4 元運動量 four - momentum 26

―― の関係式 four momentum relation 27

4 元電流密度 four electric current density 102

4 次元擬リーマン空間 four - dimensional pseudo - Riemann space 20

4 次元ミンコフスキー時空 four - dimensional Minkowski spacetime 8, 19, 21

余剰次元 extra dimension 276, 296

弱い相互作用 weak interaction 4, 198

ラ

ラグランジアン Lagrangian 8, 39

―― 密度 Lagrangian density 9, 58

ラグランジュ力学 Lagrange mechanics 36, 38

ラムシフト Lamb shift 120

ランク rank 130

ランドスケープ landscape 272

リ

リー群 Lie group 128

離散的対称性 discrete symmetry 25

リー代数（リー環） Lie algebra 128

リチウム問題 lithium problem 250

リッチテンソル Ricci tensor 251, 284

リーマン幾何学 Riemannian geometry 19

粒子数演算子 particle number operator 69

量子 quantum 8

量子異常 quantum anomaly 125, 274, 304

―― の一致条件 anomaly matching condition 307

―― の相殺 anomaly cancellation 308

量子色力学（QCD） quantum chromodynamics 175, 187

量子化 quantization 37

量子仮説 quantum hypothesis 37

量子重力 quantum gravity 273, 275

―― 理論 quantum gravity theory 249, 275

量子条件 quantum condition 48

索　引　345

量子数　quantum number 4, 174, 178

量子電磁力学（QED）　quantum electro-
dynamics 10, 101, 107, 153

量子補正　quantum correction 102, 117, 187

量子もつれ　quantum entanglement 270

量子力学　quantum mechanics 37

臨界密度　critical density 254

ル

ルジャンドル変換　Legendre transformation 95

ループ　loop 100, 117

レ

例外リー群　exceptional Lie group 279

零点エネルギー　zero‐point energy 51

レッジェ軌跡　Regge trajectories 290

レッジェ極　Regge pole 290

レッジェスロープ　Regge slope 289

レプトン　lepton 3, 240

—— の質量　—— mass 236

レプトン数生成　leptogenesis 320

連続極限　continuum limit 191

連続群　continuous group 127

連続的対称性　continuous symmetry 9, 25, 60

連続（の）方程式　equation of continuity 60, 137

ロ

ρ パラメータ　ρ parameter 217

ロバートソン‐ウォーカー計量　Robertson‐Walker metric 252

ローレンスゲージ（ローレンス条件）　Lorenz gauge（Lorenz condition） 106

ローレンツ逆変換　Lorentz inverse transformation 30

ローレンツ共変性（相対論的共変性）　Lorentz covariance 33

ローレンツ収縮　Lorentz contraction 19

ローレンツブースト　Lorentz boost 18, 23, 24

ローレンツ変換　Lorentz transformation 18, 23

ワ

Y ゲージボソン　Y gauge boson 277

ワイル変換　Weyl transformation 293

ワイル方程式　Weyl equation 58, 70

ワイル粒子（ワイルフェルミオン，カイラルフェルミオン）　Weyl particle, Weyl fermion 70

ワインバーグ角（弱混合角）　Weinberg angle 216

ワインバーグ‐サラム理論（電弱理論）　Weinberg‐Salam theory 200, 217

著者略歴

川村嘉春（かわむら　よしはる）

　1961年 滋賀県長浜市生まれ．名古屋大学理学部物理学科卒業，金沢大学自然科学研究科物質科学専攻修了．信州大学理学部物理学科助手，助教授を経て，現在，信州大学学術研究院（理学系）教授．学術博士．

　著書に，『例題形式で学ぶ 現代素粒子物理学』，『基礎物理から理解する ゲージ理論』（以上，サイエンス社），『量子力学選書 相対論的量子力学』，『理解する 力学』（以上，裳華房），『人物でよむ 物理法則の事典』（共著，朝倉書店），『テキスト量子力学 —萌芽と構築の視点から—』（学術図書出版社）がある．

物理学レクチャーコース　**素粒子物理学**

2024年11月25日　第 1 版 1 刷発行
2025年 5 月10日　第 2 版 1 刷発行

検 印 省 略	著作者	川　村　嘉　春
	発行者	吉　野　和　浩
定価はカバーに表示してあります．	発行所	東京都千代田区四番町 8-1 電　話　03-3262-9166（代） 郵便番号　102-0081 株式会社　裳　華　房
	印刷所	株式会社　精　興　社
	製本所	牧製本印刷株式会社

一般社団法人
自然科学書協会会員

JCOPY　〈出版者著作権管理機構 委託出版物〉

本書の無断複製は著作権法上での例外を除き禁じられています．複製される場合は，そのつど事前に，出版者著作権管理機構（電話03-5244-5088，FAX 03-5244-5089，e-mail: info@jcopy.or.jp）の許諾を得てください．

ISBN 978-4-7853-2415-5

Ⓒ 川村嘉春，2024　　　Printed in Japan

物理学レクチャーコース

編集委員：永江知文，小形正男，山本貴博
編集サポーター：須貝駿貴，ヨビノリたくみ

力 学
山本貴博 著　　　　　　　　298頁／定価 2970円（税込）

ところどころ発展的な内容も含んではいるが，大学で学ぶ力学の標準的な内容となっている．本書で力学を学び終えれば，「大学レベルの力学は身に付けた」と自信をもてるだろう．

物理数学
橋爪洋一郎 著　　　　　　　354頁／定価 3630円（税込）

数学に振り回されずに物理学の学習を進められるようになることを目指し，学んでいく中で読者が疑問に思うこと，躓きやすいポイントを懇切丁寧に解説した．

電磁気学入門
加藤岳生 著　　　　2色刷／240頁／定価 2640円（税込）

わかりやすさとユーモアを交えた解説で定評のある著者によるテキスト．著者の長年の講義経験に基づき，本書の最初の2つの章で「電磁気学に必要な数学」を解説した．

熱 力 学
岸根順一郎 著　　　　　　　338頁／定価 3740円（税込）

熱力学がマクロな力学を土台とする点を強調し，最大の難所であるエントロピーも丁寧に解説した．緻密な論理展開の雰囲気は極力避け，熱力学の本質をわかりやすく"料理し直す"，曖昧になりがちな理解が明瞭になるようにした．

相対性理論
河辺哲次 著　　　　　　　　280頁／定価 3300円（税込）

特殊相対性理論の「基礎と応用」を正しく理解することを目指し，様々な視点と豊富な例を用いて懇切丁寧に解説した．また，相対論的に拡張された電磁気学と力学の基礎方程式を，関連した諸問題に適用して解く方法や，ベクトル・テンソルなどの数学の考え方も丁寧に解説した．

量子力学入門
伏屋雄紀 著　　　　2色刷／256頁／定価 2860円（税込）

量子力学の入門書として，その魅力や面白さを伝えることを第一に考えた．歴史的な経緯に沿って学ぶというアプローチは，量子力学の初学者はもとより，すでに一通り学んだことのある方々にとっても，きっと新たな視点を提供できるであろう．

素粒子物理学
川村嘉春 著　　　　　　　　362頁／定価 4070円（税込）

「相互作用」と「対称性」に着目して，3つの相互作用（電磁相互作用，強い相互作用，弱い相互作用）を軸に，対称性を通奏低音のようなバックグラウンドにして，「素粒子の標準模型」を理解することを目標に据えた．

◆ コース一覧（全17巻を予定）◆

- 半期やクォーターの講義向け
  力学入門，電磁気学入門，熱力学入門，振動・波動，解析力学，
  量子力学入門，相対性理論，素粒子物理学，原子核物理学，宇宙物理学
- 通年（I・II）の講義向け
  力学，電磁気学，熱力学，物理数学，統計力学，量子力学，物性物理学

裳華房ホームページ　https://www.shokabo.co.jp/